複素幾何

複素幾何

小林昭七

岩波書店

まえがき

複素幾何とは，複素多様体を微分幾何，代数幾何，多変数関数論などの手法を使って調べる学問といえる．代数幾何は上野健爾著『代数幾何』で，また多変数複素関数論は岩波講座『現代数学の展開』の「多変数複素解析」で扱われるので，ここでは微分幾何的な面に重点を置くことにする．

多変数複素解析では，複素 Euclid 空間内の領域，Stein 多様体などを主に扱うので，ここではコンパクトな複素多様体，特にコンパクト Kähler 多様体を中心として，微分幾何的および代数幾何的な面に重点を置く．前半(第1〜5章)では調和積分論を使わない．

「理論の概要と目標」では複素多様体論の歴史的背景を述べ，この本の目標，性格を説明するが，各章の内容については章の最初に簡単な紹介をつけることにする．

各章の終りの演習問題は数多くないが，どれもそうやさしいとは言えないので解答はかなり詳しくつけてある．

なお，本書は岩波講座『現代数学の基礎』として刊行された「複素幾何1, 2」の誤りを訂正し1冊にまとめたものである．

2005年夏

小 林 昭 七

理論の概要と目標

複素多様体の理論は，さかのぼれば，19 世紀後半から 20 世紀前半にかけての C. Segre，G. Castelnuovo，F. Enriques，および F. Severi に代表されるイタリア学派による代数曲面論，さらに古くは M. Noether による空間曲線，曲面の研究，そして Riemann 面にまでたどり着くが，1921 年に始まる S. Lefschetz による代数多様体のホモロジーの研究が現代的な意味での複素多様体論の出発点と考えられる．

そして 1940 年代に，G. de Rham，W. V. D. Hodge らにより調和積分論が，1950 年代には，J. Leray，H. Cartan らにより層の理論が確立された．これらの道具によって Lefschetz の結果は，代数多様体から，一般のコンパクト Kähler 多様体にまで拡張された．射影代数多様体には整係数コホモロジー類を定義するような Kähler 2 次微分形式が存在することは，射影空間の Fubini–Study 計量を使えばすぐにわかるが，1954 年に小平邦彦は逆に，そのような Kähler 2 次微分形式が存在するコンパクト複素多様体は，射影代数多様体となることを証明した．こうして複素多様体論は，代数幾何から独立した一分野となった．

一方，1946 年に S.-S. Chern は，複素ベクトル束のねじれ具合を測る量として特性類 Chern 類を導入した．複素多様体論における Chern 類の重要性は，いくら強調しても，しすぎるということはないであろう．Riemann–Roch の定理を高次元の場合に拡張した F. Hirzebruch による Riemann–Roch の公式は Chern 類によって書き表わされる．

コンパクト複素多様体の不変量としては，そのコホモロジー，Chern 類だけでなく，近年その多様体上の正則ベクトル束のモデュライ空間そのものを研究するようになった．それにはゲージ理論との関連で，ベクトル束の接続の概念が必須である．また Chern 類を微分幾何的に定義するには，接続と曲率が必要である.

本書では，複素多様体の研究に欠かせない層の理論，ベクトル束の接続，Chern 類の理論を第 2, 3, 4 章で説明する．複素ベクトル束にかなりページ数を割いたが，これはベクトル束の幾何を調べることにより，複素多様体をより一般的そして統一的立場から見ることができるというだけでなく，上に述べたように，代数幾何だけでなく数理物理においても複素ベクトル束が非常に重要になってきているという理由に基づく．層の理論は多変数関数論でも重要だが，ここでは層のコホモロジーに重点を置き，解析的連接層については触れない．Chern 類はこの本の性格上，その微分幾何的面に重点を置いて説明する．

第 5 章では Kähler 多様体の基礎的な式を導き，いくつかの重要な例について詳しく説明する．第 6, 7 章では，調和積分論を説明し，上に述べた Lefschetz の結果の Hodge による Kähler 多様体への一般化や，小平の定理を証明する．また，最後にこのような一般のコンパクト Kähler 多様体に関する定理のほかに，Abel 多様体のような非常に特別な複素多様体を詳しく調べる．

この半世紀の間には，複素幾何は広大な分野となり，小平と D. C. Spencer による複素構造の変形理論，小平らによる(代数曲面論を含む)複素曲面論，Hermite 対称空間も含めた等質複素多様体論，正則ベクトル束のモデュライの問題，Einstein–Kähler 計量の問題，不変距離と正則写像の理論，C–R 多様体論など，どれ一つとっても 1 冊の本が書けるほど多様化している．巻末に挙げるように，実際そのような専門書は数多くある．そういった専門書を読むにも，この本で説明するような基礎的なことは十分理解しておく必要がある．

目　次

1 複素関数と複素微分形式

1 変数関数論の初歩的なことについては，読者はすでに学んでいるものと仮定する．§1.1 では，多変数の場合の正則性を定義する．1 変数の場合に，$\dfrac{df}{dz}$ と書くときは f の正則性を仮定していることが多いが，複素微分幾何では，正則とは限らないただの微分可能な関数 f に対して $\dfrac{df}{dz}, \dfrac{df}{d\bar{z}}$ を定義して使う．

§1.2 では，実変数の微分形式に対する Poincaré の補題の類似として，複素変数の微分形式に対する d''（または $\bar{\partial}$ とも書かれる）に関する Dolbeault の補題を証明する．証明は Poincaré の補題の場合よりずっと難しい．Poincaré の補題が de Rham の定理の証明で使われるのと同様に，第 3 章で証明される d'' コホモロジーに対する Dolbeault の定理にとって，Dolbeault の補題は本質的である．

§1.1 正則関数

一般に，複素数の値をとる関数を**複素関数**(complex function)と呼ぶことにする．そして，領域 $U \subset \mathbb{C}^n$ で定義された複素関数 $f(z)=f(z^1, \cdots, z^n)$ が次の 2 条件のどちらかを満足するとき，この関数は**正則**(holomorphic)であると言う．（次の条件(a)と(b)は同値である．）

（a）　各点 $a=(a^1, \cdots, a^n)\in U$ に対して，関数 $f(z)$ は a の近傍で収束するベキ級数

（1.1）
$$f(z)=\sum c_{k_1\cdots k_n}(z^1-a^1)^{k_1}\cdots(z^n-a^n)^{k_n}$$

で表わされる．

（b）　$f(z)$ は U 上で連続で，各変数 $z^\lambda\ (\lambda=1, \cdots, n)$ に関して正則である．（Hartogs によれば，連続性は仮定しなくても各変数についての正則性から証明されるが，簡単のため，ここでは上のように述べておく．）

(a)⇒(b)は明らかである．逆に(b)⇒(a)となることを証明するために，正則関数に対する次の **Cauchy の積分公式**(Cauchy's integral formula)を使う．

$$f(z^1, z^2, \cdots, z^n)=\frac{1}{2\pi i}\int_{|w^1-a^1|=r_1}\frac{f(w^1, z^2, z^3, \cdots, z^n)}{w^1-z^1}dw^1,$$
$$f(w^1, z^2, \cdots, z^n)=\frac{1}{2\pi i}\int_{|w^2-a^2|=r_2}\frac{f(w^1, w^2, z^3, \cdots, z^n)}{w^2-z^2}dw^2,$$
$$\cdots\cdots\cdots.$$

2番目の式を1番目に代入し，それに3番目の式を代入して，… と続けることにより，多重円板に対する次のような Cauchy の積分公式を得る．

（1.2）
$$f(z^1, \cdots, z^n)=\left(\frac{1}{2\pi i}\right)^n\int_{|w^1-a^1|=r_1}\cdots\int_{|w^n-a^n|=r_n}\frac{f(w^1, \cdots, w^n)dw^1\cdots dw^n}{(w^1-z^1)\cdots(w^n-z^n)}.$$

そのとき

$$\frac{|z^\lambda-a^\lambda|}{|w^\lambda-a^\lambda|}<1$$

だから

（1.3）
$$\frac{1}{w^\lambda-z^\lambda}=\frac{1}{(w^\lambda-a^\lambda)-(z^\lambda-a^\lambda)}=\frac{1}{w^\lambda-a^\lambda}\sum_{k=0}^{\infty}\left(\frac{z^\lambda-a^\lambda}{w^\lambda-a^\lambda}\right)^k.$$

(1.3)を(1.2)に代入して項別に積分すれば，収束するベキ級数

（1.4）
$$f(z)=\sum c_{k_1\cdots k_n}(z^1-a^1)^{k_1}\cdots(z^n-a^n)^{k_n}$$

を得る．ただし，ここで

(1.5)

$$c_{k_1\cdots k_n}=\left(\frac{1}{2\pi i}\right)^n\int_{|w^1-a^1|=r_1}\cdots\int_{|w^n-a^n|=r_n}\frac{f(w^1,\cdots,w^n)dw^1\cdots dw^n}{(w^1-a^1)^{k_1+1}\cdots(w^n-a^n)^{k_n+1}}.$$

これから係数 $c_{k_1\cdots k_n}$ は次のように評価される．

$$M=\sup\{|f(w)|;\ |w^1-a^1|\leqq r_1,\ \cdots,\ |w^n-a^n|\leqq r_n\}$$

とおけば，(1.5)から

(1.6)
$$|c_{k_1\cdots k_n}|\leqq\frac{M}{r_1^{k_1}\cdots r_n^{k_n}}.$$

次に，$z^\lambda=x^\lambda+iy^\lambda$ $(\lambda=1,\cdots,n)$ に対して

(1.7)
$$\frac{\partial}{\partial z^\lambda}=\frac{1}{2}\left(\frac{\partial}{\partial x^\lambda}-i\frac{\partial}{\partial y^\lambda}\right),\qquad\frac{\partial}{\partial\bar z^\lambda}=\frac{1}{2}\left(\frac{\partial}{\partial x^\lambda}+i\frac{\partial}{\partial y^\lambda}\right),$$

(1.8)
$$dz^\lambda=dx^\lambda+idy^\lambda,\qquad d\bar z^\lambda=dx^\lambda-idy^\lambda$$

と定義する．そうすると

(1.9)
$$df=d'f+d''f$$

である．ただしここで

$$d'f=\sum\frac{\partial f}{\partial z^\lambda}dz^\lambda,\qquad d''f=\sum\frac{\partial f}{\partial\bar z^\lambda}d\bar z^\lambda.$$

また $f(z)$ が z^λ に関して正則であるという条件を表わす Cauchy–Riemann の方程式は

(1.10)
$$\frac{\partial f}{\partial\bar z^\lambda}=0$$

と書くことができる．実際，$f(z)=u(z)+iv(z)$ とおいたとき，(1.10)は

(1.11)
$$\mathrm{Re}\left(\frac{\partial f}{\partial\bar z^\lambda}\right)=\frac{\partial u}{\partial x^\lambda}-\frac{\partial v}{\partial y^\lambda}=0,$$
$$\mathrm{Im}\left(\frac{\partial f}{\partial\bar z^\lambda}\right)=\frac{\partial u}{\partial y^\lambda}+\frac{\partial v}{\partial x^\lambda}=0$$

にほかならない．したがって，連続関数 $f(z)$ の正則性は

(1.12)
$$d''f=0$$

で表わされる．

領域 $U\subset\mathbb{C}^n$ から $\mathbb{C}^m$ への写像

$$f:\ w^\mu=w^\mu(z^1,\cdots,z^n),\quad \mu=1,\cdots,m \tag{1.13}$$

が正則であるとは，その成分 $w^\mu(z^1,\cdots,z^n)$ がすべて U 上の正則関数ということである．写像 f の**関数行列**(functional matrix)または**ヤコビアン行列**(Jacobian matrix)とは次の行列のことをいう．

$$\left(\frac{\partial w}{\partial z}\right)=\begin{pmatrix}\dfrac{\partial w^1}{\partial z^1} & \cdots & \dfrac{\partial w^1}{\partial z^n}\\ & \cdots\cdots & \\ \dfrac{\partial w^m}{\partial z^1} & \cdots & \dfrac{\partial w^m}{\partial z^n}\end{pmatrix}. \tag{1.14}$$

$m=n$ のとき，行列式 $\det[(\partial w/\partial z)]$ を f の**関数行列式**(functional determinant)または**ヤコビアン**(Jacobian)とよぶ．

$$z^\lambda=x^\lambda+iy^\lambda,\qquad w^\mu=u^\mu+iv^\mu \tag{1.15}$$

とおいて，f を領域 $U\subset\mathbb{R}^{2n}$ から $\mathbb{R}^{2n}$ への写像とみなし，その実関数行列式

$$\det\left[\frac{\partial(u,v)}{\partial(x,y)}\right]=\det\left[\frac{\partial(u^1,v^1,\cdots,u^n,v^n)}{\partial(x^1,y^1,\cdots,x^n,y^n)}\right] \tag{1.16}$$

を考えることができる．そのとき，f が正則ならば

$$\det\left[\frac{\partial(u,v)}{\partial(x,y)}\right]=\left|\det\left[\frac{\partial w}{\partial z}\right]\right|^2 \tag{1.17}$$

となる．実際，$n=1$ の場合 Cauchy–Riemann 方程式から

$$\begin{pmatrix}1 & i\\ i & 1\end{pmatrix}\begin{pmatrix}\dfrac{\partial u}{\partial x} & \dfrac{\partial u}{\partial y}\\ \dfrac{\partial v}{\partial x} & \dfrac{\partial v}{\partial y}\end{pmatrix}\begin{pmatrix}1 & -i\\ -i & 1\end{pmatrix}=\begin{pmatrix}2\dfrac{\partial w}{\partial z} & 0\\ 0 & 2\dfrac{\partial w}{\partial z}\end{pmatrix} \tag{1.18}$$

を得るが，これを一般の n の場合に容易に拡張することができ，その行列式を考えれば(1.17)を得る．

逆写像定理(inverse mapping theorem)は，正則写像の場合には次の形で成り立つ．

定理 1.1 (逆写像定理)　正則写像 $f\colon U\to\mathbb{C}^n$ の関数行列式が $z=a$ で 0 に

ならなければ，a の十分小さい近傍 V 上で $f\colon V\to f(V)$ は1対1で，$f(V)$ は開集合，そして逆写像 $f^{-1}\colon f(V)\to V$ も正則となる．

［証明］ (1.17)により，f の実関数行列式も a で0でないから，通常の実写像に対する逆写像定理が使えて，近傍 V と逆写像 f^{-1} の存在がわかる．あとは f^{-1} の正則性だけ示せばよい．いま f が $w^\mu=w^\mu(z^1,\cdots,z^n)$ で与えられていると，

$$0=\frac{\partial z^\lambda}{\partial \bar{z}^\nu}=\sum\frac{\partial z^\lambda}{\partial w^\mu}\frac{\partial w^\mu}{\partial \bar{z}^\nu}+\sum\frac{\partial z^\lambda}{\partial \bar{w}^\mu}\frac{\partial \bar{w}^\mu}{\partial \bar{z}^\nu}=\sum\frac{\partial z^\lambda}{\partial \bar{w}^\mu}\frac{\partial \bar{w}^\mu}{\partial \bar{z}^\nu}.$$

関数行列 $(\partial\bar{w}/\partial\bar{z})$ は逆行列をもつから

$$\frac{\partial z^\lambda}{\partial \bar{w}^\mu}=0.$$

すなわち f^{-1} も正則である． ∎

同様に，正則写像に対する**陰関数の定理**(implicit function theorem)は次のように述べられる．

定理 1.2（陰関数の定理） U 上の正則関数 $f_1,\cdots,f_r$ が点 $a=(a^1,\cdots,a^n)\in U$ で

$$f_1(a)=\cdots=f_r(a)=0,$$
$$\det[(\partial f_\alpha/\partial z^\beta)_{1\leqq\alpha,\beta\leqq r}]\neq 0$$

ならば，$(a^{r+1},\cdots,a^n)\in\mathbb{C}^{n-r}$ の十分小さい近傍で，次の条件を満たすような正則関数 $\varphi^1(z^{r+1},\cdots,z^n),\cdots,\varphi^r(z^{r+1},\cdots,z^n)$ が1組，そしてただ1組存在する．

（i） $f_\alpha(\varphi^1(z^{r+1},\cdots,z^n),\cdots,\varphi^r(z^{r+1},\cdots,z^n),z^{r+1},\cdots,z^n)\equiv 0$,

（ii） $a^1=\varphi^1(a^{r+1},\cdots,a^n),\ \cdots,\ a^r=\varphi^r(a^{r+1},\cdots,a^n)$.

［証明］ 実関数に対する陰関数の定理により，上の条件(i),(ii)を満たす $\varphi^1,\cdots,\varphi^r$ が存在する．あとは，その正則性を証明するだけである．(i)を $\bar{z}^\nu$ $(\nu=r+1,\cdots,n)$ について微分して

$$0=\sum_{\beta=1}^{r}\frac{\partial f_\alpha}{\partial z^\beta}\frac{\partial\varphi^\beta}{\partial\bar{z}^\nu}+\sum_{\mu=r+1}^{n}\frac{\partial f_\alpha}{\partial z^\mu}\frac{\partial z^\mu}{\partial\bar{z}^\nu}=\sum_{\beta=1}^{r}\frac{\partial f_\alpha}{\partial z^\beta}\frac{\partial\varphi^\beta}{\partial\bar{z}^\nu}.$$

$\det[(\partial f_\alpha/\partial z^\beta)]\neq 0$ であるから

$$\frac{\partial\varphi^\alpha}{\partial\bar{z}^\nu}=0,\quad \alpha=1,\cdots,r,\quad \nu=r+1,\cdots,n.$$

■

§1.2 Dolbeaultの補題

Poincaré の補題は「閉微分形式は，局所的には完全微分形式である」と主張する．ここでは，複素微分形式に対するその類似として Dolbeault の補題を証明する．

まず，

(1.19)
$$dx^\lambda=\frac{1}{2}(dz^\lambda+d\bar{z}^\lambda),\qquad dy^\lambda=\frac{1}{2i}(dz^\lambda-d\bar{z}^\lambda)$$

であるから，領域 $U\subset\mathbb{C}^n$ で定義された複素微分形式は $dz^1,\cdots,dz^n,d\bar{z}^1,\cdots,d\bar{z}^n$ を使って表わされる．そのとき

(1.20)
$$\omega=\sum f_{a_1\cdots a_p\bar{b}_1\cdots\bar{b}_q}dz^{a_1}\wedge\cdots\wedge dz^{a_p}\wedge d\bar{z}^{b_1}\wedge\cdots\wedge d\bar{z}^{b_q}$$

のような微分形式を，(p,q) 次の微分形式，または単に **(p,q)–形式**とよぶ．記号と計算を簡単にするため，(1.20)のような微分形式を，しばしば多重指標を使って

(1.21)
$$\omega=\sum f_{A\bar{B}}dz^A\wedge d\bar{z}^B$$

のように表わし，また次数を $p=|A|$，$q=|B|$ と書いたりする．

もし ω が上のように (p,q)–形式ならば，$d\omega$ は $(p+1,q)$–形式と $(p,q+1)$–形式の和に書ける．すなわち，

(1.22)
$$d\omega=d'\omega+d''\omega$$

と書ける．ただし，ここで

(1.23)
$$d'\omega=\sum d'f_{A\bar{B}}\wedge dz^A\wedge d\bar{z}^B,\qquad d''\omega=\sum d''f_{A\bar{B}}\wedge dz^A\wedge d\bar{z}^B.$$

$dd\omega=0$ を次数の型に分解して

(1.24)
$$d'd'=0,\quad d''d''=0,\quad d'd''+d''d'=0$$

を得る．$d''\omega=0$ となるとき，ω は d''–閉(d''-closed)であるという．さらに，適当な $(p,q-1)$–形式 θ によって $\omega=d''\theta$ と表わせるときには，ω は d''–**完全**

$(d''$-exact$)$であるという．

また，我々は次のような微分作用素を使う．

$$d^c = i(d'' - d'). \tag{1.25}$$

この作用素が便利なのは，d と同様に実微分形式を実微分形式に移す実作用素だからである．簡単な計算で

$$dd^c = 2id'd'' \tag{1.26}$$

となることがわかる．

補題 1.3（Dolbeault の補題）　ω が半径 r の多重円板 D_r^n 上の (p,q)–形式で d''–閉，そして $q \geqq 1$ ならば，少し小さい多重円板 $D_{r'}^n$ $(r' < r)$ の上で d''–完全である． □

実は，多重円板を縮めずに $r' = r$ でも補題は成立するが，証明はずっと難しい．我々にとっては，上に述べた弱い形で応用上十分である．

証明をはじめる前に C^∞ 関数に対する Cauchy の積分公式について一言述べておく．

公式 1.4（Cauchy の積分公式）　$\Delta = \{z;\ |z| < r\}$ を円板領域，f を $\bar{\Delta}$ 上の C^∞ 関数とすると，$z \in \Delta$ に対して

$$f(z) = \frac{1}{2\pi i}\int_{\partial\Delta}\frac{f(w)dw}{w-z} + \frac{1}{2\pi i}\int_{\Delta}\frac{\partial f}{\partial\bar{w}}\frac{dw\wedge d\bar{w}}{w-z}. \tag{1.27}$$

が成り立つ． □

この積分公式を証明するには，1 次微分形式

$$\eta = \frac{1}{2\pi i}\frac{f(w)dw}{w-z}$$

と領域 $\Delta - \bar{\Delta}(z,\varepsilon)$（ただし，$\bar{\Delta}(z,\varepsilon)$ は中心 z，半径 ε の閉円板）に Stokes の公式を適用すればよい．すなわち

$$\int_{\partial\Delta}\eta - \int_{\partial\Delta(z,\varepsilon)}\eta = \int_{\Delta-\Delta(z,\varepsilon)}d\eta$$

に

$$\int_{\partial\Delta(z,\varepsilon)}\eta = \frac{1}{2\pi i}\int_{|w-z|=\varepsilon}\frac{f(w)dw}{w-z} = \frac{1}{2\pi}\int_0^{2\pi}f(z+\varepsilon e^{i\theta})d\theta$$

を代入して $\varepsilon\to 0$ とすればよい.

［補題1.3の証明］

（i）　1変数の $(0,1)$–形式の場合

この場合には，補題は「すべての $(0,1)$–形式 $fd\bar{z}$ は $fd\bar{z}=d''g$ と書ける」ということにほかならない．これを証明するために g を作ってみせる．実際，次のことを証明すればよい.

$f(z)$ が $\bar{\Delta}=\{|z|\leqq r\}$ 上で C^∞ 級の関数ならば，関数

$$g(z)=\frac{1}{2\pi i}\int_{|w|\leqq r}\frac{f(w)}{w-z}dw\wedge d\bar{w}$$

は $|z|<r$ において定義され，C^∞ 級で

$$\frac{\partial g}{\partial\bar{z}}=f$$

を満たす.

そのために，Δ 内に任意の点 z_0 と，z_0 を中心とする二つの円板 $\Delta''\subset\Delta'$ をとる．z_0 は任意にえらばれたから，Δ'' の点 z で証明すればよい．まず f を Δ' の外で0になる関数 f_1 と Δ'' 内で0になる関数 f_2 に分解して

$$f(z)=f_1(z)+f_2(z)$$

と書く．次に

$$g_\nu(z)=\frac{1}{2\pi i}\int_\Delta\frac{f_\nu(w)}{w-z}dw\wedge d\bar{w}$$

と定義すれば

$$g(z)=g_1(z)+g_2(z).$$

ここで，まず $g_2(z)$ は Δ'' で C^∞ 級，そして Δ'' 上で

$$\frac{\partial}{\partial\bar{z}}g_2(z)=\frac{1}{2\pi i}\int_\Delta\frac{\partial}{\partial\bar{z}}\left(\frac{f_2(w)}{w-z}\right)=0.$$

一方，$g_1(z)$ は，$f_1(z)$ がコンパクト集合の外で0になることから

$$g_1(z)=\frac{1}{2\pi i}\int_\Delta\frac{f_1(w)}{w-z}dw\wedge d\bar{w}=\frac{1}{2\pi i}\int_{\mathbb{C}}\frac{f_1(w)}{w-z}dw\wedge d\bar{w}$$

$$= \frac{1}{2\pi i}\int_{\mathbb{C}} \frac{f_1(u+z)}{u} du \wedge d\bar{u} \qquad (u = w-z)$$
$$= -\frac{1}{\pi}\int_{\mathbb{C}} f_1(z+re^{i\theta})e^{-i\theta} dr \wedge d\theta \qquad (u = re^{i\theta})$$

となり，C^∞ 級となることがわかる．そして

$$\begin{aligned}
\frac{\partial g_1(z)}{\partial \bar{z}} &= -\frac{1}{\pi}\int_{\mathbb{C}} \frac{\partial f_1}{\partial \bar{z}}(z+re^{i\theta})e^{-i\theta} dr \wedge d\theta \\
&= \frac{1}{2\pi i}\int_{\mathbb{C}} \frac{\partial f_1}{\partial \bar{z}}(z+u)\frac{du \wedge d\bar{u}}{u} \\
&= \frac{1}{2\pi i}\int_{\mathbb{C}} \frac{\partial f_1}{\partial \bar{u}}(z+u)\frac{du \wedge d\bar{u}}{u} \\
&= \frac{1}{2\pi i}\int_{\Delta} \frac{\partial f_1}{\partial \bar{w}}(w)\frac{dw \wedge d\bar{w}}{w-z} \\
&= f_1(z).
\end{aligned}$$

ただし，ここで 3 番目の等号を証明する際，

$$\frac{\partial f_1}{\partial \bar{z}}(z+u) = \frac{\partial f_1}{\partial \bar{u}}(z+u)$$

となることを使い，また最後の等号では Cauchy の積分公式(1.27)と，$\partial\Delta$ 上で $f_1 = 0$ となることを使っている．よって，

$$\frac{\partial}{\partial \bar{z}} g(z) = \frac{\partial}{\partial \bar{z}}(g_1(z)+g_2(z)) = \frac{\partial}{\partial \bar{z}} g_1(z) = f_1(z) = f(z), \qquad z \in \Delta''.$$

（ii）　$(0,q)$–形式の場合

ω を $(0,q)$–形式で，$q \geqq 1$ とする．その場合には，次のことを証明すればよい．

もし $\omega = \sum_B f_{\bar{B}} d\bar{z}^B$ が $d\bar{z}^1, \cdots, d\bar{z}^k$ だけを含んでいるならば，適当な $(0, q-1)$–形式 η をえらび，$\omega - d''\eta$ は $d\bar{z}^1, \cdots, d\bar{z}^{k-1}$ だけしか含まないようにできる．

そのために，与えられた $\omega = \sum_B f_{\bar{B}} d\bar{z}^B$ を次のように分解する．

$$\omega = \omega_1 \wedge d\bar{z}^k + \omega_2,$$

$$\omega_1 = \sum_{k \in B} f_{\bar{B}} d\bar{z}^{B-\{k\}}, \qquad \omega_2 = \sum_{k \notin B} f_{\bar{B}} d\bar{z}^B,$$

ただし，ここで最初の和は k を含む B についてとり，2番目の和は k を含まない B についてとる．また ω_2 は $d\bar{z}^1, \cdots, d\bar{z}^{k-1}$ しか含まないから，$d''\omega_2$ は $d\bar{z}^k \wedge d\bar{z}^l\ (l > k)$ のような項を含まない．したがって

$$0 = d''\omega = d''\omega_1 \wedge d\bar{z}^k + d''\omega_2$$

から

$$\frac{\partial f_{\bar{B}}}{\partial \bar{z}^l} = 0, \qquad l > k$$

を得る．そこで

$$\eta_{\bar{B}}(z) = \frac{1}{2\pi i} \int_{|w^k| \leqq r'} f_{\bar{B}}(z^1, \cdots, w^k, \cdots, z^n) \frac{dw^k \wedge d\bar{w}^k}{w^k - z^k},$$

$$\eta = \sum_{k \in B} \eta_{\bar{B}} d\bar{z}^{B-\{k\}}$$

と定義すると，$l > k$ に対しては

$$\frac{\partial \eta_{\bar{B}}}{\partial \bar{z}^l} = \frac{1}{2\pi i} \int_{|w^k| \leqq r'} \frac{\partial}{\partial \bar{z}^l} f_{\bar{B}}(z^1, \cdots, w^k, \cdots, z^n) \frac{dw^k \wedge d\bar{w}^k}{w^k - z^k} = 0.$$

一方，$l = k$ の場合は，1変数の Dolbeault の補題により

$$\frac{\partial \eta_{\bar{B}}}{\partial \bar{z}^k} = f_{\bar{B}}.$$

したがって，$\omega - d''\eta$ は $d\bar{z}^k$ を含まず，$d\bar{z}^1, \cdots, d\bar{z}^{k-1}$ だけしか含まない．

(iii)　(p,q)–形式の場合

d''–閉の (p,q)–形式

$$\omega = \sum_{A,B} f_{A\bar{B}} dz^A \wedge d\bar{z}^B$$

に対し

$$\omega_A = \sum_B f_{A\bar{B}} d\bar{z}^B$$

とおくと，$(0,q)$–形式 ω_A は d''–閉であるから(ii)の場合により d''–完全，す

なわち

$$\omega_A = d''\theta_A$$

と書ける．したがって

$$\omega = \pm d''\Bigl(\sum_A \theta_A \wedge dz^A\Bigr).$$

これで Dolbeault の補題の証明は完了した． ∎

Dolbeault の補題では $q \geqq 1$ と仮定したが，$(p,0)$–形式 $\omega = \sum_A f_A dz^A$ が d''–閉ならば $d''f_A = 0$，すなわち係数 f_A がすべて正則関数となる．もちろん逆も成り立つ．このような $(p,0)$ 次の微分形式を**正則 p 次微分形式**，または単に**正則 p–形式**(holomorphic p-form)とよぶ．

《要約》

1.1 複素微分形式の計算．

1.2 Dolbeault の補題の理解(特に Poincaré の補題と比較しながら)．

演習問題

1.1 次の Poincaré の補題を証明せよ．

$\mathbb{R}^n$ の領域 $U = \{(x^1, \cdots, x^n);\ |x^i| < 1\}$ で定義された $p+1$ 次微分形式 ω が $d\omega = 0$ ならば，U 上に p 次微分形式 θ が存在して $\omega = d\theta$ と書ける．

1.2 Dolbeault の補題を使って次の事実を証明せよ．これは §4.6 で考える dd^c コホモロジーと関係がある．

ω が半径 r の多重円板 D^n_r 上の (p,q) 次微分形式 $(p,q>0)$ で $d\omega = 0$ ならば，少し小さい多重円板 $D^n_{r'}$ $(r' < r)$ 上に $(p-1,q-1)$ 次微分形式 θ で $\omega = dd^c\theta$ となるものが存在する．

1.3 ω を問題 1.2 と同様に (p,q) 次微分形式で $dd^c\omega = 0$ とする．そのとき，少し小さい多重円板上で ω は次のように書けることを証明せよ．

(i) $p = q = 0$ ならば正則関数 f と g によって $\omega = f + \overline{g}$ と書ける．

（ii）　$p>0$, $q=0$ ならば $(p-1,0)$ 次微分形式 θ と正則 p 次微分形式 φ によって $\omega=d'\theta+\varphi$ と書ける．

（iii）　$p=0$, $q>0$ ならば $(0,q-1)$ 次微分形式 θ と正則 q 次微分形式 φ によって $\omega=d''\theta+\overline{\varphi}$ と書ける．

（iv）　$p,q>0$ ならば $(p-1,q)$ 次微分形式 φ と $(p,q-1)$ 次微分形式 ψ によって $\omega=d'\varphi+d''\psi$ と書ける．

1.4　Dolbeault の補題において，$d''\omega=0$ となる D_r^n 上の (p,q) 次微分形式 ω に対し，同じ D_r^n 上の $(p,q-1)$ 次微分形式 θ で $\omega=d''\theta$ となるものが存在することを証明せよ．（ヒント．Dolbeault の補題の証明を読み直して，$p=0$ の場合に帰することをまず確かめた上で，$(0,1)$ 次の場合，次に $(0,q)$ 次の場合を証明せよ．またこれは $r=\infty$ すなわち $\mathbb{C}^n$ 上の ω に対しても成り立つことを注意しておく．）

1.5　（i）　$D\subset\mathbb{C}$ を有界領域とし，その境界 γ は有限個の滑らかな単一閉曲線から成っているとする．f が $\overline{D}$ 上の C^∞ 複素関数ならば，D 上に C^∞ 関数 g で $fd\overline{z}=d''g$ となるものが存在することを証明せよ．

（ii）　f が $\mathbb{C}^*=\mathbb{C}-\{0\}$ で定義された C^∞ 複素関数ならば，$\mathbb{C}^*$ 上に C^∞ 関数 g で $fd\overline{z}=d''g$ となるものが存在する．

$\mathbb{C}^*$ の代りに $D_r^*=\{z\in\mathbb{C};\ 0<|z|<r\}$ に対しても同様のことが成り立つ．

1.6　$0<r\leqq\infty$ に対し $D_r=\{z\in\mathbb{C};\ |z|<r\}$，$D_r^*=\{z\in\mathbb{C};\ 0<|z|<r\}$ とする（すなわち，$D_\infty=\mathbb{C}$, $D_\infty^*=\mathbb{C}^*$）．そのとき，$D_r^k\times(D_r^*)^{n-k}$ 上の (p,q) 次微分形式 ω（ただし $q>0$）が $d''\omega=0$ ならば，同じ $D_r^k\times(D_r^*)^{n-k}$ 上に $(p,q-1)$ 次微分形式 θ で $\omega=d''\theta$ となるものが存在する．

2 複素多様体とベクトル束

複素多様体の定義は，実多様体の定義を知っている読者にとって特に難しいことはない. §2.1 では，複素多様体の基本的な例をいくつか説明する.

§2.2 では，複素多様体の一般化として概複素多様体の概念を導入するが，ここでは複素多様体の理解を助けるのを目的とするので，定義以上のことはしない. ただし，近年，シンプレクティック幾何の研究において概複素構造が重要になってきていることを付け加えておく.

§2.3 では，複素ベクトル束について基本的なことを説明する. トポロジーまたは微分幾何で実ベクトル束を学んだ読者にとっては，なにも難しいことはないが，単に微分可能な複素ベクトル束と，正則ベクトル束の違いを理解しておくことが大切である.

§2.1 複素多様体

n 次元**複素多様体**(complex manifold)とは，次のような 2 条件を満たす開被覆 $\{U_j\}$ と写像

$$\varphi_j\colon\ U_j \longrightarrow \mathbb{C}^n$$

をもつ Hausdorff 空間 X である:

(a) 各 j に対し，$\varphi_j(U_j)$ は $\mathbb{C}^n$ の開集合で，φ_j は U_j から $\varphi_j(U_j)$ への同相写像である.

（b）　$U_j \cap U_k$ が空集合でないときは，いつでも

$$\varphi_k \circ \varphi_j^{-1}\colon\ \varphi_j(U_j \cap U_k) \longrightarrow \varphi_k(U_j \cap U_k)$$

が正則写像になっている．

いま，$(z^1, \cdots, z^n)$ を $\mathbb{C}^n$ の自然な座標系とするとき，U_j 上の関数

$$z_j^1 = z^1 \circ \varphi_j, \quad \cdots, \quad z_j^n = z^n \circ \varphi_j$$

を U_j における**局所座標系**(local coordinate system)とよぶ．$\varphi_j(U_j)$ を U_j と同一視して，しばしば $(z_j^1, \cdots, z_j^n)$ の代りに $(z^1, \cdots, z^n)$ と書く．特に，一つの近傍 U_j を扱っている場合には，$(z_j^1, \cdots, z_j^n)$ の添字 j を省くことが多い．

一つの位相空間 X 上に与えられた二つの複素多様体構造(または単に，複素構造) $\{(U_j, \varphi_j)\}$ と $\{(V_k, \psi_k)\}$ が**同値**(equivalent)であるとは，空でない $U_j \cap V_k$ に対し

$$\psi_k \circ \varphi_j^{-1}\colon\ \varphi_j(U_j \cap V_k) \longrightarrow \psi_k(U_j \cap V_k)$$

が常に正則同形写像であることである．同値な複素構造は区別しない．

写像

$$(2.1) \qquad (z^1, \cdots, z^n) \longrightarrow (x^1, y^1, \cdots, x^n, y^n), \qquad z^\alpha = x^\alpha + iy^\alpha$$

により $\mathbb{C}^n$ を $\mathbb{R}^{2n}$ と同一視することにより，U_j の局所座標系 $(z_j^1, \cdots, z_j^n)$ の代りに局所実座標系 $(x_j^1, y_j^1, \cdots, x_j^n, y_j^n)$ を考えると，$2n$ 次元の実解析多様体が得られる．このような実解析多様体を，与えられた複素多様体の**基礎実解析多様体**(underlying real analytic manifold)とよぶ．

複素多様体の二つの局所座標系の座標変換に対応する基礎実解析多様体の座標変換のヤコビアンは，(1.17)によれば常に正であるから，複素多様体には常に向きがついている．

いま，U_j 内の開集合 U で定義された関数 f が局所座標系 $(z^1, \cdots, z^n)$ の正則関数ならば(すなわち，$f \circ \varphi^{-1}$ が $\mathbb{C}^n$ の領域で正則ならば)，他の局所座標系に関しても正則であるから，$z^1, \cdots, z^n$ に言及することなく，単に f は U で正則であるという．

同様に，もう一つの複素多様体を Y とし，$\{(V_k, \psi_k)\}$ がその局所座標系で，写像 $f\colon X \to Y$ が座標系 (U_j, φ_j) と (V_k, ψ_k) に関して正則ならば(すなわち，$\psi_k \circ f \circ \varphi_j^{-1}$ が正則ならば)，f は他の局所座標系に関しても正則である．し

たがって，座標系に言及することなく，単に $f\colon X\to Y$ が正則であるということができる．

複素多様体の例を説明する準備として，被覆空間について簡単に述べておく．$\pi\colon \widetilde{X}\to X$ を被覆写像とする．X を複素多様体とし，$\{(U_j,\varphi_j)\}$ をその座標系とする．U_j を十分小さくとることにより，$\pi^{-1}(U_j)$ は互いに共通部分のない開集合 $U_{j\lambda}$ の和に書け，各 $U_{j\lambda}$ は π により U_j と同相であるとしてよい．そのときには，$\widetilde{X}$ は $\{(U_{j\lambda},\,\varphi_j\circ\pi)\}$ を座標系にもつ複素多様体となる．逆に，$\widetilde{X}$ を複素多様体とする．$\widetilde{X}$ の開集合 $\widetilde{U},\widetilde{U}'$ で，$\pi\colon \widetilde{U}\to\pi(\widetilde{U})$ も $\pi\colon \widetilde{U}'\to\pi(\widetilde{U}')$ も同相写像であり，$\pi(\widetilde{U})=\pi(\widetilde{U}')$ のとき自然な同相写像 $\widetilde{U}\to\widetilde{U}'$ が常に正則ならば，X も複素多様体となり π は正則である．特に，$\widetilde{X}$ が単連結な複素多様体で被覆変換が正則ならば，X も複素多様体で π は正則である．

例 2.1（複素トーラス） $\mathbb{C}^n$ の $\mathbb{R}$ 上一次独立な $2n$ 個のベクトル $\gamma_1,\cdots,\gamma_{2n}$ によって生成される部分群 Γ を，階数 $2n$ の**格子**(lattice)とよぶが，その商群 $T=\mathbb{C}^n/\Gamma$ はコンパクトな複素多様体で，**複素トーラス**(complex torus)とよばれる．位相的には，T は $2n$ 個の円の直積 $(S^1)^{2n}$ に同相であるが，複素多様体としての T は格子 Γ によって異なる．これについては後に詳しく述べる． □

いま，G が実多様体であると同時に群の構造をもち，写像 $G\times G\to G$，$(x,y)\mapsto xy^{-1}$ が微分可能なとき，G を Lie 群とよぶが，さらに，G が複素多様体で上の写像 $G\times G\to G$ が正則のときには，G を**複素 Lie 群**(complex Lie group)とよぶ．Γ が G の離散部分群ならば，商空間 G/Γ は複素多様体で，被覆写像 $\pi\colon G\to G/\Gamma$ は正則である．複素トーラス $T=\mathbb{C}^n/\Gamma$ はこの最も簡単な例である．

一般線形群 $GL(n;\mathbb{C})$ すなわち，n 次の正則な複素行列全体のつくる乗法群も大切な複素 Lie 群であるが，次の例ではその部分群を考える．

例 2.2（岩沢多様体） 次のように，対角線上は 1，対角線から下は 0 となる上半三角形型の行列からなる $GL(n;\mathbb{C})$ の部分群

$$G = \left\{ \begin{pmatrix} 1 & a_{12} & a_{13} & \cdots & a_{1n} \\ 0 & 1 & a_{23} & \cdots & a_{2n} \\ & & \cdots\cdots & & \\ 0 & 0 & 0 & \cdots & a_{n-1\,n} \\ 0 & 0 & 0 & \cdots & 1 \end{pmatrix} \right\}, \tag{2.2}$$

そして a_{ij} が Gauss の整数(すなわち，実部も虚部も有理整数)であるような行列のつくる G の離散部分群 Γ を考える．その商空間 G/Γ は $n(n-1)/2$ 次元のコンパクト複素多様体となるが，これを**岩沢多様体**(Iwasawa manifold)とよぶ．コンパクト性の証明は演習問題2.8として残しておく．　□

例2.3(Hopf多様体)　Γ を2によって生成される $\mathbb{C}^* = \mathbb{C} - \{0\}$ の離散部分群とする．すなわち，$\Gamma = \{2^k;\, k \in \mathbb{Z}\}$．そして Γ を $\mathbb{C}^n - \{0\}$ 上に次のように作用させる．

$$2^k\colon\ z = (z^1, \cdots, z^n) \longmapsto 2^k z = (2^k z^1, \cdots, 2^k z^n)\,. \tag{2.3}$$

この作用によって得られる商空間 $(\mathbb{C}^n - \{0\})/\Gamma$ は最も簡単な **Hopf多様体**(Hopf manifold)である(一般のHopf多様体には触れない)．Γ の基本領域

$$F = \{z \in \mathbb{C}^n;\ 1 \leqq \|z\| \leqq 2\} \tag{2.4}$$

の内側と外側の境界はそれぞれ半径1と2の球面 $S^{2n-1}(1)$，$S^{2n-1}(2)$ で，内側の境界を2倍して外側の境界と貼り合わせることにより，Hopf多様体を得る．したがって写像

$$z \in F \longrightarrow (z/\|z\|, e^{2\pi i\|z\|}) \in S^{2n-1} \times S^1 \tag{2.5}$$

はHopf多様体から $S^{2n-1} \times S^1$ への同相写像をひきおこす．　□

もっと一般に，二つの奇数次元の球面の積 $S^{2p+1} \times S^{2q+1}$ にも複素多様体の構造が自然に入ることが知られている(Calabi–Eckmannの定理)．

球面がRiemann幾何で基本的役割を果たすのと同様に，複素幾何で最も重要な射影空間について説明する．

例2.4(複素射影空間)　乗法群 $\mathbb{C}^*$ は $\mathbb{C}^{n+1} - \{0\}$ 上に次のように作用する．

$$c\colon\ \zeta = (\zeta^0, \zeta^1, \cdots, \zeta^n) \longmapsto c\zeta = (c\zeta^0, c\zeta^1, \cdots, c\zeta^n)\,. \tag{2.6}$$

その商空間 $(\mathbb{C}^{n+1} - \{0\})/\mathbb{C}^*$ が n 次元**複素射影空間**(complex projective space) $P_n\mathbb{C}$ である．$\mathbb{C}^{n+1}$ の原点を通る複素直線(1次元複素部分線形空間)から原点を除いたものの和が $\mathbb{C}^{n+1} - \{0\}$ であるから，$P_n\mathbb{C}$ は $\mathbb{C}^{n+1}$ の原点を通る複

素直線の集合と考えられる．すなわち，$\mathbb{C}^{n+1}$ の 0 でないベクトルは，それによって張られる複素直線として $P_n\mathbb{C}$ の点を与える．U_j を $\zeta^j \neq 0$ によって定義される $P_n\mathbb{C}$ の開集合とすれば，$P_n\mathbb{C}$ は $n+1$ 個の開集合 $U_0, U_1, \cdots, U_n$ で覆われる．二つのベクトル $(\zeta^0, \cdots, \zeta^j, \cdots, \zeta^n)$ と $(\zeta^0/\zeta^j, \cdots, 1, \cdots, \zeta^n/\zeta^j)$ は $U_j \subset P_n\mathbb{C}$ の同じ点を表わす．

$$(2.7)\quad z_j^0 = \frac{\zeta^0}{\zeta^j}, \quad \cdots, \quad z_j^{j-1} = \frac{\zeta^{j-1}}{\zeta^j}, \quad z_j^{j+1} = \frac{\zeta^{j+1}}{\zeta^j}, \quad \cdots, \quad z_j^n = \frac{\zeta^n}{\zeta^j}$$

とおくと，$z_j = (z_j^0, \cdots, z_j^{j-1}, z_j^{j+1}, \cdots, z_j^n)$ は U_j から $\mathbb{C}^n$ への同相写像を与える．共通部分 $U_j \cap U_k$ では，局所座標系 z_j は z_k の関数として

$$(2.8)\quad z_j^0 = \frac{z_k^0}{z_k^j}, \quad z_j^1 = \frac{z_k^1}{z_k^j}, \quad \cdots, \quad z_j^k = \frac{1}{z_k^j}, \quad \cdots, \quad z_j^n = \frac{z_k^n}{z_k^j}$$

と表わされるから，$\{(U_j, z_j)_{j=0,1,\cdots,n}\}$ は $P_n\mathbb{C}$ に複素多様体の構造を定義する．$\zeta^0, \cdots, \zeta^n$ を $P_n\mathbb{C}$ の**斉次座標系**(homogeneous coordinate system)，そして z_j を U_j で定義された**非斉次座標系**(inhomogeneous coordinate system)とよぶ．　□

以上述べた 4 例はすべて Lie 群から得られる等質空間であるが，それ以外の例は部分多様体を考えることによって得られる．

X を n 次元複素多様体，Y をその部分集合とする．各点 $y \in Y$ に対し X における小さい近傍 V を適当にとれば，$Y \cap V$ は V で定義された正則関数 $f_1(z), \cdots, f_k(z)$ の共通の零点として

$$f_1(z) = \cdots = f_k(z) = 0$$

で定義され，しかも関数行列

$$(2.9)\qquad (\partial f_i/\partial z^\lambda)_{i=1,\cdots,k\,;\,\lambda=1,\cdots,n}$$

の階数が $Y \cap V$ の各点で k であると仮定しよう．そのとき陰関数の定理(定理 1.2)により Y は $n-k$ 次元の複素多様体になる．実際，行列 $(\partial f_i/\partial z^\lambda)_{1\leqq i,\lambda\leqq k}$ の階数が k ならば，$z^{k+1}, \cdots, z^n$ が $Y \cap V$ の局所座標系として使える．詳しいことは実多様体の部分多様体の場合と同様である．

例 2.5（射影代数多様体）　$(\zeta^0, \cdots, \zeta^n)$ を $P_n\mathbb{C}$ の斉次座標系とする．その斉次多項式 $f_1(\zeta), \cdots, f_m(\zeta)$ の共通の零点として定義される $P_n\mathbb{C}$ の部分集合 X,

すなわち

$$X:\ f_1(\zeta)=0,\ \cdots,\ f_m(\zeta)=0 \tag{2.10}$$

を**射影代数多様体**(projective algebraic variety)とよぶ．行列 $(\partial f_j/\partial\zeta^\lambda)$ が X 上で常に階数 r ならば，X は $n-r$ 次元の複素多様体になる．例えば

$$(\zeta^0)^k+(\zeta^1)^k+\cdots+(\zeta^n)^k=0 \tag{2.11}$$

は余次元1の $P_n\mathbb{C}$ の閉部分多様体，すなわち非特異超曲面を定義する．(2.11)で与えられる超曲面は，次数 k の **Fermat 多様体**(Fermat variety)とよばれる．

$P_n\mathbb{C}$ の閉複素部分多様体 X は，(2.10)のように多項式の零点として与えられる，すなわち射影代数多様体であることが知られている(Chow の定理)．

§2.2　接ベクトル束と概複素構造

X を n 次元複素多様体とし，その $2n$ 次元実多様体としての接ベクトル束を TX とする．TX の自己準同形 $J: TX\to TX$ で $J\circ J=-I$ となるものを次のように定義する(ただし，ここで I は恒等写像を表わす)．$z^1,\cdots,z^n$ を X の局所座標系とするとき，$z^\alpha=x^\alpha+iy^\alpha$ と書いて，J を

$$J\left(\frac{\partial}{\partial x^\alpha}\right)=\frac{\partial}{\partial y^\alpha},\qquad J\left(\frac{\partial}{\partial y^\alpha}\right)=-\frac{\partial}{\partial x^\alpha} \tag{2.12}$$

と定義する．この定義が座標系の選び方に依らないことはすぐわかる．

一般に，実多様体 X 上に自己準同形 $J: TX\to TX$ で $J\circ J=-I$ となるものが与えられたとき，J を**概複素構造**(almost complex structure)，そして X を**概複素多様体**(almost complex manifold)とよぶ．$J^2=-I$ の行列式を計算すると $0<(\det J)^2=\det(-I)=(-1)^{\dim X}$ となることから，X の次元は偶数でなければならない．

実次元 $2n$ の概複素多様体 (X,J) が与えられたとき，その接ベクトル束の複素化 $T^{\mathbb{C}}X=TX\otimes\mathbb{C}$ に J を複素自己同形写像 $J: T^{\mathbb{C}}X\to T^{\mathbb{C}}X$ として拡張する．$J^2=-I$ であるから J の固有値は $\pm i$ で，

$$T^{\mathbb{C}}X=T'X\oplus T''X \tag{2.13}$$

を固有値分解とする．ただし，T' と T'' はそれぞれ $+i$ と $-i$ に対応する部分束である．

TX の自己準同形 J は双対束，すなわち共変接ベクトル束 T^*X に自己準同形写像 J を引き起こし，(2.13)と同様に，固有値分解

(2.14) $$T^{*\mathbb{C}}X = T'^{*}X \oplus T''^{*}X$$

を定義する．

場合によっては

(2.15) $$\xi \in TX \longleftrightarrow \xi - iJ\xi \in T'X$$

により TX と $T'X$ を同一視することもあることを注意しておく．T^*X と T'^*X についても同様である．

次に，概複素多様体 X 上の複素微分形式を考える．次のような分解

(2.16) $$\bigwedge^r T^{*\mathbb{C}} = \sum_{p+q=r} \bigwedge^p T'^{*} \otimes \bigwedge^q T''^{*}$$

に対応して，X の開集合 U 上で定義された $\bigwedge^p T'^* \otimes \bigwedge^q T''^*$ の滑らかな断面を U 上の (p,q) 次の微分形式とよぶが，それらの微分形式の集合を $A^{p,q}(U)$ と書くことにする．

外微分 d は 1 次微分形式を 2 次微分形式に移すから

(2.17) $$\begin{aligned} d(A^{1,0}(U)) &\subset A^{0,2}(U) \oplus A^{1,1}(U) \oplus A^{2,0}(U), \\ d(A^{0,1}(U)) &\subset A^{0,2}(U) \oplus A^{1,1}(U) \oplus A^{2,0}(U). \end{aligned}$$

注意すべき点は，$d(A^{1,0}(U)) \subset A^{1,1}(U) \oplus A^{2,0}(U)$ となるとは限らないことである．(2.17)から容易に

(2.18)
$$d(A^{p,q}(U)) \subset A^{p-1,q+2}(U) \oplus A^{p,q+1}(U) \oplus A^{p+1,q}(U) \oplus A^{p+2,q-1}(U)$$

を得る．

X の概複素構造 J の**ねじれ**(torsion)とは，次の式によって定義される $(1,2)$–型のテンソル N のことである．

(2.19) $$N(u,v) = [Ju, Jv] - [u,v] - J[u, Jv] - J[Ju, v]$$
（u, v は X 上のベクトル場）．

X 上の関数 f に対し，$N(fu,v) = fN(u,v) = N(u,fv)$ となることが容易に

わかる．したがって，N は各点 $x\in X$ で交代双線形写像 $N_x\colon T_xX\times T_xX\to T_xX$ を与える．テンソル N は **Nijenhuis テンソル**(Nijenhuis tensor)ともよばれる．

定理 2.6　概複素多様体 (X,J) に対し，次の4条件は互いに同値である．

（a）　ζ と ζ' が $T'X$ の断面ならば，$[\zeta,\zeta']$ も $T'X$ の断面である．

（b）　$d(A^{1,0}(X))\subset A^{1,1}(X)\oplus A^{2,0}(X)$．

（c）　$d(A^{0,1}(X))\subset A^{0,2}(X)\oplus A^{1,1}(X)$．

（d）　J のねじれ $N=0$．

［証明］　(a)と(b)の同値性は，外微分 d と Lie 括弧の関係式

$$2d\omega(\xi,\eta)=\xi(\omega(\eta))-\eta(\omega(\xi))-\omega([\xi,\eta])$$

(ただしここで ω は1次微分形式，ξ と η はベクトル場)から容易にわかる．(c)は(b)の複素共役だから互いに同値である．(a)と(d)の同値性を証明するため，X のベクトル場 u,v に対し $\zeta=[u-iJu,v-iJv]$ とおく．$u-iJu$ も $v-iJv$ も $T'X$ の断面だから，(a)が成り立つのは，すべての u,v に対し ζ が $T'X$ の断面になるときであり，そのときだけである．一方，簡単な計算で

$$\zeta+iJ\zeta=-N(u,v)-iJ(N(u,v)). \qquad (2.20)$$

$\zeta+iJ\zeta=0$ となるのは ζ が $T'X$ の断面になるということと同じだから，(a)が成り立つのは，すべての u,v に対し $N(u,v)=0$ となるときで，そのときに限る．∎

上の定理の条件が満たされているとき，概複素構造 J が**可積分**(integrable)であるという．

X が複素多様体で，$(z^1,\cdots,z^n)$ がその局所座標系ならば，T' は $\partial/\partial z^1,\cdots,\partial/\partial z^n$ を基とし，T'' は $\partial/\partial\bar{z}^1,\cdots,\partial/\partial\bar{z}^n$ を基にもつ．同様に，T'^* は $dz^1,\cdots,dz^n$ を基とし，T''^* は $d\bar{z}^1,\cdots,d\bar{z}^n$ を基とする．特に，本節で定義した (p,q) 次微分形式は§1.2の定義と一致する．

複素多様体の概複素構造 J が可積分であることは明白だが，逆もまた成り立つ．

定理 2.7　概複素構造 J が可積分であるならば，それは複素多様体の J である．□

概複素構造の概念そのものも，上の定理の実解析的な場合も Ehresmann による(1950)．C^∞ の場合の定理の証明は Newlander と Nirenberg による(1957)[*1]．

また，球面で概複素構造をもつのは S^2 と S^6 に限ることが知られている．S^2 は $P_1\mathbb{C}$ でもあるから，実際，複素構造をもつ．S^6 を虚の Cayley 数のつくる 7 次元ベクトル空間の中の単位球と考えると，自然に概複素構造が定義されるが，これは可積分でない．S^6 に複素構造が存在するかどうかは未解決の問題である(詳しいことは脚注の本を参照されたい)．

§2.3 ベクトル束

ここでは，読者はファイバー束について基礎的知識をもっていると仮定して，その復習と本書で使う記号の説明を主目的とする．

X を複素多様体，E をその上の C^∞ 複素ベクトル束で階数(ファイバーの次元)を r，またその射影を π とする．点 $x\in X$ におけるファイバーを $E_x=\pi^{-1}(x)$ と書く．

P を，$GL(r;\mathbb{C})$ を構造群とする E に同伴する主ファイバー束とする．その射影も π と書くことにする．定義により，その元 $u\in P_x=\pi^{-1}(x)\subset P$ は同形写像 $u\colon \mathbb{C}^r\to E_x$ である．したがって，$u\in P_x$ は $\mathbb{C}^r$ の自然な基の u による像として得られる E_x の枠(frame，順序のついた基)とも考えられる．構造群 $GL(r;\mathbb{C})$ は P に同形写像の合成として，次のように右から作用する．

(2.21) $$ua=u\circ a\colon\ \mathbb{C}^r\longrightarrow E_x,\quad u\in P,\ a\in GL(r;\mathbb{C}).$$

逆に，X 上に構造群 $GL(r;\mathbb{C})$ の主ファイバー束 P が与えられていると，階数 r のベクトル束 E を次のようにして作ることができる．まず $GL(r;\mathbb{C})$ を $P\times\mathbb{C}^r$ に

(2.22) $$a\colon\ (u,\lambda)\longmapsto(ua^{-1},a\lambda)$$

---

*1 実解析的な場合の証明，その他のコメントに興味のある読者は，S. Kobayashi-K. Nomizu, *Foundations of Differential Geometry*, II, Interscience, 1969 を見られたい．

によって作用させ，E をその作用による商空間

(2.23) $$E=(P\times\mathbb{C}^r)/GL(r;\mathbb{C})$$

として定義する．

$\{U_j\}$ を X の開被覆で，E は各 U_j の上で直積束になっているとする．s_j を U_j 上の P の断面とする．それは順序のついた1次独立な r 個の U_j で定義された E の断面 $(e_{j1},\cdots,e_{jr})$ と考えてよい．s_j によって $\pi^{-1}(U_j)\subset E$ は $U_j\times\mathbb{C}^r$ と次のようにして同形になる．

(2.24) $$(x;a^1,\cdots,a^r)\in U_j\times\mathbb{C}^r\longrightarrow\sum a^\alpha e_{j\alpha}(x)\in\pi^{-1}(U_j).$$

$U_j\cap U_k\neq\varnothing$ のときには，**変換関数**(transition function) $a_{jk}\colon U_j\cap U_k\to GL(r;\mathbb{C})$ を

(2.25) $$s_k(x)=s_j(x)a_{jk}(x),\quad x\in U_j\cap U_k$$

によって定義する．そうすると

(2.26) $$\begin{aligned}&a_{jk}(x)a_{kj}(x)=I, && x\in U_j\cap U_k,\\&a_{ij}(x)a_{jk}(x)a_{ki}(x)=I, && x\in U_i\cap U_j\cap U_k\end{aligned}$$

が成り立つ．

変換関数 $\{a_{jk}\}$ は局所断面 s_j の選び方に依存する．$\{t_j\}$ を別の局所断面とし，$\{b_{jk}\}$ を対応する変換関数とすれば

(2.27) $$t_k(x)=t_j(x)b_{jk}(x),\quad x\in U_j\cap U_k$$

となる．$\{a_{jk}\}$ と $\{b_{jk}\}$ の関係を書くために，写像 $g_j\colon U_j\to GL(r;\mathbb{C})$ を

(2.28) $$t_j(x)=s_j(x)g_j(x),\quad x\in U_j$$

で定義すると，(2.25), (2.27), (2.28)から次の関係式を得る．

(2.29) $$a_{jk}(x)=g_j(x)b_{jk}(x)g_k(x)^{-1},\quad x\in U_j\cap U_k.$$

二つの変換関数の族 $\{a_{jk}\}$ と $\{b_{jk}\}$ が(2.29)で結ばれているときには，それらは同値とみなされる．

逆に，(2.26)を満たしている変換関数 $\{a_{jk}\}$ から E を作るには，$U_j\times\mathbb{C}^r$ の和集合に

$$(x,\lambda_j)\in U_j\times\mathbb{C}^r\ \sim\ (x,a_{kj}(x)\lambda_j)\in U_k\times\mathbb{C}^r$$

によって同値関係を入れ，$E=\bigcup U_j\times\mathbb{C}^r/\sim$ と定義する．(x,λ_j) で代表される同値類を $[x,\lambda_j]\in E$ と書くことにする．$\{a_{jk}\}$ に同値な変換関数 $\{b_{jk}\}$ から

同様にして得られるベクトル束を F とする．写像 $g\colon F\to E$ を

$$(2.30)\qquad g\colon\ [x,\lambda_j]\in F\longrightarrow[x,g_j(x)\lambda_j]\in E,\quad (x,\lambda_j)\in U_j\times\mathbb{C}^r$$

と定義すれば，$[x,g_k(x)b_{kj}(x)\lambda_j]=[x,a_{kj}(x)g_j(x)\lambda_j]=[x,g_j(x)\lambda_j]$ だから g はきちんと定義されていることがわかる．各点 $x\in X$ で g は F_x から E_x への同形写像を定義し，F から E への同形写像を与える．

一般に，ベクトル空間に関するいろいろな代数的構成に対応するベクトル束の構成がある．例えば，E の双対ベクトル束 $E^*=\bigcup_{x\in X}E_x^*$ が定義され，E の変換関数 $\{a_{jk}\}$ に対し E^* の変換関数は $a_{jk}^*={}^ta_{jk}^{-1}$ で与えられる．また，$p\,(0\leqq p\leqq r)$ に対し $\bigwedge^pE=\bigcup_{x\in X}\bigwedge^pE_x$ も定義される．特に $\det(E)=\bigwedge^rE$ は階数 1 のベクトル束で，その変換関数は $\{\det(a_{jk})\}$ で与えられる．

これらの構成は，群の表現の言葉を使えば統一的に述べられる．一般に，G を Lie 群，P を構造群 G をもつ主ファイバー束とする．V をベクトル空間，$\rho\colon G\to\mathrm{End}(V)$ を G の表現とする．G を ρ によって $P\times V$ に次のように作用させる．

$$(2.31)\qquad a\colon\ (u,\lambda)\longmapsto(ua^{-1},\rho(a)\lambda)\,.$$

この作用による商空間

$$(2.32)\qquad E^\rho=P\times_\rho V=(P\times V)/G$$

は V をファイバーとするベクトル束である．$\{a_{jk}\}$ が P の変換関数ならば，E^ρ の変換関数は $\{\rho(a_{jk})\}$ によって与えられる．

X 上にベクトル束 E と F が与えられたとき，$E\oplus F$, $E\otimes F$, $\mathrm{Hom}(E,F)$ などの定義は明白であろう．

また，二つのベクトル束の間の**束写像**(bundle map)とは，C^∞ 写像 $f\colon F\to E$ で，すべての点 $x\in X$ で $f(F_x)\subset E_x$ であり，かつ $f_x=f|_{F_x}$ が準同形写像であるだけでなく，その階数が x に依らず一定のものと定義する．そのとき，f の核 $\mathrm{Ker}(f)$，像 $\mathrm{Im}(f)$

$$(2.33)\qquad \begin{aligned}\mathrm{Ker}(f)&=\bigcup_{x\in X}\mathrm{Ker}(f_x)\subset F,\\ \mathrm{Im}(f)&=\bigcup_{x\in X}\mathrm{Im}(f_x)\subset E\end{aligned}$$

は，それぞれ F と E の部分ベクトル束となる(部分ベクトル束の定義は自明

であろう).

また，ベクトル束の**短完全系列**(short exact sequence)とは，束写像の列

(2.34)　$$0 \longrightarrow E' \xrightarrow{i} E \xrightarrow{p} E'' \longrightarrow 0$$

で，すべての点 $x \in X$ で

$$0 \longrightarrow E'_x \xrightarrow{i_x} E_x \xrightarrow{p_x} E''_x \longrightarrow 0$$

が完全系列となるものをいう．そのとき，単射 i の像 $F = i(E')$ は E の部分束であるが，E の局所枠場 $e_1, \cdots, e_m, e_{m+1}, \cdots, e_r$ をえらぶにあたって $e_1, \cdots, e_m$ が F の局所枠場となるようにすれば，E の変換関数は

(2.35)　$$\begin{pmatrix} b_{jk} & * \\ 0 & c_{jk} \end{pmatrix}$$

の形の行列で与えられ，$\{b_{jk}\}$ は部分束 F の変換関数，そして $\{c_{jk}\}$ は**商束**(quotient bundle) $E'' = E/F$ の変換関数となる．

各ファイバー E_x に Hermite 内積 h_x を，$h = \{h_x\}$ が x について C^∞ となるようにえらべば，F の直交補束 $F^\perp$ が E の部分束として $F^\perp = \bigcup_{x \in X} F_x^\perp$ によって定義され，E'' と同形になる．すなわち，束写像としての単射 $j \colon E'' \to E$ で $p \circ j$ が E'' の恒等写像であるようなものが存在し，

(2.36)　$$E \cong i(E') \oplus j(E'')$$

となる．このとき，短完全系列(2.34)は**分裂**(split)するという．

以上，一つの底空間 X 上のベクトル束を考えてきた．Y をもう一つの複素多様体，そして $f \colon Y \to X$ を C^∞ 写像とする．E を X 上の複素ベクトル束，π をその射影とする．そのとき，E を Y に f によって引き戻すことができる．すなわち，各点 $y \in Y$ に $f(y)$ 上のファイバー $E_{f(y)}$ を引き戻してもってくることにより，Y 上のベクトル束 $F = f^*(E)$ を得る．もっと形式的に書くと，f^*E を $Y \times E$ の部分集合として次のように定義すればよい．

(2.37)　$$f^*E = \{(y, \xi) \in Y \times E;\ f(y) = \pi(\xi)\}.$$

今まで C^∞ 複素ベクトル束を考えてきた．複素多様体 X 上の複素ベクトル束 E が次の条件を満たすとき，E は**正則ベクトル束**(holomorphic vector bundle)であるという．それにはまず E が複素多様体であって，射影 π が正則で，しかも正則な局所断面 $e_1, \cdots, e_r$ でつくる枠が存在しなければならない．

最後の条件は，局所的に積ファイバー束と解析的同形であることにほかならない．

正則ベクトル束において，局所正則枠から定義される変換関数 $\{a_{jk}\}$ は正則である．逆に，正則な変換関数からつくられる複素ベクトル束は正則である．

C^∞ 複素ベクトル束について上で述べたことは，一つの例外を除いて，すべて正則ベクトル束に対しても成り立つ．例外は，ベクトル束の短完全系列の分裂は，正則ベクトル束の場合には必ずしも存在しないという点である．Hermite 内積 h は正則でないから，正則部分束 F の直交補束は正則部分束になるとは限らない．すなわち，(2.34)が正則ベクトル束の完全系列の場合，E と $E' \oplus E''$ は一般には正則ベクトル束としては同形にならない．

最後にいくつか例を挙げる．n 次元複素多様体 X に対し(2.13)，(2.14)のように

$$T^{\mathbb{C}}X = T'X \oplus T''X, \quad T^{*\mathbb{C}}X = T'^{*}X \oplus T''^{*}X$$

とおくと，$T'X$ と $T'^{*}X$ は階数 n の正則ベクトル束である．(2.15)で説明したように，TX を $T'X$ と，そして $T^{*}X$ を $T'^{*}X$ と同一視して，TX および $T^{*}X$ を正則ベクトル束と考えることもある．そのとき

$$\otimes^r TX = TX \otimes \cdots \otimes TX \qquad (r \text{ 回の積})$$

は r 階反変正則テンソル束である．適当な対称条件，歪対称条件を課することにより，いろいろなテンソル部分束を得る．例えば，r 階対称反変テンソル束 S^rTX とか r 階歪対称反変テンソル束 $\bigwedge^r TX$ を得る．$\bigwedge^r TX$ の双対束 $\bigwedge^r T^{*}X$ は，正則 r 次微分形式の束である．

$T''X$ は正則ベクトル束ではないから，$q > 0$ の場合には，$\bigwedge^p T'X \otimes \bigwedge^q T''X$ は C^∞ ベクトル束でしかないことを注意しておく．

複素多様体 X の部分多様体 V の接ベクトル束 $TV(\cong T'V)$ は $TX|_V$ の正則部分束で，その商束 $N_{V/X} = (TX|_V)/TV$ は V の X における**法束**(normal bundle)とよばれる．法束の定義から，V 上の正則ベクトル束の完全系列

$$0 \longrightarrow TV \longrightarrow TX|_V \longrightarrow N_{V/X} \longrightarrow 0 \tag{2.38}$$

を得る．一般には，(2.38)は正則ベクトル束として分裂しない．

等質ベクトル束は応用上重要なベクトル束である．Lie 群 G とその閉部分群 H が与えられたとき，G は商空間 G/H 上の構造群 H の主ファイバー束である．r 次元ベクトル空間 V と表現 $\rho\colon H\to GL(V)\cong GL(r;\mathbb{C})$ に対し，(2.32)により G/H 上にベクトル束

$$E = G\times_\rho V \tag{2.39}$$

が定義される．これを表現 ρ によって定義された**等質ベクトル束**(homogeneous vector bundle)とよぶ．

このとき

$$(g,(g',v))\in G\times(G\times V)\longrightarrow (gg',v)\in G\times V \tag{2.40}$$

により，G は $G\times V$ に作用するが，この作用は G の E 上の作用を引きおこす．この作用は底空間 G/H 上の作用を E にもち上げたものになる．

もし G が複素 Lie 群で H が閉じた複素部分群ならば，G/H は複素多様体で等質ベクトル束，E は正則ベクトル束になる．

逆に，E が階数 r の G/H 上の複素ベクトル束で，G の G/H 上の作用が E にもち上げられると仮定しよう．剰余類 H で表わされる G/H の点を原点とよび，o と書くことにする．H は o を固定するから，H の E 上の作用は o でのファイバー E_o を不変にする．したがって，H の表現 $\rho\colon H\to GL(E_o)$ を得る．E がこの表現 ρ によって定義される等質ベクトル束であることは容易にわかる．

等質ベクトル束の例として，接ベクトル束 $T(G/H)$ を考える．H の元は原点での接空間 $T_o(G/H)$ の自己同形写像を引きおこすから，表現 $\rho\colon H\to GL(T_o(G/H))$ が得られる．G と H の単位元における接空間は，それぞれの Lie 環 $\mathfrak{g}$ と $\mathfrak{h}$ と考えられるから，$T_o(G/H)$ は $\mathfrak{g}/\mathfrak{h}$ と考えてよい．G の随伴表現を H に制限した表現 $H\to GL(\mathfrak{g})$ は $\mathfrak{h}$ を不変にするから，表現

$$\mathrm{Ad}_{\mathfrak{g}/\mathfrak{h}}\colon H\longrightarrow GL(\mathfrak{g}/\mathfrak{h}) \tag{2.41}$$

を得る．これが表現 ρ と一致することは容易にわかる．したがって，接ベクトル束 $T(G/H)$ は表現 $\mathrm{Ad}_{\mathfrak{g}/\mathfrak{h}}$ によって定義された等質ベクトル束である．

階数1の複素ベクトル束は**複素線束**(line bundle)とよばれる．例えば，n 次元複素多様体 X 上の線束 $\det T^*X=\bigwedge^n T^*X$ は X の**標準束**(canonical bundle)とよばれ，通常 K_X と表わされる．K_X の正則断面は n 次の正則微分形式にほかならない．

射影空間 $P_n\mathbb{C}$ 上には，積束 $P_n\mathbb{C}\times\mathbb{C}^{n+1}$ の部分束として次のように線束 L が構成される．斉次座標 $(\zeta^0,\cdots,\zeta^n)$ で表わされる $P_n\mathbb{C}$ の点を $[\zeta]$ で表わしたとき，その点での L のファイバー $L_{[\zeta]}$ は $[\zeta]$ に対応する $\mathbb{C}^{n+1}$ の 1 次元部分空間であると定義する．この線束 L を $P_n\mathbb{C}$ 上の**普遍部分線束**(universal line subbundle)または**自然線束**(tautological line bundle)とよぶ．開集合 $U_j=\{\zeta^j\neq 0\}$ 上で L の断面 s_j を

$$s_j([\zeta])=\left(\frac{\zeta^0}{\zeta^j},\cdots,\frac{\zeta^n}{\zeta^j}\right)\in L_{[\zeta]}\subset\mathbb{C}^{n+1} \tag{2.42}$$

と定義すると

$$s_k([\zeta])=s_j([\zeta])\frac{\zeta^j}{\zeta^k},\quad [\zeta]\in U_j\cap U_k \tag{2.43}$$

が成り立つから，L の変換関数 $\{a_{jk}\}$ は

$$a_{jk}([\zeta])=\frac{\zeta^j}{\zeta^k},\quad [\zeta]\in U_j\cap U_k \tag{2.44}$$

で与えられる．

単射写像 $L\to P_n\mathbb{C}\times\mathbb{C}^{n+1}$ に射影 $P_n\mathbb{C}\times\mathbb{C}^{n+1}\to\mathbb{C}^{n+1}$ を重ねて得られる写像

$$\sigma:\ L\longrightarrow\mathbb{C}^{n+1} \tag{2.45}$$

を考えてみる．σ は各ファイバー $L_{[\zeta]}\subset L$ を複素直線 $L_{[\zeta]}\subset\mathbb{C}^{n+1}$ に恒等写像で移すから，L の零断面を $\mathbb{C}^{n+1}$ の原点 1 点につぶし，L から零断面を除いた残りと $\mathbb{C}^{n+1}$ から原点を除いた残りとの間には 1 対 1 正則な対応をつける．L の零断面は底空間 $P_n\mathbb{C}$ にほかならないから，$\mathbb{C}^{n+1}$ の原点 0 を $P_n\mathbb{C}$ で置き代えることにより L が得られる．この構成のことを，$\mathbb{C}^{n+1}$ を原点 0 でモノイダル変換(blowing-up)を行なって L を得たという．

《要約》

2.1　複素多様体と概複素多様体の概念と例.

2.2　複素ベクトル束と正則ベクトル束.

2.3　与えられたベクトル束から新しいベクトル束の構成.

演習問題

2.1　例2.3で説明したHopf多様体は，等質空間として

$$GL(n;\mathbb{C})/H, \quad \text{ただし} \quad H=\left\{\begin{pmatrix} 2^k & * & \cdots & * \\ 0 & & & \\ \vdots & & * & \\ 0 & & & \end{pmatrix}\right\}$$

の形に書けることを証明せよ．また，$SL(n;\mathbb{C})/H\cap SL(n;\mathbb{C})$ とも書ける.

2.2　$\mathbb{R}^{n+2}$ の2次元の向きの付いたベクトル部分空間 $\Pi\subset\mathbb{R}^{n+2}$ の集合(実Grassmann多様体)を $G_{2,n}$ と書く．$G_{2,n}$ が $P_{n+1}\mathbb{C}$ の2次超曲面として表わされることを次のようにして証明せよ.

$\boldsymbol{x}=(x^0,x^1,\cdots,x^{n+1})$，$\boldsymbol{y}=(y^0,y^1,\cdots,y^{n+1})$ を正の向きの付いた Π の基で，条件 $|\boldsymbol{x}|=|\boldsymbol{y}|$ と $\boldsymbol{x}\cdot\boldsymbol{y}=0$ を満たすようにとり，$\boldsymbol{z}=\boldsymbol{x}+i\boldsymbol{y}$ とおけば

$$z^0z^0+z^1z^1+\cdots+z^{n+1}z^{n+1}=0$$

である.

2.3　(X,J) を概複素空間，$x^1,\cdots,x^{2n}$ を局所座標系とし，J の成分 J_j^i を

$$J(\partial/\partial x^j)=\sum J_j^i(\partial/\partial x^i)$$

によって定義する．x^h による偏微分 $\partial/\partial x^h$ を ∂_h と書くことにする．そのとき，J の可積分条件は偏微分方程式

$$\sum_{h=1}^{2n}(J_j^h\partial_hJ_k^i-J_k^h\partial_hJ_j^i-J_h^i\partial_jJ_k^h+J_h^i\partial_kJ_j^h)=0$$

で与えられることを示せ.

2.4　射影空間 $P_n\mathbb{C}$ を等質空間として

$$GL(n+1;\mathbb{C})/H, \quad H=\left\{\begin{pmatrix} a & * \\ 0 & B\end{pmatrix};\ a\in\mathbb{C}^*,\ B\in GL(n;\mathbb{C})\right\}$$

と書く.

（i） そのとき，普遍部分線束 $L \subset P_n\mathbb{C} \times \mathbb{C}^{n+1}$，商束 $Q = (P_n\mathbb{C} \times \mathbb{C}^{n+1})/L$ および接ベクトル束 $T(P_n\mathbb{C})$ はいずれも等質ベクトル束になることにまず注意した上で，それぞれに対応する H の表現を決定せよ.

（ii） 次の完全系列を証明せよ.

$$0 \longrightarrow L \longrightarrow P_n\mathbb{C} \times \mathbb{C}^{n+1} \longrightarrow T(P_n\mathbb{C}) \otimes L \longrightarrow 0$$

この完全系列は **Euler 系列**(Euler sequence)とよばれる.

2.5 L を上のような線束とし，L^{-1} を L の双対線束，そして $L^k = L \otimes \cdots \otimes L$ (k 回)とする．そのとき，$P_n\mathbb{C}$ 上の L^{-k} の正則断面は正則写像 $f \colon \mathbb{C}^{n+1} - \{0\} \to \mathbb{C}$ で $f(\lambda z) = \lambda^k f(z)$ を満たすものと考えられることを証明せよ.

その結果として，$k > 0$ に対して L^{-k} の正則断面の集合は $\mathbb{C}^{n+1}$ 上の k 次の斉次多項式の集合と 1 対 1 の対応がつき，L^k の正則断面は 0 に限ることを証明せよ.

2.6 V を複素多様体 X の複素部分多様体，N をその法束，そして N^* を双対法束とする．そのとき，X と V の標準束の間に次の関係があることを証明せよ.

$$K_X|_V = K_V \otimes \textstyle\bigwedge^k N^*, \quad ただし \quad k = \dim X - \dim V\,.$$

2.7 S を複素多様体 X の非特異超曲面とする．$\mathcal{U} = \{U_j\}$ が X の開被覆で，$S \cap U_j$ は U_j 上の正則関数 f_j によって $f_j = 0$ で定義されているとする．$U_j \cap U_k$ で f_j と f_k の零点は一致するから，$a_{jk} = f_j/f_k$ は零点をもたない正則関数となり，$\{a_{jk}\}$ を変換関数とする正則複素線束が定義されるが，これを慣例に従って $[S]$ と書く．線束 $[S]$ を S に制限したものは S の法束 N に同形であることを証明せよ.
($[S]$ については第 7 章で因子について論じるとき詳しく調べる.)

2.8 例 2.2 で定義した岩沢多様体がコンパクトであることを証明せよ.

3 層とコホモロジー

層の理論なしでは複素多様体論も多変数関数論も語れない．逆に層の理論を学ぶには，それを複素幾何で使いながら理解していくのがよい．

§3.1 では，層の概念といくつかの例について説明する．層は非常に広い概念であって，ベクトル束の局所断面からもつくられるという意味でベクトル束の一般化にもなっているし，底空間と Abel 群の直積も層になるという意味で Abel 群の一般化にもなる．§3.2 では，準同形写像の概念も層の場合に一般化される．

§3.3 と §3.4 では，層に係数をもつ Čech コホモロジーについて説明するが，Abel 群を係数とする通常の Čech コホモロジー論をあらかじめ学んでおくことを勧める．§3.5 では，応用として de Rham の定理と Dolbeault の定理を証明する．de Rham の定理は森田茂之著『微分形式の幾何学』(岩波書店)でも論ぜられている．§3.6 で証明する Leray の定理により，Čech コホモロジーの計算において被覆に関する極限をとらないでもすむことがわかる．

層の概念は Leray のトポロジーの研究と岡の多変数関数論の研究から生まれたが，現在使われているような形に定式化したのは H. Cartan とその学派による[*1]．解析的層について簡単に触れるが，多変数関数論で重要な解析的

---

*1　層とコホモロジーについてさらに詳しく知りたい読者は H. Grauert-R. Remmert, *Theory of Stein Spaces*, Springer, 1979 など多変数関数論の本を読むとよい．また上野健爾著『代数幾何』(岩波書店)では，層のコホモロジーがもっと代数的立場から扱われている．

連接層について述べる余裕はない．脚注に挙げた Grauert–Remmert の本が連接層のよい参考書である．

§3.1　層の概念

一般に**集合の層**(sheaf of sets)とは，次の性質をもつ三つの対象 $(\mathcal{S},\pi,X)$ からなる．$X,\mathcal{S}$ はともに位相空間，そして射影とよばれる写像 $\pi\colon\mathcal{S}\to X$ は次のような意味で局所的に同相な全射である．すなわち，各点 $s\in\mathcal{S}$ に適当な近傍 V をとれば，$\pi(V)$ は開集合で $\pi\colon V\to\pi(V)$ は同相である．（被覆写像はこの条件を満たすが，被覆写像との違いは，「底空間 X の各点 x に適当な近傍があって …」という代りに「全空間 $\mathcal{S}$ の各点 s に近傍があって …」という点である．したがって，層の場合には，底空間の点すべてが一様に覆われているわけではない．）$(\mathcal{S},\pi,X)$ の代りに単に $\mathcal{S}$ と書くことが多い．

集合 $\mathcal{S}_x=\pi^{-1}(x)$ を点 x 上の**茎**(stalk)とか**ファイバー**(fibre)とよぶ．$\mathcal{S}$ に対する相対位相に関して各茎 $\mathcal{S}_x$ は離散である．応用上ふつう X は多様体のようによい性質をもった空間であるが，$\mathcal{S}$ は Hausdorff 空間でさえもないことが多い．

X の開集合 U で定義された連続写像 $\sigma\colon U\to\mathcal{S}$ で，$\pi(\sigma(x))=x\ (x\in U)$ となるものを U 上の**断面**(section)とよぶ．そのとき，$\sigma(U)$ は $\mathcal{S}$ の開集合となる．（実際，点 $x\in U$ に対し V を $\sigma(x)$ の近傍とする．σ が連続だから x の近傍 $U'\subset U$ で $\sigma(U')\subset V$ となるものがある．$\pi\colon V\to\pi(V)$ が1対1だから $\pi^{-1}(U')\cap V=\sigma(U')$ となり，$\sigma(U')$ は $\mathcal{S}$ の開集合であることがわかる．したがって $\sigma(U)$ は $\mathcal{S}$ の開集合である．）U 上の断面の集合を $\Gamma(U,\mathcal{S})$ と書く．

応用上大切な層は，茎に何か代数的構造の入ったものである．そのような層を説明する前に，次の記号を定義しておく必要がある．X 上の二つの層 $\mathcal{S}_1,\mathcal{S}_2$ に対し，$\mathcal{S}_1\times\mathcal{S}_2$ は $X\times X$ 上の層であるが，それを $X\times X$ の対角集合上に制限したものを $\mathcal{S}_1\oplus\mathcal{S}_2$ と書く．すなわち

$$\mathcal{S}_1\oplus\mathcal{S}_2=\{(s_1,s_2)\in\mathcal{S}_1\times\mathcal{S}_2;\ \pi_1(s_1)=\pi_2(s_2)\}. \tag{3.1}$$

$\mathcal{S}_1\times\mathcal{S}_2$ に対する相対位相により，$\mathcal{S}_1\oplus\mathcal{S}_2$ は X 上の層となる．

層$\mathcal{S}$の各茎$\mathcal{S}_x$がAbel(加)群で，その零元を0_xとするとき，もし

（a）　$(s,s')\mapsto s+s'$が$\mathcal{S}\oplus\mathcal{S}$から$\mathcal{S}$への連続写像，

（b）　$s\mapsto -s$が$\mathcal{S}$からそれ自身への連続写像，

（c）　零断面$x\mapsto 0_x$がXから$\mathcal{S}$への連続写像

であるならば，$\mathcal{S}$を**Abel群の層**(sheaf of Abelian groups)とよぶ．

そのような層$\mathcal{S}$に対し

$$\operatorname{supp}\mathcal{S}=\{x\in X;\ \mathcal{S}_x\neq 0_x\} \tag{3.2}$$

を$\mathcal{S}$の**台**(support)とよぶ．零断面(の像)は$\mathcal{S}$の開集合であるから，台$\operatorname{supp}\mathcal{S}$は$X$の閉集合である．

同様にして，環の層，加群の層も，代数的作用がすべて連続であるという条件によって定義される．

簡単な層の例をいくつか説明する．

例3.1(定数層)　いまAを離散な位相をもったAbel群とするとき，直積$\mathcal{S}=X\times A$を，Aを茎とする**定数層**(constant sheaf)とよぶ．　□

例3.2(連続関数の層)　位相空間X上の連続関数の層を定義するために，Xの各開集合Uに対しU上の連続関数の環$\mathcal{C}(U)$を考える．Xの二つの開集合$V\subset U$に対する制限写像

$$\rho_V^U\colon\ \mathcal{C}(U)\longrightarrow\mathcal{C}(V) \tag{3.3}$$

を使って，

$$\mathcal{C}_x=\lim_{U\to x}\mathcal{C}(U)\qquad(\text{帰納的極限}) \tag{3.4}$$

と定義する．すなわち

$$\mathcal{C}_x=\bigcup_{U\in\mathcal{U}_x}\mathcal{C}(U)/\sim\qquad(\text{ただし}\mathcal{U}_x\text{は}x\text{の近傍系}) \tag{3.5}$$

である($f\in\mathcal{C}(U)$と$g\in\mathcal{C}(V)$に対する同値関係$\sim$は，xの十分小さい近傍$W\subset U\cap V$に対して$\rho_W^U(f)=\rho_W^V(g)$となることで定義される)．fによって代表される同値類をf_xと書き，fのxにおける**芽**(germ)とよぶ．

$$\mathcal{C}=\bigcup_{x\in X}\mathcal{C}_x \tag{3.6}$$

とおき，$\mathcal{C}$に位相を次のように定義する．各関数$f\in\mathcal{C}(U)$によって定義さ

れる $\mathcal{C}$ の部分集合 $\{f_x; x\in U\}$ を $\mathcal{C}$ の開集合とする．$\mathcal{C}$ が環の層になることは容易にわかる．これを X 上の**連続関数の層**(sheaf of germs of continuous functions)とよぶ．明らかに

$$\mathcal{C}(U) = \Gamma(U,\mathcal{C}). \tag{3.7}$$

一般に，$\mathcal{C}$ は Hausdorff 空間にならない．例えば，底空間 X を $\mathbb{R}$ とし，f と g を，$x\leqq 0$ では $f(x)=g(x)$，$y>0$ では $f(y)\neq g(y)$ となるような連続関数とすると，$f_0\neq g_0$ だが $x<0$ に対しては $f_x=g_x$ となるから，f_0 の近傍と g_0 の近傍は必ず交わる．　□

例 3.3（複素多様体の構造層）　複素多様体 X の各開集合 U に対し，U 上の正則関数の環を $\mathcal{O}(U)$ と書く．例 3.2 と同様にして，X 上の正則関数の芽の層を X の**構造層**(structure sheaf)とよび，通常 $\mathcal{O}$ または $\mathcal{O}_X$ と書く．$\mathcal{O}$ が Hausdorff 空間になることは，U 上の正則関数 f,g が U のある一つの部分開集合で一致するときは U で一致することからわかる．　□

まったく同様にして，複素多様体 X 上に正則 p 次微分形式の芽の層 Ω^p が定義される．Ω^p_x は $\mathcal{O}_x$ 加群で

$$(a,\omega)\in\mathcal{O}\oplus\Omega^p \longrightarrow a\omega\in\Omega^p \tag{3.8}$$

は連続写像である．一般に，層 $\mathcal{S}$ の各茎 $\mathcal{S}_x$ が $\mathcal{O}_x$ 加群で

$$(a,s)\in\mathcal{O}\oplus\mathcal{S} \longrightarrow as\in\mathcal{S} \tag{3.9}$$

が連続写像となるとき，$\mathcal{S}$ を**解析的層**(analytic sheaf)とよぶ．

より一般に，E を複素多様体 X 上の正則ベクトル束とすると，Ω^p と同様に E の正則断面の芽の層 $\mathcal{O}(E)$ が定義され，解析的層となる．E の階数を r とすると，X の各点 x の小さい近傍 U 上で 1 次独立な正則断面 $\sigma_1,\cdots,\sigma_r$ が存在し，

$$(a_1,\cdots,a_r)\longmapsto a_1\sigma_1+\cdots+a_r\sigma_r,\quad a_1,\cdots,a_r\in\mathcal{O} \tag{3.10}$$

によって，$\mathcal{O}^r_U=\mathcal{O}_U\oplus\cdots\oplus\mathcal{O}_U$ と $\mathcal{O}(E)_U$ は解析的層として同形になる．

一般に，X 上の解析的層 $\mathcal{S}$ が点 $x\in X$ の近傍 U で $\mathcal{O}^r_U$ に同形になるとき，$\mathcal{S}$ は x で**自由**(free)であるという．すなわち，$\mathcal{S}$ の U 上の断面 $\sigma_1,\cdots,\sigma_r$ が存在して，(3.10)によって $\mathcal{S}_U$ が $\mathcal{O}^r_U$ に同形になるとき，$\mathcal{S}$ は x で自由であるという．$\mathcal{S}$ が X のすべての点で自由なとき，$\mathcal{S}$ は局所的に自由であるとい

う．r を $\mathcal{S}$ の**階数**(rank)とよぶ．上で示したように，$\mathcal{O}(E)$ は局所的に自由な階数 r の解析的層である．逆に，階数 r の局所的に自由な解析的層は，階数 r の正則ベクトル束 E の正則断面の芽の層 $\mathcal{O}(E)$ に同形である．

ここで，層のもう一つの定義を説明しておく．与えられた底空間 X の開集合の全体を $\mathcal{U}$ と書く．各開集合 $U\in\mathcal{U}$ に対しある集合 $\mathcal{S}(U)$ が対応し，次の 2 条件を満たすとき，対応を**集合の前層**(presheaf of sets)とよぶ．

(a) $V\subset U$ なる $U,V\in\mathcal{U}$ に対し，写像 $\rho_V^U\colon \mathcal{S}(U)\to\mathcal{S}(V)$ が与えられている(この写像を**制限写像** restriction map とよぶ)．

(b) $U, V, W\in\mathcal{U}$ が $W\subset V\subset U$ ならば，制限写像は
$$\rho_W^V\circ\rho_V^U=\rho_W^U$$
を満たす．

これは，カテゴリー論の言葉で述べれば簡単である．「集合の前層とは，X の開集合のカテゴリー $\mathcal{U}$ から集合のカテゴリーへの(反変)関手である．」

前層 $\{\mathcal{S}(U)\}$ から例 3.2 と同様にして層 $\mathcal{S}$ を構成する．すなわち，

$$\mathcal{S}=\bigcup_{x\in X}\mathcal{S}_x,\qquad \mathcal{S}_x=\lim_{U\to x}\mathcal{S}(U) \tag{3.11}$$

とおく．$f\in\mathcal{S}(U)$ が $x\in U$ で定義する元を $f_x\in\mathcal{S}_x$ とする．$\mathcal{S}$ の位相は $\{f_x;\ x\in U\}$ を開集合にとることによって定義される．

f を $(x\mapsto f_x)$ に移す写像 $\mathcal{S}(U)\to\Gamma(U,\mathcal{S})$ は，一般に単射でも全射でもない．単射であるための必要十分条件は

(c) $f,g\in\mathcal{S}(U)$，$U=\bigcup_i V_i$ で，$\rho_{V_i}^U f=\rho_{V_i}^U g$ がすべての i に対して成り立つならば，$f=g$ である．

一方，全射になるための必要十分条件は

(d) $U=\bigcup_i V_i$，$f_i\in\mathcal{S}(V_i)$ で，$\rho_{V_i\cap V_j}^{V_i}f_i=\rho_{V_i\cap V_j}^{V_j}f_j$ がすべての i,j に対して成り立つならば，$\rho_{V_i}^U f=f_i$ となる $f\subset\mathcal{S}(U)$ が存在する．

(c)が満たされているとき，(d)の f は一意である．

$\mathcal{S}$ が層ならば，$\mathcal{S}(U)=\Gamma(U,\mathcal{S})$ で定義される前層は(c)と(d)を満たす．逆に，(c)と(d)を満たす前層はそのように層から得られる．

実際に使われるほとんどの層は前層からつくられる．その意味では条件(c)

と(d)を満たす前層を層と定義する方が自然とも言える．しかも応用上は前層から層空間をつくらず，前層のままで使うことが多い．例えば§3.3で定義する層係数のコホモロジーで使うのは前層である．

しかし，層空間が無用なわけではない．古くからある解析接続の概念などにおいては，層空間を使うと説明しやすい．Riemann球すなわち，1次元射影空間の構造層を$\mathcal{O}$とする．その元すなわち，ある点における正則関数の芽は**関数要素**(function element)ともよばれている．関数要素fから解析接続によって得られるすべての関数要素の集合は，fを含む$\mathcal{O}$の連結成分にほかならない．

§3.2　層の準同形写像

$\mathcal{S}$と$\mathcal{T}$をX上の層とする．$\mathcal{S}$の射影も$\mathcal{T}$の射影もともにπで表わす．これらの層に何も代数的構造が入っていない場合には，連続写像$f\colon \mathcal{S}\to\mathcal{T}$で$\pi\circ f=\pi$となるものを**準同形写像**(morphism または homomorphism)と呼ぶ．明らかにfはXの恒等写像を引きおこす．またfは開写像である．すなわち，$\mathcal{S}$の開集合のfによる像は$\mathcal{T}$の開集合である．

いま，$\mathcal{S}$を層$\mathcal{T}$の部分集合で$\pi(\mathcal{S})=X$であるとする．そのとき，$\mathcal{S}$が$\mathcal{T}$に対する相対トポロジーに関して層になるための必要十分条件は，$\mathcal{S}$が$\mathcal{T}$の開集合であることである．そのとき$\mathcal{S}$を$\mathcal{T}$の**部分層**(subsheaf)と呼ぶ．

$\mathcal{S}$と$\mathcal{T}$が代数的構造をもつ場合，例えば環の層であるようなときには，準同形写像$f\colon \mathcal{S}\to\mathcal{T}$とは，集合の層として準同形であるだけでなく，各点$x\in X$で$f_x\colon \mathcal{S}_x\to\mathcal{T}_x$が代数的構造についても準同形であるものをいう．$X$が複素多様体で$\mathcal{S}$と$\mathcal{T}$が解析的層の場合に$f$が準同形写像であるというときには，$f_x\colon \mathcal{S}_x\to\mathcal{T}_x$が$\mathcal{O}_x$加群としての準同形写像であると仮定する．したがって，層$\mathcal{T}$の部分集合$\mathcal{S}$を部分層と呼ぶときは，$\mathcal{T}$の開集合で$\pi(\mathcal{S})=X$となり，各茎$\mathcal{S}_x$が$\mathcal{T}_x$の部分群，部分環または部分加群などになっていると仮定する．

加群の部分層$\mathcal{S}\subset\mathcal{T}$に対し，その**商層**(quotient sheaf) $\mathcal{Q}$を次のように定

義する．まず

$$\mathcal{Q}_x = \mathcal{T}_x/\mathcal{S}_x, \qquad \mathcal{Q} = \bigcup_{x\in X} \mathcal{Q}_x$$

とおき，$\mathcal{Q}$ に商位相を入れる．そのとき $\mathcal{Q}$ が層になることを証明する．$p: \mathcal{T}\to\mathcal{Q}$ を自然な射影とする．与えられた $\zeta\in\mathcal{Q}_x$ に対し，$\xi\in\mathcal{T}_x$ を $p(\xi)=\zeta$ となるようにえらぶ．つぎに ξ の $\mathcal{T}$ における開近傍 U を，$V=\pi(U)$ が x の開近傍で $\pi: U\to V$ が同相写像となるようにとる．p は開写像だから，$p(U)$ は ζ の開近傍で $\pi: p(U)\to V$ は同相写像である．加群の層としての代数的作用が $\mathcal{Q}$ で連続になることの証明も容易である．

$\mathcal{T}$ が環の層で $\mathcal{S}$ が $\mathcal{T}$ のイデアルの層ならば，$\mathcal{Q}=\mathcal{T}/\mathcal{S}$ は環の層になる．同様に，$\mathcal{T}$ が解析的層，すなわち $\mathcal{O}$ 加群の層で $\mathcal{S}$ がその解析的部分層ならば，$\mathcal{Q}=\mathcal{T}/\mathcal{S}$ も解析的層である．

例 3.4　U を底空間 X の開集合とする．X 上の加群の層 $\mathcal{T}$ が与えられたとき，$x\in U$ に対しては $\mathcal{S}_x=\mathcal{T}_x$，$x\notin U$ に対しては $\mathcal{S}_x=0$ とおき，$\mathcal{S}=\bigcup_{x\in X}\mathcal{S}_x$ と定義すれば，$\mathcal{S}$ は $\mathcal{T}$ の開集合で $\mathcal{T}$ の部分層となる．この部分層 $\mathcal{S}$ を $\mathcal{T}_U$ と書く．

U が X の閉集合であるときは，上の構成では部分層は得られない．　□

例 3.5　A を X の閉集合とする．X 上に加群の層 $\mathcal{T}$ が与えられたとき，例 3.4 のようにして部分層 $\mathcal{S}=\mathcal{T}_{X-A}$ が得られるから，その商層 $\mathcal{Q}=\mathcal{T}/\mathcal{S}$ を考える．そのとき，$x\in A$ に対しては $\mathcal{Q}_x\cong\mathcal{T}_x$，$x\notin A$ に対しては $\mathcal{Q}_x=0$ となる．この商層 $\mathcal{Q}$ を $\mathcal{T}_A$ と書く．自然な写像 $\mathcal{T}_A\to\mathcal{T}$ は連続でないから層としての準同形写像でないことに注意しておく．　□

A を位相空間 X の任意の部分集合とする．$\mathcal{S}$ を X 上の層，π をその射影とする．そのとき，$\mathcal{S}|_A=\pi^{-1}(A)$ は A 上の層になる．これを $\mathcal{S}$ の A への制限(restriction)とよぶ．

逆に，$\mathcal{S}$ を A 上の加群の層とする．そのとき，X 上の層 $\mathcal{T}$ で $\mathcal{T}|_A=\mathcal{S}$ かつ $\mathcal{T}|_{X-A}=0$ となるものを $\mathcal{S}$ の X への**拡張**(prolongation)とよぶ．そのような層 $\mathcal{T}$ は，たかだか一つしか存在しないことを示そう．明らかに，$\mathcal{T}$ は集合としては一意的に定まる．$\mathcal{T}$ を $\mathcal{S}$ の拡張とするような位相が $\mathcal{T}$ に二つ

存在したと仮定しよう．点$\zeta \in \mathcal{T}$に対し$\mathcal{U}_i\ (i=1,2)$を二つの位相に関するζの開近傍系とする．$U_i \in \mathcal{U}_i$を$V_i=\pi(U_i)$がXの開集合で$\pi\colon U_i \to V_i$が同相写像になるようにとる．$\zeta \in U \subset U_1 \cap U_2$となるような$U \in \mathcal{U}_1 \cap \mathcal{U}_2$を見付ければよい．まず，$x=\pi(\zeta) \in A$の場合を考える．$U_1 \cap \mathcal{S}$も$U_2 \cap \mathcal{S}$も$\zeta$の$\mathcal{S}$における開近傍で，$\pi$によってそれぞれ$V_1 \cap A$と$V_2 \cap A$に同相である．そのとき，$\zeta$の$\mathcal{S}$における近傍$U'$で$U' \subset U_1 \cap U_2 \cap \mathcal{S}$となるものが存在する．$V'=\pi(U')$は$A$の開集合だから，$X$の開集合$V \subset V_1 \cap V_2$で$V'=V \cap A$となるものがある．そのとき，$\pi^{-1}(V') \cap U_1 = U' = \pi^{-1}(V') \cap U_2$かつ$\pi^{-1}(V-V') \cap U_1 = 0 = \pi^{-1}(V-V') \cap U_2$だから

$$\pi^{-1}(V) \cap U_1 = \pi^{-1}(V) \cap U_2$$

となる．したがって，$U=\pi^{-1}(V) \cap U_1 = \pi^{-1}(V) \cap U_2$とおけばよい．次に，$x \notin A$の場合を考える．$\zeta = 0_x$だから，$x$の小さい近傍の零断面はどちらの位相に関しても開集合で，U_1とU_2に含まれる．

このような$\mathcal{S}$のXへの拡張は，存在すれば一意だから$\mathcal{S}^X$と書く．

定理 3.6　AをXの局所閉集合とする．すなわち，各点$x \in A$に対しXにおける近傍Vを十分小さくとれば，$A \cap V$はVで閉じているとする．そのとき，A上の層$\mathcal{S}$に対しXへの拡張$\mathcal{S}^X$が存在する．

［証明］　集合として$\mathcal{T} = \left(\bigcup_{x \in A} \mathcal{S}_x \right) \cup \left(\bigcup_{x \in (X-A)} 0_x \right)$とおく．次に$\mathcal{T}$に位相を定義する．点$\zeta \in \mathcal{T}$をとり，$x=\pi(\zeta)$とおく．まず$x \notin A$の場合には，$\zeta$の近傍系として$x$の近傍上の零断面をとる．$x \in A$の場合には，$x$の近傍$V$を$A \cap V$が$V$で閉じているようにとる．そして$\zeta$の近傍として$\zeta$の$\mathcal{S}_{V \cap A}$における近傍$U'$と$V-A$上の零断面の和集合をとればよい．　■

AがXの局所閉集合で，$\mathcal{S}$がX上の層であるとき

$$\mathcal{S}_A = (\mathcal{S}|_A)^X \tag{3.12}$$

と定義する．AがXの閉集合のとき，この定義は例3.5で与えた$\mathcal{S}_A$の定義と一致する．

層の準同形写像$f\colon \mathcal{S} \to \mathcal{T}$に対し，$\mathrm{Im}\, f$, $\mathrm{Ker}\, f$, $\mathrm{Coim}\, f$や$\mathrm{Coker}\, f$といった層が定義される．fは開写像だから

$$\text{(3.13)} \qquad \operatorname{Im} f = f(\mathcal{S})$$

は $\mathcal{T}$ の部分層である．$\mathcal{T}$ の零断面 $0_{\mathcal{T}}$ は $\mathcal{T}$ の開集合だから

$$\text{(3.14)} \qquad \operatorname{Ker} f = f^{-1}(0_{\mathcal{T}})$$

は $\mathcal{S}$ の開集合で $\mathcal{S}$ の部分層となる．そして商層として

$$\text{(3.15)} \qquad \operatorname{Coim} f = \mathcal{S}/\operatorname{Ker} f, \quad \operatorname{Coker} f = \mathcal{T}/\operatorname{Im} f$$

は定義される．

ここで，再び複素多様体 X の構造層 $\mathcal{O}_X$ を例にとる．A を X の閉じた複素部分多様体とする（A に特異点があってもよいが，簡単のため特異点のない場合を考える）．X の各開集合 U に対し，A 上で 0 になる U 上の正則関数全体の集合 $\mathcal{I}_A(U)$ を対応させると前層が得られる．この前層 $\{\mathcal{I}_A(U)\}$ は前節の条件(c)と(d)を満たす．この前層から得られる層を $\mathcal{I}_A$ と書く．$\mathcal{I}_A$ は $\mathcal{O}_X$ の部分層である．$\mathcal{I}_A(U)$ は環 $\mathcal{O}_X(U)$ のイデアルだから，$\mathcal{I}_A$ の各茎（ファイバー）は同じ点での $\mathcal{O}_X$ の茎のイデアルになる．$X\backslash A$ の点での茎は，その点での $\mathcal{O}_X$ の茎と同じだから，点 $a\in A$ とその座標近傍 U を考える．a を原点とする局所座標系 $z^1,\cdots,z^n$ を，A が局所的には $z^{k+1}=\cdots=z^n=0$ で定義されるようにえらぶ．そうすると，U 上の正則関数 f が $\mathcal{I}_A(U)$ に属するための必要十分条件は，f のベキ級数展開の各項が $z^{k+1},\cdots,z^n$ の少なくとも一つを含むことである．したがって，商層 $\mathcal{O}_X/\mathcal{I}_A$ の a における茎の元は，収束する $z^1,\cdots,z^k$ のベキ級数で表わされる．よって，$\mathcal{O}_X/\mathcal{I}_A$ は $\mathcal{O}_A$ を X に拡張したものにほかならない．すなわち

$$\text{(3.16)} \qquad \mathcal{O}_X/\mathcal{I}_A \cong (\mathcal{O}_A)^X.$$

§3.3　層係数のコホモロジー

$\mathcal{S}$ をパラコンパクトな Hausdorff 空間 X 上の層とする．$\mathcal{U}=\{U_i\}$ を X の局所有限開被覆とし，まず $\mathcal{S}$ を係数にもつ $\mathcal{U}$ のコホモロジー $H^*(\mathcal{U},\mathcal{S})$ を定義する．$p+1$ 個の開集合 $U_{i_0},U_{i_1},\cdots,U_{i_p}\in\mathcal{U}$ の順序集合で $\bigcap_{\alpha=0}^{p} U_{i_\alpha}\neq\varnothing$ なるものを $\mathcal{U}$ の **p 次元単体**（p-simplex）とよぶ．

$\mathcal{S}$ に係数をもつ $\mathcal{U}$ の **p 次元双対鎖体**（p-cochain）とは，定義により，各 p

次元単体 $U_{i_0}, U_{i_1}, \cdots, U_{i_p}$ に対し断面

$$c_{i_0 i_1 \cdots i_p} \in \Gamma(\bigcap U_{i_\alpha}, \mathcal{S})$$

を与えるものである．そのとき，$c_{i_0 i_1 \cdots i_p}$ は $i_0, i_1, \cdots, i_p$ に関して交代であると仮定する．この双対鎖体を

$$c = \{c_{i_0 i_1 \cdots i_p}\}$$

と書く．このような p 次元双対鎖体の集合のつくる群を $C^p(\mathcal{U}, \mathcal{S})$ と書く．

次に，**双対境界作用素**(coboundary operator)

$$\delta \colon\ C^p(\mathcal{U}, \mathcal{S}) \longrightarrow C^{p+1}(\mathcal{U}, \mathcal{S})$$

を次のように定義する．

(3.17)　$$(\delta c)_{i_0 i_1 \cdots i_{p+1}} = c_{i_1 \cdots i_{p+1}} - c_{i_0 i_2 \cdots i_{p+1}} + \cdots + (-1)^{p+1} c_{i_0 \cdots i_p}.$$

ここで右辺の双対鎖体の項は $\bigcap U_{i_\alpha}$ に制限して考える．定義から

(3.18)　$$\delta \circ \delta = 0$$

となることはすぐにわかる．

(3.19)　$$Z^p(\mathcal{U}, \mathcal{S}) = \{c \in C^p(\mathcal{U}, \mathcal{S});\ \delta c = 0\}$$

を **p 次元コサイクル**，または**双対輪体**(p-cocycle)の群とよび，商群

(3.20)　$$H^p(\mathcal{U}, \mathcal{S}) = Z^p(\mathcal{U}, \mathcal{S}) / \delta C^{p-1}(\mathcal{U}, \mathcal{S})$$

を，$\mathcal{S}$ を係数にもつ $\mathcal{U}$ の **p 次元コホモロジー群**(p-th cohomology group)とよぶ．

まず $H^0(\mathcal{U}, \mathcal{S}) = Z^0(\mathcal{U}, \mathcal{S})$ を計算してみよう．0 次元双対鎖体 $c = \{c_i\}$ がコサイクルになる条件は，$U_i \cap U_j \neq \varnothing$ のときは常に

$$U_i \cap U_j \text{ で} \qquad (\delta c)_{ij} = c_i - c_j = 0$$

となることである．これは $\{c_i\}$ が X 上全体で $\mathcal{S}$ の断面を定義するということである．逆に，σ が X で定義された $\mathcal{S}$ の断面ならば，$c_i = \sigma_{|U_i}$ で定義された 0 次元双対鎖体 $\{c_i\}$ はコサイクルになる．したがって

(3.21)　$$H^0(\mathcal{U}, \mathcal{S}) = \Gamma(X, \mathcal{S}).$$

特に $H^0(\mathcal{U}, \mathcal{S})$ は開被覆 $\mathcal{U}$ の選び方に依らないことがわかった．

しかし，高次元コホモロジーの場合はそういうわけにはいかない．したがって，$\mathcal{U}$ に依らない X のコホモロジーを

$$H^p(X,\mathcal{S}) = \lim_{\mathcal{U}} H^p(\mathcal{U},\mathcal{S}) \tag{3.22}$$

で定義する．この極限について少し説明する．X の開被覆 $\mathcal{V}=\{V_j\}_{j\in J}$ が $\mathcal{U}=\{U_i\}_{i\in I}$ の**細分**(refinement)であるとは，適当な写像 $\lambda\colon J\to I$ をとれば $V_j\subset U_{\lambda(j)}$ となることであると定義し，$\mathcal{U}<\mathcal{V}$ と書く．そのとき，写像 λ を一つ決めておく．その λ は

$$(\lambda^{\mathcal{U}}_{\mathcal{V}}c)_{j_0\cdots j_p} = c_{\lambda(j_0)\cdots\lambda(j_p)} \tag{3.23}$$

によって準同形写像

$$\lambda^{\mathcal{U}}_{\mathcal{V}}\colon\ C^p(\mathcal{U},\mathcal{S}) \longrightarrow C^p(\mathcal{V},\mathcal{S}) \tag{3.24}$$

を引きおこす．そして

$$\lambda^{\mathcal{U}}_{\mathcal{V}}\circ\delta = \delta\circ\lambda^{\mathcal{U}}_{\mathcal{V}} \tag{3.25}$$

が成り立つことから，コホモロジーに対して準同形写像

$$\lambda^{\mathcal{U}}_{\mathcal{V}}\colon\ H^p(\mathcal{U},\mathcal{S}) \longrightarrow H^p(\mathcal{V},\mathcal{S}) \tag{3.26}$$

が定義される．この写像が $\lambda\colon I\to J$ の選び方に依らないことはすぐ後で証明するが，ここでは一応その事実は認めておいて，次のように $\bigcup H^p(\mathcal{U},\mathcal{S})$（あらゆる局所有限開被覆 $\mathcal{U}$ についての直和）に同値関係を定義し，その同値類の集合としてコホモロジー群 $H^p(X,\mathcal{S})$ を定義する．二つの局所有限開被覆 $\mathcal{U}$ と $\mathcal{V}$ が与えられたとき，$\gamma\in H^p(\mathcal{U},\mathcal{S})$ と $\gamma'\in H^p(\mathcal{V},\mathcal{S})$ は $\mathcal{U}$ と $\mathcal{V}$ の共通の細分 $\mathcal{W}$ が存在して，$\lambda^{\mathcal{U}}_{\mathcal{W}}\gamma=\lambda^{\mathcal{V}}_{\mathcal{W}}\gamma'$ となるときに同値で $H^p(X,\mathcal{S})$ の同じ元を与える．

ここで，(3.26)の準同形写像 $\lambda^{\mathcal{U}}_{\mathcal{V}}$ が λ に依らないことを証明しておく．もう一つの写像 $\mu\colon J\to I$ で $V_j\subset U_{\mu(j)}$ がすべての $j\in J$ に対して成り立つものを考える．そのとき

$$\mu^{\mathcal{U}}_{\mathcal{V}}-\lambda^{\mathcal{U}}_{\mathcal{V}} = \delta\circ h+h\circ\delta \tag{3.27}$$

となるような写像 $h\colon C^q(\mathcal{U},\mathcal{S})\to C^{q-1}(\mathcal{U},\mathcal{S})$（**ホモトピー写像** homotopy とよばれる）をつくれば十分である．（なぜならば，$c\in Z^q(\mathcal{U},\mathcal{S})$ に対して，$\mu^{\mathcal{U}}_{\mathcal{V}}c-\lambda^{\mathcal{U}}_{\mathcal{V}}c=\delta(hc)$ となるからである．）そのために

$$(kc)_{j_1\cdots j_q} = \sum_{\alpha=0}^{q}(-1)^{\alpha-1}c_{\lambda(j_1)\cdots\lambda(j_\alpha)\mu(j_\alpha)\cdots\mu(j_q)} \tag{3.28}$$

とおくと

$$\mu_{\mathcal{V}}^{\mathcal{U}} - \lambda_{\mathcal{V}}^{\mathcal{U}} = \delta\circ k + k\circ\delta \tag{3.29}$$

が成り立つ．しかし $(kc)_{j_1\cdots j_q}$ は $j_1,\cdots,j_q$ に関して交代でないから，交代化したものを hc とすればよい．

$H^p(X,\mathcal{S})$ の定義から準同形写像

$$\lambda^{\mathcal{U}}\colon\ H^p(\mathcal{U},\mathcal{S}) \longrightarrow H^p(X,\mathcal{S}) \tag{3.30}$$

が自然に定義されるが，すでに示したように，$\lambda^{\mathcal{U}}\colon H^0(\mathcal{U},\mathcal{S})\to H^0(X,\mathcal{S})$ は同形写像である．$\lambda^{\mathcal{U}}\colon H^1(\mathcal{U},\mathcal{S})\to H^1(X,\mathcal{S})$ は常に単射で，もしすべての $U_i\in\mathcal{U}$ に対し $H^1(U_i,\mathcal{S})=0$ ならば，同形写像になることがわかるが，証明は読者にまかせる．

§3.4　コホモロジー系列

$\mathcal{S}$ と $\mathcal{T}$ を X 上の加法群の層，$h\colon \mathcal{S}\to\mathcal{T}$ を準同形写像とする．$\mathcal{U}$ を X の局所有限開被覆とするとき，h は準同形写像

$$h\colon\ C^p(\mathcal{U},\mathcal{S}) \longrightarrow C^p(\mathcal{U},\mathcal{T}) \tag{3.31}$$

を引きおこす．そして，

$$h\circ\delta = \delta\circ h \tag{3.32}$$

が成り立つから，コホモロジーに対しても準同形写像

$$h\colon\ H^p(\mathcal{U},\mathcal{S}) \longrightarrow H^p(\mathcal{U},\mathcal{T}) \tag{3.33}$$

が定義される．

$\mathcal{V}$ を $\mathcal{U}$ の細分とすると，次のような可換な図形が成り立つ．

$$\begin{array}{ccc} H^p(\mathcal{U},\mathcal{S}) & \xrightarrow{h} & H^p(\mathcal{U},\mathcal{T}) \\ \Big\downarrow \lambda_{\mathcal{V}}^{\mathcal{U}} & & \Big\downarrow \lambda_{\mathcal{V}}^{\mathcal{U}} \\ H^p(\mathcal{V},\mathcal{S}) & \xrightarrow{h} & H^p(\mathcal{V},\mathcal{T}) \end{array} \tag{3.34}$$

定義(3.22)と図形(3.34)の可換性によって，準同形写像

$$h\colon\ H^p(X,\mathcal{S}) \longrightarrow H^p(X,\mathcal{T}) \tag{3.35}$$

が定義される．

Abel群の層からなる短完全系列

(3.36)
$$0 \longrightarrow \mathcal{S}' \xrightarrow{\iota} \mathcal{S} \xrightarrow{\pi} \mathcal{S}'' \longrightarrow 0$$

から，コホモロジー完全系列

(3.37)
$$0 \longrightarrow H^0(X,\mathcal{S}') \xrightarrow{\iota} H^0(X,\mathcal{S}) \xrightarrow{\pi} H^0(X,\mathcal{S}'') \xrightarrow{\delta^*}$$
$$H^1(X,\mathcal{S}') \xrightarrow{\iota} H^1(X,\mathcal{S}) \xrightarrow{\pi} H^1(X,\mathcal{S}'') \xrightarrow{\delta^*} H^2(X,\mathcal{S}') \xrightarrow{\iota} \cdots$$

をつくるのが，本節の目的である．連結写像δ^*も以下で定義される．

明らかに$\iota: C^p(\mathcal{U},\mathcal{S}') \to C^p(\mathcal{U},\mathcal{S})$は単射である．一方，$\pi: C^p(\mathcal{U},\mathcal{S}) \to C^p(\mathcal{U},\mathcal{S}'')$は全射とは限らないが，次の補題が成り立つ．

補題3.7　与えられた$c'' \in C^p(\mathcal{U},\mathcal{S}'')$に対し，$\mathcal{U}$の適当な細分$\mathcal{W}$と$c \in C^p(\mathcal{W},\mathcal{S})$をえらべば，$\lambda^{\mathcal{U}}_{\mathcal{W}} c'' = \pi(c)$となる．

［証明］　$\mathcal{U} = \{U_i\}_{i\in I}$，そして$c'' = \{c_{i_0 i_1 \cdots i_p}\}$とする．開被覆$\mathcal{V} = \{V_i\}_{i\in I}$を$\overline{V}_i \subset U_i$となるようにとる．与えられた点$x\in X$を含むような$\mathcal{U}$の$p$次元単体は有限個しかないから，各$x \in X$に対して次のような性質(a), (b), (c)をもった近傍N_xが存在する．

（a）　$x \in U_{i_0} \cap U_{i_1} \cap \cdots \cap U_{i_p}$ならば，$N_x$上で$c''_{i_0 i_1 \cdots i_p} = \pi(e_{i_0 i_1 \cdots i_p})$となるような$e_{i_0 i_1 \cdots i_p} \in \Gamma(N_x, \mathcal{S})$が存在する．

（b）　適当な$i \in I$に対し，$N_x \subset V_i$．

（c）　$N_x \cap \overline{V}_j \neq \varnothing$ならば，$N_x \subset U_j$．

次に，$\mathcal{W} = \{W_k\}_{k\in K}$を被覆$\{N_x;\ x\in X\}$の細分として，各$W_k$に対し$W_k \subset N_x \subset V_i$となるように$x\in X$と$i \in I$をえらび，写像$\lambda: K \to I$を$\lambda(k) = i$と定義すれば$\mathcal{W} > \mathcal{V} > \mathcal{U}$．そこで$c = \{c_{k_0 k_1 \cdots k_p}\} \in C^p(\mathcal{W},\mathcal{S})$を

$$W_{k_0} \cap W_{k_1} \cap \cdots \cap W_{k_p} \text{ 上で } \quad c_{k_0 k_1 \cdots k_p} = e_{\lambda(k_0)\lambda(k_1)\cdots\lambda(k_p)}$$

と定義すれば，求めるcを得る．∎

コホモロジー系列(3.37)が完全系列になることを三つの部分に分けて以下に証明する．

（i）　系列$H^p(X,\mathcal{S}') \xrightarrow{\iota} H^p(X,\mathcal{S}) \xrightarrow{\pi} H^p(X,\mathcal{S}'')$の完全性の証明

$\pi \circ \iota = 0$となることは，コホモロジーまでいく前の双対鎖体の段階ですで

に成り立っている．したがって，$\gamma \in H^p(X, \mathcal{S})$ が $\pi(\gamma)=0$ を満たしているとき，$\gamma=\iota(\gamma')$ となる $\gamma' \in H^p(X, \mathcal{S}')$ を見付ければよい．$\gamma=[c]$，$c \in Z^p(\mathcal{U}, \mathcal{S})$ とすると，細分 $\mathcal{V}>\mathcal{U}$ と双対鎖体 $c'' \in C^{p-1}(\mathcal{V}, \mathcal{S}'')$ を適当にとれば $\lambda^{\mathcal{U}}_{\mathcal{V}}\pi(c)=\delta(c'')$．補題 3.7 により，細分 $\mathcal{W}>\mathcal{V}$ と双対鎖体 $e \in C^{p-1}(\mathcal{W}, \mathcal{S})$ を $\lambda^{\mathcal{V}}_{\mathcal{W}}c''=\pi(e)$ となるように選べる．そのとき

$$\pi(\lambda^{\mathcal{U}}_{\mathcal{W}}c)=\lambda^{\mathcal{U}}_{\mathcal{W}}\pi(c)=\lambda^{\mathcal{V}}_{\mathcal{W}}\delta(c'')=\delta(\lambda^{\mathcal{V}}_{\mathcal{W}}c'')=\delta(\pi(e))=\pi(\delta(e)).$$

したがって

$$\pi(\lambda^{\mathcal{U}}_{\mathcal{W}}c-\delta(e))=0.$$

これは，$\lambda^{\mathcal{U}}_{\mathcal{W}}c-\delta(e)$ が $C^p(\mathcal{W}, \mathcal{S}')$ からきていることを意味する．すなわち，$\lambda^{\mathcal{U}}_{\mathcal{W}}c-\delta(e)=\iota(c')$ となるような $c' \in C^p(\mathcal{W}, \mathcal{S}')$ が存在する．よって $\iota([c'])=[c]$ である．

定義 3.8（連結写像）　$\gamma'' \in H^p(X, \mathcal{S}'')$ を $\gamma''=[c'']$，$c'' \in Z^p(\mathcal{U}, \mathcal{S}'')$ で表わす．補題 3.7 により，細分 $\mathcal{V}>\mathcal{U}$ と双対鎖体 $c \in C^p(\mathcal{V}, \mathcal{S})$ を $\lambda^{\mathcal{U}}_{\mathcal{V}}c''=\pi(c)$ となるように選ぶ．

$$\pi(\delta c)=\delta(\pi(c))=\delta(\lambda^{\mathcal{U}}_{\mathcal{V}}c'')=\lambda^{\mathcal{U}}_{\mathcal{V}}\delta(c'')=0$$

だから，$\delta(c)$ は $C^{p+1}(\mathcal{V}, \mathcal{S}')$ からきている．すなわち，$\delta(c)=\iota(c')$ となるようなコサイクル $c' \in Z^{p+1}(\mathcal{V}, \mathcal{S}')$ が存在する．そこで**連結写像**(connecting homomorphism) δ^* を

$$\delta^*(\gamma'')=[c'] \tag{3.38}$$

と定義する．δ^* がいろいろなものの選び方によらず，きちんと定義されていることは，読者自身で確かめられたい．　□

（ii）　系列 $H^p(X, \mathcal{S}) \xrightarrow{\pi} H^p(X, \mathcal{S}'') \xrightarrow{\delta^*} H^{p+1}(X, \mathcal{S}')$ の完全性の証明

まず $\delta^*(\gamma'')=0$ を仮定する．δ^* の定義 3.8 で使った記号をそのまま使って，$\delta^*(\gamma'')=[c']$ となるような $c' \in C^{p+1}(\mathcal{V}, \mathcal{S}')$ をとる．そのとき，細分 $\mathcal{W}>\mathcal{V}$ と $e' \in C^p(\mathcal{W}, \mathcal{S}')$ が存在して $\lambda^{\mathcal{V}}_{\mathcal{W}}c'=\delta(e')$．両辺を ι で移して

$$\lambda^{\mathcal{V}}_{\mathcal{W}}\iota(c')=\delta(\iota(e')).$$

$\iota(c')=\delta(c)$ であったから

$$\delta(\lambda^{\mathcal{V}}_{\mathcal{W}}c-\iota(e'))=0.$$

一方

$$\pi(\lambda^{\mathcal{V}}_{\mathcal{W}}c-\iota(e'))=\pi(\lambda^{\mathcal{V}}_{\mathcal{W}}c)=\lambda^{\mathcal{V}}_{\mathcal{W}}\pi(c)=\lambda^{\mathcal{V}}_{\mathcal{W}}\lambda^{\mathcal{U}}_{\mathcal{V}}c''=\lambda^{\mathcal{U}}_{\mathcal{W}}c''$$

だから

$$\gamma=[\lambda^{\mathcal{V}}_{\mathcal{W}}c-\iota(e')]\in H^p(X,\mathcal{S})$$

とおけば，$\pi(\gamma)=\gamma''$ を得る.

逆に，$\gamma\in H^p(X,\mathcal{S})$ に対し $\gamma''=\pi(\gamma)$ とおく．$\gamma=[c]$，$c\in Z^p(\mathcal{U},\mathcal{S})$ とおけば，$\gamma''=[\pi(c)]$．δ^* の定義により $c''=\pi(c)$，そして $\mathcal{V}=\mathcal{U}$ となるようにできる．$\delta(c)=0$ だから，δ^* の定義で $c'=0$ としてよい．したがって $\delta^*(\gamma'')=0$ である.

（iii）　系列 $H^p(X,\mathcal{S}'')\xrightarrow{\delta^*}H^{p+1}(X,\mathcal{S}')\xrightarrow{\iota}H^{p+1}(X,\mathcal{S})$ の完全性の証明

$\gamma''\in H^p(X,\mathcal{S}'')$ とする．定義3.8のように $c''\in Z^p(\mathcal{U},\mathcal{S}'')$，$c\in C^p(\mathcal{V},\mathcal{S})$ と $c'\in Z^{p+1}(\mathcal{V},\mathcal{S}')$ を選ぶと

$$\iota(\delta^*(\gamma''))=[\iota(c')]=[\delta(c)]=0\,.$$

逆に，$\gamma'\in H^{p+1}(X,\mathcal{S}')$ で $\iota(\gamma')=0$ とする．$\gamma'=[c']$，$c'\in Z^{p+1}(\mathcal{U},\mathcal{S}')$ と書く．そのとき，適当な細分 $\mathcal{V}>\mathcal{U}$ と $c\in C^p(\mathcal{V},\mathcal{S})$ をとれば

$$\lambda^{\mathcal{U}}_{\mathcal{V}}\iota(c')=\delta(c)\,.$$

したがって，

$$\delta(\pi(c))=\pi(\delta(c))=\pi(\lambda^{\mathcal{U}}_{\mathcal{V}}\iota(c))=\lambda^{\mathcal{U}}_{\mathcal{V}}\pi(\iota(c))=0$$

すなわち，$\pi(c)\in Z^p(\mathcal{V},\mathcal{S}'')$．そこで

$$\gamma''=[\pi(c)]\in H^p(\mathcal{V},\mathcal{S}'')$$

とおけば，$\delta^*(\gamma'')=[c']$ である.

これで，コホモロジー系列(3.37)の完全性が証明された.　∎

次に，短完全系列の可換な図形

$$\begin{array}{ccccccccc} 0 & \longrightarrow & \mathcal{S}' & \xrightarrow{\iota} & \mathcal{S} & \xrightarrow{\pi} & \mathcal{S}'' & \longrightarrow & 0 \\ & & \downarrow{\scriptstyle h'} & & \downarrow{\scriptstyle h} & & \downarrow{\scriptstyle h''} & & \\ 0 & \longrightarrow & \mathcal{T}' & \xrightarrow{\iota} & \mathcal{T} & \xrightarrow{\pi} & \mathcal{T}'' & \longrightarrow & 0 \end{array} \tag{3.39}$$

が与えられたとき，それに(3.37)を適用して得られるコホモロジー系列の次の図形が可換である.

(3.40)

$$\begin{array}{ccccccccccc} 0 & \longrightarrow & H^0(X,\mathcal{S}') & \xrightarrow{\iota} & H^0(X,\mathcal{S}) & \xrightarrow{\pi} & H^0(X,\mathcal{S}'') & \xrightarrow{\delta^*} & H^1(X,\mathcal{S}') & \xrightarrow{\iota} & \cdots \\ & & \downarrow{\scriptstyle h'} & & \downarrow{\scriptstyle h} & & \downarrow{\scriptstyle h''} & & \downarrow{\scriptstyle h'} & & \\ 0 & \longrightarrow & H^0(X,\mathcal{T}') & \xrightarrow{\iota} & H^0(X,\mathcal{T}) & \xrightarrow{\pi} & H^0(X,\mathcal{T}'') & \xrightarrow{\delta^*} & H^1(X,\mathcal{T}') & \xrightarrow{\iota} & \cdots \end{array}$$

証明が必要なのは次の図形

(3.41)

$$\begin{array}{ccc} H^p(X,\mathcal{S}'') & \xrightarrow{\delta^*} & H^{p+1}(X,\mathcal{S}') \\ \downarrow{\scriptstyle h''} & & \downarrow{\scriptstyle h'} \\ H^p(X,\mathcal{T}'') & \xrightarrow{\delta^*} & H^{p+1}(X,\mathcal{T}') \end{array}$$

の可換性だけである．(3.41)を証明するため，$\gamma''\in H^p(X,\mathcal{S}'')$ をとり，$\gamma''=[c'']$, $c''\in Z^p(\mathcal{U},\mathcal{S}'')$ とする．δ^* の定義におけるように，$\mathcal{V}>\mathcal{U}$, $c\in C^p(\mathcal{V},\mathcal{S})$, そして $c'\in Z^{p+1}(\mathcal{V},\mathcal{S}')$ を

$$\lambda^{\mathcal{U}}_{\mathcal{V}}c''=\pi(c), \qquad \delta(c)=\iota(c')$$

となるようにえらべば $\delta^*(\gamma'')=[c']$．そのとき $h''(c'')\in Z^p(\mathcal{U},\mathcal{T}'')$, $h''(\gamma'')=[h''(c'')]$ となる．$h(c)\in C^p(\mathcal{V},\mathcal{T})$ と $h'(c')\in Z^{p+1}(\mathcal{V},\mathcal{T}')$ は

$$\lambda^{\mathcal{U}}_{\mathcal{V}}h''(c'')=\pi(h(c)), \qquad \delta(h(c))=\iota(h'(c'))$$

を満たすから

$$\delta^*(h''(\gamma''))=[h'(c')]=h'([c'])=h'(\delta^*(\gamma''))\,.$$

これで，(3.39)の可換性が証明された．

§3.5　de Rham の定理と Dolbeault の定理

$\mathcal{S}$ を Abel 群の層とする．底空間 X のすべての局所有限開被覆 $\mathcal{U}=\{U_i\}$ に対し，準同形写像 $h_i\colon \mathcal{S}\to\mathcal{S}$ で

(a)　$\mathrm{supp}(h_i)$ ($=\{x\in X;\ h_i(\mathcal{S}_x)\neq 0\}$ の閉包) $\subset U_i$,

(b)　$\sum h_i=\mathrm{id}$

となるものが存在するとき，$\mathcal{S}$ を細層(fine sheaf)とよぶ．

細層の例を説明するために，X を実多様体とする．そして $\{\rho_i\}$ を $\{U_i\}$

に従属する 1 の分割とする．すなわち，X 上の C^∞ の実関数族で，(i) $0 \leqq \rho_i \leqq 1$，(ii) $\mathrm{supp}(\rho_i) \subset U_i$，(iii) $\sum \rho_i = 1$ となるとする．実多様体 X 上の p 次微分形式の芽の層 $\mathcal{A}^p$ は細層である．実際，準同形写像 h_i として ρ_i を掛けるという作用をとればよい．同様に，複素多様体上の (p,q) 次微分形式の芽の層 $\mathcal{A}^{p,q}$ も細層である．しかし，正則 p 次微分形式の芽の層 Ω^p は細層ではない．

定理 3.9　$\mathcal{S}$ が細層であると

$$H^p(X, \mathcal{S}) = 0, \quad p > 0.$$

［証明］　$\gamma \in H^p(X, \mathcal{S})$ をとり，$\gamma = [c]$，$c = \{c_{i_0 i_1 \cdots i_p}\} \in Z^p(\mathcal{U}, \mathcal{S})$ と書く．コサイクルの条件は

$$0 = (\delta c)_{i_0 \cdots i_p i} = \sum_{\alpha=0}^{p} (-1)^\alpha c_{i_0 \cdots \hat{i}_\alpha \cdots i_p i} + (-1)^{p+1} c_{i_0 \cdots i_p}$$

である(最後の添字には i_{p+1} の代りに i を使った)．この式に準同形写像 h_i を作用させて，i について和をとれば

$$\sum_{\alpha=0}^{p} (-1)^\alpha \sum_i h_i c_{i_0 \cdots \hat{i}_\alpha \cdots i_p i} + (-1)^{p+1} c_{i_0 \cdots i_p} = 0.$$

そこで

$$e_{i_1 \cdots i_p} = \sum_i h_i c_{i_1 \cdots i_p i}$$

と定義する．少し詳しく言うと，右辺の $h_i c_{i_1 \cdots i_p i} \in \Gamma(U_{i_1} \cap \cdots \cap U_{i_p} \cap U_i, \mathcal{S})$ は，まず $\mathrm{supp}(h_i)$ の外で 0 とおいて $U_{i_1} \cap \cdots \cap U_{i_p}$ 上の断面に拡張してから和をとる．したがって，$e_{i_1 \cdots i_p} \in \Gamma(U_{i_1} \cap \cdots \cap U_{i_p}, \mathcal{S})$ となり，$e = \{e_{i_1 \cdots i_p}\} \in C^{p-1}(\mathcal{U}, \mathcal{S})$ かつ

$$\sum_\alpha (-1)^\alpha e_{i_0 \cdots \hat{i}_\alpha \cdots i_p} + (-1)^{p+1} c_{i_0 i_1 \cdots i_p} = 0$$

を得る．したがって，$c = (-1)^p \delta e$．∎

層 $\mathcal{F}_0, \mathcal{F}_1, \mathcal{F}_2, \cdots$ がすべて細層であるような完全系列

(3.42)　$$0 \longrightarrow \mathcal{S} \xrightarrow{\iota} \mathcal{F}_0 \xrightarrow{d} \mathcal{F}_1 \xrightarrow{d} \mathcal{F}_2 \xrightarrow{d} \cdots$$

を，層 $\mathcal{S}$ の**細層による分解**(fine resolution)とよぶ．

定理 3.10　上のように層 $\mathcal{S}$ の細層による分解が与えられたとき，コホモロジー群 $H^p(X,\mathcal{S})$ は次のように計算される．

$$H^p(X,\mathcal{S}) = \frac{\mathrm{Ker}(d\colon \Gamma(X,\mathcal{F}_p) \to \Gamma(X,\mathcal{F}_{p+1}))}{\mathrm{Im}(d\colon \Gamma(X,\mathcal{F}_{p-1}) \to \Gamma(X,\mathcal{F}_p))}\,.$$

［証明］　$\mathcal{Z}_p$ を $d\colon \mathcal{F}_p \to \mathcal{F}_{p+1}$ の核とすると

(3.43)
$$0 \longrightarrow \mathcal{Z}_{p-1} \longrightarrow \mathcal{F}_{p-1} \longrightarrow \mathcal{Z}_p \longrightarrow 0$$

は完全系列となる．短完全系列(3.36)からコホモロジー完全系列(3.37)を得たが，これを短完全系列(3.43)に適用して得られるコホモロジー完全系列を考え，$H^q(X,\mathcal{F}_{p-1})=0$（定理3.9による）を使えば

$$H^q(X,\mathcal{Z}_p) \cong H^{q+1}(X,\mathcal{Z}_{p-1}), \quad p-1 \geqq 0,\ q \geqq 1$$

を得る．したがって

$$H^p(X,\mathcal{Z}_0) \cong H^1(X,\mathcal{Z}_{p-1})\,.$$

$\mathcal{Z}_0=\mathcal{S}$ だから，左辺は $H^p(X,\mathcal{S})$ にほかならない．一方，右辺は次の完全系列の項として表われる．

$$H^0(X,\mathcal{F}_{p-1}) \longrightarrow H^0(X,\mathcal{Z}_p) \longrightarrow H^1(X,\mathcal{Z}_{p-1}) \longrightarrow 0\,.$$

したがって

$$H^1(X,\mathcal{Z}_{p-1}) \cong \frac{H^0(X,\mathcal{Z}_p)}{\mathrm{Im}(H^0(X,\mathcal{F}_{p-1}) \to H^0(X,\mathcal{Z}_p))}$$

を得る．　■

上の証明では，分解(3.42)が細層による分解であるということでなく，定理3.9の結果として出てくる

(3.44)
$$H^q(X,\mathcal{F}_p) = 0, \quad p \geqq 0,\ q > 0$$

を使っただけである．すなわち，(3.42)が(3.44)を満たすような層(**非輪状** acyclic な層とよばれる)による $\mathcal{S}$ の分解であればよいことを注意しておく．

分解(3.42)の例として，n 次元実多様体 X 上の定数層 $\mathbb{R}$ の細層による分解を考える．$\mathcal{A}^p$ を p 次微分形式の芽の層とすると，上で示したように $\mathcal{A}^p$ は細層である．そして Poincaré の補題は次の系列が完全であるという命題にほかならない．

(3.45)
$$0 \longrightarrow \mathbb{R} \xrightarrow{\iota} \mathcal{A}^0 \xrightarrow{d} \mathcal{A}^1 \xrightarrow{d} \mathcal{A}^2 \xrightarrow{d} \cdots \xrightarrow{d} \mathcal{A}^n \longrightarrow 0\,.$$

これに定理 3.10 を適用すると，**de Rham の定理**

$$(3.46)\qquad H^p(X,\mathbb{R}) \cong \frac{\mathrm{Ker}(d\colon \Gamma(X,\mathcal{A}^p)\to\Gamma(X,\mathcal{A}^{p+1}))}{d(\Gamma(X,\mathcal{A}^{p-1}))}$$

を得る．

同様に，X を n 次元複素多様体とするとき，(p,q) 次微分形式の芽の層 $\mathcal{A}^{p,q}$ も細層で，Dolbeault の補題(補題 1.3)によれば次の系列は完全で，正則 p 次微分形式の芽の層 Ω^p の細層による分解となっている．

$$(3.47)\qquad 0\longrightarrow \Omega^p \xrightarrow{\iota} \mathcal{A}^{p,0} \xrightarrow{d''} \mathcal{A}^{p,1} \xrightarrow{d''} \mathcal{A}^{p,2} \xrightarrow{d''} \cdots \xrightarrow{d''} \mathcal{A}^{p,n} \longrightarrow 0.$$

これに定理 3.10 を適用して **Dolbeault の定理**

$$(3.48)\qquad H^q(X,\Omega^p) \cong \frac{\mathrm{Ker}(d''\colon \Gamma(X,\mathcal{A}^{p,q})\to\Gamma(X,\mathcal{A}^{p,q+1}))}{d''(\Gamma(X,\mathcal{A}^{p,q-1}))}$$

を得る[*2]．

もっと一般に，E を複素多様体 X 上の正則ベクトル束，そして $\mathcal{A}^{p,q}(E)$ を E に値をもつ (p,q) 次微分形式の芽の層とする．X の小さい開集合 U 上で E の基となるような 1 次独立な正則断面 $e_1,\cdots,e_r$ をとれば，$\mathcal{A}^{p,q}(E)$ の U 上の断面 ξ は

$$\xi = \sum \xi^i e_i$$

と書ける．$d''\xi\in\Gamma(U,\mathcal{A}^{p,q+1}(E))$ を

$$(3.49)\qquad d''\xi = \sum d''\xi^i e_i$$

と定義する．E の変換関数は正則だから，$d''\xi$ は $e_1,\cdots,e_r$ の選び方によらず定義されている．(3.47)の場合と同様に，Dolbeault の補題により，E に値をもつ正則 p 次微分形式の芽の層 $\Omega^p(E)$ の細層による分解

(3.50)

$$0\longrightarrow \Omega^p(E) \xrightarrow{\iota} \mathcal{A}^{p,0}(E) \xrightarrow{d''} \mathcal{A}^{p,1}(E) \xrightarrow{d''} \cdots \xrightarrow{d''} \mathcal{A}^{p,n}(E) \longrightarrow 0$$

を得る．これに定理 3.10 を適用すれば，(3.48)の一般化として次の **Dolbeault の定理**を得る．

---

*2　ここで説明した de Rham の定理と Dolbeault の定理の証明法は，A. Weil, Sur les théorèmes de de Rham, *Comm. Math. Helv.* **26** (1952), 119–145 に基づく．

(3.51)

$$H^q(X,\Omega^p(E)) \cong \frac{\mathrm{Ker}(d''\colon \Gamma(X,\mathcal{A}^{p,q}(E)) \to \Gamma(X,\mathcal{A}^{p,q+1}(E)))}{d''(\Gamma(X,\mathcal{A}^{p,q-1}(E)))}.$$

完全系列(3.45)の正則な場合の類似として

(3.52)　$0 \longrightarrow \mathbb{C} \xrightarrow{\iota} \Omega^0 \xrightarrow{d} \Omega^1 \xrightarrow{d} \Omega^2 \xrightarrow{d} \cdots \xrightarrow{d} \Omega^n \longrightarrow 0$

が考えられる．この系列の完全性の証明は，Poincaré の補題の証明と同じである．すなわち，領域 $\|z\|^2=\sum_{i=1}^{n}|z^i|^2<1$ で定義された $p+1$ 次正則微分形式

(3.53)
$$\omega = \frac{1}{(p+1)!}\sum a_{i_0\cdots i_p}(z)dz^{i_0}\wedge\cdots\wedge dz^{i_p}$$

に対し，p 次正則微分形式

(3.54)
$$\theta = \frac{1}{p!}\sum\left(\int_0^1 a_{i_0\cdots i_p}(tz)t^p dt\right)z^{i_0}dz^{i_1}\wedge\cdots\wedge dz^{i_p}$$

は，$d\omega=0$ ならば $\omega=d\theta$ を満たす．

Ω^p は細層ではないが，X が

(3.55)
$$H^q(X,\Omega^p)=0,\quad p\geqq 0,\ q>0$$

となるような複素多様体ならば，定理3.10の証明の後で説明したように

(3.56)
$$H^p(X,\mathbb{C}) \cong \frac{\mathrm{Ker}(d\colon \Gamma(X,\Omega^p)\to\Gamma(X,\Omega^{p+1}))}{d(\Gamma(X,\Omega^{p-1}))}$$

を得る．例えば Stein 多様体は条件(3.55)を満たす．そのような多様体 X のコホモロジー $H^p(X,\mathbb{C})$ は，X の複素次元より大きい p に対しては0となることが(3.56)からわかる．

§3.6　非輪状被覆と Leray の定理

層コホモロジー $H^*(X,\mathcal{S})$ は，被覆 $\mathcal{U}$ に関する $H^*(\mathcal{U},\mathcal{S})$ の極限として定義されているので，それを計算するのは難しいように思われるが，以下に述べる Leray の定理によれば，$\mathcal{U}$ が非輪状であれば，極限をとらないでも $H^*(\mathcal{U},\mathcal{S})$ 自身がすでに $H^*(X,\mathcal{S})$ である．

X の局所有限開被覆 $\mathcal{U}$ がそのすべての p 次元単体 $(U_{i_0},\cdots,U_{i_p})$ に対し

(3.57)　　$$H^q(U_{i_0}\cap\cdots\cap U_{i_p},\mathcal{S})=0,\quad q>0$$

という条件を満たすとき，$\mathcal{U}$ は層 $\mathcal{S}$ に関して**非輪状**(acyclic)であるという．

定理 3.11 (Leray の定理)　$\mathcal{S}$ を Hausdorff 空間 X 上の加群の層とする．X の局所有限開被覆 $\mathcal{U}$ が $\mathcal{S}$ に関して非輪状ならば

$$H^q(X,\mathcal{S})\cong H^q(\mathcal{U},\mathcal{S}).$$

□

補題 3.12　すべての加群の層 $\mathcal{S}$ に対し，細層による分解

$$0\longrightarrow\mathcal{S}\xrightarrow{i}\mathcal{F}_0\xrightarrow{d_0}\mathcal{F}_1\xrightarrow{d_1}\cdots$$

が存在する．

[証明]　$\mathcal{F}_0$ として，$\mathcal{S}$ の不連続な断面も含むすべての断面の芽の層をとる．X を互いに素な部分集合 V_i で，$\overline{V}_i\subset U_i$ となるようなもので覆う(もちろん V_i は開集合でも閉集合でもない)．X 上の関数 h_i を

$$h_i(x)=\begin{cases}1 & x\in V_i\\ 0 & x\notin V_i\end{cases}$$

で定義する．$h_i\colon\mathcal{F}_0\to\mathcal{F}_0$ は $\mathcal{F}_0$ の自己準同形写像で $\sum_i h_i\equiv 1$．したがって $\mathcal{F}_0$ は細層である．そして自然な単射 $i\colon\mathcal{S}\to\mathcal{F}_0$ がある．

次に，$\mathcal{F}_1$ として $\mathcal{F}_0/i(\mathcal{S})$ のすべての断面(不連続なのも含めて)の芽の層をとる．上と同様にして，$\mathcal{F}_1$ は細層で，自然な単射 $i_0\colon\mathcal{F}_0/i(\mathcal{S})\to\mathcal{F}_1$ が定義される．そこで

$$d_0\colon\ \mathcal{F}_0\longrightarrow\mathcal{F}_0/i(\mathcal{S})\xrightarrow{i_0}\mathcal{F}_1$$

と定義する．

以下同様に，$\mathcal{F}_{k+1}$ を $\mathcal{F}_k/d_{k-1}(\mathcal{F}_{k-1})$ のすべての断面の芽の層とし，d_k を定義する．

定理 3.10 により，次の同形対応を得る．

(3.58)　　$$H^q(X,\mathcal{S})\cong\frac{\operatorname{Ker}(d_q:\Gamma(X,\mathcal{F}_q)\to\Gamma(X,\mathcal{F}_{q+1}))}{\operatorname{Im}(d_{q-1}:\Gamma(X,\mathcal{F}_{q-1})\to\Gamma(X,\mathcal{F}_q))}.$$

さらに定理 3.9 とその証明において，すべての細層 $\mathcal{F}$ に対して

(3.59)　　$$H^q(\mathcal{U},\mathcal{F})=H^q(X,\mathcal{F})=0,\quad q>0$$

が成り立つことを示した．

$U=(U_{i_0}\cap\cdots\cap U_{i_p})\neq\varnothing$ に対し，補題3.12の細層による分解を U に制限したものに(3.58)を適用すれば，仮定により

$$0=H^q(U,\mathcal{S})\cong\frac{\mathrm{Ker}(d_q\colon\Gamma(U,\mathcal{F}_q)\to\Gamma(U,\mathcal{F}_{q+1}))}{\mathrm{Im}(d_{q-1}\colon\Gamma(U,\mathcal{F}_{q-1})\to\Gamma(U,\mathcal{F}_q))},\quad q>0. \tag{3.60}$$

これは系列

$$0\longrightarrow\Gamma(U,\mathcal{S})\xrightarrow{i}\Gamma(U,\mathcal{F}_0)\xrightarrow{d_0}\Gamma(U,\mathcal{F}_1)\xrightarrow{d_1}\cdots \tag{3.61}$$

が完全系列であるということにほかならない．

双対鎖体の系列

$$0\longrightarrow C^p(\mathcal{U},\mathcal{S})\xrightarrow{i}C^p(\mathcal{U},\mathcal{F}_0)\xrightarrow{d_0}C^p(\mathcal{U},\mathcal{F}_1)\xrightarrow{d_1}\cdots \tag{3.62}$$

は(3.61)の形の完全系列の直和であるから，やはり完全系列となる．双対境界作用素 δ は上の系列の写像と可換であるから，次の可換な図形を得る．

$$\begin{array}{ccccccccc}
 & & 0 & & 0 & & 0 & & \\
 & & \downarrow & & \downarrow & & \downarrow & & \\
0 & \longrightarrow & \Gamma(X,\mathcal{S}) & \xrightarrow{i} & \Gamma(X,\mathcal{F}_0) & \xrightarrow{d_0} & \Gamma(X,\mathcal{F}_1) & \xrightarrow{d_1} & \cdots \\
 & & \downarrow & & \downarrow & & \downarrow & & \\
0 & \longrightarrow & C^0(\mathcal{U},\mathcal{S}) & \xrightarrow{i} & C^0(\mathcal{U},\mathcal{F}_0) & \xrightarrow{d_0} & C^0(\mathcal{U},\mathcal{F}_1) & \xrightarrow{d_1} & \cdots \\
 & & \delta\downarrow & & \delta\downarrow & & \delta\downarrow & & \\
0 & \longrightarrow & C^1(\mathcal{U},\mathcal{S}) & \xrightarrow{i} & C^1(\mathcal{U},\mathcal{F}_0) & \xrightarrow{d_0} & C^1(\mathcal{U},\mathcal{F}_1) & \xrightarrow{d_1} & \cdots \\
 & & \delta\downarrow & & \delta\downarrow & & \delta\downarrow & & \\
0 & \longrightarrow & C^2(\mathcal{U},\mathcal{S}) & \xrightarrow{i} & C^2(\mathcal{U},\mathcal{F}_0) & \xrightarrow{d_0} & C^2(\mathcal{U},\mathcal{F}_1) & \xrightarrow{d_1} & \cdots \\
 & & \delta\downarrow & & \delta\downarrow & & \delta\downarrow & & \\
0 & \longrightarrow & C^3(\mathcal{U},\mathcal{S}) & \xrightarrow{i} & C^3(\mathcal{U},\mathcal{F}_0) & \xrightarrow{d_0} & C^3(\mathcal{U},\mathcal{F}_1) & \xrightarrow{d_1} & \cdots \\
 & & \downarrow & & \downarrow & & \downarrow & & \\
 & & \vdots & & \vdots & & \vdots & &
\end{array} \tag{3.63}$$

ここで，1番目の横の系列を除いてすべての横の系列は完全であり，同様に，1番目の縦の系列以外の縦の系列もすべて完全である．コホモロジー $H^q(X,\mathcal{S})$ は1番目の横の系列が不完全である度合を表わすものであり，$H^q(\mathcal{U},\mathcal{S})$ は1番目の縦の系列の不完全度を表わす．あとは二重鎖複体の一般

論を使うか，直接(3.63)でいわゆる diagram chasing をすれば定理 3.11 の証明は終わる. ∎

《要約》

3.1 層の概念と例の理解.

3.2 層コホモロジー.

3.3 de Rham の定理と Dolbeault の定理，その証明のからくり.

演習問題

3.1 X を n 次元複素多様体，$\mathcal{O}$ をその構造層とする. $A \subset X$ を閉複素部分多様体，$\mathcal{I}_A$ を§3.2の最後に定義した A のイデアル層とする. 同様に，前層 $\{(\mathcal{I}_A(U))^2\}$ から層 $\mathcal{I}_A^2$ を定義する. そのとき，商束 $\mathcal{I}_A/\mathcal{I}_A^2$ の茎(ファイバー)がいかなるものか説明せよ. 特に A が 1 点 p の場合はどうか.

3.2 多様体 X 上に三つの前層 $\{\mathcal{F}(U)\}$, $\{\mathcal{G}(U)\}$, $\{\mathcal{H}(U)\}$ が与えられていて，各開集合 U に対し完全系列

$$(*) \qquad \mathcal{F}(U) \xrightarrow{i_U} \mathcal{G}(U) \xrightarrow{p_U} \mathcal{H}(U)$$

が制限写像 ρ_V^U と可換であるように与えられているとする. そのとき，層の完全系列

$$(**) \qquad \mathcal{F} \xrightarrow{i} \mathcal{G} \xrightarrow{p} \mathcal{H}$$

が得られることを示せ. (逆に，層の系列$(**)$の完全性から$(*)$の完全性は出ないことを注意しておく.)

3.3 X 上の層 $\mathcal{S}$ と写像 $f: X \to Y$ が与えられたとき，Y 上の層 $f_*\mathcal{S}$ を前層

$$(f_*\mathcal{S})(V) = \mathcal{S}(f^{-1}(V)) \qquad (V \subset Y \text{ は開集合})$$

によって定義する. もっと一般に，Y 上の層 $R^i f_*\mathcal{S}$ を前層

$$(R^i f_*\mathcal{S})(V) = H^i(f^{-1}(V); \mathcal{S})$$

によって定義する.

X 上の層の完全系列 $0 \to \mathcal{F} \to \mathcal{G} \to \mathcal{H} \to 0$ は次の完全系列

$$0 \longrightarrow f_*\mathcal{F} \longrightarrow f_*\mathcal{G} \longrightarrow f_*\mathcal{H} \longrightarrow R^1 f_*\mathcal{F} \longrightarrow R^1 f_*\mathcal{G} \longrightarrow R^1 f_*\mathcal{H} \longrightarrow \cdots$$

を引きおこすことを証明せよ.

3.4　多重円板 D_r^n 上の正則線束は積束 $D_r^n\times\mathbb{C}$ に正則ベクトル束として同形であることを証明せよ．同様に，$\mathbb{C}^n$ 上の正則線束も積束 $\mathbb{C}^n\times\mathbb{C}$ に同形である．（ヒント．問題1.4の結果を使う.）

3.5　(ζ^0,ζ^1) を $P_1\mathbb{C}$ の斉次座標系，U_0 を $\zeta^0\neq 0$ で定義された開集合，U_1 を $\zeta^1\neq 0$ で定義された開集合とする．そのとき，開被覆 $\mathcal{U}=\{U_0,U_1\}$ が構造層 $\mathcal{O}$ に関して非輪状であることを証明し，次に $H^1(P_1\mathbb{C},\mathcal{O})=0$ を示せ．（ヒント．問題1.4, 1.5を参照.）

3.6　コンパクト複素多様体 X 上で1次独立な閉正則1次微分形式の数は，たかだか X の1次元Betti数 b_1 の半分であることを証明せよ.

3.7　n 次元コンパクト複素多様体 X 上の正則 $n-1$ 次微分形式 ω は閉じている，すなわち $d\omega=0$ であることを示せ.

4 ベクトル束の幾何

まえがきで述べたように，本書では複素ベクトル束に重点をおいている．すでにベクトル束の基礎的なことは第2章で，そしてベクトル束のコホモロジーについては第3章で述べたが，本章では，ベクトル束の微分幾何と特性類(Chern 類)について説明する．前述の森田茂之著『微分形式の幾何学』でもベクトル束の接続や Chern–Weil 理論が論ぜられるが，ここでは複素ベクトル束，特に正則ベクトル束が主な対象である．

§4.1 では複素ベクトル束の接続，§4.2 では Hermite ベクトル束の接続の基礎的なことを説明する．Hermite 正則ベクトル束の場合には，ちょうど Riemann 多様体の Levi-Civita 接続のように自然な接続が一つ決まる．そして§4.3 で示すように，Gauss–Codazzi の方程式の類似式も成り立つ．

§4.4〜§4.6 では Chern の特性類について論じる．接続を選び，その曲率を使って Chern 形式を定義し，そのコホモロジー類(Chern 類)が接続の選び方によらないという Chern–Weil の定理を証明するが，§4.6 では正則ベクトル束の場合には Hermite 計量によって定義される接続を使うことにより，もっと精密な Chern 類を定義することが可能であるという Bott–Chern の結果を紹介する．

小平の消滅定理は第7章で証明するが，正則ベクトル束の正則断面の消滅定理はあまり準備もいらないので，本章の§4.7 で扱う．

§4.1　ベクトル束の接続

後での応用を考えて，E は複素多様体 X 上の複素ベクトル束とするが，本節での話は実多様体上の実ベクトル束でも同じである．

$\mathcal{A}^p$ を X 上の p 次微分形式の芽のつくる層，そして $\mathcal{A}^p(E)$ を E に値をとる p 次微分形式の芽のつくる層とする．特に $\mathcal{A}^0$ は C^∞ 関数の芽のつくる層である．$\mathcal{A}^p(E)$ は $\mathcal{A}^0$ 加群の層となる．

E の**接続**(connection)とは，($\mathcal{A}^0$ 加群としてでなく)加法群の層としての準同形写像

(4.1)
$$D\colon\ \mathcal{A}^0(E) \longrightarrow \mathcal{A}^1(E)$$

で，次の公式(**Leibniz の公式**とも，**微分公式**ともいう)を満たすものである．

(4.2)
$$D(f\xi) = df\cdot\xi + fD\xi, \qquad f\in\mathcal{A}^0,\ \xi\in\mathcal{A}^0(E).$$

関数の微分は一意的に定義されるが，E の断面の微分は一意には決まらず，(4.2)を満たす D は無限に多くある．E の二つの接続 D_0, D_1 が与えられたとき，$a+b=1$ となる複素数 a, b に対し aD_0+bD_1 もまた接続になる．

(4.3)
$$\alpha = D_1 - D_0$$

とおけば

(4.4)
$$\alpha(f\xi) = f\cdot\alpha(\xi)$$

となるから，α は $\mathcal{A}^0(E)$ から $\mathcal{A}^1(E)$ への $\mathcal{A}^0$ 加群の層としての準同形写像である．すなわち α は $\mathcal{A}^1(\mathrm{End}\,E)$ の断面である．逆に，接続 D_0 と $\mathcal{A}^1(\mathrm{End}\,E)$ の断面 α から接続 $D_0+\alpha$ を得る．以上のことから，E の接続の全体は無限次元のアフィン空間をつくり，一つの接続 D_0 を原点としてえらべば，このアフィン空間はベクトル空間 $\Gamma(X, \mathcal{A}^1(\mathrm{End}\,E))$ と同形になる．

E の接続 D は写像

(4.5)
$$D\colon\ \mathcal{A}^p(E) \longrightarrow \mathcal{A}^{p+1}(E)$$

に

(4.6)
$$D(\varphi\xi) = d\varphi\cdot\xi + (-1)^p\varphi D\xi, \quad \varphi\in\mathcal{A}^p,\ \xi\in\mathcal{A}^0(E)$$

によって拡張される．

$f\in\mathcal{A}^0$ と $\xi\in\mathcal{A}^0(E)$ に対し

$$D^2(f\xi) = D(df\cdot\xi + fD\xi) = d^2f\cdot\xi - df\wedge D\xi + df\wedge D\xi + f\cdot D^2\xi$$
$$= f\cdot D^2\xi$$

となる．これは D^2 が $\mathcal{A}^0(E)$ から $\mathcal{A}^2(E)$ への $\mathcal{A}^0$ 加群の層としての準同形写像になっていることを示している．すなわち，D^2 は $\mathcal{A}^2(\operatorname{End} E)$ の断面と考えられる．

(4.7) $$R = D^2 \in \Gamma(X, \mathcal{A}^2(\operatorname{End} E))$$

とおき，R を D の**曲率**(curvature)とよぶ．

E の接続 D は，双対ベクトル束 E^*，テンソル積 $E\otimes\cdots\otimes E$，自己準同形束 $\operatorname{End} E$ など，E に同伴するベクトル束に接続を定義する．例えば，$\alpha\in\mathcal{A}^0(\operatorname{End} E)$ に対し，$D\alpha$ は次の式で定義される．

(4.8) $$D(\alpha(\xi)) = (D\alpha)(\xi) + \alpha(D\xi), \qquad \xi\in\mathcal{A}^0(E).$$

この接続 D を(4.5)によってさらに写像 $D\colon \mathcal{A}^p(\operatorname{End}(E)) \to \mathcal{A}^{p+1}(\operatorname{End}(E))$ にまで拡張する．特に曲率 $R\in\Gamma(X, \mathcal{A}^2(\operatorname{End} E))$ に対し，DR が $\mathcal{A}^3(\operatorname{End} E)$ の断面として定義されるが，次の恒等式(**Bianchi の恒等式**)が成り立つ．

(4.9) $$DR = 0.$$

この恒等式を証明するには，D^3 を 2 通りの方法で計算すればよい．すなわち，$D\circ R = D^3 = R\circ D$ を $\xi\in\mathcal{A}^0(E)$ に作用させて

$$D^3\xi = D(R\xi) = (DR)\xi + R\wedge D\xi = (DR)\xi + D^3\xi.$$

したがって $DR=0$ を得る．

いま，E が積束，すなわち，$E = X\times\mathbb{C}^r$ ならば，$\mathcal{A}^0(E)\cong\mathcal{A}^0\oplus\cdots\oplus\mathcal{A}^0$．この場合には，普通の微分 $d\colon \mathcal{A}^0\to\mathcal{A}^1$ がそのまま接続

(4.10) $$d\colon\ \mathcal{A}^0(E) \longrightarrow \mathcal{A}^1(E)$$

を与える．$d^2=0$ だから曲率は 0 である．D を E の任意の接続とすると，(4.3)により

(4.11) $$D = d+\omega$$

と書ける．いまの場合に，ω は 1 次微分形式の $r\times r$ の行列，すなわち $\omega = (\omega^i_j)_{i,j=1,\cdots,r}$，$\omega^i_j\in\Gamma(X, \mathcal{A}^1)$ である．$D=d+\omega$ の曲率 R は

$$R(\xi) = (d+\alpha)((d+\omega)\xi) = d(\omega(\xi)) + \omega(d\xi) + (\omega\wedge\omega)(\xi)$$
$$= (d\omega)(\xi) + (\omega\wedge\omega)(\xi)$$

だから

(4.12) $$R = d\omega + \omega\wedge\omega.$$

一般の場合でも E は局所的には積束で，X の各点で，その小さい近傍 U で枠の場 $e_1, \cdots, e_r$ をとって考えればよい．D を任意の接続とすれば，De_j は E に値をとる U 上の1次微分形式で

(4.13) $$De_j = \sum_i \omega_j^i e_i$$

と書ける．この1次微分形式のつくる $r\times r$ 行列 $\omega = (\omega_j^i)$ を枠 $e_1, \cdots, e_r$ に関する D の**接続形式**(connection form)とよぶ．

E の一般の局所断面 $\xi = \sum \xi^j e_j$ に対しては

(4.14) $$\begin{aligned} D\xi &= \sum_j d\xi^j e_j + \sum_{i,j} \xi^j \omega_j^i e_i \\ &= \sum_i (d\xi^i + \sum_j \omega_j^i \xi^j) e_i. \end{aligned}$$

曲率 R は $\mathrm{End}\,E$ に値をとる2次微分形式だから

(4.15) $$R(e_j) = \sum_i R_j^i e_i$$

と書けるが，そのとき，(R_j^i) は2次微分形式の行列で枠 $e_1, \cdots, e_r$ に関する D の**曲率形式**(curvature form)とよぶ．この行列も R と書くことにする．

$$\begin{aligned} R(e_j) &= D(\sum_i \omega_j^i e_i) = d\omega_j^i e_i - \omega_j^i \wedge \sum_k \omega_i^k e_k \\ &= \sum_i (d\omega_j^i + \sum_k \omega_k^i \wedge \omega_j^k) e_i \end{aligned}$$

だから

(4.16) $$R_j^i = d\omega_j^i + \sum_k \omega_k^i \wedge \omega_j^k$$

を得る．

ベクトルや行列を1文字で表わすことによって，以上の計算が添字なしに簡単に書ける．

(4.17) $$\boldsymbol{e} = (e_1, \cdots, e_r)$$

を横ベクトルとし，

(4.18)　$$\omega = (\omega^i_j), \quad R = (R^i_j)$$

とおけば

(4.19)　$$De = e\omega.$$

これに D を作用させて

(4.20)　$$eR = e\omega\wedge\omega + ed\omega.$$

したがって(4.16)は次のように書ける.

(4.21)　$$R = d\omega + \omega\wedge\omega.$$

これに d を作用させると，Bianchi の恒等式(4.9)の別形

(4.22)　$$dR = R\wedge\omega - \omega\wedge R$$

を得る.

別の局所枠 $e' = (e'_1, \cdots, e'_r)$ をとり，e' に関する D の接続形式 ω' と曲率形式 R' を計算してみる．e から e' への変換の行列を $a = (a^i_j)$ とする．すなわち

(4.23)　$$e' = ea.$$

そうすると

$$De' = e'\omega' = ea\omega'$$

だが，これは

$$D(ea) = (De)a + eda = e\omega a + eda$$

と等しくなければならないから，次式を得る.

(4.24)　$$\omega' = a^{-1}\omega a + a^{-1}da.$$

これを $R' = d\omega' + \omega'\wedge\omega'$ に代入すれば

(4.25)　$$R' = a^{-1}Ra.$$

したがって，$\{U_j\}$ が X の開被覆，$\{e_j\}$ が局所枠，$\{a_{jk}\}$ が変換関数で，それに対応する D の接続形式を $\{\omega_j\}$ とすれば $U_j\cap U_k$ で，ω_j と ω_k は(4.24)により次のように結ばれている.

(4.26)　$$\omega_k = a^{-1}_{jk}\omega_j a_{jk} + a^{-1}_{jk}da_{jk}.$$

逆に，(4.26)で結ばれているような $\{\omega_j\}$ は E に接続を定義する.

§2.3で説明したように，複素ベクトル束 E とその構造群 $GL(r;\mathbb{C})$ の表現から，新しいベクトル束が得られる．E の接続 D はこれらのベクトル束

に接続を与えることをこれから説明する．通常，これらの接続も同じ記号 D で表わすが，ここでは説明をはっきりさせるために，ベクトル束の名を添字として付ける．

例えば，E の接続 $D_E=D$ は双対ベクトル束 E^* に接続 D_{E^*} を与えるが，それは次の式で定義される．

(4.27)　$$d(\langle\lambda,\xi\rangle)=\langle D_{E^*}\lambda,\xi\rangle+\langle\lambda,D_E\xi\rangle,\quad \xi\in\mathcal{A}^0(E),\ \lambda\in\mathcal{A}^0(E^*).$$

接続 D_E の局所枠 $e_1,\cdots,e_r$ に関する接続形式を ω_E とすると，双対局所枠 $e^1,\cdots,e^r$ に関する D_{E^*} の接続形式 ω_{E^*} は

(4.28)　$$\omega_{E^*}=-{}^t\omega_E$$

で与えられる．これは

$$0=d(\langle e^i,e_j\rangle)=\langle D_{E^*}e^i,e_j\rangle+\langle e^i,D_Ee_j\rangle$$

から明らかであろう．D_E の曲率形式 R_E と D_{E^*} の曲率形式 R_{E^*} も同様の関係で結ばれている．すなわち

(4.29)　$$R_{E^*}=-{}^tR_E.$$

また，接続 $D_{\wedge^pE}$ は

(4.30)　$$D_{\wedge^pE}(\xi_1\wedge\cdots\wedge\xi_p)=\sum_i\xi_1\wedge\cdots\wedge D_E\xi_i\wedge\cdots\wedge\xi_p,\quad \xi_1,\cdots,\xi_p\in\mathcal{A}^0(E)$$

で定義される．特に $p=r$ の場合，すなわち $\det(E)=\wedge^rE$ の場合が重要で，接続形式 $\omega_{\det(E)}$ および曲率形式 $R_{\det(E)}$ は

(4.31)　$$\omega_{\det(E)}=\mathrm{tr}(\omega_E),\qquad R_{\det(E)}=\mathrm{tr}(R_E)$$

で与えられる．

一般に，V を複素ベクトル空間，$\rho\colon GL(r;\mathbb{C})\to\mathrm{End}(V)$ を表現，E^ρ を(2.32)によって定義されたベクトル束とする．そのとき，接続 D_E は接続 D_{E^ρ} を引きおこす．その接続形式 ω_{E^ρ} と曲率形式 R_{E^ρ} は

(4.32)　$$\omega_{E^\rho}=\rho'(\omega_E),\qquad R_{E^\rho}=\rho'(R_E)$$

で与えられる(ただし，ρ' は ρ を微分して得られる $GL(r;\mathbb{C})$ の Lie 環の表現である)．しかし，この一般論は本書では使わない．

次に，X 上の二つの複素ベクトル束 E と F，その接続 D_E と D_F が与えられている場合を考える．そのとき，ベクトル束 $E\oplus F$, $E\otimes F$, $\mathrm{Hom}(E,F)$

などに接続が定義される．例えば，$\xi\in\mathcal{A}^0(E)$，$\eta\in\mathcal{A}^0(F)$ に対し，

$$D_{E\oplus F}(\xi\oplus\eta)=D_E\xi\oplus D_F\eta, \tag{4.33}$$

$$D_{E\otimes F}(\xi\otimes\eta)=D_E\xi\otimes\eta+\xi\otimes D_F\eta \tag{4.34}$$

となり，また $\lambda\in\mathcal{A}^0(\mathrm{Hom}(E,F))$ に対しては

$$(D_{\mathrm{Hom}(E,F)}\lambda)(\xi)=D_F(\lambda(\xi))-\lambda(D_E\xi) \tag{4.35}$$

である．これらの接続の E と F の局所枠に関する接続形式と曲率形式は次のような形をとる．

$$\omega_{E\oplus F}=\begin{pmatrix}\omega_E & 0\\ 0 & \omega_F\end{pmatrix},\qquad R_{E\oplus F}=\begin{pmatrix}R_E & 0\\ 0 & R_F\end{pmatrix}, \tag{4.36}$$

$$\omega_{E\otimes F}=\omega_E\otimes I+I\otimes\omega_F,\qquad R_{E\otimes F}=R_E\otimes I+I\otimes R_F. \tag{4.37}$$

また $\mathrm{Hom}(E,F)\cong E^*\otimes F$ であることから，$\omega_{\mathrm{Hom}(E,F)}$ や $R_{\mathrm{Hom}(E,F)}$ を ω_E，ω_F，R_E および R_F を使って表わすには，(4.28)，(4.29) と (4.37) を適用すればよい．

以下，X は複素多様体，E は正則ベクトル束とする．正則局所枠 $e_1,\cdots,e_r$ を使って，$\varphi=\sum\varphi^ie_i\in\mathcal{A}^{p,q}(E)$，$\varphi^i\in\mathcal{A}^{p,q}$ と書いたとき，$d''\varphi\in\mathcal{A}^{p,q+1}(E)$ を

$$d''\varphi=\sum d''\varphi^ie_i \tag{4.38}$$

によって定義する．別の正則局所枠を使ったとき，二つの正則局所枠の間の変換行列が正則で d'' によって 0 になることから，$d''\varphi$ の定義は変わらない．一般の複素ベクトル束のときには正則局所枠が使えないから，$d''\varphi$ は定義されない．また正則ベクトル束でも $d'\varphi$ は定義されないことを注意しておく．(4.38) の特別な場合として，正則ベクトル束の C^∞ 断面 $\xi=\sum\xi^ie_i$ に対して $d''\xi$ は $d''\xi=\sum d''\xi^ie_i$ によってきちんと定義されている．

正則ベクトル束の接続を考える．E に値をとる 1 次微分形式の分解 $\mathcal{A}^1(E)=\mathcal{A}^{1,0}(E)+\mathcal{A}^{0,1}(E)$ に対応して，接続 $D\colon\mathcal{A}^0(E)\to\mathcal{A}^1(E)$ も

$$D=D'+D'' \tag{4.39}$$

と分解する．一般には，$De_j=\sum\omega^i_je_i$ によって定義される接続形式 (ω^i_j) は次数 $(1,0)$ の成分も $(0,1)$ の成分ももっている．

命題 4.1　E を正則ベクトル束, $e_1,\cdots,e_r$ を正則局所枠とする. $D=D'+D''$ を E の接続, $\omega=(\omega^i_j)$ を $e_1,\cdots,e_r$ に関するその接続形式とするとき, $D''=d''$ となるための必要十分条件は, ω が次数 $(1,0)$ の微分形式となることである.

［証明］　明らかに, ω の次数が $(1,0)$ となるのは $D''e_j=0$ のときで, そのときに限る. 一方

$$D''(\sum\xi^j e_j) = \sum d''\xi^j e_j + \sum\xi^j D''e_j = d''(\sum\xi^j e_j) + \sum\xi^j D''e_j$$

だから, $D''e_j=0$ となるのは $D''=d''$ のときで, そのときに限る. ∎

命題 4.2　正則ベクトル束の接続が $D''=d''$ を満たすならば, その曲率の $(0,2)$ 次の成分は 0 である.

［証明］　$D=D'+d''$ だから

$$R = D^2 = D'\circ D' + D'\circ d'' + d''\circ D'.$$

明らかに曲率の $(0,2)$ 次の成分はない. ∎

ここまでは一つの底空間 X 上のベクトル束を考えた. Y をもう一つの多様体, $f\colon Y\to X$ を C^∞ 写像とする. E を X 上のベクトル束, $\pi\colon E\to X$ をその射影とするとき, Y 上のベクトル束 f^*E を次のように定義する.

$$f^*E = \{(y,\xi)\in Y\times E;\ f(y)=\pi(\xi)\}\subset Y\times E. \tag{4.40}$$

その射影 $\pi'\colon f^*E\to Y$ は射影 $Y\times E\to Y$ を制限したものである. 一方, 射影 $Y\times E\to E$ を f^*E に制限すると, f を覆う束写像

$$\tilde{f}\colon\ f^*E \longrightarrow E$$

を得る. すなわち, 各点 $y\in Y$ で $\tilde{f}$ はファイバー $(f^*E)_y$ からファイバー $E_{f(y)}$ への同形写像を与える. f^*E を E の f による**引きもどし**(pull-back)とよぶ.

開集合 $U\subset X$ 上の E の断面 s に対し, $f^{-1}(U)$ 上の f^*E の断面 f^*s が

$$(f^*s)(y) = s(f(y))\in E_{f(y)}\cong(f^*E)_y \tag{4.41}$$

によって定義される. $e_1,\cdots,e_r$ が U 上の E の局所枠ならば, $f^*e_1,\cdots,f^*e_r$ は $f^{-1}(U)$ 上の f^*E の局所枠になる. また $\{U_j\}$ が X の開被覆, $\{a_{jk}\}$ が E の変換関数ならば, $\{f^{-1}(U_j)\}$ は Y の開被覆で, $\{f^*a_{jk}\}$ は f^*E の変換関数になる.

ベクトル束 E の接続 D は，f^*E に接続 f^*D を次のように引きおこす．$e_1, \cdots, e_r$ を U 上の E の局所枠，そして $\omega=(\omega^i_j)$ を枠 $e_1, \cdots, e_r$ に関する D の接続形式とするとき，枠 $f^*e_1, \cdots, f^*e_r$ に関する接続形式が $f^*\omega=(f^*\omega^i_j)$ であるような接続として f^*D を定義する．D の曲率 R が $e_1, \cdots, e_r$ に関して (R^i_j) で与えられるならば，f^*D の曲率 f^*R は $f^*e_1, \cdots, f^*e_r$ に関して $(f^*R^i_j)$ で与えられる．

もし E が複素多様体 X 上の正則ベクトル束で，f が複素多様体 Y から X への正則写像ならば，f^*E も正則ベクトル束となる．さらに，D が E の接続で条件 $D''=d''$ を満たすならば，f^*D も同様の条件を満たす．

具体的な計算をするときには伝統的な共変微分の記号が便利なことがあるので，その説明をしておく．X を複素多様体，$\theta^1, \cdots, \theta^r$ を $(1,0)$ 次微分形式からなる双対局所枠とする．E を X 上の C^∞ 複素ベクトル束，$e_1, \cdots, e_r$ をその局所枠とする．$D=D'+D''$ を E の接続，$\xi=\sum \xi^i e_i$ を E の断面とすると，$D'\xi$ と $D''\xi$ はそれぞれ次数 $(1,0)$ と $(0,1)$ の微分形式で E に値をとる．すなわち

(4.42) $$D'\xi=\sum \nabla_\alpha \xi^i \theta^\alpha e_i, \qquad D''\xi=\sum \nabla_{\bar\beta}\xi^i \bar\theta^\beta e_i$$

と書ける．この式は $\nabla_\alpha \xi^i$ と $\nabla_{\bar\beta}\xi^i$ の定義式にほかならない．

局所枠 $e_1, \cdots, e_r$ に関する D の接続形式を (ω^i_j) とし，それを次数 $(1,0)$ と $(0,1)$ の部分に分解して

(4.43) $$\omega^i_j=\omega'^i_j+\omega''^i_j$$

と書けば，(4.42)から

(4.44) $$d'\xi^i+\sum \omega'^i_j \xi^j=\sum \nabla_\alpha \xi^i \theta^\alpha, \qquad d''\xi^i+\sum \omega''^i_j \xi^j=\sum \nabla_{\bar\beta}\xi^i \bar\theta^\beta$$

を得る．

さらに，E が正則ベクトル束で，接続が $D=D'+d''$ の形をしているとき，正則局所枠 $e_1, \cdots, e_r$ を使えば，接続形式 (ω^i_j) は次数 $(1,0)$ であるから，この場合には(4.44)は

(4.45) $$d'\xi^i+\sum \omega^i_j \xi^j=\sum \nabla_\alpha \xi^i \theta^\alpha, \qquad d''\xi^i=\sum \nabla_{\bar\beta}\xi^i \bar\theta^\beta$$

となる．

§4.2　Hermiteベクトル束の接続

E を X 上の C^∞ 複素ベクトル束とする(式(4.51)までは X は実多様体でも複素多様体でもよい)．h を E に定義された **Hermite構造**(Hermitian structure, **Hermite計量** Hermitian metric ともいう)とする．すなわち，各点 $x \in X$ で h はファイバー E_x に Hermite 内積 h_x を与える：

(a)　$h_x(\xi,\eta)$ は ξ に関して線形．

(b)　$h_x(\eta,\xi) = \overline{h_x(\xi,\eta)}$．

(c)　$\xi \neq 0$ ならば，$h_x(\xi,\xi) > 0$．

(d)　ξ と η が C^∞ ならば，$h(\xi,\eta)$ も C^∞．

E の局所枠 $e_1,\cdots,e_r$ に対し

$$h_{i\bar{j}} = h(e_i,e_j) \tag{4.46}$$

とおけば，$h_{i\bar{j}}$ は C^∞ で，行列 $H=(h_{i\bar{j}})$ は正値 Hermite 行列である．

E の接続 D が条件

$$d(h(\xi,\eta)) = h(D\xi,\eta)+h(\xi,D\eta),\quad \xi,\eta\in\mathcal{A}^0(E) \tag{4.47}$$

を満たすとき，D は **h-接続**(h-connection)であるとか，**h を保つ**という．

$\omega=(\omega^i_j)$ を局所枠 $e_1,\cdots,e_r$ に関する接続形式，$R=(R^i_j)$ を曲率形式とする．(4.47)で $\xi=e_i$，$\eta=e_j$ とおけば

$$dh_{i\bar{j}} = \sum h_{k\bar{j}}\omega^k_i + \sum h_{i\bar{k}}\bar{\omega}^k_j \tag{4.48}$$

となる．行列の記号 $H=(h_{i\bar{j}})$ で表わせば

$$dH = H\omega + (\overline{H\omega})^t = H\omega + {}^t\bar{\omega}^t H. \tag{4.49}$$

これに d を作用させて

$$0 = HR + (\overline{HR})^t \tag{4.50}$$

を得る．$e_1,\cdots,e_r$ が正規直交系になっていれば H は単位行列になるから，(4.49)と(4.50)は

$$\omega + \bar{\omega}^t = 0,\qquad R + \overline{R}^t = 0 \tag{4.51}$$

となる．

以下，E を正則ベクトル束とする．前節で $D''=d''$ となるような接続を考えたが，Hermite 構造が与えられたときには次の定理が成り立つ．

定理 4.3 正則ベクトル束 E の Hermite 構造 h に対し，h を保つ $D=D'+d''$ の形の接続が一つ，ただ一つ存在する． □

このような接続を (E,h) の**標準接続**(canonical connection)とよぶ．

[証明] 正則局所枠 $e_1,\cdots,e_r$ をとれば $De_i=D'e_i$ だから，接続形式 ω が $(1,0)$ 次の微分形式であることは命題 4.1 でみた通りである．(4.49)から

(4.52) $$d'H=H\omega,\qquad d''H=(\overline{H\omega})^t.$$

最初の式から

(4.53) $$\omega=H^{-1}d'H$$

によって ω が決まる． ■

上の接続の曲率に $(0,2)$ 次の成分がないことは命題 4.2 で証明した．HR は交代だから(式(4.50)の意味で)，曲率には $(2,0)$ 次の成分もない．すなわち，

定理 4.4 正則 Hermite ベクトル束 (E,h) の標準接続 $D=D'+d''$ の曲率は

$$R=D'\circ d''+d''\circ D'\in\Gamma(\mathcal{A}^{1,1}(\operatorname{End}E))$$

で与えられる． □

曲率形式が $d\omega+\omega\wedge\omega$ の $(1,1)$ 次の成分であることと(4.53)から次の式を得る．

(4.54) $$R=d''\omega=d''(H^{-1}d'H)=-H^{-1}d''HH^{-1}\wedge d'H+H^{-1}d''d'H.$$

これによって曲率形式が H によって表わされた．

正則局所枠 $e_1,\cdots,e_r$ を使って h を行列 $H=(h_{j\bar{k}})$ で表わしたが，その逆行列を $(h^{j\bar{k}})$ と書く．さらに X の局所座標系 $z^1,\cdots,z^n$ を使って，接続形式，曲率形式を次のように表わすことができる．まず(4.53)から

(4.55) $$\omega^i_j=\sum\Gamma^i_{j\alpha}dz^\alpha,\qquad ただし\quad \Gamma^i_{j\alpha}=\sum h^{i\bar{k}}\frac{\partial h_{j\bar{k}}}{\partial z^\alpha}$$

を得る．そして(4.54)から

$$Re_j=\sum\frac{1}{2}R^i_{j\alpha\bar{\beta}}dz^\alpha\wedge d\bar{z}^\beta e_i.$$

ただし，ここで

(4.56)　$$R^i_{j\alpha\bar\beta} = -\frac{\partial \Gamma^i_{j\alpha}}{\partial \bar z^\beta} = -\sum h^{i\bar k}\frac{\partial^2 h_{j\bar k}}{\partial z^\alpha \partial \bar z^\beta} + \sum h^{i\bar k}h^{l\bar m}\frac{\partial h_{j\bar m}}{\partial z^\alpha}\frac{\partial h_{l\bar k}}{\partial \bar z^\beta}$$

を得る．

この複雑な式も，適合した正則局所枠をえらぶことによってずっと簡単になる．正則局所枠 $e_1, \cdots, e_r$ が次の条件を満たすとき，点 $x \in X$ で**適合**(adapted)しているという．

(4.57)
(i)　$$h_{j\bar k}(x) = \delta_{jk}.$$
(ii)　$$\Gamma^i_{j\alpha}(x) = \frac{\partial h_{j\bar i}}{\partial z^\alpha}(x) = 0.$$

上の条件(i)と(ii)は1点 x で成り立つだけで，近傍で成り立つわけではないことを注意しておく．適合した枠はRiemann多様体の場合の標準座標系と似た働きをする．与えられた点 $x \in X$ に対し，その点で適合した正則局所枠が必ず存在することを証明しよう．$e_1, \cdots, e_r$ を任意の正則局所枠とする．適当な定数行列で変換すれば条件(i)を実現できることは明らかである．したがって，$e_1, \cdots, e_r$ はすでに(i)を満たしている，すなわち点 x で正規直交枠になっているとしてよい．(ii)を実現するため，局所座標系 $z^1, \cdots, z^n$ を x が原点となるようにとっておく．そこで枠に次のような線形変換を行なう．

$$\tilde e_j = \sum f^i_j(z) e_i, \qquad ただし\quad f^i_j(z) = \delta^i_j + \sum c^i_{j\alpha} z^\alpha.$$

簡単な計算で，$c^i_{j\alpha} = -(\partial h_{i\bar j}/\partial z^\alpha)(x)$ となるような線形変換で枠を変えれば条件(ii)を実現できることがわかる．

正則局所枠 $e_1, \cdots, e_r$ が x で適合しているならば，(4.56)から

(4.58)　$$R^i_{j\alpha\bar\beta}(x) = -\frac{\partial^2 h_{j\bar i}}{\partial z^\alpha \partial \bar z^\beta}(x)$$

を得るが，これは1点 x だけで成り立つ式である．

Hermite正則ベクトル束 (E, h) の曲率 R が，すべての0でない $\xi = \sum \xi^i e_i \in E_x$，$v = \sum v^\alpha (\partial/\partial z^\alpha) \in T_x X$ に対して

(4.59)　$$h(R(v, \bar v)\xi, \bar\xi) = \sum h_{i\bar k} R^i_{j\alpha\bar\beta}\, \xi^j \bar\xi^k v^\alpha \bar v^\beta > 0$$

となるとき，曲率 R は $x \in X$ において**正**(positive)であるという．上の式が負ならば曲率が**負**(negative)であるという．

Hermite 正則ベクトル束 (E,h) に対し，双対ベクトル束 E^* に自然に Hermite 構造 h^* が定義される．そのとき次の命題が成り立つが，その証明は容易であろう．

命題 4.5

（i）　正則局所枠 $e_1, \cdots, e_r$ に関して h が $H=(h_{i\bar{j}})$ で表わされるならば，双対枠 $e^1, \cdots, e^r$ に関して h^* は逆行列 $H^{-1}=(h^{i\bar{j}})$ で表わされる．

（ii）　D_E が (E,h) の標準接続ならば，(4.27)で定義された双対接続 D_{E^*} は (E^*,h^*) の標準接続である．

（iii）　E の正則局所枠 $e_1, \cdots, e_r$ が点 x で適合しているならば，E^* の双対枠 $e^1, \cdots, e^r$ も x で適合している．

（iv）　(E,h) の曲率が正ならば (E^*,h^*) の曲率は負，そして，逆も真である．　□

同様のことは (E,h) からつくられる他のベクトル束についても言えるが，特に次の命題は有用である．

命題 4.6　Hermite 正則ベクトル束 (E,h) に対し $(\det E, \det h)$ を考える．

（i）　正則局所枠 $e_1, \cdots, e_r$ に関して h が $H=(h_{i\bar{j}})$ で表わされるならば，枠 $e_1\wedge\cdots\wedge e_r$ に関して $\det h$ は $\det H$ で表わされる．

（ii）　D_E が (E,h) の標準接続ならば，(4.30)で定義された接続 $D_{\det E}$ は $(\det E, \det h)$ の標準接続となる．

（iii）　E の正則局所枠 $e_1, \cdots, e_r$ が点 x で適合しているならば，$\det E$ の枠 $e_1\wedge\cdots\wedge e_r$ も x で適合している．

（iv）　(E,h) の曲率が正ならば，$(\det E, \det h)$ の曲率も正である．　□

Hermite 線束 $(\det E, \det h)$ の接続形式は，(4.31)によれば

$$\sum \omega_i^i = \sum \Gamma_\alpha dz^\alpha, \qquad \text{ただし} \quad \Gamma_\alpha = \sum \Gamma_{i\alpha}^i \tag{4.60}$$

によって与えられる．このとき Γ_α を直接に計算することができる．(4.60)は(4.55)の特別の場合である．すなわち，(4.55)で $H=(h_{i\bar{j}})$ を $\det H = \det(h_{i\bar{j}})$ でおきかえれば(4.60)を得るわけだから

$$\Gamma_\alpha = (\det H)^{-1}\frac{\partial(\det H)}{\partial z^\alpha} = \frac{\partial \log(\det H)}{\partial z^\alpha} \tag{4.61}$$

と書ける．よって，接続形式は

(4.62) $$\sum \omega_i^i = d' \log(\det H)$$

と書ける．(4.54)の特別な場合として，$(\det E, \det h)$ の曲率 $\mathrm{tr}(R)$ は

(4.63) $$\mathrm{tr}(R) = d''d' \log \det(H)$$

によって与えられる．

X 上に二つの Hermite 正則ベクトル束 (E, h_E) と (F, h_F) が与えられたとき，$E \otimes F$ に自然に Hermite 構造 $h_E \otimes h_F$ が入る．この場合も上の二つの命題と似たことが証明される．例えば，$e_1, \cdots, e_r$ と $f_1, \cdots, f_s$ がそれぞれ E と F の正則局所枠で点 x で適合しているならば，$e_i \otimes f_j$ $(1 \leqq i \leqq r,\ 1 \leqq j \leqq s)$ も $E \otimes F$ の正則局所枠で x で適合している．また，(E, h_E) と (F, h_F) の曲率が正なら $(E \otimes F,\ h_E \otimes h_F)$ の曲率も正である．

特別な場合として，Hermite 計量 h をもった複素線束 L を考える．e を U 上の L の局所正則枠とすると，$h(e)$ は U 上の正値関数で，接続形式 ω と曲率形式 R は(4.53)と(4.54)によれば

(4.64) $$\omega = d' \log h(e), \qquad R = d''\omega = d''d' \log h(e)$$

で与えられる．

これを§2.3で定義した $P_n\mathbb{C}$ 上の自然線束 L に適用してみる．$\mathbb{C}^{n+1}$ の自然な内積が L に定義する Hermite 構造 h の接続形式と曲率形式を求める．斉次座標 $(\zeta^0, \cdots, \zeta^n)$ で表わされる $P_n\mathbb{C}$ の点を $[\zeta]$ と書く．$\zeta^j \neq 0$ によって定義される $P_n\mathbb{C}$ の開集合を U_j，そして U_j 上の L の断面 s_j を式(2.42)によって定義する．簡単のために U_0 上で計算する．非斉次座標

$$z^1 = \frac{\zeta^1}{\zeta^0}, \quad \cdots, \quad z^n = \frac{\zeta^n}{\zeta^0}$$

を使って U_0 上の L の断面 s_0 を

$$s_0([\zeta]) = (1, z^1, \cdots, z^n) \in L_{[\zeta]} \subset \mathbb{C}^{n+1}$$

と書く．その長さの2乗は

$$h(s_0) = 1 + |z^1|^2 + \cdots + |z^n|^2$$

で与えられる．局所枠 s_0 に関して接続形式 ω と曲率形式 R を計算するため，$|z^1|^2 + \cdots + |z^n|^2$ を $\langle z, \bar{z} \rangle$ と書くことにする($\langle z, d\bar{z} \rangle$ などの意味も同様)．簡単

な計算で

$$\omega = d' \log h(s_0) = \frac{\langle dz, \bar{z}\rangle}{1+\langle z, \bar{z}\rangle}, \tag{4.65}$$

$$R = d''d' \log h(s_0) = -\frac{\langle z, \bar{z}\rangle\langle dz, d\bar{z}\rangle - \langle dz, \bar{z}\rangle \wedge \langle z, d\bar{z}\rangle}{(1+\langle z, \bar{z}\rangle)^2} \tag{4.66}$$

を得る．(4.59)の意味で，曲率 R が負であることも容易にわかる．

§4.3　部分束と商束

ここでは，E は複素多様体 X 上の正則ベクトル束で階数は r とする．S を階数 p の正則部分ベクトル束とすれば，商ベクトル束 $Q=E/S$ は階数 $r-p$ の正則ベクトル束である．これを次の短完全系列で表わす．

$$0 \longrightarrow S \longrightarrow E \longrightarrow Q \longrightarrow 0. \tag{4.67}$$

h を E の Hermite 構造とし，それを S に制限して得られる h の Hermite 構造を h_S，S の直交補束を $S^\perp$ と書く．$S^\perp$ は複素ベクトル束だが，正則ベクトル束ではない．$S^\perp$ に h を制限して得られる Hermite 構造を $h_{S^\perp}$ と書く．そのとき

$$E = S \oplus S^\perp \tag{4.68}$$

は E の C^∞ 直交分解である．C^∞ 複素ベクトル束として Q は $S^\perp$ と自然に同形だから，$h_{S^\perp}$ は Q に Hermite 構造 h_Q を定義する．

D を (E,h) の標準接続とし，分解(4.68)に応じて D_S と A を

$$D\xi = D_S\xi + A\xi, \quad \xi \in \mathcal{A}^0(S), \tag{4.69}$$
$$\text{ただし} \quad D_S\xi \in \mathcal{A}^1(S),\ A\xi \in \mathcal{A}^1(S^\perp)$$

によって定義すれば，次の定理が成り立つ．

定理 4.7

(i)　D_S は (S, h_S) の標準接続である．

(ii)　A は $\mathrm{Hom}(S, S^\perp)$ に値をとる $(1,0)$ 次微分形式，すなわち

$$A \in \Gamma(X, \mathcal{A}^{1,0}(\mathrm{Hom}(S, S^\perp)))$$

である．

［証明］ $f\in\mathcal{A}^0$ とする．(4.69)で ξ を $f\xi$ で置き代えると

$$D(f\xi)=D_S(f\xi)+A(f\xi)$$

となる．一方

$$D(f\xi)=df\cdot\xi+fD\xi=df\cdot\xi+fD_S\xi+fA\xi\,.$$

この2式で $D(f\xi)$ の S 成分および $S^\perp$ 成分を比べて

$$D_S(f\xi)=df\cdot\xi+fD_S\xi,\qquad A(f\xi)=fA\xi$$

を得るが，1番目の式は D_S が S の接続となっていることを表わし，2番目の式は A が $\mathrm{Hom}(S,S^\perp)$ に値をとる1次微分形式であることを示している．いま，ξ が正則断面なら $D\xi$ が $(1,0)$ 次になるから，$D_S\xi$ も $A\xi$ も $(1,0)$ 次である．したがって $D_S''=d''$ でかつ $A\in\Gamma(X,\mathcal{A}^{1,0}(\mathrm{Hom}(S,S^\perp)))$ となる．そして $\xi,\eta\in\mathcal{A}^0(S)$ ならば

$$\begin{aligned}d(h(\xi,\eta))&=h(D\xi,\eta)+h(\xi,D\eta)\\&=h(D_S\xi+A\xi,\eta)+h(\xi,D_S\eta+A\eta)\\&=h(D_S\xi,\eta)+h(\xi,D_S\eta)\end{aligned}$$

だから，D_S が h_S を保つことがわかった． ∎

(4.69)によって定義された $A\in\Gamma(X,\mathcal{A}^{1,0}(\mathrm{Hom}(S,S^\perp)))$ を S の (E,h) における**第2基本形式**(second fundamental form)とよぶ(これは古典的曲面論の第2基本形式に類似しているからである)．同形対応 $Q\cong S^\perp$ を使って A を $\Gamma(X,\mathcal{A}^{1,0}(\mathrm{Hom}(S,Q)))$ の元と考える．

(4.69)と同様にして，$D_{S^\perp}$ と B を

(4.70)　$D\eta=B\eta+D_{S^\perp}\eta,\qquad \eta\in\mathcal{A}^0(S^\perp)$

ただし　$B\eta\in\mathcal{A}^1(S),\ D_{S^\perp}\eta\in\mathcal{A}^1(S^\perp)$

によって定義する．同形対応 $Q\cong S^\perp$ により $D_{S^\perp}$ は写像 $\mathcal{A}^0(Q)\to\mathcal{A}^1(Q)$ を定義する．これを $D_{S^\perp}$ の代りに D_Q と書く．定理4.7に対応して次の定理が成り立つ．

定理 4.8

(i)　D_Q は (Q,h_Q) の標準接続である．

(ii)　B は $\mathrm{Hom}(S^\perp,S)$ に値をとる $(0,1)$ 次微分形式，すなわち

$$B\in\Gamma(X,\mathcal{A}^{0,1}(\mathrm{Hom}(S^\perp,S)))\,.$$

(iii)　B は $-A$ の共役である．すなわち

$$h(A\xi,\eta)+h(\xi,B\eta)=0,\quad \xi\in\mathcal{A}^0(S),\ \eta\in\mathcal{A}^0(S^\perp).$$

［証明］ $D_{S^\perp}$ が $S^\perp$ の接続で $h_{S^\perp}$ を保ち，B が $\mathrm{Hom}(S^\perp,S)$ に値をとる $(0,1)$ 次微分形式であることの証明は定理4.7の場合と同様である．

$\tilde{\eta}$ を Q の正則断面，η を対応する $S^\perp$ の C^∞ 断面とし，ζ を E の正則断面で $\tilde{\eta}$ を代表するものとする(これらはすべて局所的な話である)．

$$\zeta=\xi+\eta,\quad \xi\in\mathcal{A}^0(S)$$

とおくと

$$\begin{aligned}D\zeta=D\xi+D\eta&=D_S\xi+A\xi+B\eta+D_{S^\perp}\eta\\&=(D_S\xi+B\eta)+(A\xi+D_{S^\perp}\eta)\end{aligned}$$

となる．$D\zeta$ は E に値をとる $(1,0)$ 次微分形式だから，$D_S\xi+B\eta$ および $A\xi+D_{S^\perp}\eta$ はそれぞれ S と $S^\perp$ に値をとる $(1,0)$ 次微分形式である．$A\xi$ の次数が $(1,0)$ だから $D_{S^\perp}\eta$ の次数も $(1,0)$，したがって対応する接続 D_Q は (Q,h_Q) の標準接続である．

(iii)を証明するために $\xi\in\mathcal{A}^0(S)$ と $\eta\in\mathcal{A}^0(S^\perp)$ をとれば

$$\begin{aligned}0=d(h(\xi,\eta))&=h(D\xi,\eta)+h(\xi,D\eta)\\&=h(D_S\xi+A\xi,\eta)+h(\xi,B\eta+D_{S^\perp}\eta)=h(A\xi,\eta)+h(\xi,B\eta).\end{aligned}$$

したがって(iii)が証明されたが，これからも B の次数が $(0,1)$ であることがわかる．∎

古典的曲面論で Gauss–Codazzi の式は曲率を第2基本形式で表わすが，その類似ともいうべき式を導く．E の局所枠 $e_1,\cdots,e_p,e_{p+1},\cdots,e_r$ を，$e_1,\cdots,e_p$ が S の，そして $e_{p+1},\cdots,e_r$ が $S^\perp$ の局所枠になるようにえらぶ．e_α $(1\leqq\alpha\leqq p)$ に対し

$$\begin{aligned}Re_\alpha=D(De_\alpha)&=D(D_Se_\alpha)+D(Ae_\alpha)\\&=D_S(D_Se_\alpha)+A(D_Se_\alpha)+B\wedge Ae_\alpha+D_{S^\perp}(Ae_\alpha).\end{aligned}$$

S の接続 D_S と $S^\perp$ の接続 $D_{S^\perp}$ は $\mathrm{Hom}(S,S^\perp)$ の接続 $D_{\mathrm{Hom}(S,S^\perp)}$ をひきおこす．簡単のため，これを D と書く．A は $\mathcal{A}^{1,0}(\mathrm{Hom}(S,S^\perp))$ の断面だから

$$D_{S^\perp}(Ae_\alpha)=(DA)e_\alpha-A(D_Se_\alpha).$$

したがって

$$Re_\alpha = (R_S + B\wedge A + DA)e_\alpha, \qquad ただし \quad R_S = D_S\circ D_S.$$

R, R_S および $B\wedge A$ の次数は $(1,1)$ だから，上式の両辺の次数 $(1,1)$ の項，次数 $(2,0)$ の項を比べて

(4.71) $$Re_\alpha = (R_S + B\wedge A + D''A)e_\alpha, \qquad D'A = 0$$

を得る．同様に，e_λ $(p+1\leqq\lambda\leqq r)$に対して

(4.72) $$Re_\lambda = (R_Q + A\wedge B + D'B)e_\lambda, \qquad D''B = 0,$$
$$ただし \quad R_Q = D_Q\circ D_Q$$

である(上の $D''B=0$ は(4.71)の $D'A=0$ の共役としても得られる)．

以上を行列の記号を使ってまとめれば

(4.73)
$$R = \begin{pmatrix} R_S + B\wedge A & D''A \\ D'B & R_Q + A\wedge B \end{pmatrix} = \begin{pmatrix} R_S - A^*\wedge A & D''A \\ -D''A^* & R_Q - A\wedge A^* \end{pmatrix}.$$

A と B の定義式から次の定理を得る．

定理 4.9　Hermite 正則ベクトル束 (E,h) の正則部分ベクトル束 S の第2基本形式 A が恒等的に 0 ならば，直交補束 $S^\perp$ も正則部分ベクトル束で，直交分解

$$E = S\oplus S^\perp$$

は正則である．

［証明］ s を E の正則局所断面とし，直交分解 $E=S\oplus S^\perp$ に応じて $s=s'+s''$ と書く．$A=0$ ならば $B=0$ だから，(4.69)と(4.70)をみれば，分解 $Ds=Ds'+Ds''$ において，Ds' は S に，Ds'' は $S^\perp$ に入っていることがわかる．Ds の次数が $(1,0)$ だから，Ds' と Ds'' の次数も $(1,0)$ である．したがって s' も s'' も正則である．∎

(4.73)から次の定理を得る．

定理 4.10　(E,h) を Hermite 正則ベクトル束，(S,h_S) を Hermite 正則部分束，$Q=(E/S,h_Q)$ を商束とすると

(i)　部分束 S の曲率は E の曲率より大きくはならない．すなわち

$$h_S(R_S(v,\bar v)\xi,\bar\xi) \leqq h(R(v,\bar v)\xi,\bar\xi), \quad v\in T_xX,\ \xi\in S_x.$$

しかも，ここで等号が成り立つのは $|A(v)\xi|_{h_Q}=0$ のとき，そのときに限

る．

(ii) 商束 Q の曲率は E の曲率より小さくはならない．すなわち

$$h_Q(R_Q(v,\bar{v})\xi_Q,\bar{\xi}_Q) \geqq h(R(v,\bar{v})\xi,\bar{\xi}), \quad v\in T_xX,\ \xi\in E_x.$$

ただし，ここで $\xi_Q\in Q_x=E_x/S_x$ は $\xi\in E_x$ で代表される元を表わす．上で等号が成り立つのは $|A^*(\bar{v})\xi_Q|_{h_S}=0$ のとき，そのときに限る． □

§4.4 Chern 類

E を実多様体 X 上の階数 r の複素ベクトル束とする．$\mathcal{A}^p$ を X 上の C^∞ p 次微分形式の層，そして $\mathcal{A}^p(E)$ を E に値をとる C^∞ p 次微分形式の層とする．

$$D\colon\ \mathcal{A}^0(E)\longrightarrow\mathcal{A}^1(E)$$

を E の接続，$R=D^2\in\Gamma(X,\mathcal{A}^2(\mathrm{End}\,E))$ を D の曲率とする．R は $\mathrm{End}\,E$ に値をもつ 2 次微分形式だから，E の枠 $e_1,\cdots,e_r$ をとれば 2 次微分形式の行列 (R^i_j) で表わされる:

$$R(e_j)=\sum_i R^i_je_i.$$

そこで，次のような行列式の展開を考える．

(4.74)

$$\det\left(\lambda I-\frac{R}{2\pi i}\right)=\lambda^r+c_1(E,D)\lambda^{r-1}+c_2(E,D)\lambda^{r-2}+\cdots+c_r(E,D).$$

ただし，ここで I は E の恒等写像を表わす r 次の単位行列である．上の行列式に現われる R^i_j はすべて 2 次微分形式だから互いに可換で，またスカラーとも可換だから，通常の数の行列式と同様に定義される．それを展開したとき r 次の λ の多項式になることは明らかである．そのとき係数 $c_1(E,D),c_2(E,D),\cdots,c_r(E,D)$ は R^i_j の多項式である．このときパラメータ λ に 2 次の重さを与えて(4.74)の展開を考えると，左辺の行列の元がすべて 2 次だから，右辺の各項は $2r$ 次でなければならない．したがって，$c_1(E,D)$, $c_2(E,D)$, $\cdots$, $c_r(E,D)$ はそれぞれ次数 $2,4,\cdots,2r$ の微分形式であ

る．また，行列式は局所枠 $e_1, \cdots, e_r$ の選び方に依らないから，これらの微分形式は X 上できちんと定義されている．$2i$ 次微分形式 $c_i(E,D)$ を (E,D) の i 番目の **Chern 形式**(Chern form)とよぶ．

これらの Chern 形式が閉微分形式であることを証明しよう．§2.3 で説明したように，$GL(r;\mathbb{C})$ の表現を使ってベクトル束 E からいろいろなベクトル束が構成され，E の接続 D がこれらのベクトル束に接続を引きおこすが，通常これらの接続はすべて同じ記号 D で表わされる．特に $\mathrm{End}(\det E)$ に引きおこされる接続 D を考えてみる．一般に，複素線束 L に対して $\mathrm{End}\,L$ は積束に自然に同形になるから，$\mathrm{End}(\det E)$ も積束で，接続は通常の外微分 d と一致する．

$\lambda I - \dfrac{R}{2\pi i}$ は $\mathrm{End}\,E$ に値をとる微分形式であるから，$\det\left(\lambda I - \dfrac{R}{2\pi i}\right)$ は $\mathrm{End}(\det E)$ に値をとる微分形式で，いま注意したように

$$d\left(\det\left(\lambda I - \frac{R}{2\pi i}\right)\right) = D\left(\det\left(\lambda I - \frac{R}{2\pi i}\right)\right) \tag{4.75}$$

となる．一方，Bianchi の恒等式(4.9)から

$$D\left(\lambda I - \frac{R}{2\pi i}\right) = 0\,.$$

これから，

$$D\left(\det\left(\lambda I - \frac{R}{2\pi i}\right)\right) = 0 \tag{4.76}$$

となることを示す．ここで注意しておきたいのは

$$D\left(\det\left(\lambda I - \frac{R}{2\pi i}\right)\right) = \det\left(D\left(\lambda I - \frac{R}{2\pi i}\right)\right)$$

とはならないことである(両辺の次数をくらべただけでもわかる)．E の切断 $\xi_1, \cdots, \xi_r$ に対して

(4.77)

$$\det\left(\lambda I - \frac{R}{2\pi i}\right)(\xi_1 \wedge \cdots \wedge \xi_r) = \left(\lambda I - \frac{R}{2\pi i}\right)\xi_1 \wedge \cdots \wedge \left(\lambda I - \frac{R}{2\pi i}\right)\xi_r$$

となるが，この両辺に D を作用させると(4.76)が得られる．したがって

(式(4.75)と(4.76)から)

$$d\left(\det\left(\lambda I-\frac{R}{2\pi i}\right)\right)=0 \tag{4.78}$$

が得られる．これで Chern 形式が閉じていることがわかった．

次に，$c_i(E,D)$ によって代表される de Rham コホモロジー群 $H^{2i}(X,\mathbb{C})$ の元は接続 D に依らないことを示す．E の接続 D_0 と D_1 に対し

$$\begin{aligned}\alpha &= D_1-D_0,\\ D_t &= (1-t)D_0+tD_1 = D_0+t\alpha\end{aligned} \tag{4.79}$$

とおく．§4.1 で説明したように，α は $\mathrm{End}\,E$ に値をとる 1 次微分形式で，$\{D_t\}$ は D_0 と D_1 を結ぶ接続の族である．D_t の曲率 R_t は

$$R_t = D_t\circ D_t = (D_0+t\alpha)\circ(D_0+t\alpha) \tag{4.80}$$

によって与えられるから

$$\begin{aligned}\frac{dR_t}{dt} &= \frac{dD_t}{dt}\circ D_t+D_t\circ\frac{dD_t}{dt}\\ &= \alpha\circ D_t+D_t\circ\alpha = D_t\alpha\end{aligned} \tag{4.81}$$

を得る．ただし，上の最後の等式をもう少し説明しておく．E の局所切断 ξ をとれば

$$(\alpha\circ D_t)\xi+(D_t\circ\alpha)\xi = \alpha\wedge(D_t\xi)+(D_t\alpha)\xi-\alpha\wedge(D_t\xi) = (D_t\alpha)\xi$$

となり，(4.81)の最後の等式が説明された．(4.77)の意味で

$$\det\left(I-\frac{R}{2\pi i}\right)=\left(I-\frac{R}{2\pi i}\right)\wedge\cdots\wedge\left(I-\frac{R}{2\pi i}\right) \tag{4.82}$$

と書き，また同様の意味で $\wedge$ を使って

$$\varphi = -\frac{r}{2\pi i}\int_0^1\alpha\wedge\left(I-\frac{R_t}{2\pi i}\right)\wedge\cdots\wedge\left(I-\frac{R_t}{2\pi i}\right)dt \tag{4.83}$$

と定義する．接続 D_t に対する Bianchi の恒等式

$$D_t\left(I-\frac{R_t}{2\pi i}\right)=0$$

と(4.81)を使って

$$\begin{aligned} d\varphi &= -\frac{r}{2\pi i}\int_0^1 d\Big(\alpha\wedge\Big(I-\frac{R_t}{2\pi i}\Big)\wedge\cdots\wedge\Big(I-\frac{R_t}{2\pi i}\Big)\Big)dt \\ &= -\frac{r}{2\pi i}\int_0^1 D_t\Big(\alpha\wedge\Big(I-\frac{R_t}{2\pi i}\Big)\wedge\cdots\wedge\Big(I-\frac{R_t}{2\pi i}\Big)\Big)dt \\ &= r\int_0^1 -\frac{1}{2\pi i}D_t\alpha\wedge\Big(I-\frac{R_t}{2\pi i}\Big)\wedge\cdots\wedge\Big(I-\frac{R_t}{2\pi i}\Big)dt \\ &= \int_0^1 \frac{d}{dt}\Big(\Big(I-\frac{R_t}{2\pi i}\Big)\wedge\Big(I-\frac{R_t}{2\pi i}\Big)\wedge\cdots\wedge\Big(I-\frac{R_t}{2\pi i}\Big)\Big)dt. \end{aligned}$$

したがって，

$$d\varphi = \det\Big(I-\frac{R_1}{2\pi i}\Big)-\det\Big(I-\frac{R_0}{2\pi i}\Big) \tag{4.84}$$

を得る．これで $c_i(E,D)$ のコホモロジー類 $[c_i(E,D)]$ は接続に依らないことがわかった．このコホモロジー類を E の i 番目の **Chern 類**(Chern class)とよび，$c_i(E)$ と書く[*1]．

$\det\Big(\lambda I-\dfrac{R}{2\pi i}\Big)$ において $\lambda=1$ として得られる

$$c(E,D) = 1+c_1(E,D)+c_2(E,D)+\cdots+c_r(E,D) \tag{4.85}$$

を (E,D) の**全 Chern 形式**(total Chern form)とよぶ．そのコホモロジー類

$$c(E) = 1+c_1(E)+c_2(E)+\cdots+c_r(E) \tag{4.86}$$

を E の**全 Chern 類**(total Chern class)とよぶ．

$c_i(E,D)$ を (R^i_j) を使って具体的に書き表わすために，まず次のことに注意しておく．一般に行列 $A=(a^i_j)$ が与えられたとき，$\det(\lambda I-A)$ を $r-k$ 回微分して $\lambda=0$ とおけば，$\det(\lambda I-A)$ の λ^{r-k} の係数を A の主小行列式の和として書ける．それを $\det\Big(\lambda I-\dfrac{R}{2\pi i}\Big)$ に適用すると次の式が得られる．

---

*1　Chern 類が定義されたのは有名な論文 S.-S. Chern, Characteristic classes of Hermitian manifolds, *Ann. of Math.* **47** (1946), 85–121 においてである．また，S.-S. Chern, *Complex Manifolds without Potential Theory*, 2nd ed. Springer, 1991 の Appendix も特性類のよい入門書である．トポロジーの立場から書かれた本としては J. W. Milnor, J. D. Stasheff, *Characteristic Classes, Annals of Math. Studies* No. 76, Princeton University Press, 1974 がよい．

$$
(4.87)\qquad
\begin{aligned}
c_1(E,D) &= -\frac{1}{2\pi i}\sum R_i^i = -\frac{1}{2\pi i}\,\mathrm{tr}(R),\\
c_2(E,D) &= -\frac{1}{8\pi^2}\sum (R_i^i\wedge R_j^j - R_j^i\wedge R_i^j)\\
&= -\frac{1}{8\pi^2}(\mathrm{tr}(R)\wedge\mathrm{tr}(R)-\mathrm{tr}(R\wedge R)),\\
c_r(E,D) &= -\left(\frac{1}{2\pi i}\right)^r \det(R).
\end{aligned}
$$

そして，一般に

$$
(4.88)\qquad c_k(E,D) = -\frac{(-1)^k}{(2\pi i)^k k!}\sum \delta_{i_1\cdots i_k}^{j_1\cdots j_k} R_{j_1}^{i_1}\wedge\cdots\wedge R_{j_k}^{i_k}.
$$

ただし $\delta_{i_1\cdots i_k}^{j_1\cdots j_k}$ は $j_1,\cdots,j_k$ が $i_1,\cdots,i_k$ の偶置換なら $+1$，奇置換なら -1，それ以外なら 0 を意味する．

次に，$c_i(E)$ は実コホモロジー群 $H^{2i}(X,\mathbb{R})$ に入っていることを示す．それには，適当な接続 D をとれば $c_i(E,D)$ が実微分形式になることを示せばよい．そのために E に Hermite 構造 h を入れ，それを保つ接続 D を考えれば，その曲率 R は歪対称である(式(4.51)参照)：

$$
(4.89)\qquad {}^tR = -\bar{R}\qquad (R_i^j = -\bar{R}_j^i).
$$

したがって

$$
(4.90)\qquad
\begin{aligned}
c(E,D) &= \det\left(I-\frac{R}{2\pi i}\right) = \det{}^t\!\left(I-\frac{R}{2\pi i}\right)\\
&= \det\left(I+\frac{\bar{R}}{2\pi i}\right) = \det\overline{\left(I-\frac{R}{2\pi i}\right)}\\
&= \overline{c(E,D)}.
\end{aligned}
$$

実際には，Chern 類 $c_i(E)$ は実コホモロジー類であるだけでなく，整係数コホモロジー群 $H^{2i}(X,\mathbb{Z})$ に入る(正確に言えば $H^{2i}(X,\mathbb{Z})\to H^{2i}(X,\mathbb{R})$ の像に含まれる)．この事実を証明するには，(4.74)を使って定義した Chern 類が公理によって定義される Chern 類と一致することを示し，公理によって定義される Chern 類は一意で整係数コホモロジーの元であるというトポロジーで既知の事実に帰する．公理は次の四つから成り立つ．

公理 4.11　X 上の複素ベクトル束 E および整数 $i \geqq 0$ に対し，$c_i(E)$ は $H^{2i}(X,\mathbb{R})$ の元で，$c_0(E)=1$ である． □

公理 4.12（自然性）　X 上の複素ベクトル束 E，もう一つの多様体 Y，そして C^∞ 写像 $f\colon Y \to X$ に対し

$$c_i(f^*E) = f^*(c_i(E)) \in H^{2i}(Y,\mathbb{R}) \tag{4.91}$$

が成り立つ． □

公理 4.13（Whitney の和公式）　X 上の二つの複素ベクトル束 E と F に対し

$$c(E \oplus F) = c(E)\cdot c(F) \tag{4.92}$$

が成り立つ． □

公理 4.14（正規化）　L を $P_1\mathbb{C}$ 上の自然線束とする(§2.3 参照)．そのとき，$-c_1(L)$ は $H^2(P_1\mathbb{C},\mathbb{Z}) \cong \mathbb{Z}$ の生成元 1 に対応する．すなわち

$$c_1(L)[P_1\mathbb{C}] = -1 \tag{4.93}$$

である． □

$c_i(E,D)$ を使って定義した Chern 類 $c_i(E)$ が上の公理を満たすことは容易に確かめられる．まず，公理 4.11 は明白である．公理 4.12 を確かめるには，E の接続 D に対し，引きもどし f^*E では接続 f^*D を使えばよい．§4.1 で説明したように，局所枠 $e_1,\cdots,e_r$ に関する D の曲率を (R^i_j) とすると，局所枠 $f^*e_1,\cdots,f^*e_r$ に関する f^*D の曲率は $(f^*R^i_j)$ で与えられるから

$$f^*(c(E,D)) = c(f^*E,f^*D) \tag{4.94}$$

を得る．すなわち，公理 4.12 が微分形式のレベルで確かめられた．

公理 4.13 を調べるには，E と F の接続を D_E および D_F とし，その曲率を R_E と R_F としたとき，$E\oplus F$ の接続として

$$D_{E\oplus F} = D_E \oplus D_F$$

を使えば，その曲率は(4.36)によれば

$$R_{E\oplus F} = \begin{pmatrix} R_E & 0 \\ 0 & R_F \end{pmatrix}$$

で与えられるから

$$\det\begin{pmatrix} I-\dfrac{R_E}{2\pi i} & 0 \\ 0 & I-\dfrac{R_F}{2\pi i}\end{pmatrix} = \det\left(I-\frac{R_E}{2\pi i}\right)\cdot\det\left(I-\frac{R_F}{2\pi i}\right).$$

したがって

(4.95) $$c(E\oplus F, D_E\oplus D_F) = c(E, D_E)\cdot c(F, D_F).$$

これで公理4.13も微分形式のレベルで確かめられた．

公理4.14を確かめるため，§2.3と同じ記号を使う．斉次座標(ζ^0,ζ^1)の$P_1\mathbb{C}$の点を$[\zeta]$で表わし，

$$z=\zeta^1/\zeta^0$$

とおけば，zは$U_0=P_1\mathbb{C}-\{\infty\}$で適用する非斉次座標である($\infty$は$\zeta^0=0$で与えられる点を表わす)．(2.42)のように，$U_0$上の$L$の断面$s_0$を

$$s_0([\zeta])=(1,z)\in L_{[\zeta]}\subset\mathbb{C}^2$$

で定義する．この断面を局所枠として，Lの自然なHermite構造hの曲率を(4.66)のようにして求めると

(4.96) $$R=-\frac{dz\wedge d\bar{z}}{(1+|z|^2)^2}$$

を得る．したがって

(4.97) $$c_1(L,D)=\frac{dz\wedge d\bar{z}}{2\pi i(1+|z|^2)^2}.$$

そこで$z=re^{2\pi i}$とおけば

(4.98) $$c_1(L,D)=-\frac{2rdr\wedge d\theta}{(1+r^2)^2}.$$

簡単な計算で

$$\int_{P_1\mathbb{C}}c_1(L,D)=\int_{U_0}c_1(L,D)=-\int_0^1\theta\int_0^\infty\frac{2rdr}{(1+r^2)^2}=-1$$

となり，Lが公理4.14を満たすことがわかる．

次にC^∞複素ベクトル束EのChern指標を定義する．DをEの接続，Rをその曲率とする．そのとき**Chern指標(微分)形式**(Chern character form)

を

$$\text{(4.99)}\qquad ch(E,D) = \mathrm{tr}\left(\exp\left(-\frac{R}{2\pi i}\right)\right) = \mathrm{tr}\left(I - \frac{R}{2\pi i} + \frac{R^2}{2!(2\pi i)^2} - \frac{R^3}{3!(2\pi i)^3} + \cdots\right)$$

によって定義する．そして次数に応じて分解して

$$\text{(4.100)}\qquad \begin{aligned} ch(E,D) &= ch_0(E,D) + ch_1(E,D) + ch_2(E,D) + \cdots, \\ ch_k(E,D) &= \frac{1}{k!}\,\mathrm{tr}\left(\left(-\frac{R}{2\pi i}\right)^k\right) \end{aligned}$$

と書く．$ch_0(E,D) = r$ となることに注意しておく．$ch_k(E,D)$ が閉じた $2k$ 次微分形式で，その de Rham コホモロジー類が D によらないことは $c_k(E,D)$ の場合と同様に証明されるが，以下に示すように $ch(E,D)$ が $c(E,D)$ と多項式関係で結ばれていることからもわかる．$ch(E,D)$ で与えられるコホモロジー類は E の **Chern 指標**(Chern character)とよばれ，$ch(E)$ と書かれる．

$r\times r$ の複素行列の空間 $\mathfrak{gl}(r;\mathbb{C})$ (すなわち $GL(r;\mathbb{C})$ の Lie 環)上に次の 2 関数を定義する．

$$\text{(4.101)}\qquad \begin{aligned} \sigma(Z) &= \det(I+Z), \quad & Z \in \mathfrak{gl}(r;\mathbb{C}), \\ \tau(Z) &= \mathrm{tr}(e^Z), & Z \in \mathfrak{gl}(r;\mathbb{C}). \end{aligned}$$

そして次数で分解して

$$\text{(4.102)}\qquad \begin{aligned} \sigma(Z) &= 1 + \sigma_1(Z) + \sigma_2(Z) + \cdots + \sigma_r(Z), \\ &\deg \sigma_k(Z) = k, \\ \tau(Z) &= r + \tau_1(Z) + \frac{1}{2!}\tau_2(Z) + \frac{1}{3!}\tau_3(Z) + \cdots, \\ &\deg \tau_k(Z) = k \end{aligned}$$

とおく．曲率を代入すれば

$$\text{(4.103)}\qquad \begin{aligned} \sigma_k\left(-\frac{R}{2\pi i}\right) &= c_k(E,D), \\ \frac{1}{k!}\tau_k\left(-\frac{R}{2\pi i}\right) &= ch_k(E,D) \end{aligned}$$

となる．

ここで $\tau_1, \tau_2, \cdots$ が $\sigma_1, \cdots, \sigma_r$ の多項式として書けることを示そう．そうすれば(4.103)により，$ch_1(E,D)$, $ch_2(E,D)$, $\cdots$ が $c_1(E,D)$, $\cdots$, $c_r(E,D)$ の多項式として書けることがわかる．勝手な $A\in GL(r;\mathbb{C})$ に対し

$$\sigma(AZA^{-1}) = \sigma(Z), \qquad \tau(AZA^{-1}) = \tau(Z)$$

であるから，適当な A で Z を変換して，Z は次のように三角型になっているとしてよい．

$$\begin{pmatrix} z_1 & & * \\ & \ddots & \\ 0 & & z_r \end{pmatrix}.$$

そうすれば

$$\text{(4.104)} \quad \begin{aligned} &\sigma_1(Z) = \sum_j z_j, \quad \sigma_2(Z) = \sum_{j<k} z_j z_k, \quad \cdots, \quad \sigma_r(Z) = z_1 \cdots z_r, \\ &\tau_1(Z) = \sum_j z_j, \quad \tau_2(Z) = \sum_j z_j^2, \quad \tau_3(Z) = z_j^3, \quad \cdots \end{aligned}$$

となる．任意の対称多項式は基本対称多項式の多項式として表わされるという基本定理があるが，いまの場合，(4.103)の2組の対称多項式の間には **Newton の公式**(Newton's formula)とよばれる具体的な関係式が知られている．簡単のため $\sigma_k = \sigma_k(Z)$ および $\tau_k = \tau_k(Z)$ とおくと，関係式は

$$\text{(4.105)} \quad \begin{aligned} &\tau_k - \sigma_1\tau_{k-1} + \sigma_2\tau_{k-2} - \cdots + (-1)^{k-1}\sigma_{k-1}\tau_1 + (-1)^k k\sigma_k = 0, \\ &\qquad k = 1, 2, \cdots, r, \\ &\tau_k - \sigma_1\tau_{k-1} + \sigma_2\tau_{k-2} - \cdots + (-1)^r\sigma_r\tau_{k-r} = 0, \\ &\qquad k = r+1, r+2, \cdots \end{aligned}$$

で与えられる．例えば

$$\text{(4.106)} \quad \begin{aligned} &\tau_1 = \sigma_1, \qquad \tau_2 = \sigma_1^2 - 2\sigma_2, \qquad \tau_3 = \sigma_1^3 - 3\sigma_1\sigma_2 + 3\sigma_3, \\ &\tau_4 = \sigma_1^4 - 4\sigma_1^2\sigma_2 + 2\sigma_2^2 + 4\sigma_1\sigma_3 - 4\sigma_4 \end{aligned}$$

となる．

Chern 類は整係数コホモロジー類だから，$k!ch_k(E)$ も整係数コホモロジー類であることがわかるが，$ch_k(E)$ は必ずしも整係数コホモロジー類になるとは限らない．$ch(E)$ は $H^*(X,\mathbb{Z})$ には入らず，$H^*(X,\mathbb{Q})$ の元でしかない

が，$c(E)$ より勝れている点もある．特に X 上の二つの複素ベクトル束 E と F に対し

$$
(4.107)\qquad
\begin{aligned}
ch(E\oplus F) &= ch(E)+ch(F),\\
ch(E\otimes F) &= ch(E)\cdot ch(F)
\end{aligned}
$$

が成り立つ．Chern 指標微分形式に対し

$$
(4.108)\qquad
\begin{aligned}
ch(E\oplus F, D_E\oplus D_F) &= ch(E,D_E)+ch(F,D_F),\\
ch(E\otimes F, D_E\otimes D_F) &= ch(E,D_E)\cdot ch(F,D_F)
\end{aligned}
$$

を証明すれば十分である．(4.36)により

$$
\begin{aligned}
ch(E\oplus F, D_E\oplus D_F) &= \sum_{k=0}^{\infty}\frac{1}{k!}\,\mathrm{tr}\begin{pmatrix} -\dfrac{R_E}{2\pi i} & 0 \\ 0 & -\dfrac{R_F}{2\pi i}\end{pmatrix}^k\\
&= \sum_k \frac{1}{k!}\,\mathrm{tr}\left(-\frac{R_E}{2\pi i}\right)^k + \sum_k \frac{1}{k!}\,\mathrm{tr}\left(-\frac{R_F}{2\pi i}\right)^k\\
&= ch(E,D_E)+ch(F,D_F)
\end{aligned}
$$

を得る．これで，(4.108)の最初の式が証明された．接続 $D_E\otimes D_F$ の曲率は(4.37)によれば $R_E\otimes I_F+I_E\otimes R_F$ で与えられ，$R_E\otimes I_F$ と $I_E\otimes R_F$ は可換だから

$$
\begin{aligned}
&\exp\left(-\frac{1}{2\pi i}(R_E\otimes I_F+I_E\otimes R_F)\right)\\
&\quad= \exp\left(-\frac{1}{2\pi i}R_E\otimes I_F\right)\cdot\exp\left(-\frac{1}{2\pi i}I_E\otimes R_F\right)\\
&\quad= \left\{\sum_k \frac{1}{k!}\left(-\frac{1}{2\pi i}R_E\otimes I_F\right)^k\right\}\left\{\sum_l \frac{1}{l!}\left(-\frac{1}{2\pi i}I_E\otimes R_F\right)^l\right\}\\
&\quad= \sum_{k,l}\frac{1}{k!l!}\left(-\frac{1}{2\pi i}R_E\right)^k\otimes\left(-\frac{1}{2\pi i}R_F\right)^l.
\end{aligned}
$$

ここで両辺のトレースをとり，公式

$$
\mathrm{tr}(A\otimes B)=\mathrm{tr}(A)\cdot\mathrm{tr}(B)
$$

を使えば(4.108)の2番目の式が得られる．

層のコホモロジーと Chern 類を定義したので，Riemann–Roch–Hirzebruch の公式を述べる準備はできた．コンパクトな複素多様体 X 上の正則ベクトル束 E の正則断面の芽のつくる層を $\mathcal{O}(E)$ とする．第6章で示すように，$\dim H^i(X,\mathcal{O}(E))<\infty$ である．そこで

$$\chi(X,E)=\sum_i(-1)^i\dim H^i(X,\mathcal{O}(E)) \tag{4.109}$$

と定義する．さらに $c(X)=c(TX)$ を X（の接ベクトル束）の全 Chern 類，そして $ch(E)$ を E の Chern 指標とする．

次に X の Todd 類 $td(X)$ を定義するため，形式的な分解

$$\sum_{k=0}^n c_k(X)t^k=\prod_{i=1}^n(1+\xi_i t)$$

を考える．この分解の意味は

$$c_1(X)=\sum_i\xi_i,\quad c_2(X)=\sum_{i<j}\xi_i\xi_j,\quad \cdots,\quad c_n(X)=\xi_1\xi_2\cdots\xi_n \tag{4.110}$$

にほかならず，形式的に考える．そして **Todd 類**(Todd class)を

$$td(X)=\prod_{i=1}^n\frac{\xi_i}{1-e^{-\xi_i}} \tag{4.111}$$

と定義する．明らかに $td(X)$ は $\xi_1,\cdots,\xi_n$ に関して対称だから，$\xi_1,\cdots,\xi_n$ の基本対称式である $c_1(X)$, $c_2(X),\cdots$, $c_n(X)$（式(4.110)を見よ）によって表わされる．低い次数の項を計算してみれば

$$td(X)=1+\frac{1}{2}c_1(X)+\frac{1}{12}(c_1(X)^2+c_2(X))+\cdots \tag{4.112}$$

となることは容易に確かめられる．

さて，**Riemann–Roch–Hirzebruch の公式**は次のように書かれる．

$$\chi(X,E)=\int_X td(X)ch(E). \tag{4.113}$$

右辺の意味は，例えば微分形式で表わしたとき，その次数が X の実次元になるような項を積分するということである．もちろんこの公式をここで証明

することはできない*2．今ではこの公式は Atiyah–Singer の指数定理に一般化されている*3．

§4.5　複素線束と Chern 類

実多様体 X 上の二つの C^∞ 複素線束 L と L' に対して，そのテンソル積 $L\otimes L'$ もまた複素線束となることは明らかである．X 上の C^∞ 複素線束の同形類の全体が，テンソル積という作用によって可換群になることも明らかであろう．そのとき，積束が群の単位元となり，L の逆元はその双対束で与えられる．もし X の開被覆 $\mathcal{U}=\{U_j\}$ に関して L と L' が変換関数 $\{a_{jk}\}$ と $\{a'_{jk}\}$ で与えられているならば，$L\otimes L'$ は変換関数 $\{a_{jk}a'_{jk}\}$ で与えられる．この線束の群をコホモロジーの言葉で説明する．

実多様体 X 上の C^∞ 複素関数の層を $\mathcal{A}$，どこでも 0 にならない C^∞ 複素関数の層を $\mathcal{A}^*$ と書くことにする．そして，整数値の定数関数の層を $\mathbb{Z}$ と書けば，短完全系列

$$0 \longrightarrow \mathbb{Z} \xrightarrow{\ j\ } \mathcal{A} \xrightarrow{\ e\ } \mathcal{A}^* \longrightarrow 0 \tag{4.114}$$

を得る．ここで j は自然な単射，e は指数写像 $\exp(2\pi i\cdot)$ を表わす．そのとき，$H^i(X,\mathcal{A})=0\ (i>0)$ だから，(4.114)によって引きおこされるコホモロジー完全系列は

$$H^i(X,\mathcal{A}^*)\cong H^{i+1}(X,\mathbb{Z}),\quad i>0 \tag{4.115}$$

となってしまう．

命題 4.15　$H^1(X,\mathcal{A}^*)$ は，X 上の C^∞ 複素線束の同形類の群と同形である．

［証明］　L を X 上の C^∞ 複素線束，$\mathcal{U}=\{U_j\}$ を X の開被覆，$\{s_j\}$ をその上の局所枠とする．(2.26)によれば $s_k(x)=s_j(x)a_{jk}(x)$ によって定義される

---

*2　詳しいことは F. Hirzebruch, *Topological Methods in Algebraic Geometry*, Springer, 1966 を見られたい．

*3　指数定理の入門書としては，P. Shanahan, The Atiyah-Singer Index Theorem, *Springer Lecture Notes in Math.* **638** が文献も詳しく便利である．

変換関数 $\{a_{jk}\}$ は $\mathcal{A}^*$ に係数をもつ $\mathcal{U}$ の 1 次元コサイクルである．別の局所枠 $\{t_j\}$ をとり，それから得られる変換関数 $\{b_{jk}\}$ は，(2.29)によれば 1 次元コサイクルとして $\{a_{jk}\}$ にコホモローグである．よって，L は $H^1(\mathcal{U},\mathcal{A}^*)$ の元を定義する．逆に，$H^1(\mathcal{U},\mathcal{A}^*)$ の各元は 1 次元コサイクル $\{a_{jk}\}$ によって代表され，$\{a_{jk}\}$ を変換関数とする複素線束 L を定義する．被覆の細分をとり帰納的極限をとる点に関する詳細は省略する．■

次に，連結写像 $H^1(X,\mathcal{A}^*)\to H^2(X,\mathbb{Z})$ について調べる．(4.115)により，これは同形写像である．被覆の細分に関して極限をとる煩雑さを避けるためには，単純被覆をとればよい．いずれにしても，以下，極限をとる過程は省略する．L を C^∞ 複素線束とし，X の開被覆 $\mathcal{U}=\{U_j\}$ に関する変換関数を $\{a_{jk}\}$ とする．

コサイクルの条件式 $a_{ij}a_{jk}a_{ki}=1$ に log を作用させて

(4.116)　$$\log a_{ij}+\log a_{jk}+\log a_{ki}\equiv 0 \pmod{2\pi i}.$$

ただし $\log a_{jk}$ は $2\pi i$ の整数倍を除いて一意に定義されているわけで，$\log a_{jk}$ の分枝をえらぶとき $\log a_{jk}=-\log a_{kj}$ となるようにとる．そうすれば

(4.117)　$$\log a_{ij}+\log a_{jk}+\log a_{ki}=2\pi i c_{ijk},\qquad c_{ijk}\in\mathbb{Z}$$

で定義される $c=\{c_{ijk}\}$ は，定義(3.38)で説明したように，$C^2(\mathcal{U},\mathbb{Z})$ の元でコサイクルになる．もちろん(4.117)から直接コサイクルの式

(4.118)　$$c_{jkl}-c_{ikl}+c_{ijl}-c_{ijk}=0$$

を導くのは簡単である．そして連結写像は $\{a_{jk}\}$ で代表される $H^1(\mathcal{U},\mathcal{A}^*)$ の元をコホモロジー類 $[c]\in H^2(\mathcal{U},\mathbb{Z})$ に移す．このコホモロジー類 $[c]$ は Čech コホモロジーの元であるが，$c_1(L)$ は de Rham コホモロジーの元として定義した．de Rham の定理の証明を今の場合にくりかえすことにより，C^∞ 複素線束 L はその Chern 類 $c_1(L)$ によって決まることを証明する．

定理 4.16　写像 $L\mapsto -c_1(L)$ は，X 上の C^∞ 複素線束の同形類のつくる群から 2 次元コホモロジー群 $H^2(X,\mathbb{Z})$ への同形対応を与える．

［証明］　X 上の C^∞ 複素線束 L を $H^1(X,\mathcal{A}^*)$ の元と考え，(4.115)により対応する $H^2(X,\mathbb{Z})$ の元がコサイクル $c=\{c_{ijk}\}\in C^2(\mathcal{U},\mathbb{Z})$ で代表されているとして，そのとき $[c]=-c_1(L)$ となることを証明すればよい．単射 $\mathbb{Z}\to\mathcal{A}$ に

より $\{c_{ijk}\}$ を $C^2(\mathcal{U},\mathcal{A})$ のコサイクルと考える．$H^2(X,\mathcal{A})=0$ だから $\{c_{ijk}\}$ は1次元双対鎖体 $\{f_{jk}\}\in C^1(\mathcal{U},\mathcal{A})$ の双対境界となる．今の場合，具体的に

$$f_{jk}=\frac{1}{2\pi i}\log a_{jk} \tag{4.119}$$

とすればよい．そうすれば

$$f_{jk}-f_{ik}+f_{ij}=c_{ijk}. \tag{4.120}$$

したがって

$$df_{jk}-df_{ik}+df_{ij}=0 \tag{4.121}$$

だから，$\{df_{jk}\}\in C^1(\mathcal{U},\mathcal{A}^1)$ はコサイクルである（ここで $\mathcal{A}^1$ は C^∞ 1次微分形式の層を表わす）．次に0次元双対鎖体 $\{\theta_j\}\in C^0(\mathcal{U},\mathcal{A}^1)$ で

$$\theta_k-\theta_j=df_{jk} \tag{4.122}$$

となるものを探す．それには接続形式 $\{\omega_j\}$ を使えばよい．複素線束の構造群は可換群 $\mathbb{C}^*$ であるから，(4.26)は

$$\omega_k-\omega_j=d\log a_{jk} \tag{4.123}$$

と簡単になる．そこで

$$\theta_j=\frac{1}{2\pi i}\omega_j \tag{4.124}$$

とすればよい．(4.122)から $d\theta_j=d\theta_k$ だから，$\{d\theta_j\}$ は X 上で2次閉微分形式 Θ を定義する．de Rham の定理の証明をくりかえしたわけだが，以上で de Rham コホモロジー類 $[\Theta]$ は Čech コホモロジー類 $[c]$ に対応することがわかった．(4.21)により $d\omega_j$ は曲率 R に等しいから

$$d\theta_j=\frac{1}{2\pi i}d\omega_j=\frac{1}{2\pi i}R=-c_1(L,D) \tag{4.125}$$

となる．もちろん，ここで D は $\{\omega_j\}$ によって定義される接続である．∎

以上，複素線束を C^∞ の範疇で考えたが，今度は正則範疇で考える．X を複素多様体とする．C^∞ の場合と同様に，X 上の正則線束の同形類の全体はテンソル積を作用素として可換群となる．この群は X の **Picard 群**(Picard group)とよばれ，通常 $\mathrm{Pic}(X)$ と書かれる．この群を X のコホモロジーを使って説明しよう．

正則関数の層を $\mathcal{O}_X$，どこでも 0 にならない正則関数の層を $\mathcal{O}_X^*$ と書く．(4.114)と同様に，短完全系列

$$0 \longrightarrow \mathbb{Z} \xrightarrow{j} \mathcal{O}_X \xrightarrow{e} \mathcal{O}_X^* \longrightarrow 0 \tag{4.126}$$

を得る．この完全系列から，コホモロジーの完全系列

(4.127)

$$H^0(X,\mathcal{O}_X^*) \xrightarrow{\delta} H^1(X,\mathbb{Z}) \xrightarrow{j^*} H^1(X,\mathcal{O}_X) \xrightarrow{e^*} H^1(X,\mathcal{O}_X^*) \xrightarrow{\delta} H^2(X,\mathbb{Z})$$

が(3.37)によって得られる．

次の命題の証明は命題 4.15 の場合と同じである．

命題 4.17 Picard 群 $\mathrm{Pic}(X)$ は $H^1(X,\mathcal{O}_X^*)$ と同形である． □

定理 4.16 と可換図形

$$\begin{array}{ccc} H^1(X,\mathcal{O}_X^*) & \longrightarrow & H^2(X,\mathbb{Z}) \\ \downarrow & & \downarrow \\ H^1(X,\mathcal{A}^*) & \longrightarrow & H^2(X,\mathbb{Z}) \end{array} \tag{4.128}$$

から，次の定理が得られる．

定理 4.18 同形対応 $H^1(X,\mathcal{O}_X^*) \cong \mathrm{Pic}(X)$ により，連結写像

$$\delta\colon H^1(X,\mathcal{O}_X^*) \longrightarrow H^2(X,\mathbb{Z})$$

は $-c_1$ に対応する．すなわち

$$c_1(L) = -\delta(L).$$ □

複素多様体 X の **Picard 多様体**(Picard variety) $\mathrm{Pic}^0(X)$ を

$$\mathrm{Pic}^0(X) = \{L \in \mathrm{Pic}(X);\ c_1(L) = 0\} \tag{4.129}$$

で定義する．完全系列(4.127)から，自然な単射

$$\mathrm{Pic}(X)/\mathrm{Pic}^0(X) \longrightarrow H^2(X,\mathbb{Z}) \tag{4.130}$$

と同形対応

$$\mathrm{Pic}^0(X) \cong H^1(X,\mathcal{O}_X)/j^*(H^1(X,\mathbb{Z})) \tag{4.131}$$

を得る．

命題 4.19 複素多様体 X がコンパクトなら

$$j^*\colon H^1(X,\mathbb{Z}) \longrightarrow H^1(X,\mathcal{O}_X)$$

は単射となり，同形対応

$$\mathrm{Pic}^0(X) \cong H^1(X, \mathcal{O}_X)/H^1(X, \mathbb{Z})$$

を得る．

［証明］　連結写像 $\delta\colon H^0(X, \mathcal{O}_X^*) \to H^1(X, \mathbb{Z})$ が 0 になることを証明すればよい．X がコンパクトだから $H^0(X, \mathcal{O}_X^*) = \mathbb{C}^*$ である．X の開被覆 $\mathcal{U} = \{U_j\}$ と定数関数 $c \in \mathbb{C}^* = H^0(X, \mathcal{O}_X^*)$ に対し，U_j 上で $c_j = c$，そして $\log c$ の値を一つえらんで $\log c_j = \log c$ とおく．そうすれば，$\log c_j = \log c_k$ だから $\delta(c) = 0$．∎

ここで写像 $j^*\colon H^1(X, \mathbb{Z}) \to H^1(X, \mathcal{O}_X)$ を具体的に書いてみる．Dolbeault の定理(3.48)によれば

$$H^1(X, \mathcal{O}_X) \cong \frac{\mathrm{Ker}(d''\colon \Gamma(X, \mathcal{A}^{0,1}) \to \Gamma(X, \mathcal{A}^{0,2}))}{d''(\Gamma(X, \mathcal{A}^{0,0}))}. \tag{4.132}$$

いま $c = \{c_{jk}\} \in C^1(\mathcal{U}, \mathbb{Z})$ を 1 次元コサイクルとし，$\{f_j\} \in C^0(\mathcal{U}, \mathcal{A})$ を

$$c_{jk} = f_k - f_j \tag{4.133}$$

となるようにえらぶ．c_{jk} は整数，特に $\{c_{jk}\} \in C^1(\mathcal{U}, \mathbb{R})$ だから，$\{f_j\}$ をえらぶとき実関数にとれる．$0 = df_k - df_j$ だから，$\{df_j\}$ は X 上の閉じた実 1 次微分形式 φ を定義する．$[\varphi]$ をその de Rham コホモロジー類とすれば，写像 $[c] \mapsto [\varphi]$ が自然な写像 $H^1(X, \mathbb{Z}) \to H^1(X, \mathbb{C})$ を与える．そこで φ を

$$\varphi = \varphi^{1,0} + \varphi^{0,1}, \qquad \varphi^{0,1} = \overline{\varphi^{1,0}} \tag{4.134}$$

と分解すると，$\{d''f_j\}$ は X 上に d'' で閉じた 1 次微分形式 $\varphi^{0,1}$ を定義する．$[\varphi^{0,1}]$ を $\varphi^{0,1}$ で代表される Dolbeault コホモロジー類とすれば，写像 $[c] \mapsto [\varphi^{0,1}]$ が $j^*\colon H^1(X, \mathbb{Z}) \to H^1(X, \mathcal{O}_X)$ を与える．$[\varphi]$ は整係数コホモロジー類 $[c]$ に対応しているから，整係数の 1 次元サイクル λ に対し

$$\int_\lambda \varphi = \int_\lambda \varphi^{1,0} + \int_\lambda \varphi^{0,1} = \left(\int_\lambda \varphi^{0,1}\right) + \overline{\left(\int_\lambda \varphi^{0,1}\right)} \tag{4.135}$$

は整数である．以上をまとめると次の命題が得られる．

命題 4.20　X を複素多様体とする．$j^*(H^1(X, \mathbb{Z}))$ を $H^1(X, \mathcal{O}_X)$ の部分集合として Dolbeault コホモロジー類の集まりと考えたとき，それは d'' で閉じた $(0,1)$ 次微分形式 $\varphi^{0,1}$ で次の 2 条件を満たすものから成り立っている．

（i）　$d(\mathrm{Re}(\varphi^{0,1})) = 0$．

（ii）　X のすべての整係数の 1 次元サイクル λ に対し

$$2\,\mathrm{Re}\int_\lambda \varphi^{0,1} \in \mathbb{Z}.$$

□

Picard 多様体についてこれ以上の結果を得るには，X がコンパクト Kähler 多様体であると仮定する必要がある．

§4.6　正則 Hermite ベクトル束と Chern 類

本節では，X は n 次元複素多様体とする．$A^{p,q}$ を X 上の C^∞ (p,q) 次微分形式の空間とする．式(1.25)で説明したように，

$$d^c = i(d''-d')$$

とする．したがって $dd^c = 2id'd''$．通常の de Rham コホモロジーを精巧にしたコホモロジーを次のように定義する．

$$\widehat{H}^{p,q}(X,\mathbb{C}) = \frac{\mathrm{Ker}(d\colon A^{p,q} \to A^{p+1,q}+A^{p,q+1})}{dd^cA^{p-1,q-1}}. \tag{4.136}$$

本節では，E を X 上の階数 r の正則ベクトル束とする．そして h を E の Hermite 構造，D をその接続とする．そのとき，Chern 形式 $c_i(E,D)$ を $c_i(E,h)$ と書くことにする．式(4.84)で示したように，$c_i(E,h)$ の定める de Rham コホモロジー類は h の選び方によらない．ここでは Hermite 構造の場合にさらに精密にする．すなわち，g を E のもう一つの Hermite 構造とするとき，適当な実 $(i-1,i-1)$ 次微分形式 φ をとれば

$$c_i(E,h)-c_i(E,g) = dd^c\varphi \tag{4.137}$$

という Bott–Chern の結果を証明する．

そのために E の Hermite 構造の族 h_t $(0 \leqq t \leqq 1)$ を $h_0 = h$，そして $h_1 = g$ となるようにとる．たとえば $h_t = tg+(1-t)h$ とすればよいが，この選び方が特に証明を簡単にするわけではない．そして定理 4.3 で示したように

$$D_t = D'_t + d'' \tag{4.138}$$

を h_t で定まる接続とする．

パラメータ t に関する微分を点 ˙ で表わすことにする．ベクトル束 E の自

己準同形写像 N_t を

$$N_t = h_t^{-1}\dot{h}_t \tag{4.139}$$

と定義する．右辺の意味を説明するには，E の正則局所枠 $e_1, \cdots, e_r$ をとり，h_t を行列 $(h_{ti\bar{j}})$ で表わし，この局所枠に関する成分を使って

$$N^i_{tj} = \sum_k h_t^{i\bar{k}}\dot{h}_{tj\bar{k}} \tag{4.140}$$

と書けばよい．または，E の断面 s, s' に対し

$$\frac{d}{dt}(h_t(s,s')) = h_t(N_t s, s') \tag{4.141}$$

が成り立つという条件で N_t を定義してもよい．

同じ正則局所枠を使って，D_t の接続形式 $\omega_t = (\omega^i_{tj})$ を(4.53)により

$$\omega_t = h_t^{-1}d'h_t, \qquad \omega^i_{tj} = \sum_k h_t^{i\bar{k}}d'h_{tj\bar{k}} \tag{4.142}$$

と書く．また h_t の曲率 R_t は，(4.54)によれば

$$R_t = d''\omega_t, \qquad R^i_{tj} = d''\omega^i_{tj} \tag{4.143}$$

で与えられる．

(4.139)から

$$d'N_t = -\omega_t N_t + h_t^{-1}d'\dot{h}_t \tag{4.144}$$

そして(4.142)から

$$\dot{\omega}_t = -N_t\omega_t + h_t^{-1}d'\dot{h}_t \tag{4.145}$$

を得る．(4.144)と(4.145)から

$$\dot{\omega}_t = \omega_t N_t - N_t\omega_t + d'N_t = D'_t N_t \tag{4.146}$$

となる．これと(4.143)から

$$\dot{R}_t = d''\dot{\omega}_t = d''D'_tN_t\,. \tag{4.147}$$

定義(4.83)の α を N_t でおき代えて

$$\varphi = -\frac{r}{4\pi}\int_0^1 N_t\wedge\left(I-\frac{R_t}{2\pi i}\right)\wedge\cdots\wedge\left(I-\frac{R_t}{2\pi i}\right)dt \tag{4.148}$$

と定義する．接続 $D_t = D'_t + d''$ に対する Bianchi の恒等式から

$$D_t'\Bigl(I-\frac{R_t}{2\pi i}\Bigr)=0, \qquad d''\Bigl(I-\frac{R_t}{2\pi i}\Bigr)=0\,.$$

したがって(4.84)の証明と同様に

$$\begin{aligned}
2id'd''\varphi &= -\frac{r}{2\pi i}\int_0^1 d''d'\Bigl(N_t\wedge\Bigl(I-\frac{R_t}{2\pi i}\Bigr)\wedge\cdots\wedge\Bigl(I-\frac{R_t}{2\pi i}\Bigr)\Bigr)dt \\
&= -\frac{r}{2\pi i}\int_0^1 d''D_t'\Bigl(N_t\wedge\Bigl(I-\frac{R_t}{2\pi i}\Bigr)\wedge\cdots\wedge\Bigl(I-\frac{R_t}{2\pi i}\Bigr)\Bigr)dt \\
&= r\int_0^1 -\frac{1}{2\pi i}d''D_t'N_t\wedge\Bigl(I-\frac{R_t}{2\pi i}\Bigr)\wedge\cdots\wedge\Bigl(I-\frac{R_t}{2\pi i}\Bigr)dt \\
&= \int_0^1\frac{d}{dt}\Bigl(\Bigl(I-\frac{R_t}{2\pi i}\Bigr)\wedge\Bigl(I-\frac{R_t}{2\pi i}\Bigr)\wedge\cdots\wedge\Bigl(I-\frac{R_t}{2\pi i}\Bigr)\Bigr)dt
\end{aligned}$$

を得る．これで

(4.149)
$$dd^c\varphi=\det\Bigl(I-\frac{R_1}{2\pi i}\Bigr)-\det\Bigl(I-\frac{R_0}{2\pi i}\Bigr),$$

すなわち

(4.150)
$$c(E,g)-c(E,h)=dd^c\varphi$$

が証明された．

したがって，$c_i(E,h)$ で代表される dd^c コホモロジー群 $\widehat{H}^{i,i}(X,\mathbb{C})$ の元を $\widehat{c}_i(E)$ と書くことにする．

次に，X 上の正則ベクトル束の短完全系列

(4.151)
$$0\longrightarrow S\longrightarrow E\longrightarrow Q\longrightarrow 0$$

を考える．C^∞ ベクトル束としては $E\cong S\oplus Q$ だから，Whitney の和公式により $c(E)=c(S)c(Q)$ が成り立つ．しかし(4.151)の正則性を使って，さらに精密な Bott–Chern の式

(4.152)
$$\widehat{c}(E)=\widehat{c}(S)\,\widehat{c}(Q)$$

を証明する．

そのために E に Hermite 構造 h をとり，それを S に制限したものを h_S と書く．§4.3 のように，S の直交補束を $S^\perp$ と書き，h を制限して得られる Hermite 構造を $h_{S^\perp}$ と書く．C^∞ ベクトル束としては Q は $S^\perp$ に同形で，$h_{S^\perp}$ に対応する Q の Hermite 構造を h_Q とする．(4.69)と(4.70)で示したよう

に，D を (E,h) の標準接続とするとき

$$(4.153)\qquad \begin{aligned} D\xi &= D_S\xi + A\xi, & \xi &\in \mathcal{A}^0(S),\\ D\eta &= B\eta + D_{S^\perp}\eta, & \eta &\in \mathcal{A}^0(S^\perp) \end{aligned}$$

となる．ただし，ここで A は (E,h) における S の第2基本形式で，$B=-A^*$ であり，D_S は (S,h_S) の標準接続，そして $S^\perp$ の接続 $D_{S^\perp}$ は C^∞ 同形対応 $Q\cong S^\perp$ により (Q,h_Q) の標準接続 D_Q に対応する．

ベクトル束 E の局所枠 $e_1,\cdots,e_p,e_{p+1},\cdots,e_r$ を，$e_1,\cdots,e_p$ が S の局所枠，$e_{p+1},\cdots,e_r$ が $S^\perp$ の局所枠になるようにとれば，ベクトル束に対する Gauss–Codazzi の方程式は(4.73)によれば次のように表わされる．

(4.154)

$$R=\begin{pmatrix} R_S+B\wedge A & D'B \\ D''A & R_Q+A\wedge B \end{pmatrix}=\begin{pmatrix} R_S-A^*\wedge A & -D'A^* \\ D''A & R_Q-A\wedge A^* \end{pmatrix}.$$

いま

$$P_S\colon E\longrightarrow S,\qquad P_{S^\perp}\colon E\longrightarrow S^\perp$$

を自然な射影とすれば，もちろん $P_S+P_{S^\perp}=I_E$，そして(4.153)は次のようにも書ける．

$$(4.155)\qquad \begin{aligned} D\circ P_S &= P_S\circ D\circ P_S + P_{S^\perp}\circ D\circ P_S,\\ D\circ P_{S^\perp} &= P_S\circ D\circ P_{S^\perp} + P_{S^\perp}\circ D\circ P_{S^\perp}. \end{aligned}$$

次に，t を助変数とする E の接続の族を

$$(4.156)\qquad D_t = D+(e^t-1)P_{S^\perp}\circ D\circ P_S,\quad t\in\mathbb{R}$$

と定義する．$P_{S^\perp}\circ D\circ P_S=A\circ P_S$ で，これは $\mathrm{Hom}(E,S^\perp)$ に値をとる次数 $(1,0)$ の微分形式だから，(4.156)を次数によって分解すれば，$D''=d''$ を使って

$$(4.157)\qquad D'_t = D'+(e^t-1)P_{S^\perp}\circ D\circ P_S,\qquad D''_t=d''$$

を得る．定義(4.156)から

(4.158)

$$D_t = P_S\circ D\circ P_S + P_S\circ D\circ P_{S^\perp} + e^tP_{S^\perp}\circ D\circ P_S + P_{S^\perp}\circ D\circ P_{S^\perp}$$

となるから，簡単な計算で

(4.159)
$$D_t\circ P_S-P_S\circ D_t = e^tP_{S^\perp}\circ D\circ P_S-P_S\circ D\circ P_{S^\perp} = e^tA\circ P_S-B\circ P_{S^\perp},$$
$$D_t\circ P_{S^\perp}-P_{S^\perp}\circ D_t = -e^tP_{S^\perp}\circ D\circ P_S+P_S\circ D\circ P_{S^\perp} = -e^tA\circ P_S+B\circ P_{S^\perp}.$$

(4.71)と(4.72)で説明したように，$D'A=0$, $D''B=0$ だから

(4.160)
$$D''A = DA = D_{S^\perp}\circ A+A\circ D_S,$$
$$D'B = DB = D_S\circ B+B\circ D_{S^\perp}.$$

実際

$$D_{S^\perp}(A\xi) = (DA)\xi-A\wedge D_S\xi,\quad \xi\in A^0(S).$$

DB に対しても同様．また同じ考え方で

(4.161)
$$D_tP_S = D_t\circ P_S-P_S\circ D_t$$

を得る．(4.159)を使って(4.161)を次数によって分解して

(4.162)
$$D'_tP_S = e^tP_{S^\perp}\circ D\circ P_S = e^tA\circ P_S,$$
$$D''P_S = -P_S\circ D\circ P_{S^\perp} = -B\circ P_{S^\perp}$$

となるが，最初の式から

(4.163)
$$D'_tP_S = \dot{D}_t$$

を得る．

(4.158), (4.159), (4.160), (4.161)を使って曲率 $R_t=D_t\circ D_t$ を計算して

(4.164)
$$R_t = D_t\circ D_t = P_S\circ D\circ D\circ P_S+e^tB\circ A+DB+e^tDA + P_{S^\perp}\circ D\circ D\circ P_{S^\perp}+e^tA\circ B$$

を得る．これを(4.154)のように行列で表わすと

(4.165)
$$R_t = \begin{pmatrix} R_S+e^tB\wedge A & D'B \\ e^tD''A & R_Q+e^tA\wedge B \end{pmatrix} = \begin{pmatrix} R_S-e^tA^*\wedge A & -D'A^* \\ e^tD''A & R_Q-e^tA\wedge A^* \end{pmatrix}$$

となる．

次に，$d''D'_tP_S=D''D'_tP_S$ を計算する．その際(4.162)の $D'_tP_S=e^tA\circ P_S$ でなく $D'P_S=e^tP_{S^\perp}\circ D\circ P_S$ の方を使う(それは，A が End E 値の微分形式でなく Hom$(S,S^\perp)$ 値の微分形式であるのに，D は E の接続であるから，D''

の $e^tA\circ P_S$ に対する作用を書き表わすのが複雑になるからである)．単純な計算で

(4.166)

$$\begin{aligned} D''D'_tP_S &= D''\circ D'_tP_S + D'_tP_S\circ D'' \qquad (\deg D'_tP_S = 1 \text{ だから } +) \\ &= e^tD''\circ P_{S^\perp}\circ D\circ P_S + e^tP_{S^\perp}\circ D\circ P_S\circ D'' \\ &= e^tP_{S^\perp}\circ D''\circ D\circ P_S + e^tB\circ P_{S^\perp}\circ D\circ P_S \\ &\quad + e^tP_{S^\perp}\circ D\circ D''\circ P_S + e^tP_{S^\perp}\circ D\circ B\circ P_{S^\perp} \\ &= e^tP_{S^\perp}\circ R\circ P_S + e^tB\circ A\circ P_S + e^tA\circ B\circ P_{S^\perp}. \end{aligned}$$

これを行列で表わすと((4.154)により $P_{S^\perp}\circ R\circ P_S = D''A$ だから)

$$D''D'_tP_S = \begin{pmatrix} e^tB\wedge A & 0 \\ e^tD''A & e^tA\wedge B \end{pmatrix} = \begin{pmatrix} -e^tA^*\wedge A & 0 \\ e^tD''A & -e^tA\wedge A^* \end{pmatrix} \tag{4.167}$$

となる．(4.165)とくらべて

$$D''D'_tP_S = \frac{d}{dt}R_t \tag{4.168}$$

を得る．そこで

$$\psi_t = -\frac{r}{4\pi}\int_t^0 P_S\wedge\left(I-\frac{R_t}{2\pi i}\right)\wedge\cdots\wedge\left(I-\frac{R_t}{2\pi i}\right)dt \tag{4.169}$$

と定義すれば，式(4.83)から(4.84)を導いたときと同様に

$$\begin{aligned} 2id'd''\psi_t &= -\frac{r}{2\pi i}\int_t^0 d''d'\left(P_S\wedge\left(I-\frac{R_t}{2\pi i}\right)\wedge\cdots\wedge\left(I-\frac{R_t}{2\pi i}\right)\right)dt \\ &= -\frac{r}{2\pi i}\int_t^0 D''D'_t\left(P_S\wedge\left(I-\frac{R_t}{2\pi i}\right)\wedge\cdots\wedge\left(I-\frac{R_t}{2\pi i}\right)\right)dt \\ &= r\int_t^0 -\frac{1}{2\pi i}D''D'_tP_S\wedge\left(I-\frac{R_t}{2\pi i}\right)\wedge\cdots\wedge\left(I-\frac{R_t}{2\pi i}\right)dt \\ &= \int_t^0 \frac{d}{dt}\left(\left(I-\frac{R_t}{2\pi i}\right)\wedge\left(I-\frac{R_t}{2\pi i}\right)\wedge\cdots\wedge\left(I-\frac{R_t}{2\pi i}\right)\right)dt. \end{aligned}$$

そして

$$dd^c\psi_t = \det\left(I-\frac{R_0}{2\pi i}\right) - \det\left(I-\frac{R_t}{2\pi i}\right) \tag{4.170}$$

を得る．そこで $t\to-\infty$ とする．(4.165)から

(4.171)　$$\lim_{t\to-\infty}\det\left(I-\frac{R_t}{2\pi i}\right)=\det\left(I-\frac{R_S}{2\pi i}\right)\cdot\det\left(I-\frac{R_Q}{2\pi i}\right).$$

一方，$t\to-\infty$ としたとき ψ_t がどうなるかを知るために，(4.169)の被積分関数を e^t のベキに展開して

(4.172)　$$P_S\wedge\left(I-\frac{R_t}{2\pi i}\right)\wedge\cdots\wedge\left(I-\frac{R_t}{2\pi i}\right)=\sum_{k=0}^{r-1}\alpha_k e^{kt}$$

と書く．ただし，ここで $\alpha_0,\cdots,\alpha_{r-1}$ は X 上の微分形式である．そうすると

$$\psi_t=\frac{r}{4\pi}\int_t^0\sum_{k=0}^{r-1}\alpha_k e^{kt}dt=\frac{r}{4\pi}\left(\sum_{k=1}^{r-1}\frac{1}{k}\alpha_k-t\alpha_0-\sum_{k=1}^{r-1}\frac{1}{k}\alpha_k e^{kt}\right)$$

だから，t が $-\infty$ にいくと $\lim\psi_t$ は $\alpha_0=0$ でなければ存在しない．そこで

(4.173)　$$\varphi_t=\frac{r}{4\pi}\int_t^0\left\{P_S\wedge\left(I-\frac{R_t}{2\pi i}\right)\wedge\cdots\wedge\left(I-\frac{R_t}{2\pi i}\right)-\alpha_0\right\}dt$$

と定義をし直せば，極限

$$\varphi=\lim_{t\to-\infty}\varphi_t$$

が存在する．あとで $d\alpha_0=0$ を証明するが，一時的にそれを仮定すれば，(4.169)と(4.173)をくらべて $dd^c\varphi_t=dd^c\psi_t$ となるから

(4.174)　$$dd^c\varphi=\det\left(I-\frac{R_0}{2\pi i}\right)-\det\left(I-\frac{R_S}{2\pi i}\right)\cdot\det\left(I-\frac{R_Q}{2\pi i}\right)$$

を得る．これで Bott–Chern の式

(4.175)　$$c(E,h)-c(S,h_S)\,c(Q,h_Q)=dd^c\varphi$$

を証明した．これは dd^c コホモロジーの言葉で言えば(4.152)にほかならない．

残るのは $d\alpha_0=0$ の証明だけである．(4.172)で $t\to-\infty$ とすれば α_0 が得られるから

(4.176)　$$\alpha_0=P_S\wedge\left(I-\frac{R_{-\infty}}{2\pi i}\right)\wedge\cdots\wedge\left(I-\frac{R_{-\infty}}{2\pi i}\right),$$

ただし(4.165)により

$$R_{-\infty}=\begin{pmatrix} R_S & -D'A^* \\ 0 & R_{S^\perp}\end{pmatrix}. \tag{4.177}$$

一方，$E=S\oplus S^\perp$ の接続 $\widetilde{D}=D_S\oplus D_{S^\perp}$ の曲率を $\widetilde{R}$ とすると

$$\widetilde{R}=R_S\oplus R_{S^\perp}=\begin{pmatrix} R_S & 0 \\ 0 & R_{S^\perp}\end{pmatrix} \tag{4.178}$$

と書ける．ここで(4.176)の式における $\wedge$ の意味を思い出しておく．(4.83)のときと同様，(4.77)の意味で書いているわけで，$\xi_1,\cdots,\xi_r$ を E の局所切断とするとき

$$\begin{aligned}&\left(P_S\wedge\left(I-\frac{R_{-\infty}}{2\pi i}\right)\wedge\cdots\wedge\left(I-\frac{R_{-\infty}}{2\pi i}\right)\right)(\xi_1\wedge\xi_2\wedge\cdots\wedge\xi_r)\\ &\quad=P_S\xi_1\wedge\left(I-\frac{R_{-\infty}}{2\pi i}\right)\xi_2\wedge\cdots\wedge\left(I-\frac{R_{-\infty}}{2\pi i}\right)\xi_r\end{aligned} \tag{4.179}$$

となる．$\xi_1,\cdots,\xi_p$ が S の断面，そして $\xi_{p+1},\cdots,\xi_r$ が $S^\perp$ の断面になるように $\xi_1,\cdots,\xi_r$ をとることにより

$$\begin{aligned}&P_S\wedge\left(I-\frac{R_{-\infty}}{2\pi i}\right)\wedge\cdots\wedge\left(I-\frac{R_{-\infty}}{2\pi i}\right)\\ &\quad=P_S\wedge\left(I-\frac{\widetilde{R}}{2\pi i}\right)\wedge\cdots\wedge\left(I-\frac{\widetilde{R}}{2\pi i}\right)\end{aligned} \tag{4.180}$$

となることがわかる．(4.180)に d を作用させるため，接続 $\widetilde{D}=D_S\oplus D_{S^\perp}$ を

$$P_S=\begin{pmatrix} I_S & 0 \\ 0 & 0\end{pmatrix}$$

に作用させれば $\widetilde{D}P_S=0$ となる．また $\widetilde{D}$ に対する Bianchi の恒等式 $\widetilde{D}\widetilde{R}=0$ が成り立つから

$$\begin{aligned}&d\left(P_S\wedge\left(I-\frac{\widetilde{R}}{2\pi i}\right)\wedge\cdots\wedge\left(I-\frac{\widetilde{R}}{2\pi i}\right)\right)\\ &\quad=\widetilde{D}\left(P_S\wedge\left(I-\frac{\widetilde{R}}{2\pi i}\right)\wedge\cdots\wedge\left(I-\frac{\widetilde{R}}{2\pi i}\right)\right)=0\end{aligned} \tag{4.181}$$

を得る．(4.176),(4.179)と(4.181)から $d\alpha_0=0$ を得る．

また α_0 を具体的に

$$\alpha_0 = \left(\sum_{i=0}^{p-1}(p-i)c_i(S,h_S)\right)c(S^{\perp},h_{S^{\perp}}) \tag{4.182}$$

と表わせることからも，α_0 が閉微分形式であることがわかる[*4].

(4.152)の系として次の結果を得る．

系 4.21　階数 r の正則ベクトル束 E が，いたるところで 1 次独立になる p 個の正則断面をもつならば

$$\widehat{c}_i(E) = 0, \quad i > r-p$$

が成り立つ．

［証明］　そのような p 個の断面で張られる正則部分束 S は積束だから，$\widehat{c}(S)=1$．したがって，$\widehat{c}(E)=\widehat{c}(Q)$．∎

普通の Chern 類はベクトル束のファイバーが複素ベクトル空間であるという性質しか使わないのに対し，dd^c コホモロジーの元としての Chern 類は本質的にベクトル束の正則性を使っている．

§4.7　正則断面に対する消滅定理

本節では正則ベクトル束の正則断面に対する消滅定理を Bochner の方法で証明する．これは後で証明するコホモロジーの消滅定理の原型である．証明は次の E. Hopf による最大値原理に基づいている．

補題 4.22　U を $\mathbb{R}^m$ の領域，f, g^{ij}, h^i $(i,j=1,\cdots,m)$ を U 上の C^∞ 実関数で，行列 (g^{ij}) は U 上いたるところで対称正値とする．関数 f が U 上で不等式

$$L(f) := \sum g^{ij}\frac{\partial^2 f}{\partial x^i \partial x^j} + \sum h^i \frac{\partial f}{\partial x^i} \geqq 0$$

を満たし，かつ U の内点で最大値をとるならば，f は定値関数でなければならない．

---

*4　ここで説明した dd^c コホモロジーと精密化された Chern 類に関する結果は，S.-S. Chern と R. Bott の論文 Hermitian vector bundles and the equidistribution of the zeros of their holomorphic sections, *Acta Math.* **114** (1965), 71–112 に基づく．

［証明］ M を f の最大値とする．f が定値関数でないと仮定する．$f(p_0)<M$ となるような点 $p_0\in U$ をとる．点 p_0 から集合 $f^{-1}(M)$ までの Euclid 距離を r_0 とする．$S(p_0\,;\,r_0)$ を中心 p_0，半径 r_0 の球面，$B(p_0\,;\,r_0)$ をその内部とする．そのとき $B(p_0\,;\,r_0)\cap U$ で $f<M$，そして適当な点 $p_1\in S(p_0\,;\,r_0)$ で $f(p_1)=M$ となる．p_0 から p_1 への直線に沿って p_0 を p_1 の近くに動かすことによって，$\overline{B}(p_0\,;\,r_0)\subset U$ で，しかも $\overline{B}(p_0\,;\,r_0)$ 上 p_1 以外の点では $f<M$ となるようにする．十分小さい $r_1<r_0$ をとれば $\overline{B}(p_1\,;\,r_1)\subset U$ となる．そのとき球面 $S(p_1\,;\,r_1)$ は，$B(p_0\,;\,r_0)$ の中にある部分と外にある部分に二分される．すなわち

(4.183)
$$S(p_1\,;\,r_1)=S_i\cup S_o,\qquad S_i=\overline{B}(p_0\,;\,r_0)\cap S(p_1\,;\,r_1),$$
$$S_o=S(p_1\,;\,r_1)\backslash B(p_0\,;\,r_0),\qquad S_i\cap S_o=S(p_0\,;\,r_0)\cap S(p_1\,;\,r_1).$$

十分小さい $\delta>0$ をとれば

(4.184) $$S_i \text{ 上で}\quad f\leqq M-\delta.$$

点 p_0 が原点になるように $\mathbb{R}^m$ の座標系 $(x^1,\cdots,x^m)$ をとり，関数 φ を

(4.185) $$\varphi(x)=e^{-ar^2}-e^{-ar_0^2}\qquad (\text{ここで } r^2=(x^1)^2+\cdots+(x^m)^2)$$

と定義する．ここで定数 a は後で十分大きく決める．微分作用素 L を φ に作用させると

(4.186) $$L(\varphi)=e^{-ar^2}\left(4a^2\sum_{j,k}g^{jk}x^jx^k-2a\sum_i(h^ix^i+g^{ii})\right).$$

$\overline{B}(p_1\,;\,r_1)$ は原点 $x^1=\cdots=x^m=0$ から離れているから，$\sum g^{jk}x^jx^k$ は $\overline{B}(p_1\,;\,r_1)$ 上で下から正の定数で抑えられる．したがって a を大きくとれば

(4.187) $$\overline{B}(p_1\,;\,r_1) \text{ 上で}\quad L(\varphi)>0.$$

次に

(4.188) $$F=f+\varepsilon\varphi$$

と定義する．このとき $\varepsilon>0$ は十分小さくとり

(4.189) $$S_i \text{ 上で}\quad F<M$$

となるようにする．一方，S_o 上で $f\leqq M$ と $\varphi\leqq 0$ が成り立ち，しかも S_o の各点で少なくとも一方の不等号 $\leqq$ は $<$ であるから

(4.190)
$$S_o \text{ 上で}\quad F<M$$
となる．(4.189)と(4.190)により
$$S(p_1\,;\,r_1) \text{ 上で}\quad F<M\,.$$
一方，$F(p_1)=M$ だから，F はどこか $B(p_1\,;\,r_1)$ の内点 q で局所的に最大値をとるはずである．(4.185)によれば $\overline{B}(p_0\,;\,r_0)$ の外では $\varphi<0$ だから，q は $B(p_1\,;\,r_1)\cap\overline{B}(p_0\,;\,r_0)$ の点でなければならない．そして，そこでは(4.187)により $L(\varphi)>0$．一方，仮定により $B(p_1\,;\,r_1)$ で $L(F)\geqq 0$ だから
$$B(p_1\,;\,r_1)\cap\overline{B}(p_0\,;\,r_0) \text{ 上で}\quad L(F)>0\,.$$
特に q で $L(F)>0$．一方，F は q で局所的に最大値をとるから q で $L(F)\leqq 0$．これは矛盾である． ∎

Hermite 多様体 (X,g) 上の正則 Hermite ベクトル束 (E,h) を考える．$D=D'+D''$ を (E,h) の標準接続とする(定理 4.3 参照)．そのとき $D''=d''$ となる．ξ を E の正則断面とする．$h(\xi,\xi)$ は関数だから $d'h(\xi,\xi)=D'h(\xi,\xi)$ となる．$D''=d''$ だから
$$d''d'h(\xi,\xi)=D''D'h(\xi,\xi)\,.$$
ξ が正則であるとは $D''\xi=0$ にほかならず，これはまた $D'\bar{\xi}=0$ と同じことである．したがって

(4.191)
$$\begin{aligned} d'd''h(\xi,\xi) &= -d''d'h(\xi,\xi) = -D''D'h(\xi,\xi) = -D''h(D'\xi,\xi)\\ &= -h(D''D'\xi,\xi)+h(D'\xi,D'\xi)\,. \end{aligned}$$
2 階の微分の項 $D''D'\xi$ は

(4.192)
$$D''D'\xi = D''D'\xi+D'D''\xi = DD\xi = R(\xi)$$
によって曲率で表わされるから，(4.191)から次の重要な式を得る．

(4.193)
$$d'd''h(\xi,\xi) = -h(R(\xi),\xi)+h(D'\xi,D'\xi)\,.$$
X の局所座標系 $z^1,\cdots,z^n$ と E の正則局所枠 $e_1,\cdots,e_r$ を使えば，(4.193)は次のように書ける．

(4.194)
$$\frac{\partial^2 h(\xi,\xi)}{\partial z^\alpha\partial\bar{z}^\beta} = \sum h_{i\bar{j}}\nabla_\alpha\xi^i\nabla_\beta\bar{\xi}^{\bar{j}} - \sum h_{i\bar{k}}R^i_{j\alpha\bar{\beta}}\,\xi^j\bar{\xi}^k\,.$$
X の Hermite 計量を
$$g=\sum g_{\alpha\bar{\beta}}dz^\alpha d\bar{z}^\beta$$

と書き，$(g^{\alpha\bar{\beta}})$ を $(g_{\alpha\bar{\beta}})$ の逆行列とする．そして

$$(4.195)\qquad K^i_j = \sum g^{\alpha\bar{\beta}} R^i_{j\alpha\bar{\beta}}, \qquad K_{j\bar{k}} = \sum h_{i\bar{k}} K^i_j$$

とおけば，$K=(K^i_j)$ は E の自己準同形を，また $\widehat{K}=(K_{j\bar{k}})$ は E に Hermite 形式を定義する．すなわち，$\xi=\sum \xi^i e_i$ と $\eta=\sum \eta^i e_i$ に対し

$$(4.196)\qquad K(\xi) = \sum K^i_j \xi^j e_i, \qquad \widehat{K}(\xi,\eta) = \sum K_{j\bar{k}} \xi^j \bar{\eta}^k .$$

K と $\widehat{K}$ を (E,h,M,g) の**平均曲率**(mean curvature)とよぶことにする．

すべての $\xi\in E_x$ に対し $\widehat{K}(\xi,\xi)\leqq 0$ なら，すなわち K が x で負の半定符号のとき，x で $K\leqq 0$ と書く．さらに，すべての $\xi\in E_x$ に対し $\widehat{K}(\xi,\xi)<0$ なら，すなわち x で負の定符号のとき，x で $K<0$ と書く．$K\geqq 0$ および $K>0$ の意味も同様である．

(4.194)を計量 g で縮約することにより，E の正則断面 ξ に対し次の式を得る．

$$(4.197)\qquad \sum g^{\alpha\bar{\beta}} \frac{\partial^2 h(\xi,\bar{\xi})}{\partial z^\alpha \partial \bar{z}^\beta} = \|D'\xi\|^2 - \widehat{K}(\xi,\xi),$$

$$\text{ただし}\quad \|D'\xi\|^2 = \sum h_{i\bar{j}} g^{\alpha\bar{\beta}} \nabla_\alpha \xi^i \nabla_{\bar{\beta}} \bar{\xi}^j .$$

定理 4.23 (E,h) をコンパクト Hermite 多様体 (X,g) 上の正則 Hermite ベクトル束，K をその平均曲率とする．

(i) X 上いたるところ $K\leqq 0$ ならば，E の正則断面 ξ はすべて平行，すなわち $D\xi=0$ で $\widehat{K}(\xi,\xi)=0$ を満たす．

(ii) さらに，どこかで $K<0$ ならば，E の正則断面は 0 に限る．

[証明] 補題 4.22 を関数 $f=h(\xi,\xi)$ に適用する．f の最大値を M とする．$f^{-1}(M)$ は閉集合であるが開集合でもあることを示す．点 $x_0\in f^{-1}(M)$ に対し，その座標近傍 U をとる．$K\leqq 0$ だから

$$L(f) := \sum g^{\alpha\bar{\beta}} \partial_\alpha \partial_{\bar{\beta}} h(\xi,\xi) = \|D'\xi\|^2 - \widehat{K}(\xi,\xi) \geqq 0 .$$

したがって補題 4.22 により U で $f=M$ となり，$f^{-1}(M)$ が開集合であることがわかった．よって X 上で $f\equiv M$ だから $L(f)=0$ となり，$D'\xi=0$ と $\widehat{K}(\xi,\xi)=0$ を得る．ξ は正則だから $d''\xi=0$ で，$D\xi=D'\xi=0$ となり，(i)が証明された．(ii)を証明するために，ξ を 0 でない正則断面とすると，(i)によって平行な断面になるから，いたるところで 0 でない．したがって $K<0$

となるところでは $\widehat{K}(\xi,\xi)<0$ となり，(i)に矛盾する[*5]. ∎

この定理の系をいくつか証明する.

系 4.24　(E,h_E) と (F,h_F) をコンパクト Hermite 多様体 (X,g) 上の正則 Hermite ベクトル束，K_E と K_F をそれぞれの平均曲率とする.

(i)　X 上で $K_E \leqq 0$ と $K_F \leqq 0$ が成り立っていれば，$E\otimes F$ の正則断面 ξ はすべて平行で $\widehat{K}_{E\otimes F}(\xi,\xi)=0$ を満たす.

(ii)　さらに，K_E か K_F の少なくとも一方がどこかで負の定符号ならば，$E\otimes F$ の正則断面は 0 に限る.

[証明]　(4.37)で証明した $R_{E\otimes F}=R_E\otimes I_F+I_E\otimes R_F$ から

$$K_{E\otimes F} = K_E\otimes I_F+I_E\otimes K_F \tag{4.198}$$

を得る. 点 $x\in X$ を決めて，ファイバー E_x と F_x に適当に正規直交基をえらび，K_E と K_F を対角行列で表わす. それぞれの対角上の元を $a_1,\cdots,a_p$ と $b_1,\cdots,b_q$ とすれば，$K_{E\otimes F}$ も対角行列で対角上の元は a_i+b_j であるから，この系は定理 4.23 からただちに得られる. ∎

系 4.25　(E,h) をコンパクト Hermite 多様体 (X,g) 上の正則 Hermite ベクトル束，そして K をその平均曲率とする.

(i)　X 上いたるところで $K\leqq 0$ ならば，テンソルベキ $E^{\otimes m}$ の正則断面 ξ はすべて平行で $\widehat{K}_{E^{\otimes m}}(\xi,\xi)=0$ を満たす.

(ii)　さらに，どこかで $K<0$ ならば，$E^{\otimes m}$ の正則断面は 0 に限る. □

これは系 4.24 からただちにわかる.

E が Hermite 多様体 (X,g) の接ベクトル束の場合には，h として g をとり，(TX,g) を考えるのが自然であるが，平均曲率 $\widehat{K}=(K_{\alpha\bar{\beta}})$ と Ricci 曲率

---

*5　ここで証明した消滅定理は S. Bochner の論文 Vector fields and Ricci curvature, *Bull. Amer. Math. Soc.* **52** (1946), 776–797 に端を発する. この Bochner のアイデアに基づく一連の仕事は K. Yano-S. Bochner, Curvature and Betti Numbers, *Annals of Math. Studies*, No. 32, Princeton University Press, 1953 および A. Lichnérowicz の *Géométrie des Groupes de Transformations* にまとめられている. もっと最近のものとしては，H. Wu の The Bochner technique, *Proc. 1980 Beijin Symp. Diff. Geom. & Diff. Eq's* 1984, pp. 929–1071 および拙著 S. Kobayashi, Differential Geometry of Complex Vector Bundles, *Publ. Math. Soc. Japan*, No. 15, Iwanami-Princeton Univ. Press, 1987 がある.

$(R_{\alpha\bar{\beta}})$ を混同しないように注意する必要がある．すなわち，

(4.199)　　$K_{\alpha\bar{\beta}} = \sum g^{\gamma\bar{\delta}} R_{\alpha\bar{\beta}\gamma\bar{\delta}}, \qquad R_{\alpha\bar{\beta}} = \sum g^{\gamma\bar{\delta}} R_{\gamma\bar{\delta}\alpha\bar{\beta}}.$

ただし，Kähler 多様体の場合には $K_{\alpha\bar{\beta}} = R_{\alpha\bar{\beta}}$ となることが後で示される．

系4.25から次の系を得る．

系 4.26　(X, g) をコンパクト Hermite 多様体で，その平均曲率はいたるところ $K \leqq 0$ とする．

(i)　そのとき，X 上の正則ベクトル場 ξ はすべて平行で，$\widehat{K}(\xi, \xi) = 0$ を満たす．

(ii)　さらに，どこかで $K < 0$ ならば，X 上の正則ベクトル場は 0 に限る．　□

共変接ベクトル束 (T^*X, g^*) の曲率は (TX, g) の曲率と符号が逆であるから，(4.198)から次の系を得る．

系 4.27　(X, g) をコンパクト Hermite 多様体で，その平均曲率はいたるところ $K \geqq 0$ とする．

(i)　そのとき，正則 p 次微分形式 $\varphi \in H^0(X, \Omega^p)$:

$$\varphi = \frac{1}{p!} \sum f_{\alpha_1 \cdots \alpha_p} dz^{\alpha_1} \wedge \cdots \wedge dz^{\alpha_p}$$

はすべて平行で，次の等式を満たす．

$$\sum K^{\alpha_1\bar{\beta}_1} g^{\alpha_2\bar{\beta}_2} \cdots g^{\alpha_p\bar{\beta}_p} f_{\alpha_1\cdots\alpha_p} \bar{f}_{\beta_1\cdots\beta_p} = 0,$$

$$\text{ただし}\quad K^{\alpha\bar{\beta}} = \sum g^{\alpha\bar{\delta}} g^{\gamma\bar{\beta}} K_{\gamma\bar{\delta}}.$$

(ii)　さらに，どこかで $K > 0$ ならば，X 上の正則 p 次微分形式 $p > 0$ は 0 に限る．すなわち，

$$H^0(X, \Omega^p) = 0, \quad p > 0.$$　□

もし (E, h) が正則 Hermite 線束ならば，曲率の成分 $R^1_{1\alpha\bar{\beta}}$ を単に $R_{\alpha\bar{\beta}}$ と書くことにより

(4.200)　　$R = \sum R_{\alpha\bar{\beta}} dz^\alpha \wedge d\bar{z}^\beta$

と表わせる．各点 $x \in X$ で $(R_{\alpha\bar{\beta}})$ の固有値の少なくとも一つは負であると仮定すれば，その固有ベクトルの方向に小さくなるように Hermite 計量 $g =$

$\sum g_{\alpha\bar{\beta}}dz^{\alpha}d\bar{z}^{\beta}$ をえらべば，平均曲率 $K=\sum g^{\alpha\bar{\beta}}R_{\alpha\bar{\beta}}$ は負になる．よって定理4.23から次の系を得る．

系 4.28　(E,h) をコンパクトな複素多様体 X 上の正則 Hermite 線束とする．その Chern 形式 $c_1(E,h)$ は各点で少なくとも一方向に負であるとする．すなわち，各点 $x\in X$ で適当なベクトル $v\in T_xX$ をとれば $c_1(E,h)(v,v)<0$ となるとする．そのとき，E の正則断面は 0 に限る．　□

$K_E>0$ ならば $K_{E^*}<0$ だから，一般的には $K_{E\otimes E^*}$ の正負について何かいうのは難しい．Hermite 多様体 (X,g) 上の正則ベクトル束 E の Hermite 構造 h が

$$K_E = cI_E \tag{4.201}$$

を満たすとき，E は **Einstein–Hermite** であるという．（ここで，I_E は E の恒等自己同形写像で c は定数である．K_E が Hermite だから c は実数である．）そのとき，(4.198)により

$$K_{E^{\otimes p}\otimes E^{*\otimes q}} = (p-q)cI_{E^{\otimes p}\otimes E^{*\otimes q}}\,. \tag{4.202}$$

したがって，もし $(p-q)c<0$ ならば $E^{\otimes p}\otimes E^{*\otimes q}$ の正則断面は 0 に限ることがわかる．しかし面白いのは，$p=q$ の場合，すなわち c の符号に関係なく $(p-q)c=0$ となる場合である．この場合，$(E\otimes E^*)^{\otimes p}$ の正則断面はすべて平行である．$E\otimes E^*=\operatorname{End}E$ に対しては，それ以上のことが言えるが，そのために，まず次の補題を証明しておく．

補題 4.29　(E,h) を正則 Hermite ベクトル束，D をその標準接続とする．$S\subset E$ を C^∞ 複素部分束，$S^\perp$ をその直交補束とする．S は D で不変と仮定する（すなわち，S の断面 ξ に対し $D\xi$ は S に値をとる 1 次微分形式になると仮定する）．そのとき，S も $S^\perp$ もともに正則部分束で

$$E = S\oplus S^\perp$$

は正則な直交分解となる．

［証明］　h が D によって保たれ，S が D で不変だから，$S^\perp$ も同様に不変．ζ を E の局所正則断面とし，直交分解 $E=S\oplus S^\perp$ に則り $\zeta=\xi+\eta$ と書く．そのとき ξ も η もともに正則になることを証明すればよい．$D=D'+d''$ で ζ が正則だから $D\zeta=D'\zeta$ を得る．

$$D\zeta = D\xi + D\eta \quad と \quad D'\zeta = D'\xi + D'\eta$$

を比べて $D\xi = D'\xi$ と $D\eta = D'\eta$ を得る．したがって $d''\xi = 0$ と $d''\eta = 0$ が成り立つ． ∎

次に，点 $x \in X$ を基点とする (E,h) のホロノミー群 Ψ を考え，ファイバー E_x を Ψ によって既約分解する．

$$E_x = E_x^{(0)} \oplus E_x^{(1)} \oplus \cdots \oplus E_x^{(k)}\,.$$

ここで，$E_x^{(0)}$ は Ψ によって不変なベクトルの集合，そして Ψ は $E_x^{(1)}$, …, $E_x^{(k)}$ には既約に作用するとする．この分解を平行移動して，ベクトル束の直交分解

(4.203) $$E = E^{(0)} \oplus E^{(1)} \oplus \cdots \oplus E^{(k)}$$

を得る．補題 4.29 によれば，分解(4.203)は正則部分束による分解である．ホロノミー群 Ψ が既約のとき，(E,h) が**既約**(irreducible)であるという．

定理 4.30　(E,h) を Hermite 多様体 (X,g) 上の正則 Einstein–Hermite ベクトル束とする．(E,h) が既約ならば，End E の正則断面はすべて I_E の定数倍である．

［証明］　End E の正則断面は平行でホロノミー群が既約だから，Schur の補題により I_E の定数倍になる． ∎

Einstein–Hermite という条件は，正則ベクトル束の安定性という代数幾何の概念と密接な関係がある[*6]．

《要約》

4.1　C^∞ 複素ベクトル束と正則ベクトル束の接続，およびその曲率．

4.2　Hermite 正則ベクトル束の標準接続．

4.3　Hermite 正則ベクトル束とその部分束に対する Gauss–Codazzi の式．

4.4　Chern 類の微分幾何的理論(通常の理論と，Hermite 正則ベクトル束の場合の精密化された理論)．

＊6　これについては脚注 5 の拙著および M. Lübke と A. Teleman の最近の著書 *The Kobayashi–Hitchin Correspondence*, World Sci. Publ., 1995 を参考されたい．

4.5　Picard 群と Chern 類の関係.

4.6　Bochner の消滅定理，特にその証明方法.

演習問題

4.1　X を複素多様体，E を X 上の C^∞ 複素ベクトル束とする．微分作用素 $D''\colon \mathcal{A}^0(E)\to\mathcal{A}^{0,1}(E)$ で，条件

$$D''(f\xi)=d''f\cdot\xi+fD''\xi, \qquad f\in\mathcal{A}^0,\ \xi\in\mathcal{A}^0(E)$$

を満たすものを考え，それを接続の場合と同様に微分作用素 $D''\colon \mathcal{A}^{p,q}(E)\to\mathcal{A}^{p,q+1}(E)$ に拡張する．そのとき，$D''\circ D''=0$ となるならば，E に $D''=d''$ となるような正則ベクトル束構造が入る．この事実を定理 2.7 を使って証明せよ．

4.2　前問と同様に，E を複素多様体 X 上の C^∞ 複素ベクトル束，そして $D=D'+D''$ を E の接続とする．曲率の (0, 2) 次成分が 0 ならば，E に $d''=D''$ となるような正則ベクトル束の構造が入ることを示せ．

4.3　$\widetilde{X}$ を多様体 X の普遍被覆多様体，そして Γ をその被覆変換群とする．すなわち，$\widetilde{X}$ は $X=\widetilde{X}/\Gamma$ 上の構造群 Γ の主ファイバー束である．表現 $\rho\colon\Gamma\to GL(r;\mathbb{C})$ に対し，複素ベクトル束 $E^\rho=\widetilde{X}\times_\rho\mathbb{C}^r$ を式(2.32)のように定義する．そのとき，E^ρ に自然に定義される接続の曲率は 0 であることを証明せよ．表現 ρ がユニタリ，すなわち $\rho\colon\Gamma\to U(r)$ ならば，この接続は E^ρ の Hermite 構造を保つことを示せ．

逆に，E が X 上の複素ベクトル束で，曲率 0 の接続が存在するならば，E は上のように表現 $\rho\colon\Gamma\to GL(r;\mathbb{C})$ から得られる E^ρ に同形であることを証明せよ．さらに，E に Hermite 構造とそれを保つ接続で曲率 0 のものが存在するならば，適当なユニタリ表現 $\rho\colon\Gamma\to U(r)$ に対して $E\cong E^\rho$ となることを証明せよ．

4.4　$P_1\mathbb{C}$ の Picard 群を決定せよ．

4.5　L を $P_n\mathbb{C}$ 上の普遍部分線束とする．その Chern 類 $c_1(L)$ は $H^2(P_1\mathbb{C},\mathbb{Z})=\mathbb{Z}$ の -1 に対応することを証明せよ．

4.6　L を $P_n\mathbb{C}$ 上の普遍部分線束，そして $Q=(P_n\mathbb{C}\times\mathbb{C}^{n+1})/L$ を普遍商ベクトル束とする．$\alpha\in H^2(P_n\mathbb{C};\mathbb{Z})$ を正の生成元とすれば，前問により $c_1(L)=-\alpha$ であるが，Q と接ベクトル束 $T(P_n\mathbb{C})$ の Chern 類を α によって表わせ．

4.7　S を $P_n\mathbb{C}$ の特異点のない超曲面とする．S の次数を d とする(すなわち，

S は d 次の斉次多項式の零点として定義されているとする). α を $H^2(P_n\mathbb{C}, \mathbb{Z})$ の正の生成元を S に制限したものとする. そのとき, S の Chern 類は

$$c(S) = (1+\alpha)^{n+1}(1+d\alpha)^{-1}$$

で与えられることを示せ.

4.8　E を複素ベクトル束, E^* をその双対ベクトル束とするとき, Chern 類および Chern 指標について

$$c_k(E^*) = (-1)^k c_k(E), \qquad ch_k(E^*) = (-1)^k ch_k(E)$$

を証明せよ(微分形式のレベルで証明せよ).

5

Kähler 多様体

本章では Kähler 多様体の非常に基本的なことについて述べる．まえがきで注意したように，調和微分形式を必要とするようなことは第6章以下で扱う．

複素多様体には必ず Hermite 計量が存在する．§5.1では Hermite 多様体の基本的な式を証明する．かなりの部分は，正則 Hermite ベクトル束の結果の特別な場合として得られる．

§5.2では Kähler 幾何の局所的公式を証明する．Kähler 計量を Hermite 計量と考えたときの標準接続と，Riemann 計量と考えたときの Levi-Civita 接続が一致するということが Kähler 計量の幾何学的意味である．

§5.3では，複素空間形，すなわち正則断面曲率が一定の Kähler 多様体など基本的な例を説明する．特に複素射影空間の Fubini–Study 計量と複素双曲型空間の Bergman 計量について詳しく述べる．

§5.4で論じる Grassmann 多様体は，コンパクト Kähler 多様体の最も大切な例である．Lie 群の立場からは一番基本的な対称空間であり，代数幾何的には有理代数多様体である．またトポロジーでは，ベクトル束の分類空間として重要な役割を演じる．

§5.5では§4.7の結果(正則断面に対する消滅定理)を Kähler 多様体の場合に見直す．

§5.1 Hermite 多様体

§4.1で複素ベクトル束の接続を説明したが，複素多様体の接ベクトル束の場合には，曲率のほかにねじれ率という量を定義することができる．

本節では X は n 次元複素多様体とする．(2.13),(2.15)で説明したように

$$T^{\mathbb{C}}X = T'X \oplus T''X \tag{5.1}$$

と分解し，TX と $T'X$ を同一視する．したがって，$z^1,\cdots,z^n$ が X の局所座標系ならば，TX は $\partial/\partial z^1,\cdots,\partial/\partial z^n$ を基とし，共変接束すなわち TX の双対ベクトル束 T^*X は，$dz^1,\cdots,dz^n$ を基とする正則ベクトル束である．

$TX\otimes T^*X \cong \mathrm{Hom}(TX,TX)$ だから，TX の恒等自己同形写像は，TX に値をとる $(1,0)$ 次微分形式と思える．$e_1,\cdots,e_n$ を TX の局所枠，$\theta^1,\cdots,\theta^n$ をその双対枠とすると，この TX 値 $(1,0)$ 次微分形式は

$$\sum_i e_i\theta^i \tag{5.2}$$

で与えられる．

D を TX の接続とすると，(4.13)を使って

$$D(\sum_i e_i\theta^i) = \sum_i e_i(\sum_j \omega^i_j \wedge \theta^j + d\theta^i). \tag{5.3}$$

そこで

$$\Theta^i = d\theta^i + \sum_j \omega^i_j \wedge \theta^j \tag{5.4}$$

とおき，行列の記号

$$\begin{aligned} &\boldsymbol{e} = (e_1,\cdots,e_n) & &\text{(横ベクトル)}\\ &\theta = (\theta^1,\cdots,\theta^n), \qquad \Theta = (\Theta^1,\cdots,\Theta^n) & &\text{(縦ベクトル)}\\ &\omega = (\omega^i_j) & & \end{aligned} \tag{5.5}$$

を使えば，(5.3)と(5.4)は

$$D(\boldsymbol{e}\theta) = \boldsymbol{e}\Theta, \qquad \Theta = d\theta + \omega\wedge\theta \tag{5.6}$$

とまとめられる．$\Theta = (\Theta^1,\cdots,\Theta^n)$ を D の**ねじれ形式**(torsion form)，そし

て $T=\boldsymbol{e}\Theta=\sum e_i\Theta^i$ を**ねじれ**(torsion)とよぶ．Θ は $e_1,\cdots,e_n$ の選び方によるが，T はよらない．T は TX に値をとる 2 次微分形式である．

命題 5.1　接続 $D=D'+D''$ のねじれ T の次数が $(2,0)$ であるための必要十分条件は $D''=d''$ である．

［証明］　正則局所枠 $e_1,\cdots,e_n$ (例えば $e_i=\partial/\partial z^i$) を選ぶと $\theta^1,\cdots,\theta^n$ も正則だから，$d\theta^1,\cdots,d\theta^n$ は次数 $(2,0)$ の微分形式．(5.4) と命題 4.1 により

$$\Theta \text{ の次数が } (2,0) \Longleftrightarrow \omega \text{ の次数が } (1,0) \Longleftrightarrow D''=d''. \qquad \blacksquare$$

複素多様体 X の **Hermite 計量**(Hermitian metric)は正則ベクトル束 $T'X$ の Hermite 構造としても定義できるが，ここでは X の Riemann 計量 g で次の条件を満たすものとして定義する．

$$(5.7)\qquad g(\xi,\eta)=g(J\xi,J\eta),\qquad \xi,\eta\in T_xX,\ x\in X.$$

Hermite 計量の与えられた複素多様体を **Hermite 多様体**(Hermitian manifold)とよぶ．

g を，1 番目の変数については複素線形，2 番目の変数については複素共役線形になるように，写像

$$(5.8)\qquad g\colon\ T_x^{\mathbb{C}}X\times T_x^{\mathbb{C}}X\longrightarrow\mathbb{C}$$

に拡張し，その $T'_xX\times T'_xX$ への制限を $\tilde{g}$ とすると，$\xi,\eta\in T_xX$ に対し

$$(5.9)\qquad \begin{aligned}\tilde{g}(\xi-iJ\xi,\eta-iJ\eta)&=g(\xi,\eta)+g(J\xi,J\eta)+i(g(\xi,J\eta)-g(J\xi,\eta))\\&=2g(\xi,\eta)+2ig(\xi,J\eta)\end{aligned}$$

が成立する．したがって，$\tilde{g}$ が T'_xX に正値 Hermite 内積を定義することがわかる．

$$(5.10)\qquad \xi\in T_xX\longrightarrow\tilde{\xi}=\frac{1}{2}(\xi-iJ\xi)\in T'_xX$$

による同形対応 $T'_xX\cong T_xX$ により

$$(5.11)\qquad 2\tilde{g}(\tilde{\xi},\tilde{\eta})=g(\xi,\eta)+ig(\xi,J\eta).$$

上式の実部は与えられた Hermite 計量であるが，虚部を

$$(5.12)\qquad \Phi(\xi,\eta)=g(\xi,J\eta)$$

と書く．Φ は ξ と η に関して交代となる．この 2 次微分形式を Hermite 多様

体 (X,g) の**基本 2 次微分形式**(fundamental 2-form)とよぶ．通常は $\widetilde{g}$ も区別せず g と書く．

X の局所座標系 $z^1,\cdots,z^n$ に対して

$$g_{i\bar{j}}=g\left(\frac{\partial}{\partial z^i},\frac{\partial}{\partial \bar{z}^j}\right) \tag{5.13}$$

とおき，計量 g の代りに

$$ds^2=2\sum g_{i\bar{j}}\,dz^i d\bar{z}^j \tag{5.14}$$

と書くのが伝統的である．そのとき，基本 2 次微分形式は

$$\Phi=i\sum g_{i\bar{j}}\,dz^i\wedge d\bar{z}^j \tag{5.15}$$

と書ける．

Hermite 多様体を扱うときは，座標系から得られる正則局所枠だけでなく，正規直交局所枠も使うと便利なことが多い．$e_1,\cdots,e_n$ を $TX\cong T^{1,0}X$ の正規直交局所枠，$\theta^1,\cdots,\theta^n$ をその双対枠とする($\theta^1,\cdots,\theta^n$ は正則とは限らない $(1,0)$ 次微分形式である)．そうすると，計量および基本 2 次微分形式は次のように簡単に表わせる．

$$ds^2=2\sum_i\theta^i\bar{\theta}^i,\qquad \Phi=i\sum_i\theta^i\wedge\bar{\theta}^i. \tag{5.16}$$

§4.2 で得た正則 Hermite ベクトル束に関する結果は，そのまま Hermite 多様体の場合に使える．特に次の 2 条件を満たす接続 D，すなわち，標準接続がただ一つ定まる．

(i)　$D''=d''$.

(ii)　D は g を保つ.

標準接続のねじれ T と曲率 R は，命題 5.1 と定理 4.4 で証明したように

$$T\in A^{2,0}(TX),\qquad R\in A^{1,1}(\mathrm{End}\,TX) \tag{5.17}$$

である．

局所座標系 $z^1,\cdots,z^n$ を使って接続，ねじれ率，曲率などを表わしてみる．まず，接続は

$$D\left(\frac{\partial}{\partial z^j}\right)=\sum\omega^i_j\frac{\partial}{\partial z^i},\qquad \omega^i_j=\sum\varGamma^i_{jk}dz^k \tag{5.18}$$

とおく．$(g_{i\bar{j}})$ の逆行列を $(g^{i\bar{j}})$ と書く．すなわち，$\sum g^{i\bar{k}} g_{j\bar{k}} = \delta^i_j$．式(4.53)を使うと

$$\omega^i_j = \sum g^{i\bar{k}} d' g_{j\bar{k}} \,. \tag{5.19}$$

したがって

$$\Gamma^i_{jk} = \sum g^{i\bar{l}} \frac{\partial g_{j\bar{l}}}{\partial z^k}. \tag{5.20}$$

次に，ねじれ率を表わす．$\theta^i = dz^i$ だから $\Theta^i = \sum \omega^i_j \wedge dz^j$，したがって

$$T = \frac{1}{2} \sum T^i_{jk} \frac{\partial}{\partial z^i} \otimes (dz^j \wedge dz^k), \qquad T^i_{jk} = \Gamma^i_{jk} - \Gamma^i_{kj} \,. \tag{5.21}$$

同様に，曲率は(4.56)により

$$\begin{aligned} R &= \frac{1}{2} \sum R^i_{jk\bar{l}} \frac{\partial}{\partial z^i} \otimes dz^j \otimes (dz^k \wedge d\bar{z}^l), \\ R^i_{jk\bar{l}} &= -\sum g^{i\bar{p}} \frac{\partial^2 g_{j\bar{p}}}{\partial z^k \partial \bar{z}^l} + \sum g^{i\bar{r}} g^{p\bar{q}} \frac{\partial g_{p\bar{r}}}{\partial z^k} \frac{\partial g_{j\bar{q}}}{\partial \bar{z}^l} \end{aligned} \tag{5.22}$$

と表わされる．

$$R_{i\bar{j}k\bar{l}} = \sum g_{p\bar{j}} R^p_{ik\bar{l}} \tag{5.23}$$

と定義すれば

$$R_{i\bar{j}k\bar{l}} = -\frac{\partial^2 g_{i\bar{j}}}{\partial z^k \partial \bar{z}^l} + \sum g^{p\bar{q}} \frac{\partial g_{p\bar{j}}}{\partial z^k} \frac{\partial g_{i\bar{q}}}{\partial \bar{z}^l}. \tag{5.24}$$

命題 4.6 と式(4.60)〜(4.63)で示したように，Hermite 多様体 (X, g) の標準接続の接続形式と曲率形式が(5.19), (5.22)で与えられたとき，Hermite 複素直線束 $(\det TX, \det g)$ の標準接続の接続形式，曲率形式は

$$\begin{aligned} \mathrm{tr}(\omega) &= \sum \omega^i_i = \sum \Gamma_k dz^k, &&\text{ただし}\quad \Gamma_k = \sum \Gamma^i_{ik} \\ \mathrm{tr}(R) &= \sum R_{k\bar{l}}\, dz^k \wedge d\bar{z}^l, &&\text{ただし}\quad R_{k\bar{l}} = \sum R^i_{ik\bar{l}} \end{aligned} \tag{5.25}$$

によって与えられる．$(\det TX, \det g)$ の曲率 $\mathrm{tr}\,(R)$ は (X, g) の **Ricci 曲率** (Ricci curvature) とよばれる．式(4.61)と(4.63)によれば，Γ_k と $R_{k\bar{l}}$ は g の体積要素を使って次のように表わされる．

(5.26)
$$\Gamma_k = \frac{\partial \log(\det(g_{i\bar{j}}))}{\partial z^k}, \qquad R_{k\bar{l}} = \frac{\partial^2 \log(\det(g_{i\bar{j}}))}{\partial z^k \partial \bar{z}^l}.$$

Ricci 曲率のトレース，すなわち

(5.27)
$$s = \sum g^{i\bar{j}} R_{i\bar{j}}$$

は，(X, g) の**スカラー曲率**(scalar curvature)とよばれる．スカラー曲率は (X, g) の不変量としては弱く，(X, g) に関する情報をあまり含んでいない．

もっと多くの情報を含む 2 種類の曲率を次に定義する．点 $x \in X$ における接ベクトル

$$\xi = \sum \xi^i \frac{\partial}{\partial z^i}, \qquad \eta = \sum \eta^i \frac{\partial}{\partial z^i}$$

に対し

(5.28)
$$K(\xi, \eta) = \sum R_{i\bar{j}k\bar{l}} \xi^i \bar{\xi}^j \eta^k \bar{\eta}^l$$

とおく．a と b が複素数で $|a|=|b|=1$ ならば，明らかに $K(a\xi, b\eta) = K(\xi, \eta)$ である．したがって，ξ と η の長さが 1 なら，$K(\xi, \eta)$ は ξ と η がそれぞれ張る二つの複素直線にしか依らないから，K は $PTX \oplus PTX = \bigcup_{x \in X} P(T_x X) \times P(T_x X)$ 上の実関数を定義する．ただしここで，$P(T_x X)$ は $T_x X$ の直線のつくる複素射影空間を表わす．この関数を (X, g) の**双断面曲率**(bisectional curvature)とよぶ．

$\xi = \eta$ となる特別な場合を考えると，$K(\xi, \xi)$ は PTX 上の実関数になるが，これを**正則断面曲率**(holomorphic sectional curvature)とよぶ．

Hermite 多様体 (X, g) の複素部分多様体 Y が与えられたとき，Y 上に三つのベクトル束が考えられる．すなわち

(i)　TX の Y への制限 $E = TX|_Y$,

(ii)　Y の接ベクトル束 TY,

(iii)　Y の X における法ベクトル束とよばれる商束 E/TY.

§4.3 で説明したように，これらのベクトル束には g によって Hermite 構造が定義される．TY の E における直交補束 $T^{\perp}Y$ は法ベクトル束 E/TY と C^∞ 複素ベクトル束として同形である．

標準接続の定義(定理 4.3 を参照)から明らかなように，(E, g) の標準接

続は (X,g) の(すなわち (TX,g) の)標準接続を制限したものである．$\widetilde{D}$ を (E,g) の標準接続，D を (Y,g) の標準接続とすると

$$\widetilde{D}\xi = D\xi + A\xi, \qquad \xi \in \mathcal{A}^0(TY) \tag{5.29}$$

となるが，定理 4.7 で示したように，点 y において $A\xi$ は $\xi(y)$ に依るだけで，ξ が局所的にどう動くかには無関係である．各点 $y\in Y$ で A は，双線形写像

$$\begin{aligned} &\alpha\colon\ T_yY\times T_yY \longrightarrow E_x/T_yY, \\ &\alpha(\xi,\eta) = (A\xi)(\eta) \in E_y/T_yY, \qquad \xi,\eta\in T_y \end{aligned} \tag{5.30}$$

を定義する．この α は Y の X における**第 2 基本形式**(second fundamental form)とよばれる．

第 2 基本形式を局所枠に関して表わしてみるために，点 y の近傍で正規直交枠 $e_1,\cdots,e_n$ を，$e_1,\cdots,e_m$ が Y に接し $e_{m+1},\cdots,e_n$ が Y に直交するようにえらび，$\theta^1,\cdots,\theta^n$ をその双対枠とする．そのとき $\widetilde{D}$ の接続形式 $(\omega_i^j)_{i,j=1,\cdots,n}$ を使って

$$\widetilde{D}e_i = \sum_{j=1}^{m}\omega_i^j e_j + \sum_{k=m+1}^{n}\omega_i^k e_k, \qquad i=1,\cdots,m \tag{5.31}$$

と書いて(5.29)と比べると

$$De_i = \sum_{j=1}^{m}\omega_i^j e_j, \qquad Ae_i = \sum_{k=m+1}^{n}\omega_i^k e_k \tag{5.32}$$

でなければならない．(5.32)の最初の式は $(\omega_i^j)_{i,j=1,\cdots,m}$ が Y の接続 D の $e_1,\cdots,e_m$ に関する接続形式になることを示している．Y 上の 1 次微分形式として ω_i^k は

$$\omega_i^k = \sum_{j=1}^{m} a_{ij}^k\theta^j + \sum_{j=1}^{m} a_{i\bar{j}}^k\bar{\theta}^j, \qquad k=m+1,\cdots,n \tag{5.33}$$

と表わされる．これを(5.30)の 2 番目の式に代入して

$$\alpha(e_i,e_j) = (Ae_i)(e_j) = \sum_{k=m+1}^{n} a_{ij}^k e_k, \qquad i,j=1,\cdots,m \tag{5.34}$$

を得る．

$\theta^{m+1},\cdots,\theta^n$ を Y に制限すると $\theta^{m+1}=\cdots=\theta^n=0$ であるから，Y 上で

$$0 = d\theta^k = -\sum_{i=1}^{m} \omega_i^k \wedge \theta^i + \Theta^k, \qquad k = m+1, \cdots, n.$$

この式に(5.33)を代入して

$$\Theta^k = -\sum_{i,j=1}^{m} a_{ij}^k \theta^i \wedge \theta^j - \sum_{i,j=1}^{m} a_{i\bar{j}}^k \theta^i \wedge \bar{\theta}^j, \qquad k = m+1, \cdots, n$$

を得るが，ねじれ率は次数 $(1,1)$ の成分をもたないから $a_{i\bar{j}}^k = 0$. よって

$$\omega_i^k = \sum_{j=1}^{m} a_{ij}^k \theta^j, \qquad k = m+1, \cdots, n, \tag{5.35}$$

$$\Theta^k = -\frac{1}{2} \sum_{i,j=1}^{m} (a_{ij}^k - a_{ji}^k) \theta^i \wedge \theta^j, \qquad k = m+1, \cdots, n \tag{5.36}$$

を得る．特に $\Theta^k = 0\ (m+1 \leqq k \leqq n)$ なら α は対称である．

多様体 X と部分多様体 Y を考えているので，それぞれの双断面曲率を区別して $K_X(\xi,\eta)$, $K_Y(\xi,\eta)$ と書く．定理4.10から，Y の双断面曲率と正則断面曲率は X のそれより大きくはなれないことがわかる．すなわち

$$\begin{aligned} K_Y(\xi,\eta) &= K_X(\xi,\eta) - g(\alpha(\xi\eta), \alpha(\xi,\eta)) \\ &\leqq K_X(\xi,\eta), \qquad \xi\eta \in T_yY \end{aligned} \tag{5.37}$$

となる．

特に，Y が1次元のとき $\xi \in T_yY$ に対して $K_Y(\xi,\xi) \leqq K_X(\xi,\xi)$ だが，次の H. Wu による命題が成り立つ．

命題 5.2　Hermite 多様体 (X,g) の1点 $x \in X$ と接ベクトル $\xi \in T_xX$ が与えられたとき，x を通る1次元複素多様体 Y で，ξ に接し

$$K_Y(\xi,\xi) = K_X(\xi,\xi)$$

となるものが存在する．　□

まず次の補題を証明する．

補題 5.3　与えられた単位接ベクトル $\xi \in T_xX$ に対し，x の近傍に次の性質をもった局所座標系 $z^1, \cdots, z^n$ が存在する．

(a)　$z^1(x) = \cdots = z^n(x) = 0$

(b)　$\xi = \dfrac{\partial}{\partial z^n}(x)$

(c)　$g_{i\bar{j}}(x) = \delta_{ij} \quad (1 \leqq i, j \leqq n)$

（d）　$\Gamma^n_{jk}(x) = 0 \quad (1 \leqq j, k \leqq n)$

［証明］　(a), (b), (c)を満たすような局所座標系 $z^1, \cdots, z^n$ が存在することは明らか．そこで，(a), (b), (c)だけでなく(d)も満たすような座標系 $w^1, \cdots, w^n$ を求める．まず $g = 2\sum h_{i\bar{j}} dw^i d\bar{w}^j$ と書くと

$$h_{i\bar{j}} = \sum \frac{\partial z^p}{\partial w^i} g_{p\bar{q}} \frac{\partial \bar{z}^q}{\partial \bar{w}^j}$$

だから

$$(*) \qquad \frac{\partial h_{i\bar{j}}}{\partial w^k} = \sum \frac{\partial^2 z^p}{\partial w^i \partial w^k} g_{p\bar{q}} \frac{\partial \bar{z}^q}{\partial \bar{w}^j} + \sum \frac{\partial z^p}{\partial w^i} \frac{\partial g_{p\bar{q}}}{\partial z^r} \frac{\partial z^r}{\partial w^k} \frac{\partial \bar{z}^q}{\partial \bar{w}^j}$$

を得る．そこで，座標変換

$$z^j = w^j + \frac{1}{2} \sum c^j_{ik} w^i w^k, \qquad c^j_{ik} = c^j_{ki}$$

を考え，点 x で$(*)$の値を計算すると

$$\left(\frac{\partial h_{i\bar{j}}}{\partial w^k} \right)_x = c^j_{ik} + \left(\frac{\partial g_{i\bar{j}}}{\partial z^k} \right)_x$$

となるから，c^j_{ik} を

$$c^n_{kj} = c^n_{jk} = -\left(\frac{\partial g_{j\bar{n}}}{\partial z^k} \right)_x$$

となるようにえらべばよいことが(5.20)からわかる．∎

［命題5.2の証明］　ξ は単位ベクトルとしてよい．局所座標系 $z^1, \cdots, z^n$ を補題5.3の条件(a), (b), (c), (d)をすべて満たすようにとったとき，Y として $z^1 = \cdots = z^{n-1} = 0$ で定義される1次元部分多様体をとればよい．∎

§5.2　Kähler 計量と曲率

X を n 次元複素多様体，g を Hermite 計量，そして Φ をその基本2次微分形式とする．

定理5.4　Hermite 多様体 (X, g) に対して次の2条件は互いに同値である．

（a）　標準接続のねじれ率が 0 である.

（b）　基本 2 次微分形式が閉じている，すなわち $d\Phi = 0$.

［証明］　前節の(5.16)のように，正規直交双対局所枠 $\theta^1, \cdots, \theta^n$ を使って

$$\Phi = i\sum \theta^j \wedge \bar{\theta}^j \tag{5.38}$$

と書く.（5.4)を使って

$$\frac{1}{i} d\Phi = d(\sum \theta^j \wedge \bar{\theta}^j) = \sum d\theta^j \wedge \bar{\theta}^j - \theta^j \wedge d\bar{\theta}^j$$
$$= \sum (-\omega^j_k \wedge \theta^k \wedge \bar{\theta}^j + \theta^j \wedge \bar{\omega}^j_k \wedge \bar{\theta}^k) + \sum (\Theta^j \wedge \bar{\theta}^j - \theta^j \wedge \bar{\Theta}^j).$$

そのとき，$\bar{\omega}^j_k = -\omega^k_j$ だから

$$d\Phi = i\sum (\Theta^j \wedge \bar{\theta}^j - \theta^j \wedge \bar{\Theta}^j)$$

を得る．$\Theta^j \wedge \bar{\theta}^j$ の次数は $(2,1)$，$\theta^j \wedge \bar{\Theta}^j$ の次数は $(1,2)$ だから，条件 $d\Phi = 0$ は次の 2 式に同値である.

$$\sum \Theta^j \wedge \bar{\theta}^j = 0 \quad と \quad \sum \theta^j \wedge \bar{\Theta}^j = 0.$$

しかし 2 番目の式は 1 番目の式の複素共役であるから，1 番目の式だけ考えればよい．Θ^j の次数が $(2,0)$ で $\bar{\theta}^j$ の次数が $(0,1)$ だから，上の 1 番目の等式から $\Theta^j = 0$ が出る．したがって，$d\Phi = 0$ と $\Theta^j = 0$ は同値である． ∎

上の定理の条件を満たすような Hermite 計量 g を **Kähler 計量**(Kähler metric)とよび，(X, g) を **Kähler 多様体**(Kähler manifold)とよぶ．その場合には Φ を **Kähler 微分形式**(Kähler form)ともよぶ.

複素多様体 X の Hermite 計量 g は，X を実多様体と考えたとき Riemann 計量になっている．Riemann 多様体の Levi-Civita 接続は

（i）　計量 g を保つ,

（ii）　ねじれ率が 0 である

という条件で定義され，一意に定まる．Hermite 多様体の標準接続は，一般にはその Levi-Civita 接続とは一致しない．上の定理から以下のことがすぐわかる.

系 5.5　Hermite 多様体 (X, g) が Kähler 多様体であるための必要十分条件は，その標準接続と Levi-Civita 接続が一致することである． □

命題 5.6　(X, g) を Kähler 多様体，Φ をその基本 2 次微分形式とすると,

X の各点の小さい近傍で，適当な実関数 f によって

$$\Phi = dd^c f$$

と表わされる．

［証明］ Φ は閉じた実 2 次微分形式だから，局所的に実 1 次微分形式 ψ によって $\Phi = d\psi$ と書ける．ψ は実だから，次数 $(1,0)$ の微分形式 φ によって

$$\psi = \varphi + \bar{\varphi}$$

と書ける．したがって

$$\Phi = d'\varphi + (d''\varphi + d'\bar{\varphi}) + d''\bar{\varphi}.$$

左辺の次数は $(1,1)$ だから

$$d'\varphi = 0, \qquad d''\bar{\varphi} = 0$$

でなければならない．Dolbeault の補題(補題 1.3)により，局所的に適当な複素関数 p によって

$$\varphi = d'p, \qquad \bar{\varphi} = d''\bar{p}$$

と表わされる．したがって

$$\begin{aligned} \Phi &= d''\varphi + d'\bar{\varphi} = d''d'p + d'd''\bar{p} \\ &= d'd''(\bar{p} - p) = 2id'd''f = dd^c f. \end{aligned}$$

ただし，ここで $2if = \bar{p} - p$ とおいた． ∎

上の命題の関数 f を g の **Kähler ポテンシャル**(Kähler potential)とよぶ．局所座標系 $z^1, \cdots, z^n$ で g が $ds^2 = 2\sum g_{i\bar{j}}\, dz^i d\bar{z}^j$ と与えられているときには

$$g_{i\bar{j}} = \frac{\partial^2 f}{\partial z^i \partial \bar{z}^j} \tag{5.39}$$

となる．実例ではまず Kähler ポテンシャルが与えられ，それから Kähler 計量がつくられるのが普通である．

(5.15)のように $\Phi = i\sum g_{i\bar{j}}\, dz^i \wedge d\bar{z}^j$ と書いて $d\Phi = 0$ を計算すると，g が Kähler 計量であるという条件は

$$\frac{\partial g_{i\bar{j}}}{\partial \bar{z}^k} = \frac{\partial g_{i\bar{k}}}{\partial \bar{z}^j} \tag{5.40}$$

で与えられる．(これは(5.39)からも明らかである．) (5.40)を使って適合した局所座標系の存在を証明する．

点 x の近傍で定義された局所座標系 $z^1, \cdots, z^n$ が次の 3 条件を満たすとき，これを x で**適合した**(adapted)座標系であるという．

$$(5.41)\quad \begin{aligned} &(\mathrm{i})\quad z^1(x) = \cdots = z^n(x) = 0, \\ &(\mathrm{ii})\quad g_{i\bar{j}}(x) = \delta_{ij}, \\ &(\mathrm{iii})\quad \Gamma^i_{jk}(x) = 0. \end{aligned}$$

Riemann 多様体としての正規座標系は一般には正則でないので，Kähler 多様体の場合には上の意味で適合した座標系の方が有用なことが多い．

命題 5.7　Hermite 多様体が Kähler 多様体であるための必要十分条件は，各点に対し，そこで適合した局所座標系が存在することである．

［証明］ (X, g) を Hermite 多様体とする．点 x で適合した座標系が存在すると，(5.21)により，ねじれ率テンソルが x で 0 となる．

逆に，(X, g) を Kähler 多様体であると仮定する．(5.41)の条件(i)と(ii)を満たす座標系 $z^1, \cdots, z^n$ は Hermite 多様体でも存在する．適当な座標変換を行ない，(i), (ii)だけでなく(iii)も満たすように座標系 $w^1, \cdots, w^n$ を以下でつくる．計量 g の $w^1, \cdots, w^n$ に関する成分を $h_{i\bar{j}}$ とする．すなわち，$h_{i\bar{j}} = g(\partial/\partial w^i, \partial/\partial \bar{w}^j)$．そのとき

$$h_{i\bar{j}} = \sum \frac{\partial z^p}{\partial w^i} g_{p\bar{q}} \frac{\partial \bar{z}^q}{\partial \bar{w}^j}$$

を微分して

$$\frac{\partial h_{i\bar{j}}}{\partial w^k} = \sum \frac{\partial^2 z^p}{\partial w^i \partial w^k} g_{p\bar{q}} \frac{\partial \bar{z}^q}{\partial \bar{w}^j} + \sum \frac{\partial z^p}{\partial w^i} \frac{\partial g_{p\bar{q}}}{\partial z^r} \frac{\partial z^r}{\partial w^k} \frac{\partial \bar{z}^q}{\partial \bar{w}^j}$$

を得る．そこで座標変換

$$z^j = w^j + \frac{1}{2} \sum c^j_{ik} w^i w^k, \qquad c^j_{ik} = c^j_{ki}$$

をすると，上式は点 x で

$$(*)\qquad \left(\frac{\partial h_{i\bar{j}}}{\partial w^k}\right)_x = c^j_{ik} + \left(\frac{\partial g_{i\bar{j}}}{\partial z^k}\right)_x$$

となるから

$$c_{ik}^{j} = -\left(\frac{\partial g_{i\bar{j}}}{\partial z^k}\right)_x$$

とおく．ここで Kähler 計量の条件(5.40)を使うと，$c_{ik}^{j} = c_{ki}^{j}$ を得る(Kähler 計量でないと上の座標変換が定義されないことになる)．したがって座標変換によって(∗)の左辺が 0 となった．(5.41)の条件(ii)は上の座標変換でも変わらない．すなわち $h_{j\bar{k}}(x) = \delta_{jk}$ であるから，(5.20)をみれば，$w^1, \cdots, w^n$ に関する Christoffel の記号 Γ_{jk}^{i} が x で 0 になることがわかる． ∎

命題 5.7 で得られた，点 x で適合した局所座標系 $z^1, \cdots, z^n$ を使うと，その点で曲率の成分は簡単に計算される．すなわち，(5.24)と(5.39)により

$$R_{i\bar{j}k\bar{l}}(x) = -\left(\frac{\partial^2 g_{i\bar{j}}}{\partial z^k \partial \bar{z}^l}\right)_x = -\left(\frac{\partial^4 f}{\partial z^i \partial \bar{z}^j \partial z^k \partial \bar{z}^l}\right)_x \tag{5.42}$$

と書ける．

この表現から曲率テンソルに関する次のような対称性を得る．

$$R_{i\bar{j}k\bar{l}} = R_{k\bar{j}i\bar{l}} = R_{i\bar{l}k\bar{j}}. \tag{5.43}$$

実際，点 x で適合した局所座標系に関して(5.43)が x で成り立つことは(5.42)から明白である．曲率 R はテンソルだから，一つの座標系に関して(5.43)が成り立てば，任意の座標系に関して成り立つ．

(X, g) を Kähler 多様体，Φ をその基本 2 次微分形式とする．その複素部分多様体 Y は $g|_Y$ を計量とし，$\Phi|_Y$ を基本 2 次微分形式とする Kähler 多様体である．前節で定義した第 2 基本形式は，(5.36)からわかるように対称である．すなわち

$$\alpha(\xi, \eta) = \alpha(\eta, \xi), \qquad \xi, \eta \in T_y Y. \tag{5.44}$$

多様体上の微分形式 ξ の外微分 $d\xi$ は，接続にもなにも依存しないが，ねじれ率 0 の接続(たとえば Levi-Civita 接続)が与えられている場合には，$d\xi$ を計算する際，普通の偏微分の代りに共変微分を使ってもよいことが知られている．これを X が Kähler 多様体の場合について説明しておく．$e_1, \cdots, e_n$ を局所枠とし(必ずしも正規直交系とは限らない)，そして $\theta^1, \cdots, \theta^n$ をその双対枠とする．$\omega = (\omega_j^i)$ をこの枠に関する接続形式とすると，ねじれ率が 0 だから

(5.45)
$$d\theta^i = -\sum \omega^i_j \wedge \theta^j.$$

そこで，例えば $(1,0)$ 次微分形式 $\xi=\sum \xi_i\theta^i$ を考えてみる．式(4.44)により

(5.46)
$$d\xi_i - \sum \omega^j_i \xi_j = \sum \nabla_j \xi_i \theta^j + \sum \nabla_{\bar{j}} \xi_i \bar{\theta}^j$$

である(ここで T^*X に対する接続形式は $-{}^t\omega$ であることに注意，(4.28)を参照)．簡単な計算で

(5.47)
$$\begin{aligned} d\xi &= \sum d\xi_i \wedge \theta^i + \xi_i d\theta^i \\ &= \sum d\xi_i - \xi_j \omega^j_i \\ &= \sum \nabla_j \xi_i \theta^j \wedge \theta^i + \sum \nabla_{\bar{j}} \xi_i \bar{\theta}^j \wedge \theta^i \\ &= \frac{1}{2} \sum (\nabla_j \xi_i - \nabla_i \xi_j) \theta^j \wedge \theta^i + \sum \nabla_{\bar{j}} \xi_i \bar{\theta}^j \wedge \theta^i \end{aligned}$$

となる．

同様に，E が複素ベクトル束で D がその接続のとき，E に値をもつ p 次微分形式 $\xi \in A^p(E)$ の共変外微分 $D\xi \in A^{p+1}(E)$ は，底空間 X の接続を使わずに定義されているが，ねじれ率0の X の接続を使って $D\xi$ を計算すると便利なことがある．ここでも X が Kähler 多様体の場合に，このことを説明しておく．$s_1, \cdots, s_r$ を E の局所枠とし，それに関する D の接続形式は (φ^λ_μ) で表わすことにする．例えば E に値をとる1次微分形式

$$\xi = \sum \xi^\lambda_i \theta^i \otimes s_\lambda \in A^1(E)$$

を考える．ξ は $T^*X \otimes E$ の断面だから，その共変外微分を求めるには T^*X の接続と E の接続を合わせたものを使わねばならない((4.37)を参照)．したがって $\nabla_j \xi^\lambda_i$ と $\nabla_{\bar{j}} \xi^\lambda_i$ を

(5.48)
$$d\xi^\lambda_i - \xi^\lambda_j \omega^j_i + \varphi^\lambda_\mu \xi^\mu_i = \sum \nabla_j \xi^\lambda_i \theta^j + \nabla_{\bar{j}} \xi^\lambda_i \bar{\theta}^j$$

で定義すれば

(5.49)
$$\begin{aligned} D\xi &= \sum d\xi^\lambda_i \wedge \theta^i \otimes s_\lambda + \xi^\lambda_i d\theta^i \otimes s_\lambda - \xi^\lambda_i \theta^i \wedge D s_\lambda \\ &= \sum (d\xi^\lambda_i - \xi^\lambda_j \omega^j_i + \varphi^\lambda_\mu \xi^\mu_i) \wedge \theta^i \otimes s_\lambda \\ &= \sum (\nabla_j \xi^\lambda_i \theta^j + \nabla_{\bar{j}} \xi^\lambda_i \bar{\theta}^j) \wedge \theta^i \otimes s_\lambda \\ &= \frac{1}{2} \sum (\nabla_j \xi^\lambda_i - \nabla_i \xi^\lambda_j) \theta^j \wedge \theta^i \otimes s_\lambda + \sum \nabla_{\bar{j}} \xi^\lambda_i \bar{\theta}^j \wedge \theta^i \otimes s_\lambda \end{aligned}$$

となる．

Kähler 計量の概念は，J. A. Schouten と D. van Dantzig によって導入された[*1]．彼らは Hermite 計量で，その標準接続のねじれが 0 になるものとして定義した．一方，E. Kähler はそれに遅れて，しかし独立に，Kähler 計量を基本 2 次微分形式 Φ が閉じているような Hermite 計量として定義し[*2]，それが一般に受け入れられるようになった．これは当時，接続の概念を理解している数学者が非常に少なかったためと思われる．

次節で示すように，複素多様体にいつも Kähler 計量が存在するとは限らない．一方，Hermite 計量は常に存在する．P. Gauduchon は条件 $dd^c\Phi^{n-1}=0$ を満たすような Hermite 計量を導入した[*3]．そのような計量を **Gauduchon 計量**(Gauduchon metric)とよぶことにする．Gauduchon は次の定理を証明した．

定理 5.8 X を次元 $\geqq 2$ のコンパクト複素多様体とすると，与えられた Hermite 計量 g に対し正値関数 φ で φg が Gauduchon 計量となるものが存在する．そして，そのような関数 φ は定数による乗法を除けば一意に決まる[*4]．

§5.3 Kähler 多様体の例

コンパクト複素多様体に Kähler 計量が存在するための簡単な位相的必要条件は次の定理で与えられる．

定理 5.9 (X,g) を n 次元コンパクト Kähler 多様体，Φ をその基本 2 次微分形式とすると，各 $k\,(1\leqq k\leqq n)$ に対して，(k,k) 次微分形式 Φ^k は de Rham

---

*1 J. A. Schouten-D. van Dantzig, Über unitäre Geometrie, *Math. Ann.* **103** (1930), 319–346.

*2 E. Kähler, Über eine bemerkenswerte Hermitesche Metrik, *Abh. Math. Sem. Hamburg* **9** (1933), 173–186.

*3 P. Gauduchon, Le théorème de l'excentricité nulle, *C. R. Acad. Sci. Paris* **285** (1977), 387–390.

*4 Gauduchon 計量の応用については P. Gauduchon, Sur la 1-form de torsion d'une variété hermitienne compacte, *Math. Ann.* **267** (1984), 495–518 のほかに M. Lübke-A. Teleman, *The Kobayashi-Hitchin Correspondence* などを参照．

コホモロジー群 $H^{2k}(X,\mathbb{R})$ の 0 でない元を定義する．

［証明］ $d\Phi=0$ だから $d(\Phi^k)=0$．$[\Phi]\in H^2(X,\mathbb{R})$ を Φ によって代表されるコホモロジー類とする．Φ^n は体積要素で

$$\int_X \Phi^n > 0$$

だから $[\Phi]^n\neq 0$．まして，$[\Phi]^k\neq 0$． ∎

他の位相的必要条件は，第6章で調和微分形式の理論を使って与えられる．本節ではまず Kähler 多様体の基本的な例を証明したあとで，上の定理を使って Kähler 計量の存在しない複素多様体の例を示す．

例 5.10（Riemann 面） X を Riemann 面，すなわち 1 次元複素多様体，g を任意の Hermite 計量とする．X の実次元が 2 であるから，基本 2 次微分形式は必然的に閉じていて，g は Kähler 計量である． □

例 5.11（複素トーラス） $z^1,\cdots,z^n$ を $\mathbb{C}^n$ の座標系とするとき，自然な Kähler 計量とその基本 2 次微分形式 Φ は

$$ds^2=\sum dz^j d\bar{z}^j,\qquad \Phi=\frac{i}{2}\sum dz^j\wedge d\bar{z}^j \tag{5.50}$$

で与えられる．(5.39)からすぐわかるように，この Kähler 計量に対する Kähler ポテンシャルは

$$f=\frac{1}{2}\sum z^j\bar{z}^j \tag{5.51}$$

で与えられる．

$$e_1=\partial/\partial z^1,\quad \cdots,\quad e_n=\partial/\partial z^n$$

で与えられる正規直交枠をとれば，接続形式 (ω^i_j) は恒等的に 0 で，曲率形式 R も 0 になる．

$T=\mathbb{C}^n/\Gamma$ を複素トーラスとする．ただしここで Γ は格子である(§2.1 の例 2.1 参照)．$\mathbb{C}^n$ の Kähler 計量 ds^2 と基本 2 次微分形式 Φ は Γ で不変だから，T 上の Kähler 計量およびその基本 2 次微分形式と考えられる．明らかに，その曲率は 0 である． □

例 5.12（複素射影空間） $P_n\mathbb{C}$ を n 次元複素射影空間，$(\zeta^0,\zeta^1,\cdots,\zeta^n)$ をそ

の斉次座標系とする(§2.1 例 2.4 参照)．簡単のため

$$\langle\zeta,\bar\zeta\rangle=\sum\zeta^j\bar\zeta^j,\qquad \langle d\zeta,d\bar\zeta\rangle=\sum d\zeta^j d\bar\zeta^j,$$
$$\langle d\zeta,\bar\zeta\rangle=\sum d\zeta^j\bar\zeta^j,\qquad \langle\zeta,d\bar\zeta\rangle=\sum\zeta^j d\bar\zeta^j$$

とおく．この記号を使って ds^2 と Φ を

$$\text{(5.52)}\qquad \begin{aligned} ds^2&=2\sum\frac{\partial^2\log\langle\zeta,\bar\zeta\rangle}{\partial\zeta^j\partial\bar\zeta^k}d\zeta^j d\bar\zeta^k,\\ \Phi&=id'd''\log\langle\zeta,\bar\zeta\rangle\end{aligned}$$

と定義する．ds^2 を計算して

$$\text{(5.53)}\qquad ds^2=2\frac{\langle\zeta,\bar\zeta\rangle\langle d\zeta,d\bar\zeta\rangle-\langle d\zeta,\bar\zeta\rangle\langle\zeta,d\bar\zeta\rangle}{\langle\zeta,\bar\zeta\rangle^2}$$

を得る．一応 ds^2 は $\mathbb{C}^{n+1}-\{0\}$ で定義されているわけだが，実際は $P_n\mathbb{C}$ の Kähler 計量を定義する．これを理解するために，ds^2 を $P_n\mathbb{C}$ の非斉次座標系を使って書いてみる．$\zeta^0\neq 0$ によって定義される $P_n\mathbb{C}$ の開集合 U_0 で，$z^1=\zeta^1/\zeta^0$, …, $z^n=\zeta^n/\zeta^0$ によって定義された座標系を使う．$\log\langle\zeta,\bar\zeta\rangle$ に $\zeta^i=z^i\zeta^0$ を代入して

$$\log\langle\zeta,\bar\zeta\rangle=\log((1+\sum|z^i|^2)\zeta^0\bar\zeta^0)$$

から

$$\text{(5.54)}\qquad \begin{aligned} \Phi&=id'd''\log(1+\sum|z^i|^2),\\ ds^2&=2\sum\frac{\partial^2\log(1+\sum|z^i|^2)}{\partial z^j\partial\bar z^k}dz^j d\bar z^k\end{aligned}$$

を得る．この ds^2 が U_0 上で正値形式で Kähler 計量となることが容易にわかる．この計量を $P_n\mathbb{C}$ の **Fubini–Study 計量**(Fubini-Study metric)とよぶ．このとき関数

$$\text{(5.55)}\qquad f=\log(1+\sum|z^i|^2)$$

は U_0 で Kähler ポテンシャルとなっている．

ユニタリ群 $U(n+1)$ の $\mathbb{C}^{n+1}$ の作用は $P_n\mathbb{C}$ 上の作用をひきおこす．そのとき中心 $Z=\{e^{i\theta}I_{n+1}\}$ は $P_n\mathbb{C}$ 上に恒等変換として作用するから，無駄なく作用させるためには，中心で割った射影ユニタリ群 $PU(n+1)=U(n+1)/Z$ を

使うべきである．しかし通常，$P_n\mathbb{C}$ にほとんど無駄なく作用する特殊ユニタリ群を使い，$P_n\mathbb{C}$ を

$$P_n\mathbb{C} = SU(n+1)/S(U(1)\times U(n)) \tag{5.56}$$

の形の等質空間として表わす．ただしここで

$$S(U(1)\times U(n)) = SU(n+1)\cap(U(1)\times U(n))$$

は $\mathbb{C}^{n+1}$ の直線 $\zeta^1=\cdots=\zeta^n=0$ によって代表される $P_n\mathbb{C}$ の点の固定部分群である．

内積 $\langle\zeta,\bar{\zeta}\rangle$ が $U(n+1)$ で不変だから，Fubini–Study 計量 ds^2 は $SU(n+1)$ で不変，したがって $P_n\mathbb{C}$ は等質 Kähler 多様体である．よって，その曲率を求めるには，どこでも都合のよい点をえらび，そこで計算すればよい．我々は U_0 の原点 $z^1=\cdots=z^n=0$ をえらぶ．z^i や $\bar{z}^j$ に関する偏微分をそれぞれ添字 $i,\bar{j}$ で表わすことにすると，Kähler ポテンシャル

$$f = \log(1+\sum|z^i|^2) = \sum|z^i|^2 - \frac{1}{2}(\sum|z^i|^2)^2 + \cdots$$

の原点 0 における偏微分は

$$f_{i\bar{j}}(0) = \delta_{ij}, \tag{5.57}$$

$$f_{i\bar{j}k}(0) = f_{i\bar{j}\bar{l}}(0) = 0, \tag{5.58}$$

$$f_{i\bar{j}k\bar{l}}(0) = -(\delta_{ij}\delta_{kl}+\delta_{il}\delta_{kj}) \tag{5.59}$$

で与えられる．等式(5.57)と(5.58)は座標系 $z^1,\cdots,z^n$ が(5.41)の意味で原点で適合していることを示している．(5.42)と(5.59)から

$$R_{i\bar{j}k\bar{l}}(0) = \delta_{ij}\delta_{kl}+\delta_{il}\delta_{kj} \tag{5.60}$$

を得るが，これは正則断面曲率が 2 であることを示している．計量として $2ds^2$ を使えば正則断面曲率を 1 にすることができる． □

例 5.13（代数多様体）　Kähler 多様体 M の複素部分多様体 X に M の Kähler 計量 ds^2 を制限すれば Kähler 計量になる．そのとき，M の基本 2 次微分形式を X に制限したものが X の基本 2 次微分形式となる．特に複素射影空間の閉複素部分多様体 X はコンパクトな Kähler 多様体の重要な例である．これらの多様体は，斉次多項式によって定義される代数多様体であるこ

とが知られている. □

例 5.14 (Bergman 計量) X を n 次元複素多様体，そして W を X 上の正則 n 次微分形式 ω で 2 乗可積なものの集合とする．すなわち

$$W = \{\omega \in \Gamma(\Omega_X^n);\ \int i^{n^2}\omega \wedge \bar{\omega} < \infty\}$$

である(ここで Ω_X^n は正則 n 次微分形式の層)．そのとき

$$(\omega, \theta) = \int_X i^{n^2}\omega \wedge \bar{\theta}, \qquad \omega, \theta \in W$$

によって定義される内積に関して W は Hilbert 空間となり，可算個の元からなる完備正規直交系 $\omega_0, \omega_1, \cdots$ がとれる．非負の (n,n) 次微分形式

$$B_X = \sum_{j=0}^{\infty} i^{n^2}\omega_j \wedge \bar{\omega}_j$$

は完備正規直交系のえらび方にはよらない．これを **Bergman の核形式**(Bergman kernel form)とよぶ.

X の局所座標系 $z^1, \cdots, z^n$ を使って W の元 ω を

$$\omega = f dz^1 \wedge \cdots \wedge dz^n$$

と書ける．ただし f は座標近傍で定義された正則関数である．特に

$$\omega_j = f_j dz^1 \wedge \cdots \wedge dz^n, \qquad j = 0, 1, \cdots$$

とおけば，B_X を局所的に

$$B_X = b_X(z, \bar{z})\, i^{n^2} dz^1 \wedge \cdots \wedge dz^n \wedge d\bar{z}^1 \wedge \cdots \wedge d\bar{z}^n$$

と書ける．ここで

$$b_X(z, \bar{z}) = \sum_{j=0}^{\infty} |f_j(z)|^2.$$

X が $\mathbb{C}^n$ の中の領域の場合には，$\mathbb{C}^n$ の自然な座標系を使って ω, ω_j, B_X および b_X を上のように表わせるから，W を X 上の 2 乗可積な正則関数の空間と見なせる．そのとき b_X を領域 X の **Bergman の核関数**(Bergman kernel function)とよぶ．しかし $\mathbb{C}^n$ の領域の場合でも，核関数より核微分形式 B_X の方が，座標によらずに定義されていて正則変換で不変である点ですぐれている.

さて，W に基点(W のすべての元 ω が 0 となるような点)がないとする．すなわち，各 $x \in X$ に対し $\omega(x) \neq 0$ となるような W の元 ω があるとする．これは X 上いたるところで $B_X > 0$ となることと同値である．そのとき，$\log b_X(z, \bar{z})$ および

$$ds_X^2 = 2 \sum g_{j\bar{k}} dz^j d\bar{z}^k, \qquad g_{j\bar{k}} = \frac{\partial^2 \log b_X(z, \bar{z})}{\partial z^j \partial \bar{z}^k}$$

が定義される．$b_X(z, \bar{z})$ は局所座標系 $z^1, \cdots, z^n$ に依存するが，ds_X^2 は座標系によらない．局所的な式 $b_X = \sum |f_j|^2$ を使えば，ds_X^2 は

$$ds_X^2 = 2 \frac{(\sum |f_j|^2)(\sum df_k d\bar{f}_k) - (\sum \bar{f}_j df_j)(\sum f_k d\bar{f}_k)}{(\sum |f_j|^2)^2}$$

と表わされる．一般に ds_X^2 は半正値 Hermite 形式で，X の **Bergman 擬計量**(Bergman pseudo-metric)とよばれる．

ds_X^2 の幾何学的意味を説明するために，W の双対空間 W^* の複素直線のつくる射影空間 $P(W^*)$ (W の超平面のつくる射影空間と同じ)を考える．一般に，$P(W^*)$ は無限次元の Hilbert 多様体で，W の完備正規直交系 $\omega_0, \omega_1, \cdots$ に対応して $P(W^*)$ の斉次座標系 $\zeta^0, \zeta^1, \cdots$ がある．そこで

$$\|\zeta\|^2 = \sum_{j=0}^{\infty} |\zeta^j|^2$$

とおけば，$P(W^*)$ の Fubini–Study 計量は

$$ds^2_{P(W^*)} = 2 \sum_{j,k=0}^{\infty} h_{j\bar{k}} d\zeta^j d\bar{\zeta}^k, \qquad h_{j\bar{k}} = \frac{\partial^2 \log \|\zeta\|^2}{\partial \zeta^j \partial \bar{\zeta}^k}$$

で与えられる．

いま，X を条件 $B_X > 0$ を満たす複素多様体とするとき，写像

$$\iota\colon\ X \longrightarrow P(W^*)$$

を，各点 $z \in X$ に対し，そこで 0 となるような $\omega \in W$ のつくる W の超平面をとることにより定義する．W の基 $\{\omega_j\}$ と対応する $P(W^*)$ の斉次座標を使えば，写像 ι は

$$z \longmapsto [\omega_0(z) : \omega_1(z) : \omega_2(z) : \cdots]$$

で与えられる．Bergman 擬計量 ds_X^2 のつくり方から

$$\iota^* ds^2_{P(W^*)} = ds^2_X$$

となることがわかる．擬計量 ds^2_X が正値，すなわち計量となるとき，言いかえれば $\iota\colon X \to P(W^*)$ がはめこみとなるとき，ds^2_X を X の **Bergman 計量** (Bergman metric)とよぶ．この場合に，$\iota\colon (X, ds^2_X) \to (P(W^*), ds^2_{P(W^*)})$ は等長はめこみである．X に Bergman 計量が存在するというのは，ある意味で W が「非常に豊富」であるということである．例えば，X が $\mathbb{C}^n$ の有界領域のときには，W はすべての多項式(を係数とする正則 n 次微分形式)を含むから，Bergman 計量をもつことがわかる．

コンパクト複素多様体の場合には正則関数は定数以外ないが，正則 n 次微分形式だったら非常に豊富に存在することもある．この点に関しては，ここではこれ以上立入らない． □

例 5.15 (複素双曲型空間，complex hyperbolic space) まず 1 次元の場合を説明する．単位円板 D に対して Bergman 計量を求める．2 乗可積な正則 1 次微分形式の空間 W の完備正規直交系 $\{\omega_j\}$ として

$$\omega_j = \sqrt{\frac{j+1}{2\pi}}\, z^j dz, \qquad j = 0, 1, 2, \cdots$$

をとることができる．したがって核形式 B_D は

$$B_D(z, \bar{z}) = \frac{i dz \wedge d\bar{z}}{2\pi(1-|z|^2)^2}$$

となり，D の Bergman 計量は

$$ds^2_D = \frac{2dzd\bar{z}}{(1-|z|^2)^2}$$

で与えられる．

これを n 次元の場合に拡張するために $\mathbb{C}^n$ の中の単位球

$$B_n = \{z = (z^1, \cdots, z^n) \in \mathbb{C}^n;\ \|z\|^2 = |z^1|^2 + \cdots + |z^n|^2 < 1\}$$

を考える．B_n の Bergman 核形式は

$$B_{B_n} = \frac{n!}{(2\pi)^n} \frac{i^{n^2} dz^1 \wedge \cdots \wedge dz^n \wedge d\bar{z}^1 \wedge \cdots \wedge d\bar{z}^n}{(1-\|z\|^2)^{n+1}}$$

で与えられる．$\pi^n/n!$ は $\mathbb{C}^n$ 内の単位球の体積であることを注意しておく．

Bergman 計量は

$$ds^2_{B_n} = 2\sum g_{j\bar{k}} dz^j d\bar{z}^k,$$

$$g_{j\bar{k}} = \frac{\partial^2}{\partial z^j \partial \bar{z}^k} \frac{1}{\log(1-\|z\|^2)^{n+1}}$$

$$= \frac{n+1}{(1-\|z\|^2)^2}[(1-\|z\|^2)\delta_{jk} + z^k \bar{z}^j]$$

となる．

ここで単位球に作用するユニタリ群 $U(n,1)$ の定義をしておく．

$$U(n,1) = \left\{ \begin{pmatrix} A & \beta \\ {}^t\gamma & d \end{pmatrix} ; \begin{pmatrix} {}^t\bar{A} & \bar{\gamma} \\ {}^t\bar{\beta} & \bar{d} \end{pmatrix} \begin{pmatrix} I_n & 0 \\ 0 & -1 \end{pmatrix} \begin{pmatrix} A & \beta \\ {}^t\gamma & d \end{pmatrix} = \begin{pmatrix} I_n & 0 \\ 0 & -1 \end{pmatrix} \right\},$$

ただし，ここで A は $n\times n$ 行列，β と γ は縦ベクトル，そして d は複素数である．この群は B_n 上に

$$z \longmapsto (Az+\beta)({}^t\gamma z + d)^{-1}$$

によって作用する．$ds^2_{B_n}$ は B_n の Bergman 計量であるから，$U(n,1)$ によって不変である．計算の便宜上，$ds^2_{B_n}$ の代りに

$$ds^2 = \frac{1}{n+1} ds^2_{B_n}$$

を考えれば，$g_{i\bar{j}}(0) = \delta_{ij}$ となり，その Kähler ポテンシャルは

$$f = \log \frac{1}{1-\|z\|^2} = \|z\|^2 + \frac{\|z\|^4}{2} + \cdots$$

によって与えられ，

$$f_{i\bar{j}}(0) = g_{i\bar{j}}(0) = \delta_{ij},$$

$$f_{i\bar{j}k}(0) = 0,$$

$$f_{i\bar{j}k\bar{l}}(0) = \delta_{ij}\delta_{kl} + \delta_{il}\delta_{kj}$$

となる．最初の二つの式は，座標系 $z^1, \cdots, z^n$ は原点で適合した座標系になっていることを意味し，3 番目の式は(5.42)によれば

$$R_{i\bar{j}k\bar{l}}(0) = -(\delta_{ij}\delta_{kl} + \delta_{il}\delta_{kj})$$

にほかならない．したがって ds^2 の正則断面曲率は -2，$\dfrac{2}{n+1} ds^2_{B_n}$ の正則断面曲率は -1 ということになる． □

完備，単連結な n 次元 Kähler 多様体で正則断面曲率が定数となるものは，次の 3 種類であることが知られている．

多様体	計量	曲率
$\mathbb{C}^n$	Euclid 計量	0
$P_n\mathbb{C}$	Fubini–Study 計量	+
B_n	Bergman 計量	−

最後に Kähler 多様体になり得ない複素多様体の例をあげる．

例 5.16（Hopf 多様体）　§2.1 の例 2.3 で説明したように，n 次元 Hopf 多様体 $n \geqq 2$ は $S^{2n-1} \times S^1$ に同相だから $b_2 = 0$．したがって定理 5.9 により Kähler 計量をもち得ない．

Hopf 多様体には Kähler 計量が存在しないとはいっても，一般の複素多様体よりはよい性質をもっていると考えるのは当然である．すなわち，次のような意味で局所的共形 Kähler 構造が入る．複素多様体 X が開集合で覆われ，各 U_i 上に Kähler 計量 g_i が存在して $U_i \cap U_j$ では適当な正値関数 φ_{ij} により $g_i = \varphi_{ij} g_j$ という関係で結ばれているとき，$\{U_i, g_i\}$ を**局所的共形 Kähler 構造**(locally conformal Kähler structure)とよぶ．次元 $\geqq 2$ ならば φ_{ij} は定数になることは容易にわかる．この概念が I. Vaisman によって導入されて以来，局所的共形 Kähler 多様体に関する数多くの論文が発表されている[*5]．　□

前節の終りに注意したように，Schouten と van Dantzig は Kähler に先立つこと 3 年，1930 年にユニタリ幾何の名で今日 Kähler 幾何とよばれるものを導入したが，Bergman は 1933 年の論文において Bergman 計量を定義した際，それが Schouten–van Dantzig のユニタリ幾何の例になることを注意している[*6]．

∗5　I. Vaisman, On locally conformal almost Kähler manifolds, *Israel J. Math.* **24** (1976), 338–351.

∗6　S. Bergman, Über die Kernfunktion eines Bereiches und ihr Verhalten am Rande, *J. für Reine Angew. Math.* **169** (1933), 1–42; **172** (1934), 89–123; および S. Bergman, Über eine in der Theorie der Funktionen von zwei komplexen Veränderlichen auftretende unitäre Geometrie, *Akad. Wetensch. Amsterdam, Proc.* **36** (1933), 307–313.

§5.4　Grassmann 多様体

複素 Grassmann 多様体(complex Grassmann manifold) $G_{p,q}$ は，ベクトル空間 $V=\mathbb{C}^{p+q}$ の p 次元ベクトル部分空間全体の集合に次のように複素多様体の構造を入れたものである．ここで，$G_{1,q}$ は複素射影空間 $P_q\mathbb{C}$ で，$G_{p,q}$ の局所座標系の作り方は射影空間の局所座標系の構成を真似たものであることを注意しておく．

$z^1,\cdots,z^{p+q}$ を V の自然な座標系とする．各座標関数 z^j は複素線形写像 $z^j\colon V\to\mathbb{C}$ と考える．$1\leqq\alpha_1<\cdots<\alpha_p\leqq p+q$ となるような整数の集合 $\alpha=\{\alpha_1,\cdots,\alpha_p\}$ に対し，p 次元ベクトル部分空間 $S\subset V$ で $z^{\alpha_1},\cdots,z^{\alpha_p}$ が S 上で1次独立であるようなものの集合を U_α とする．$G_{p,q}$ のこの部分集合 U_α と $\mathbb{C}^{pq}$ の間に1対1の対応をつける．$M_{p,q}$ を $p\times q$ 型複素行列全体の集合とする．写像

$$\varphi_\alpha\colon\ U_\alpha\longrightarrow M_{p,q} \tag{5.61}$$

を次のように定義する．$\alpha'=\{\alpha_{p+1},\cdots,\alpha_{p+q}\}$ を $\{1,\cdots,p+q\}$ における α の余集合とする．$\alpha_{p+1}<\cdots<\alpha_{p+q}$ としておく．$S\in U_\alpha$ に対して $z^{\alpha_1}|_S,\ \cdots,\ z^{\alpha_p}|_S$ は S の双対空間の基となるから

$$z^{\alpha_{p+i}}|_S=\sum_{j=1}^{p}t^i_j\cdot z^{\alpha_j}|_S,\quad i=1,\cdots,q \tag{5.62}$$

と一意的に書ける．そこで

$$\varphi_\alpha(S)=(t^i_j)\in M_{p,q} \tag{5.63}$$

と定義する．そのとき φ_α が U_α から $M_{p,q}$ への1対1の写像となり，$\binom{p+q}{p}$ 個の座標近傍系 $(U_\alpha,\varphi_\alpha)$ によって $G_{p,q}$ に pq 次元複素多様体の構造が入る．

Grassmann 多様体 $G_{p,q}$ は等質空間として以下の2通りに表わされる．

(i)　その複素構造を反映して複素 Lie 群の等質空間として表わされる．

(ii)　その計量構造を反映してコンパクト Lie 群の等質空間として表わされる．

群 $GL(p+q;\mathbb{C})$ が $V=\mathbb{C}^{p+q}$ に作用するとき，p 次元部分空間を p 次元部分

空間に移すから $G_{p,q}$ に変換群として作用する．この作用が推移的で正則なことは容易にわかる．S_0 を $\mathbb{C}^{p+q}$ の自然な基の最初の p 個の元で張られる p 次元ベクトル部分空間とする．そのとき，$GL(p+q;\mathbb{C})$ の S_0 における固定部分群は

$$H=\left\{\begin{pmatrix} * & * \\ 0 & * \end{pmatrix}\in GL(p+q;\mathbb{C})\right\} \tag{5.64}$$

となり，Grassmann 多様体 $G_{p,q}$ は複素 Lie 群 $GL(p+q;\mathbb{C})$ をその閉複素 Lie 部分群 H で割った商空間 $GL(p+q;\mathbb{C})/H$ として表わされる．自然な射影 $GL(p+q;\mathbb{C})\to G_{p,q}$ は正則写像である．スカラー行列 cI_{p+q} $(c\in\mathbb{C}^*)$ は V の各 p 次元部分空間 S をそれ自身に移すから，これらのスカラー行列から成る $GL(p+q;\mathbb{C})$ の中心は $G_{p,q}$ の点をすべて不動にする．したがって，$G_{p,q}$ は単純複素 Lie 群 $PGL(p+q;\mathbb{C})=GL(p+q;\mathbb{C})/\mathbb{C}^*$（射影一般線形群）の等質空間として書ける．

同様の議論で，$\mathbb{C}^{p+q}$ に作用するユニタリ群 $U(p+q)$ は Grassmann 多様体 $G_{p,q}$ に推移的に作用し，S_0 における固定部分群は

$$U(p)\times U(q)=\left\{\begin{pmatrix} A & 0 \\ 0 & B \end{pmatrix};\ A\in U(p),\ B\in U(q)\right\} \tag{5.65}$$

となることがわかる．よって，Grassmann 多様体 $G_{p,q}$ はコンパクト Lie 群 $U(p+q)$ の等質空間として $U(p+q)/(U(p)\times U(q))$ と書ける．したがって，$G_{p,q}$ はコンパクトである．$U(p+q)$ の中心はスカラー行列 cI_{p+q}, $|c|=1$ から成り，$G_{p,q}$ のすべての点を不変にするから，$G_{p,q}$ は単純 Lie 群 $PU(p+q)=U(p+q)/\{cI_{p+q};\ |c|=1\}$（射影ユニタリ群）の等質空間としても書けるが，特殊ユニタリ群 $SU(p+q)$ の等質空間として $SU(p+q)/S(U(p)\times U(q))$ と書くことが多い．$PU(p+q)$ も $SU(p+q)$ も単純コンパクト Lie 群であるが，$PU(p+q)$ は中心が単位元だけで $G_{p,q}$ に効果的に作用するのに対して，$SU(p+q)$ は中心が有限群で $G_{p,q}$ にほとんど効果的に作用する．また $G_{p,q}=SU(p+q)/S(U(p)\times U(q))$ は対称空間の重要な例であるが，このことについてはこれ以上立入らない．

射影空間の Fubini–Study 計量を一般化して $G_{p,q}$ 上に Kähler 計量を構成

する．$p\times(p+q)$ 型の複素行列 Z で階数 p のもの全体の集合を $M^*_{p,p+q}$ と書く．これは $V=\mathbb{C}^{p+q}$ の1次独立な p 個のベクトルの(順序のついた)集合とも考えられる．そのような1次独立な p 個のベクトルは V の p 次元部分空間を張るから，射影写像

$$\pi:\ M^*_{p,p+q}\longrightarrow G_{p,q} \tag{5.66}$$

が定義される．一般線形群 $GL(p;\mathbb{C})$ は $M^*_{p,p+q}$ に右側から行列の掛け算で

$$(Z,A)\in M^*_{p,p+q}\times GL(p;\mathbb{C})\longrightarrow ZA\in M^*_{p,p+q} \tag{5.67}$$

によって自由に作用する．明らかに Z と ZA は $G_{p,q}$ の同じ元を与える．すなわち，$\pi(Z)=\pi(ZA)$．そして $M^*_{p,p+q}$ は π を射影とし $GL(p;\mathbb{C})$ を構造群とする $G_{p,q}$ 上の主ファイバー束となる．

さて，$G_{p,q}$ 上に Kähler 計量を構成するにあたって，その基本微分形式の方をつくる．まず $M^*_{p,p+q}$ 上に $(1,1)$ 次微分形式を

$$\Phi=id'd''\log\det({}^t\overline{Z}Z) \tag{5.68}$$

と定義する．この微分形式 Φ が閉じていることは明らかだが，実は $G_{p,q}$ 上の微分形式を π でひき戻したものになっている．すなわち，Φ は $G_{p,q}$ 上の微分形式と見なせる．実際，Φ を各座標近傍 U_α の上で具体的に書いて見せよう．簡単のために $\alpha_0=\{1,\cdots,p\}$ で与えられる座標近傍 U_{α_0} を考え，

$$Z=\begin{pmatrix}Z_0\\ Z_1\end{pmatrix} \tag{5.69}$$

を $\pi^{-1}(U_{\alpha_0})\subset M^*_{p,p+q}$ の点とする．そのとき Z_0 は $p\times p$ 型行列で $\det Z_0\neq 0$，そして Z_1 は $p\times q$ 型行列である．そこで

$$T=Z_1Z_0^{-1}\in M_{p,q} \tag{5.70}$$

とおく．

$$(Z_1A)(Z_0A)^{-1}=Z_1Z_0^{-1}=T,\quad A\in GL(p;\mathbb{C})$$

だから T を U_{α_0} の座標系と考えてよい．実際，これは(5.63)で定義した局所座標系 φ_{α_0} にほかならない．射影空間の一般化として $G_{p,q}$ を考えた場合，Z が斉次座標で，T が U_{α_0} における非斉次座標というわけである．

$${}^t\overline{Z}Z={}^t\overline{Z}_0(I_p+{}^t\overline{T}T)Z_0$$

だから

$$d'd''\log\det({}^t\overline{Z}Z) = d'd''\log(\det(I_p+{}^t\overline{T}T)\det({}^t\overline{Z}_0)\det(Z_0))$$
$$= d'd''\log(\det(I_p+{}^t\overline{T}T))$$

となり，U_{α_0} 上で

(5.71) $$\Phi = id'd''\log\det(I_p+{}^t\overline{T}T)$$

と書けることがわかった．

すべての $A\in U(p+q)$ と $Z\in M^*_{p,p+q}$ に対し ${}^t(\overline{AZ})(AZ) = {}^t\overline{Z}Z$ であるから，Φ はユニタリ群 $U(p+q)$ で不変である．

微分形式 Φ に対応する Hermite 形式を g とすると，g は Φ を基本微分形式にもつ Kähler 計量である．これを証明するには g が正値であることを示せばよい．そのために U_{α_0} における g の Kähler ポテンシャルとなるべき関数を

(5.72) $$F = \log\det(I_p+{}^t\overline{T}T)$$

と定義する．行列 T を $T=(t^i_j)_{1\leqq i\leqq q,\,1\leqq j\leqq p}$ とすれば

(5.73)
$$\begin{aligned} F &= \log\det(I_p+{}^t\overline{T}T) = \mathrm{tr}(\log(I_p+{}^t\overline{T}T)) \\ &= \mathrm{tr}\left({}^t\overline{T}T-\frac{1}{2}({}^t\overline{T}T)^2+\cdots\right) \\ &= \sum_{i,j}\overline{t}^i_j t^i_j - \frac{1}{2}\sum_{i,j,k,l}\overline{t}^i_j t^i_k \overline{t}^l_k t^l_j + \cdots \end{aligned}$$

となり，原点 $T=0$ では

(5.74) $$g = d{}^t\overline{T}\cdot dT = \sum_{i,j} dt^i_j d\overline{t}^i_j$$

となるから，g が正値であることがわかる．(5.73)のように F を展開したとき，3 次の項がないから，(5.20)と(5.39)を使えば原点 $T=0$ で Christoffel の記号が 0 になる．したがって(5.41)の意味で $T=(t^i_j)$ は原点 $T=0$ で適合した座標系となっている．(5.73)の 4 次の項から(5.42)を使って曲率を計算するのは容易である．

次に，Grassmann 多様体 $G_{p,q}$ の $P_N\mathbb{C}$ $\left(N=\binom{p+q}{p}-1\right)$ への **Plücker の**

埋めこみ(Plücker imbedding)を構成する．与えられたp次元部分空間$S\subset V$に対し，その基$\boldsymbol{v}_1,\cdots,\boldsymbol{v}_p$をえらび，$\boldsymbol{v}_1\wedge\cdots\wedge\boldsymbol{v}_p$によって張られる$\bigwedge^p V$の中の複素直線(1次元部分空間)を対応させる．$S$のもう一つの基$\boldsymbol{w}_1,\cdots,\boldsymbol{w}_p$をとれば$\boldsymbol{w}_1\wedge\cdots\wedge\boldsymbol{w}_p$は$\boldsymbol{v}_1\wedge\cdots\wedge\boldsymbol{v}_p$の定数倍だから$\boldsymbol{v}_1\wedge\cdots\wedge\boldsymbol{v}_p$と同じ複素直線を張る．このようにして写像

$$P:\ G_{p,q}\longrightarrow P(\textstyle\bigwedge^p V)=P_N\mathbb{C} \tag{5.75}$$

を得る．これが単射であることは容易にわかるが，等長埋めこみになっていることは後でわかる．また，正則写像であることも，以下，座標で書き表わすことによりわかる．

群$GL(p+q;\,\mathbb{C})$は$V=\mathbb{C}^{p+q}$に作用しているから，$\bigwedge^p V$そして$P(\bigwedge^p V)$にも作用する．$GL(p+q;\,\mathbb{C})$の$G_{p,q}$と$P(\bigwedge^p V)$への作用に関してPが同変であることは明らかである．

写像Pをもう少し具体的に書くために$V=\mathbb{C}^{p+q}$の自然な基$\boldsymbol{e}_1,\cdots,\boldsymbol{e}_{p+q}$をとり，$\bigwedge^p V$の各元を

$$\frac{1}{p!}\sum z^{i_1\cdots i_p}\boldsymbol{e}_{i_1}\wedge\cdots\wedge\boldsymbol{e}_{i_p} \tag{5.76}$$

と書く．係数は歪対称であると仮定することにより，(5.76)の表わし方は一意である．したがって$(z^{i_1\cdots i_p})_{i_1<\cdots<i_p}$を$\bigwedge^p V$の座標系にとれる．いま$p$次元部分空間$S\subset V$で表わされる$G_{p,q}$の点が与えられたとき，$S$の基$\boldsymbol{v}_1,\cdots,\boldsymbol{v}_p$をえらび$\boldsymbol{v}_j=\sum\limits_i z_j^i\boldsymbol{e}_i$とおく．行列$Z=(z_j^i)\in M^*_{p,p+q}$はその点の斉次座標と考えられる．

$$z^{i_1\cdots i_p}=\begin{vmatrix} z_1^{i_1} & \cdots & z_p^{i_1} \\ & \cdots\cdots & \\ z_1^{i_p} & \cdots & z_p^{i_p}\end{vmatrix} \tag{5.77}$$

とおけば

$$\boldsymbol{v}_1\wedge\cdots\wedge\boldsymbol{v}_p=\sum z^{i_1\cdots i_p}\boldsymbol{e}_{i_1}\wedge\cdots\wedge\boldsymbol{e}_{i_p} \tag{5.78}$$

である．(5.77)は，Plückerの写像$P\colon G_{p,q}\to P_N\mathbb{C}$を$P_N\mathbb{C}$の斉次座標系$(z^{i_1\cdots i_p})$と$G_{p,q}$の斉次座標系$(z_j^i)$で表わす式である．

写像Pが$G_{p,q}$の$P_N\mathbb{C}$への等長埋めこみになっていることを示すために，

線形代数から次の補題を必要とする．いま

$$A=\begin{pmatrix} a_{11} & \cdots & a_{1m} \\ & \cdots\cdots & \\ a_{p1} & \cdots & a_{pm} \end{pmatrix},\quad B=\begin{pmatrix} b_{11} & \cdots & b_{1p} \\ & \cdots\cdots & \\ b_{m1} & \cdots & b_{mp} \end{pmatrix},$$

$$AB=C=\begin{pmatrix} c_{11} & \cdots & c_{1p} \\ & \cdots\cdots & \\ c_{p1} & \cdots & c_{pp} \end{pmatrix}$$

なら

$$(5.79)\qquad \det C=\sum_{k_1,\cdots,k_p}\begin{vmatrix} a_{1k_1} & \cdots & a_{1k_p} \\ & \cdots\cdots & \\ a_{pk_1} & \cdots & a_{pk_p} \end{vmatrix}\cdot\begin{vmatrix} b_{k_11} & \cdots & b_{k_1p} \\ & \cdots\cdots & \\ b_{k_p1} & \cdots & b_{k_pp} \end{vmatrix}$$

が成り立つ．証明は

$$\begin{aligned}
\det C &= \sum \delta^{i_1\cdots i_p}_{1\cdots p} c_{i_11}\cdots c_{i_pp} \\
&= \sum \delta^{i_1\cdots i_p}_{1\cdots p} a_{i_1j_1}b_{j_11}\cdots a_{i_pj_p}b_{j_pp} \\
&= \sum \delta^{i_1\cdots i_p}_{1\cdots p} a_{i_1j_1}\cdots a_{i_pj_p}b_{j_11}\cdots b_{j_pp} \\
&= \sum \begin{vmatrix} a_{1j_1} & \cdots & a_{1j_p} \\ & \cdots\cdots & \\ a_{pj_1} & \cdots & a_{pj_p} \end{vmatrix} b_{j_11}\cdots b_{j_pp} \\
&= \sum \begin{vmatrix} a_{1k_1} & \cdots & a_{1k_p} \\ & \cdots\cdots & \\ a_{pk_1} & \cdots & a_{pk_p} \end{vmatrix} \delta^{j_1\cdots j_p}_{k_1\cdots k_p} b_{j_11}\cdots b_{j_pp} \\
&= \sum \begin{vmatrix} a_{1k_1} & \cdots & a_{1k_p} \\ & \cdots\cdots & \\ a_{pk_1} & \cdots & a_{pk_p} \end{vmatrix}\cdot\begin{vmatrix} b_{k_11} & \cdots & b_{k_1p} \\ & \cdots\cdots & \\ b_{k_p1} & \cdots & b_{k_pp} \end{vmatrix}.
\end{aligned}$$

さて，(5.79)を $A={}^t\overline{Z}$ と $B=Z\in M^*_{p,p+q}$ に適用すれば

$$(5.80)\qquad \det({}^t\overline{Z}Z)=\sum|z^{i_1\cdots i_p}|^2$$

となるから

$$(5.81)\qquad -id'd''\log\det({}^t\overline{Z}Z)=-id'd''\log(\sum|z^{i_1\cdots i_p}|^2)$$

で P が等長埋めこみであることがわかった．以上をまとめて，次の定理を得る．

定理 5.17　Plücker 写像 $P\colon G_{p,q}\to P_N\mathbb{C}$ は，$GL(p+q;\,\mathbb{C})$ の作用に関して同変な正則埋めこみであり，$U(p+q)$ の作用に関して同変な等長埋めこみである．□

Plücker の埋めこみ P による $G_{p,q}$ の像は $P_N\mathbb{C}$ の中でいくつかの 2 次多項式の零点として与えられることが知られている．すなわち，$p,q\geqq 2$ の場合，$P(G_{p,q})$ は $\{i_1,\cdots,i_{p-1}\}$ と $\{j_1,\cdots,j_{p+1}\}$ を $\{1,\cdots,p+q\}$ の部分集合として得られる $\binom{p+q}{p-1}\binom{p+q}{p+1}$ 個の 2 次式

$$\sum_{\lambda=1}^{p+1}(-1)^{\lambda}z^{i_1\cdots i_{p-1}j_\lambda}z^{j_1\cdots j_{\lambda-1}j_{\lambda+1}\cdots j_{p+1}}=0 \tag{5.82}$$

によって定義される．例えば，$p=q=2$ の場合，(5.82)は 16 の 2 次式を与えるが，そのうち 12 の式は恒等的に 0 で，残りの 4 式は互いに相等しく，$P(G_{2,2})\subset P_5\mathbb{C}$ は一つの 2 次式

$$z^{12}z^{34}-z^{13}z^{24}+z^{14}z^{23}=0 \tag{5.83}$$

で定義される．

Grassmann 多様体 $G_{p,q}$ 上には普遍ファイバー束とよばれる重要なベクトル束がある．Grassmann 多様体の各点 $x\in G_{p,q}$ は V の p 次元部分空間にほかならない．それを S_x とすれば $G_{p,q}$ 上に積束 $G_{p,q}\times V$ の階数 p の正則部分束 S が得られる．また，$Q_x=V/S_x$ を x におけるファイバーとすることにより，階数 q の正則ベクトル束 Q を $G_{p,q}\times V$ の商束として得る．S を $G_{p,q}$ 上の**普遍部分束**(universal subbundle)，そして Q を**普遍商束**(universal quotient bundle)とよぶ．

これらのベクトル束を等質ベクトル束として理解するために，Grassmann 多様体 $G_{p,q}$ を等質空間 $GL(p+q;\,\mathbb{C})/H$ と考える．剰余類 H に対応する $G_{p,q}$ の原点 o での S のファイバー S_o は，$V=\mathbb{C}^{p+q}$ の基の最初の p 個 $\boldsymbol{e}_1,\cdots,\boldsymbol{e}_p$ で張られる．原点 o での固定部分群 H は次のような行列で与えられる．

$$H=\left\{\begin{pmatrix} A & * \\ 0 & B\end{pmatrix};\ A\in GL(p;\,\mathbb{C}),\ B\in GL(q;\,\mathbb{C})\right\}. \tag{5.84}$$

群 H の二つの表現 ρ_S と ρ_Q を考える．

(5.85) $$\rho_S\begin{pmatrix} A & * \\ 0 & B \end{pmatrix} = A, \qquad \rho_Q\begin{pmatrix} A & * \\ 0 & B \end{pmatrix} = B\,.$$

$GL(p+q;\mathbb{C})$ は V に作用しているが，それによって S と Q にも作用するから，普遍ベクトル束 S と Q は $G_{p,q}=GL(p+q;\mathbb{C})/H$ 上の等質ベクトル束である．S は表現 ρ_S により，Q は表現 ρ_Q により定義された等質ベクトル束になる．

$\mathfrak{gl}(p+q;\mathbb{C})$ と $\mathfrak{h}$ を $GL(p+q;\mathbb{C})$ と H の Lie 環とするとき，

(5.86) $$\mathfrak{gl}(p+q;\mathbb{C}) = \mathfrak{h}+\mathfrak{m}$$

となるような $\mathfrak{gl}(p+q;\mathbb{C})$ の部分空間 $\mathfrak{m}$ として

(5.87) $$\mathfrak{m} = \left\{\begin{pmatrix} 0 & 0 \\ T & 0 \end{pmatrix}\right\}$$

をとる(ここで T は $p\times q$ 型行列を表わす)．そのとき，$G_{p,q}$ の原点における接空間 $T_o(G_{p,q})$ は $\mathfrak{g}(p+q;\mathbb{C})/\mathfrak{h}$ と自然に同形だから

(5.88) $$T_o(G_{p,q}) \cong \mathfrak{gl}(p+q;\mathbb{C})/\mathfrak{h} \cong \mathfrak{m} \cong \mathrm{Hom}(S_o, Q_o)\,.$$

また

$$\begin{pmatrix} A & * \\ 0 & B \end{pmatrix}\begin{pmatrix} 0 & 0 \\ T & 0 \end{pmatrix}\begin{pmatrix} A & * \\ 0 & B \end{pmatrix}^{-1} = \begin{pmatrix} * & * \\ BTA^{-1} & * \end{pmatrix}$$

だから，H の接空間への表現 $\rho\colon H\to GL(T_o(G_{p,q}))$ は ${}^t\rho_S^{-1}\otimes\rho_Q$ と同値で，接ベクトル束 $T(G_{p,q})$ は表現 ${}^t\rho_S^{-1}\otimes\rho_Q$ によって定義される等質ベクトル束と同形になる．すなわち

(5.89) $$T(G_{p,q}) \cong \mathrm{Hom}(S,Q) = S^*\otimes Q\,.$$

次に，Grassmann 多様体 $G_{p,q}$ のいわゆる Schubert 多様体による胞体分割について説明する．ベクトル空間 $V=\mathbb{C}^{p+q}$ の基の最初の i 個 $\boldsymbol{e}_1,\cdots,\boldsymbol{e}_i$ で張られた部分空間を V_i と書けば

(5.90) $$V_1\subset V_2\subset\cdots\subset V_{p+q}=V, \qquad \dim V_i = i\,.$$

いま $\alpha=(a_1,\cdots,a_p)$ を

(5.91) $$0\leqq a_1\leqq a_2\leqq\cdots\leqq a_p\leqq q$$

となるような整数の列とする．明らかに

$$V_{a_1+1}\subset V_{a_2+2}\subset\cdots\subset V_{a_p+p}\subset V\,.$$

そこで，**Schubert 胞体**(Schubert cell) W_α を定義するために，$x \in G_{p,q}$ に対応する V の部分空間を S_x と書くことにして

$$(5.92)\qquad W_\alpha = \{x \in G_{p,q};\ \dim(S_x \cap V_{a_i+i}) = i,\ \dim(S_x \cap V_{a_i+i-1}) = i-1,\ 1 \leqq i \leqq p\}$$

とおく．まず

$$(5.93)\qquad W_\alpha \cong \mathbb{C}^{a_1+\cdots+a_p}$$

となることを証明する．$x \in W_\alpha$ とする．これから説明するように，決まった方法で S_x の基 $\boldsymbol{v}_1, \cdots, \boldsymbol{v}_p$ を構成する．$\dim(S_x \cap V_{a_1+1}) = 1$ と $\dim(S_x \cap V_{a_1}) = 0$ から，$(\boldsymbol{v}_1, \boldsymbol{e}_{a_1+1}) = 1$ となるような唯一の元 $\boldsymbol{v}_1 \in S_x \cap V_{a_1+1}$ が存在する．次に $\dim(S_x \cap V_{a_2+2}) = 2$ と $\dim(S_x \cap V_{a_2+1}) = 1$ から 2 条件 $(\boldsymbol{v}_2, \boldsymbol{e}_{a_2+2}) = 1$ と $(\boldsymbol{v}_2, \boldsymbol{e}_{a_1+1}) = 0$ を満たす唯一の元 $\boldsymbol{v}_2 \in S_x \cap V_{a_2+2}$ が存在する．以下同様にして

$$(5.94)\qquad (\boldsymbol{v}_i, \boldsymbol{e}_{a_i+i}) = 1,\quad (\boldsymbol{v}_i, \boldsymbol{e}_{a_1+1}) = (\boldsymbol{v}_i, \boldsymbol{e}_{a_2+2}) = \cdots = (\boldsymbol{v}_i, \boldsymbol{e}_{a_{i-1}+i-1}) = 0$$

となるような唯一の元 $\boldsymbol{v}_i \in S_x \cap V_{a_i+i}$ が存在する．V の基 $\boldsymbol{e}_1, \cdots, \boldsymbol{e}_{p+q}$ に関する $\boldsymbol{v}_i$ の成分を $(v_i^1, \cdots, v_i^{p+q})$ とすれば，(5.94)から

$$(5.95)\qquad v_i^{a_1+1} = v_i^{a_2+2} = \cdots = v_i^{a_{i-1}+i-1} = 0, \qquad v_i^{a_i+i} = 1,\quad v_i^{a_i+i+1} = v_i^{a_i+i+2} = \cdots = v_i^{p+q} = 0$$

となる．残りの a_i 個の成分

$$(5.96)\qquad v_i^1,\ \cdots,\ v_i^{a_1},\ v_i^{a_1+2},\ \cdots,\ v_i^{a_2+1},\ \cdots,\ v_i^{a_{i-1}+i},\ \cdots,\ v_i^{a_i+i-1}$$

には何の条件もない．$i=1$ から p まで合わせて，合計 $a_1+\cdots+a_p$ 個のそのような成分を得る．逆に，$a_1+\cdots+a_p$ 個の複素数(5.96)が与えられたとき，条件(5.95)を付け加えて 1 次独立なベクトル $\boldsymbol{v}_1, \cdots, \boldsymbol{v}_p$ を得る．そして，これらのベクトルで張られる p 次元部分空間として $G_{p,q}$ の元を得る．これで対応(5.93)が証明された．

次に，Grassmann 多様体 $G_{p,q}$ はこれらの Schubert 胞体の直和として書けることを証明する．実際，$x \in G_{p,q}$ に対し

$$\dim(S_x \cap V_1) \leqq \dim(S_x \cap V_2) \leqq \cdots \leqq \dim(S_x \cap V_{p+q}) = p$$

を考え，a_i を $\dim(S_x \cap V_{a_i+i}) = i$ が成り立つような最小の整数と定義して

$\alpha=(a_1,\cdots,a_p)$ とおけば，$x\in W_\alpha$，すなわち

(5.97) $$G_{p,q}=\bigcup_{\alpha} W_\alpha \quad （直和）.$$

ここで

(5.98) $$W_\alpha^*=\{x\in G_{p,q};\ \dim(S_x\cap V_{a_i+i})\geqq i,\ 1\leqq i\leqq p\}$$

と定義する．$\boldsymbol{w}_1,\cdots,\boldsymbol{w}_p$ を S_x の基とすれば，上の条件 $\dim(S_x\cap V_{a_i+i})\geqq i$ は等式

(5.99) $$\boldsymbol{w}_1\wedge\cdots\wedge\boldsymbol{w}_p\wedge\boldsymbol{u}_1\wedge\cdots\wedge\boldsymbol{u}_{a_i+1}=0$$

が，どのようにえらんだ a_i+1 個のベクトル $\boldsymbol{u}_1,\cdots,\boldsymbol{u}_{a_i+1}\in V_{a_i+i}$ に対しても成り立つということにほかならない．したがって，W_α^* は $G_{p,q}$ の解析的部分空間(実際には代数的部分多様体)になる．(ここでは局所的にいくつかの正則関数の零点として定義されているというに止め，特異点については触れない.)

$\beta=(b_1,\cdots,b_p)$ を $0\leqq b_1\leqq b_2\leqq\cdots\leqq b_p\leqq q$ となるような整数のもう一つの列とする．そのとき，すべての i に対し $b_i\leqq a_i$ となるならば $\beta\leqq\alpha$ と書く．さらに，ある i に対して $b_i<a_i$ となるならば $\beta<\alpha$ と書く．そうすれば

(5.100) $$W_\alpha^*=\bigcup_{\beta\leqq\alpha} W_\beta$$

で W_α^* が W_α の閉包になることは容易に証明される．$G_{p,q}$ の(一般には特異点をもった)複素部分多様体として，W_α^* は **Schubert 多様体**(Schubert variety)とよばれる．

$G_{p,q}$ の胞体分割から次の定理を得る．

定理 5.18

（1） Grassmann 多様体 $G_{p,q}$ は単連結である．

（2） 各 $k=0,1,\cdots,pq$ について，ホモロジー群 $H_{2k}(G_{p,q},\mathbb{Z})$ は $a_1+\cdots+a_p=k$ となるようなサイクル W_α^* を基とする自由 Abel 群に同形である．

（3） 奇数次元のホモロジー群 $H_{2k+1}(G_{p,q},\mathbb{Z})$ はすべて 0 である．

［証明］ (1) $\pi_1(G_{p,q},x_0)=0$ を証明するため，始点 x_0 を一番大きい Schubert 胞体 $W_{(q,q,\cdots,q)}\cong\mathbb{C}^{pq}$ の中にとる．$G_{p,q}$ は非特異多様体で，$W_{(q,q,\cdots,q)}$ の

余集合 $W^*_{(q-1,q,\cdots,q)}$ の実余次元は2であるから，x_0 を始点とするループは少し動かすことにより $W_{(q,q,\cdots,q)}$ にすっかり含まれてしまう．

(2)と(3)は，W_α の実次元がすべて偶数であることから明らか． ▮

例 5.19　$p=1$ すなわち $G_{1,q}=P_q\mathbb{C}$ の場合，

$$P_q\mathbb{C} = W^*_{(q)} \supset W^*_{(q-1)} \supset \cdots \supset W^*_{(1)} \supset W^*_{(0)},$$
$$W^*_{(k)} = W_{(k)} \cup W^*_{(k-1)}, \qquad W_{(k)} \cong \mathbb{C}^k$$

は，$P_q\mathbb{C}$ のよく知られた胞体分割

$$P_q\mathbb{C} \supset P_{q-1}\mathbb{C} \supset \cdots \supset P_1\mathbb{C} \supset \{1\text{点}\}$$

を与える．ホモロジー群 $H_{2k}(P_q\mathbb{C},\mathbb{Z}) \cong \mathbb{Z}$ はサイクル $W^*_{(k)}$ によって生成される． □

例 5.20　$p=2$ の場合，Grassmann 多様体 $G_{2,q}$ は $(q+1)(q+2)/2$ 個の胞体 $W_{(j,k)} \cong \mathbb{C}^{j+k}$ $(0 \leqq j \leqq k \leqq q)$ の直和，すなわち

$$G_{2,q} = W_{(q,q)} \cup W_{(q-1,q)} \cup W_{(q-1,q-1)} \cup \cdots \cup W_{(0,0)}$$

となる．特に $q=2$ の場合

$$H_0(G_{2,2},\mathbb{Z}) = \mathbb{Z} \qquad (\text{生成元：} W^*_{(0,0)})$$
$$H_2(G_{2,2},\mathbb{Z}) = \mathbb{Z} \qquad (\text{生成元：} W^*_{(0,1)})$$
$$H_4(G_{2,2},\mathbb{Z}) = \mathbb{Z}+\mathbb{Z} \qquad (\text{生成元：} W^*_{(0,2)}, W^*_{(1,1)})$$
$$H_6(G_{2,2},\mathbb{Z}) = \mathbb{Z} \qquad (\text{生成元：} W^*_{(1,2)})$$
$$H_8(G_{2,2},\mathbb{Z}) = \mathbb{Z} \qquad (\text{生成元：} W^*_{(2,2)})$$

となる．同様に，$q=3$ の場合，$G_{2,3}$ の Betti 数は

$$b_0 = b_2 = 1, \quad b_4 = b_6 = b_8 = 2, \quad b_{10} = b_{12} = 1$$

で与えられる．一般に，$G_{2,q}$ の Betti 数は

	b_0	b_2	b_4	b_6	$\cdots$	b_{2q-4}	b_{2q-2}	b_{2q}	b_{2q+2}	b_{2q+4}	$\cdots$
$q=2k$	1	1	2	2	$\cdots$	k	k	$k+1$	k	k	$\cdots$
$q=2k+1$	1	1	2	2	$\cdots$	$k-1$	k	k	k	$k-1$	$\cdots$

で与えられる． □

Schubert 多様体の中でも特に重要なのは

$$W_r^* = W_{(0,\cdots,0,1,\cdots,1)}^*, \quad r=0,1,2,\cdots,p \tag{5.101}$$

である．ここで数列の 0 は $p-r$ 回，1 は r 回現われるものとする．定義(5.98)から

$$W_r^* = \{x \in G_{p,q};\ V_{p-r} \subset S_x \subset V_{p+1}\} \tag{5.102}$$

となることがただちにわかる．$\dim S_x = p$ だから，(5.102)の条件は S_x/V_{p-r} が V_{p+1}/V_{p-r} の超平面であるということにほかならない．すなわち，W_r^* は V_{p+1}/V_{p-r} の超平面のつくる r 次元双対射影空間 $P^*(V_{p+1}/V_{p-r})$ である．

特に，W_p^* は V_{p+1} の超平面のつくる p 次元双対射影空間 $P^*(V_{p+1})$ である．そして $W_r^* \subset W_p^*$ は V_{p-r} を含むような V_{p+1} の超平面からなる射影線形空間と考えられる．

Grassmann 多様体 $G_{p,q}$ の Schubert 多様体 W_r^* の定めるホモロジー類と，$G_{p,q}$ 上の普遍部分ベクトル束 S の Chern 類 $c_r(S)$ の間には，次のような関係がある．次元 $r \leqq p$ の Schubert 多様体 W_α^* に対して

$$\int_{W_\alpha^*} c_r(S) = \begin{cases} (-1)^r & W_\alpha^* = W_r^* \text{ のとき} \\ 0 & \text{その他のとき} \end{cases} \tag{5.103}$$

すなわち，W_r^* と $(-1)^r c_r(S)$ は互いに双対である．

これを証明するために，W_α^* を次元 r の Schubert サイクルとすると，$\alpha=(a_1,\cdots,a_p)$ において $a_1 \leqq \cdots \leqq a_p$ と $a_1+\cdots+a_p = r \leqq p$ から次のいずれかになる．

(i)　$a_1=\cdots=a_{p-r}=0, \quad a_{p-r+1}=\cdots=a_p=1,$

(ii)　$a_1=\cdots=a_{p-r+1}=0.$

(i)の場合($W_\alpha^*=W_r^*$ の場合)．$G_{p,q}$ 上の普遍部分束 S の W_p^* への制限 $S|_{W_p^*}$ を考えてみると，点 $x \in W_p^* \subset G_{p,q}$ でのファイバーは S_x だから，$S|_{W_p^*}$ は積束 $W_p^* \times V_{p+1}$ の部分束で，点 $x \in W_p^*$ でのファイバーはその点に対応する V_{p+1} の超平面 S_x であると思ってよい．すなわち，$S|_{W_p^*}$ は $W_p^* = P^*(V_{p+1}) \cong G_{p,1}$ 上の普遍部分束である．$W_p^* \times V_{p+1}$ を $S|_{W_p^*}$ で割った商束 F は普遍商線束で，その Chern 類 $c_1(F)$ は $H^2(P^*(V_{p+1}),\mathbb{Z}) \cong \mathbb{Z}$ の正の生成元となる．積束 $W_p^* \times V_{p+1}$ は C^∞ 複素ベクトル束として

$$W_p^* \times V_{p+1} \cong S|_{W_p^*} \oplus F$$

と分解されるから

$$1 = c(S|_{W_p^*}) \cdot (1 + c_1(F)).$$

したがって

$$c(S|_{W_p^*}) = 1 - c_1(F) + c_1(F)^2 - c_1(F)^3 + \cdots$$

となり

$$\int_{W_r^*} c_r(S) = \int_{W_r^*} c(S|_{W_p^*}) = \int_{W_r^*} (-1)^r c_1(F)^r = (-1)^r.$$

(ii)の場合．この場合には，点 $x \in W_\alpha^*$ でのファイバー S_x は V_{p-r+1} を含む．すなわち，ベクトル束 $S|_{W_\alpha^*}$ が積束 $W_\alpha^* \times V_{p-r+1}$ を含む．$S|_{W_\alpha^*}$ を $W_\alpha^* \times V_{p-r+1}$ で割った商束 E の階数は $r-1$ となるから，$c_r(E) = 0$ である．C^∞ 複素ベクトル束としては

$$S_{W_\alpha^*} \cong E \oplus (W_\alpha^* \times V_{p-r+1})$$

だから

$$c(S|_{W_\alpha^*}) = c(E).$$

したがって，

$$\int_{W_\alpha^*} c_r(S) = \int_{W_\alpha^*} c_r(S|_{W_\alpha^*}) = \int_{W_\alpha^*} c_r(E) = 0.$$

これで(5.103)が証明された．定理5.18により，$H_{2r}(G_{p,q}; \mathbb{Z})$ は $\dim W_\alpha^* = r$ となるような Schubert 多様体 W_α^* を基にもつ自由 Abel 群であるから，(5.103)は $(-1)^r c_r(S)$ が W_r^* に Poincaré 双対性の意味で双対であることを示している．

最後に，Stiefel 多様体について簡単に説明しておく．$U_{p,q} \subset M_{p,p+q}^*$ を $p \times (p+q)$ 型の複素行列で，$\mathbb{C}^{p+q}$ の互いに直交する p 個の単位(縦)ベクトルからなるものの集まりとする．そのとき，ユニタリ群 $U(p+q)$ は $U_{p,q}$ に推移的に作用し，点

$$I_{p,q} = \begin{pmatrix} I_p \\ 0 \end{pmatrix}$$

での固定部分群は

$$I_p \times U(q) = \left\{ \begin{pmatrix} I_p & 0 \\ 0 & B \end{pmatrix};\ B \in U(q) \right\}$$

である．等質空間 $U_{p,q} = U(p+q)/(I_p \times U(q))$ を $\mathbb{C}^{p+q}$ の p 次元枠からなる **Stiefel 多様体**(Stiefel manifold)とよぶ．$U_{p,q}$ は $U(p)$ を構造群とする $G_{p,q} = U(p+q)/(U(p) \times U(q))$ 上の主ファイバー束である．$U_{p,q}$ のホモトピー群については

(5.104) $$\pi_i(U_{p,q}) = 0, \quad i < 2q$$

となることが知られている．

Grassmann 多様体 $G_{p,q}$ と普遍部分ベクトル束 S の重要性は，次の定理から明らかであろう．

定理 5.21 X を次元 $\leqq 2q$ の実多様体，そして $\mathrm{Map}(X, G_{p,q})$ を X から Grassmann 多様体 $G_{p,q}$ への C^∞ 写像の集合とする．そのとき，X 上の階数 p の C^∞ 複素ベクトル束 E は $G_{p,q}$ 上の普遍部分束 S を適当な $f \in \mathrm{Map}(X, G_{p,q})$ によって引きもどしたベクトル束 f^*S に同形となる．さらに，二つの写像 $f, g \in \mathrm{Map}(X, G_{p,q})$ が互いにホモトープであることが，f^*S と g^*S が同形になるための必要十分条件である[*7]． □

Grassmann 多様体 $G_{p,q}$ のホモロジーを決定したのは Ehresmann である．学位論文[*8]において Ehresmann は，等質空間としての $G_{p,q}$ の不変微分形式を使って de Rham コホモロジーを，そして Schubert 胞体を使ってホモロジーを決定した．§4.4 の終りに述べた Chern の論文において Ehresmann のこの仕事は本質的である[*9]．

---

*7 式(5.104)と定理 5.21 の証明などについては，N. E. Steenrod, *Topology of Fiber Bundles*, Princeton University Press, 1951 を参照されたい．

*8 C. Ehresmann, Sur la topologie de certains espaces homogènes, *Ann. of Math.* **35** (1934), 396–443.

*9 Grassmann 多様体に関しては，W. V. D. Hodge-D. Pedoe, *Methods of Algebraic Geometry*, vol. 2, Cambridge University Press, 1952 と P. Griffiths-J. Harris, *Principles of Algebraic Geometry*, John Wiley & Sons, 1978 が詳しい．ここでは特に後者を参考にした．

§5.5　Kähler 多様体上の正則断面の消滅定理

Kähler 多様体 (X, g) では(5.43)からわかるように，平均曲率 $\widehat{K}=(K_{\alpha\bar{\beta}})$，$K_{\alpha\bar{\beta}}=\sum g^{\gamma\bar{\delta}}R_{\alpha\bar{\beta}\gamma\bar{\delta}}$ は，Ricci 曲率 $\mathrm{Ric}=(R_{\alpha\bar{\beta}})$，$R_{\alpha\bar{\beta}}=\sum g^{\gamma\bar{\delta}}R_{\gamma\bar{\delta}\alpha\bar{\beta}}$ と一致する．したがって§4.7 のいくつかの結果は Ricci 曲率に関する仮定の下で述べられる．たとえば系 4.26 は次のようになる．

定理 5.22　(X, g) をコンパクト Kähler 多様体でいたるところ $\mathrm{Ric}\leqq 0$ とする．

（1）　そのとき，X 上の正則ベクトル場 ξ はすべて平行で，$\mathrm{Ric}(\xi,\xi)=0$ を満たす．

（2）　さらに，どこかで $\mathrm{Ric}<0$ ならば，X 上の正則ベクトル場は 0 に限る．　□

また系 4.27 は次のようになる．

定理 5.23　(X, g) をコンパクト Kähler 多様体でいたるところ $\mathrm{Ric}\geqq 0$ とする．

（1）　そのとき，正則 p 次微分形式 $\varphi\in H^0(X,\Omega^p)$:

$$\varphi=\frac{1}{p!}\sum f_{\alpha_1\cdots\alpha_p}dz^{\alpha_1}\wedge\cdots\wedge dz^{\alpha_p}$$

はすべて平行で

$$\sum R^{\alpha_1\bar{\beta}_1}g^{\alpha_2\bar{\beta}_2}\cdots g^{\alpha_p\bar{\beta}_p}f_{\alpha_1\cdots\alpha_p}\overline{f}_{\beta_1\cdots\beta_p}=0$$

$$\left(\text{ただし } R^{\alpha\bar{\beta}}=\sum g^{\alpha\bar{\delta}}g^{\gamma\bar{\beta}}R_{\gamma\bar{\delta}}\right)$$

を満たす．

（2）　さらに，どこかで $\mathrm{Ric}>0$ ならば，X 上の正則 p 次微分形式は $p>0$ の場合 0 に限る．すなわち

$$H^0(X,\Omega^p)=0,\quad p>0.$$ □

以上は§4.7 の結果を言いかえたにすぎない．これ以上の結果を証明するには調和微分形式を必要とするので，第6章まで待たねばならない．

《要約》

5.1　Hermite 多様体と Kähler 多様体の構造式を学ぶ.

5.2　曲率を局所座標を使って計算できるようにする.

5.3　複素空間形や Grassmann 多様体の場合に実際に曲率などを計算してみる.

5.4　前章で学んだ Chern 類を実例を使って求めてみる.

演習問題

5.1　複素多様体 X 上に Kähler 計量 g が，そして正則ベクトル束 $\pi\colon E\to X$ に Hermite 構造 h が与えられているとする. Φ を g の Kähler 微分形式とするとき，E 上の 2 次微分形式

$$\widetilde{\Phi}=\pi^*\Phi+dd^c h(\xi,\xi)$$

が E の 0 断面の近傍で Kähler 微分形式になることを証明せよ. h の曲率が負か 0 ならば，$\widetilde{\Phi}$ は E 上いたるところで Kähler 微分形式になることを証明せよ.（ヒント. $d\widetilde{\Phi}=0$ は明らかだから，$\widetilde{\Phi}$ に対応する Hermite 形式 $\widetilde{g}$ が正値であることを証明すればよい.）

5.2　(X,g,Φ) と (E,h) は前問と同じとする. E から零断面を除いた残りを $E^\times$，そして $P(E)=E^\times/\mathbb{C}^*$ とする($\pi\colon P(E)\to X$ は $P_{r-1}\mathbb{C}$ をファイバーとする正則ファイバー束). $P(E)$ 上の 2 次微分形式

$$\widetilde{\Phi}=\pi^*\Phi+cdd^c\log h(\xi,\xi)\qquad(c>0 \text{ は定数})$$

に対応する Hermite 形式を $\widetilde{g}$ とする. X が コンパクトなら十分小さい c に対し $\widetilde{g}$ は Kähler 計量となる. h の曲率が 0 か負ならば，すべての c に対し $\widetilde{g}$ は Kähler 計量となることを証明せよ.

5.3　複素多様体の 1 点 $x_0\in X$ でモノイダル変換を行なってそれを $\sigma\colon \widehat{X}\to X$ と書く(x_0 の近傍 U を $\mathbb{C}^n$ の 0 の近傍と思って式(2.45)を適用すれば，$\widehat{U}=\sigma^{-1}(U)$ は普遍部分線束 $\pi\colon L\to P_{n-1}\mathbb{C}$ の零断面の近傍と考えられる). X が Kähler 多様体のとき $\widehat{X}$ も Kähler 多様体になることを証明せよ.（ヒント. X の Kähler 計量を x_0 の近傍の外では変えないで $\widehat{X}$ の Kähler を作ることができる.）

5.4　Grassmann 多様体 $G_{2,2}$ の(接ベクトル束の) Chern 類を求めよ.

6 調和積分とその応用

この章ではコンパクト Kähler 多様体の調和積分について説明する．Hermite 多様体でその標準接続と Levi–Civita 接続が一致するのが Kähler 多様体に外ならないが，同様に Hermite 多様体上の Dolbeault コホモロジーに対する調和微分形式と Riemann 多様体としての de Rham コホモロジーに対する調和微分形式とが Kähler 多様体上では一致する．そこに Kähler 多様体の場合に深い結果が得られる理由がある．コンパクト Kähler 多様体は代数多様体よりも一般ではあるが，調和積分論が Kähler 多様体を代数多様体に非常に近いものにしている．

本書の始めに述べたように，ベクトル束の幾何が近年ますます重要になってきているので，Hermite ベクトル束の調和積分についても解説する．解析的な面は Riemann 多様体でも Kähler 多様体でも，Hermite ベクトル束でも同じである．

応用として Serre の双対定理，Picard 多様体，Albanese 多様体について代数的でなく Kähler 幾何の立場から説明する．次の第 7 章も調和積分論の応用である．

§6.1 微分形式の分解

この節では 1 点 x での複素接空間 $T_x^{\mathbb{C}}X$ 上の外積代数とそれに対する代数

的作用を考える．目的は，この外積代数をユニタリー群 $U(n)$ の表現空間として既約分解することにある．

(X,g) を n 次元 Hermite 多様体とし，1点 x を固定して考える．この節では x での (p,q) 次微分形式の全体を $A^{p,q}$ と書くことにする．$\theta^1,\cdots,\theta^n$ を x における $(1,0)$ 次微分形式の空間 $A^{1,0}$ の正規直交基とする．例えば複素ユークリッド空間の場合，$z^1,\cdots,z^n$, $z^j=x^j+iy^j$ を複素座標系とすると dx^j と dy^j の長さが1で dz^j の長さが $\sqrt{2}$ になるから，$\theta^1=dz^1/\sqrt{2}$, $\cdots$, $\theta^n=dz^n/\sqrt{2}$ が正規直交基となる．

(p,q) 次微分形式 α を表わすには多重添字を使うと便利である．$I=(i_1,\cdots,i_p)$, $J=(j_1,\cdots,j_q)$ とおいて

$$\alpha=\frac{1}{p!q!}\sum a_{I\bar{J}}\theta^I\wedge\bar{\theta}^J \tag{6.1}$$

と書く．このとき係数 $a_{I\bar{J}}$ は $i_1,\cdots,i_p$ と $j_1,\cdots,j_q$ について交代になっているとする．(6.1)の外に α のもう一つの標準的な表わし方は，和を $i_1<\cdots<i_p$ と $j_1<\cdots<j_q$ に制限して

$$\alpha=\sum_{I,J}^{<}a_{I\bar{J}}\theta^I\wedge\bar{\theta}^J \tag{6.2}$$

と書く方法である．$\sum$ の上の $<$ によって，この制限を表わす．

(1) 内積(inner product)

二つの (p,q) 次微分形式

$$\alpha=\frac{1}{p!q!}\sum a_{I\bar{J}}\theta^I\wedge\bar{\theta}^J,\quad \beta=\frac{1}{p!q!}\sum b_{I\bar{J}}\theta^I\wedge\bar{\theta}^J \tag{6.3}$$

の内積を

$$\langle\alpha,\beta\rangle=\frac{1}{p!q!}\sum a_{I\bar{J}}\bar{b}_{I\bar{J}}=\sum^{<}a_{I\bar{J}}\bar{b}_{I\bar{J}} \tag{6.4}$$

と定義する．このとき $\langle\alpha,\beta\rangle$ は正規直交基のえらび方に依らないことは容易にわかる．定義から明らかに

$$\langle\alpha,\beta\rangle=\overline{\langle\beta,\alpha\rangle}. \tag{6.5}$$

(2) 作用素 $*$(operator $*$)

Hodge の $*$ 作用素(Hodge's star operator) $*\colon A^{p,q}\to A^{n-q,n-p}$ を次のように定義する. $(0,0)$ 次微分形式である定数 1 に対しては

(6.6) $$*1=(\sqrt{-1}\,\theta^1\wedge\bar{\theta}^1)\wedge\cdots\wedge(\sqrt{-1}\,\theta^n\wedge\bar{\theta}^n)$$

と定義する. したがって $*1$ は体積要素である. 一般の (p,q) 次微分形式 β に対しては $*\beta\in A^{n-q,n-p}$ を

(6.7) $$\alpha\wedge\overline{*\beta}=\langle\alpha,\beta\rangle *1,\quad \alpha\in A^{p,q}$$

によって定義する. ここで $*$ の定義を微分形式の成分を使って具体的に書いてみる.

(6.8) $$\beta=\frac{1}{p!q!}\sum b_{I\bar{J}}\theta^I\wedge\bar{\theta}^J$$

に対し

(6.9) $$\overline{*\beta}=\frac{(\sqrt{-1})^{n^2}}{p!q!(n-p)!(n-q)!}\sum_{I,J,I',J'}\varepsilon(I\bar{J}I'\bar{J}')\bar{b}_{I\bar{J}}\theta^{I'}\wedge\bar{\theta}^{J'}$$

とすればよい. ただし, ここで $I'=(i_{p+1},\cdots,i_n)$ と $J'=(j_{q+1},\cdots,j_n)$ は順序のついた添字の集合でそれぞれ I と J の余集合, そして $\varepsilon(I\bar{J}I'\bar{J}')$ は $(I\bar{J}I'\bar{J}')$ を $(1,\cdots,n,\bar{1},\cdots,\bar{n})$ と較べたときの置換の符号を表わす. もし添字が大きさの順になっている I, J, I', J' についてだけ和をとるなら

(6.10) $$\overline{*\beta}=(\sqrt{-1})^{n^2}\sum_{I,J,I',J'}^{<}\varepsilon(I\bar{J}I'\bar{J}')\bar{b}_{I\bar{J}}\theta^{I'}\wedge\bar{\theta}^{J'}$$

と書ける. この定義が正しい, すなわち(6.7)と一致することは

(6.11)
$$\begin{aligned}(\sqrt{-1})^{n^2}\varepsilon(I\bar{J}I'\bar{J}')\theta^I\wedge\bar{\theta}^J\wedge\theta^{I'}\wedge\bar{\theta}^{J'}&=(\sqrt{-1})^{n^2}\theta^1\wedge\cdots\wedge\theta^n\wedge\bar{\theta}^1\wedge\cdots\wedge\bar{\theta}^n\\&=*1\end{aligned}$$

を使って容易に確かめられる.

定義(6.9)(または(6.10))から, すぐに

(6.12) $$**\beta=(-1)^{p+q}\beta,\quad \beta\in A^{p,q}$$

を得る.

(3) 作用素 L

基本2次微分形式

(6.13) $$\Phi=\sqrt{-1}\sum\theta^j\wedge\bar{\theta}^j$$

による外積，すなわち

(6.14) $$L\alpha=\alpha\wedge\Phi,\quad \alpha\in A^{p,q}$$

によって作用素

(6.15) $$L\colon\ A^{p,q}\longrightarrow A^{p+1,q+1}$$

を定義する．

(4) 作用素 Λ

Φ による縮約，すなわち

(6.16) $$\Lambda\alpha=*^{-1}L*\alpha=(-1)^{p+q}*L*\alpha,\quad \alpha\in A^{p,q}$$

によって，作用素

(6.17) $$\Lambda\colon\ A^{p,q}\longrightarrow A^{p-1,q-1}$$

を定義する．

作用素 Λ は L の随伴作用素になっている．すなわち

(6.18) $$\langle L\alpha,\beta\rangle=\langle\alpha,\Lambda\beta\rangle,\quad \alpha\in A^{p,q},\ \beta\in A^{p+1,q+1}$$

となっていることは次のようにしてわかる．

$$\begin{aligned}\langle L\alpha,\beta\rangle*1&=L\alpha\wedge\overline{*\beta}=\alpha\wedge\Phi\wedge\overline{*\beta}=\alpha\wedge\overline{*(*^{-1}L*\beta)}\\&=\alpha\wedge\overline{*(\Lambda\beta)}=\langle\alpha,\Lambda\beta\rangle*1\,.\end{aligned}$$

次に $L\alpha$ と $\Lambda\beta$ の係数を α と β の係数によって具体的に書き表わす．まず

$$\begin{aligned}L\alpha&=\frac{\sqrt{-1}}{p!q!}\sum a_{I\bar{J}}\delta_{i_0\bar{j}_0}\theta^I\wedge\bar{\theta}^J\wedge\theta^{i_0}\wedge\bar{\theta}^{j_0}\\&=\frac{\sqrt{-1}}{p!q!}\sum(-1)^p a_{I\bar{J}}\delta_{i_0\bar{j}_0}\theta^{i_0}\wedge\theta^I\wedge\bar{\theta}^{j_0}\wedge\bar{\theta}^J\end{aligned}$$

となるが，係数 $a_{i_1\cdots i_p\bar{j}_1\cdots\bar{j}_q}\delta_{i_0\bar{j}_0}$ を添字 $i_0,i_1,\cdots,i_p$ と $j_0,j_1,\cdots,j_q$ について交代化する必要がある．$i_1,\cdots,i_p$ と $j_1,\cdots,j_q$ に関してはすでに交代になっているか

ら $a'_{i_0 I \bar{j}_0 \bar{J}}$ を

$$(6.19)\quad (-1)^p a'_{i_0 I \bar{j}_0 \bar{J}} = a_{I\bar{J}}\delta_{i_0\bar{j}_0} - \sum_{\lambda=1}^{p} a_{i_1\cdots i_0\cdots i_p\bar{J}}\delta_{i_\lambda \bar{j}_0} - \sum_{\mu=1}^{q} a_{I\bar{j}_1\cdots\bar{j}_0\cdots\bar{j}_q}\delta_{i_0\bar{j}_\mu} + \sum_{\lambda,\mu} a_{i_1\cdots i_0\cdots i_p \bar{j}_1\cdots\bar{j}_0\cdots\bar{j}_q}\delta_{i_\lambda\bar{j}_\mu}$$

と定義する．ここで，右辺の和に現われる添字 i_0 と j_0 はそれぞれ λ 番目と μ 番目にある．右辺の項の数は $(p+1)(q+1)$ だから

$$(6.20)\quad L\alpha = \frac{\sqrt{-1}}{(p+1)!(q+1)!}\sum a'_{i_0 I \bar{j}_0 \bar{J}}\theta^{i_0}\wedge\theta^I\wedge\bar{\theta}^{j_0}\wedge\bar{\theta}^J$$

を得る．(6.19)によって定義された係数 $a'_{i_0 i_1\cdots i_p \bar{j}_0\bar{j}_1\cdots\bar{j}_q}$ は添字 $i_0, i_1, \cdots, i_p$ についても $j_0, j_1, \cdots, j_q$ についても交代になっている．

次に随伴関係 $\langle L\alpha,\beta\rangle = \langle\alpha,\Lambda\beta\rangle$ を使って $\Lambda\beta$ の係数を具体的に書き表わす．そのために，まず次の式を証明する．

$$(6.21)\quad \langle L\alpha,\beta\rangle = \frac{\sqrt{-1}}{(p+1)!(q+1)!}\sum_{i_0, j_0, I, J} a'_{i_0 I\bar{j}_0\bar{J}}\bar{b}_{i_0 I\bar{j}_0\bar{J}} = \frac{\sqrt{-1}}{p!q!}(-1)^p\sum_{I,J}\left(a_{I\bar{J}}\sum_k \bar{b}_{kI\bar{k}\bar{J}}\right).$$

実際，$a'_{i_0 I\bar{j}_0\bar{J}}$ の定義(6.19)に表われる $(p+1)(q+1)$ 個の項に $\bar{b}_{i_0 I\bar{j}_0\bar{J}}$ を掛けて和をとったとき次のようになることを証明すればよい．

$$(6.22)\quad \sum_{I,J}(-1)^p\left(a_{I\bar{J}}\sum_k \bar{b}_{kI\bar{k}\bar{J}}\right).$$

これは例えば λ を固定したとき

$$(6.23)\quad \sum a_{i_1\cdots i_0\cdots i_p\bar{J}}\delta_{i_\lambda\bar{j}_0}\bar{b}_{i_0 I\bar{j}_0\bar{J}} = \sum a_{i_1\cdots i_0\cdots i_p\bar{J}}\sum_k \bar{b}_{i_0 i_1\cdots k\cdots i_p\bar{k}\bar{J}} = -\sum a_{i_1\cdots i_0\cdots i_p\bar{J}}\sum_k \bar{b}_{k i_1\cdots i_0\cdots i_p\bar{k}\bar{J}} = -\sum a_{i_1\cdots i_\lambda\cdots i_p\bar{J}}\sum_k \bar{b}_{k i_1\cdots i_\lambda\cdots i_p\bar{k}\bar{J}}$$

となることからわかる．ただし，ここで i_0 と k はそれぞれ λ 番目と μ 番目に位置するとする．これで(6.22)が証明され，したがって(6.21)が確かめら

れた．(6.21)から，求めていた式

$$(6.24)\qquad \Lambda\beta=-\sqrt{-1}\,\frac{(-1)^p}{p!q!}\sum_{I,\bar{J}}\sum_k b_{kI\bar{k}\bar{J}}\theta^I\wedge\bar{\theta}^J$$

を得る．

(6.20)と(6.24)を使って次の公式を証明する．

$$(6.25)\qquad (\Lambda L-L\Lambda)\alpha=(n-p-q)\alpha,\quad \alpha\in A^{p,q}.$$

まず(6.19)から

$$(6.26)\qquad (-1)^p\sum_k a'_{kI\bar{k}\bar{J}}=(n-p-q)a_{I\bar{J}}+\sum_{\lambda,\mu,k}a_{i_1\cdots k\cdots i_p\bar{j}_1\cdots\bar{k}\cdots\bar{j}_q}\delta_{i_\lambda\bar{j}_\mu}$$

を得るが，ここで k と $\bar{k}$ はそれぞれ λ 番目と μ 番目に位置している．(6.24)を(6.20)に適用し(6.26)を使うと

$$(6.27)\qquad \Lambda L\alpha=\frac{1}{p!q!}\sum_{k,I,J}(-1)^p a'_{kI\bar{k}\bar{J}}\theta^I\wedge\bar{\theta}^J$$

$$=(n-p-q)\alpha+\frac{1}{p!q!}\sum_{k,I,J}\left(\sum_{\lambda,\mu}a_{i_1\cdots k\cdots i_p\bar{j}_1\cdots\bar{k}\cdots\bar{j}_q}\delta_{i_\lambda\bar{j}_\mu}\right)\theta^I\wedge\bar{\theta}^J.$$

(6.25)を証明するには(6.27)の右辺の最後の和が $L\Lambda\alpha$ に等しいことを確かめればよい．k と $\bar{k}$ はそれぞれ λ 番目と μ 番目に位置するので λ と μ が1であるかないかによって和を四つのグループに分けて考える．そして k か $\bar{k}$ が一番目に位置しないときには，それを i_1 か $\bar{j}_1$ と入れかえる．たとえば

$$(6.28)\qquad \sum_{\lambda,\mu}a_{i_1\cdots k\cdots i_p\bar{j}_1\cdots\bar{k}\cdots\bar{j}_q}\delta_{i_\lambda\bar{j}_\mu}=a_{ki_2\cdots i_p\bar{k}\bar{j}_2\cdots\bar{j}_q}\delta_{i_1\bar{j}_1}-\sum_\lambda a_{ki_2\cdots i_1\cdots i_p\bar{k}\bar{j}_2\cdots\bar{j}_q}\delta_{i_\lambda\bar{j}_1}$$

$$-\sum_\mu a_{ki_2\cdots i_p\bar{k}\bar{j}_2\cdots\bar{j}_1\cdots\bar{j}_q}\delta_{i_1\bar{j}_\mu}+\sum_{\lambda,\mu}a_{ki_2\cdots i_1\cdots i_p\bar{k}\bar{j}_2\cdots\bar{j}_1\cdots\bar{j}_q}\delta_{i_\lambda\bar{j}_\mu},$$

ここで右辺の a の添字として現われる i_1 と $\bar{j}_1$ はそれぞれ λ 番目と μ 番目に位置する．

一方，$L\Lambda\alpha$ を計算する．まず(6.24)を適用して

$$\Lambda\alpha=\frac{\sqrt{-1}}{(p-1)!(q-1)!}\sum_{i,j}\sum_k(-1)^p a_{ki_2\cdots i_p\bar{k}\bar{j}_2\cdots\bar{j}_q}\theta^{i_2}\wedge\cdots\wedge\theta^{i_p}\wedge\bar{\theta}^{j_2}\wedge\cdots\wedge\bar{\theta}^{j_q}$$

を得る．これに(6.20)を適用すれば

(6.29)　$$L\Lambda\alpha = \frac{1}{p!q!}\sum a''_{i_1\cdots i_p\bar{j}_1\cdots\bar{j}_q}\theta^{i_1}\wedge\cdots\wedge\theta^{i_p}\wedge\bar{\theta}^{j_1}\wedge\cdots\wedge\bar{\theta}^{j_q}.$$

ただし，ここで係数は

(6.30)

$$\begin{aligned} a''_{i_1\cdots i_p\bar{j}_1\cdots\bar{j}_q} &= \sum_k a_{ki_2\cdots i_p\bar{k}\bar{j}_2\cdots\bar{j}_q}\delta_{i_1\bar{j}_1} - \sum_{\lambda=2}^{p}\sum_k a_{ki_2\cdots i_1\cdots i_p\bar{k}\bar{j}_2\cdots\bar{j}_q}\delta_{i_\lambda\bar{j}_1} \\ &\quad - \sum_{\mu=2}^{q}\sum_k a_{ki_2\cdots i_p\bar{k}\bar{j}_2\cdots\bar{j}_1\cdots\bar{j}_q}\delta_{i_1\bar{j}_\mu} + \sum_{\lambda,\mu}\sum_k a_{ki_2\cdots i_1\cdots i_p\bar{k}\bar{j}_2\cdots\bar{j}_1\cdots\bar{j}_q}\delta_{i_\lambda\bar{j}_\mu}. \end{aligned}$$

これを(6.28)と較べれば(6.25)の成り立つことがわかる．

次に r に関して帰納法を使って(6.25)を次のように一般化する．

(6.31)　$(\Lambda L^r - L^r\Lambda)\alpha = r(n-p-q-r+1)L^{r-1}\alpha,\quad \alpha\in A^{p,q}.$

実際，

$$\begin{aligned} (\Lambda L^r - L^r\Lambda)\alpha &= (\Lambda L^{r-1} - L^{r-1}\Lambda)L\alpha + L^{r-1}(\Lambda L - L\Lambda)\alpha \\ &= (r-1)(n-p-q-r)L^{r-1}\alpha + L^{r-1}(n-p-q)\alpha. \end{aligned}$$

いま $\alpha\in A^{p,q}$ が条件 $\Lambda\alpha=0$ を満たすとき**原始的**(primitive または effective)であるという．原始的な $\alpha\in A^{p,q}$ の全体を $A_e^{p,q}$ と書く．

(6.32)　$$A_e^{p,q} = \{\alpha\in A^{p,q};\ \Lambda\alpha=0\}.$$

明らかに次数 $(p,0)$ または $(0,q)$ の α は原始的である．すなわち，

(6.33)　$$A_e^{p,0} = A^{p,0},\quad A_e^{0,q} = A^{0,q}.$$

補題 6.1　$\alpha\in A^{p,q}$ を原始的とする．

(i)　$r\geqq s$ ならば

$$\Lambda^s L^r\alpha = \frac{r!}{(r-s)!}(n-p-q-r+1)(n-p-q-r+2)\cdots(n-p-q-r+s)L^{r-s}\alpha,$$

(ii)　$r=s$ ならば

$$\Lambda^r L^r\alpha = r!(n-p-q-r+1)(n-p-q-r+2)\cdots(n-p-q)\alpha,$$

(iii)　$r<s$ ならば

$$\Lambda^s L^r\alpha = 0.$$

[証明]　(ii)は(i)の特別な場合である．(iii)は(ii)と α が原始的であることからすぐにわかる．よって，(i)だけ証明すればよい．(6.31)と $\Lambda\alpha=0$ を

使って

$$\Lambda^s L^r \alpha = \Lambda^{s-1}(\Lambda L^r - L^r \Lambda)\alpha + \Lambda^{s-1} L^r \Lambda \alpha$$
$$= r(n-p-q-r+1)\Lambda^{s-1} L^{r-1}\alpha.$$

あとは次数 (r, s) について帰納法で証明される． ∎

系 6.2　$\alpha \in A^{p,q}$ を原始的とする．そのとき

（i）　$k > n-p-q$ に対し，$L^k \alpha = 0$,

（ii）　$p+q > n$ ならば，$\alpha = 0$.

［証明］　補題 6.1 の(i)において，$s = n+1$, $r = n+k+1$ とすると，左辺は $L^{n+k+1}\alpha$ の次数が大きくなりすぎて 0 になる．一方，右辺の係数は $k > n-p-q$ ならば 0 でないから $L^k \alpha = L^{r-s}\alpha = 0$.

(ii)は(i)において $k=0$ とした場合である． ∎

定理 6.3　$A^{p,q}$ は次のように分解される．

（i）　$p+q \leqq n$, $r = \min\{p, q\}$ ならば

$$A^{p,q} = L^r A_e^{p-r,q-r} + L^{r-1} A_e^{p-r+1,q-r+1} + \cdots + L A_e^{p-1,q-1} + A_e^{p,q},$$

（ii）　$p+q > n$ ならば

$$A^{p,q} = L^r A_e^{p-r,q-r} + L^{r-1} A_e^{p-r+1,q-r+1} + \cdots + L^{p+q-n} A_e^{n-q,n-p}.$$

系 6.2 により，$l > 0$ に対しては $L^{p+q-n+l} A_e^{n-q-l,n-p-l} = 0$ であるから上の(ii)において和は $L^{p+q-n} A_e^{n-q,n-p}$ で終る．

［証明］

(i) $p+q \leqq n$ の場合

次の補題を証明すればよい．

補題 6.4　$\alpha \in A^{p,q}$, $p+q \leqq n$ とする．r を $\Lambda^{r+1}\alpha = 0$ となるような最小の整数とする(次数の関係から $r \leqq \min\{p, q\}$ である)．そのとき α は次のように一意に分解される．

$$\alpha = L^r \alpha_e^{(p-r,q-r)} + L^{r-1}\alpha_e^{(p-r+1,q-r+1)} + \cdots + L\alpha_e^{(p-1,q-1)} + \alpha_e^{(p,q)},$$

ただし，ここで $\alpha_e^{(p-k,q-k)} \in A_e^{p-k,q-k}$.

［証明］　この補題の証明には r について帰納法を使う．$\Lambda^r \alpha \in A^{p-r,q-r}$ は原始的だから

$$\Lambda^r \alpha = c\alpha_e^{(p-r,q-r)}$$

とおく．定数 c は

$$\Lambda^r(\alpha - L^r\alpha_e^{(p-r,q-r)}) = 0$$

となるようにとる．補題6.1によれば

$$c = r!(n-p-q+r+1)(n-p-q+r+2)\cdots(n-p-q+2r) \neq 0$$

ときめるべきである．仮定 $p+q \leqq n$ によって c は0でない．r について帰納法で

$$\alpha - L^r\alpha_e^{(p-r,q-r)} = L^{r-1}\alpha_e^{(p-r+1,q-r+1)} + \cdots + L\alpha_e^{(p-1,q-1)} + \alpha_e^{(p,q)}$$

を得る．

(ii) $p+q > n$ の場合

$$p' = n-q, \quad q' = n-p, \quad r' = \min\{p', q'\} = r-(p+q-n)$$

とおけば

$$p'-r' = p-r, \quad q'-r' = q-r, \quad p'+q' < n.$$

(i)によって

(∗)

$$A^{p',q'} = L^{r'}A_e^{p'-r',q'-r'} + L^{r'-1}A_e^{p'-r'+1,q'-r'+1} + \cdots + LA_e^{p'-1,q'-1} + A_e^{p',q'}.$$

一方，

$$A^{p,q} \supseteqq L^rA_e^{p-r,q-r} + L^{r-1}A_e^{p-r+1,q-r+1} + \cdots + L^{p+q-n}A_e^{n-q,n-p}$$

だが，この包含関係が実は等号であることを示したいわけである．$L^{p+q-n} = L^{n-p'-q'}$ を $A^{p',q'}$ の分解(∗)に作用させる．

$$L^{n-p'-q'}(A^{p',q'}) \subseteqq A^{p,q},$$

$$L^{n-p'-q'}(L^{r'-k}A_e^{p'-r'+k,q'-r'+k}) \subseteqq L^{r-k}A_e^{p-r+k,q-r+k}, \quad k = 0, 1, \cdots, r'$$

であるから $L^{n-p'-q'}: A^{p',q'} \to A^{p,q}$ が同型写像であることを証明すればよい．$\dim A^{p',q'} = \dim A^{p,q}$ だから，この写像が単射であることを示せばよい．元 $\alpha \in A_e^{p'-r'+k,q'-r'+k}$ をとり，

$$L^{n-p'-q'}L^{r'-k}\alpha = 0$$

と仮定すると

$$0 = \Lambda^{n-p'-q'+r'-k}L^{n-p'-q'}L^{r'-k}\alpha = c\alpha$$

となるが，ここで定数 c は補題6.1の(ii)を使って計算すれば0でないことがわかる． ∎

注意　補題6.4の証明の際に示したように

$$\alpha_e^{(p-r+k,q-r+k)} = P_{p,q,r,k}(L,\Lambda)\alpha$$

と書ける．ただし，ここで $P_{p,q,r,k}(L,\Lambda)$ は L と Λ の非可換多項式を表わす．

また，定理6.3の(ii)の証明の際に次の事実を証明した．

系6.5　$p+q<n$ ならば

$$L^k\colon\ A^{p,q} \longrightarrow A^{p+k,q+k}, \quad k \leqq n-p-q$$

は単射である．

［証明］　定理6.3の(ii)の証明で p', q' の代りに p, q と書けば，そこで証明したことは $L^{n-p-q}\colon A^{p,q} \to A^{n-q,n-p}$ が同型写像であるということである． ∎

§6.2　Kähler多様体上の作用素

前節ではHermite多様体の1点での微分形式に対する代数的な作用素について調べたが，この節ではKähler多様体上の微分形式に対する微分作用素の局所的性質を主に調べる．前節では1点での (p,q) 次微分形式の全体を $A^{p,q}$ と書いたが，この節ではある開集合，また時々は多様体全体で定義された (p,q) 次微分形式の全体を $A^{p,q}$ と書くことにする．

以下，はじめのうちはHermite多様体でよいが途中からKählerの条件が必要になってくる．まず $\overline{*\alpha}$ のことを $\bar{*}\alpha$ と書くことにすると $\bar{*}\colon A^{p,q} \to A^{n-p,n-q}$ で定義(6.9)から

$$\bar{*}\alpha = \overline{*\alpha} = *\bar{\alpha}, \tag{6.34}$$

$$**\alpha = \bar{*}\bar{*}\alpha = (-1)^{p+q}\alpha \tag{6.35}$$

が成り立つことがわかる．(6.34)は $*$ が実作用素である．すなわち実微分形式を実微分形式に写像することを示している．そして実微分形式に作用する $*$ を複素線形になるように複素微分形式に拡張したものを同じく $*$ と書いて

いるわけである.

d, d' と d'' の随伴作用素をそれぞれ

(6.36)

$$\delta = -*d* = -\bar{*}d\bar{*}, \quad \delta' = -*d''* = -\bar{*}d'\bar{*}, \quad \delta'' = -*d'* = -\bar{*}d''\bar{*}$$

と定義すれば

$$\delta' : A^{p,q} \longrightarrow A^{p-1,q}, \quad \delta'' : A^{p,q} \longrightarrow A^{p,q-1}.$$

本当に随伴作用素になっていることを確かめるために

$$\alpha = \frac{1}{p!q!} \sum a_{I\bar{J}} \theta^I \wedge \bar{\theta}^J,$$

$$\beta = \frac{1}{(p+1)!q!} \sum b_{i_0 I\bar{J}} \theta^{i_0} \wedge \theta^I \wedge \bar{\theta}^J$$

を考える. ただし, $I=(i_1, \cdots, i_p)$, $J=(j_1, \cdots, j_q)$ とする. そのとき

(6.37)

$$d'(\alpha \wedge \bar{*}\beta) = d'\alpha \wedge \bar{*}\beta + (-1)^{p+q} \alpha \wedge d'(\bar{*}\beta) = d'\alpha \wedge \bar{*}\beta - \alpha \wedge \bar{*}\delta'\beta$$
$$= \langle d'\alpha, \beta \rangle * 1 - \langle \alpha, \delta'\beta \rangle * 1$$

となる. 一方, $\alpha \wedge \bar{*}\beta$ の次数が $(n-1, n)$ だから $d(\alpha \wedge \bar{*}\beta) = d'(\alpha \wedge \bar{*}\beta)$. したがって

$$\int d(\alpha \wedge \bar{*}\beta) = (d'\alpha, \beta) - (\alpha, \delta'\beta). \tag{6.38}$$

同様に, (p, q) 次微分形式 α と $(p, q+1)$ 次微分形式 β に対して

$$\int d(\alpha \wedge \bar{*}\beta) = (d''\alpha, \beta) - (\alpha, \delta''\beta) \tag{6.39}$$

を得る.

補題 6.6　Hermite 多様体上で α か β の底がコンパクトなら

$$(d'\alpha, \beta) = (\alpha, \delta'\beta), \quad (d''\alpha, \beta) = (\alpha, \delta''\beta). \qquad \square$$

これは δ' と δ'' がそれぞれ d' と d'' の随伴作用素であることを示している.

ここから先は Kähler 多様体であると仮定する. そのとき局所的に正規直交双対枠 $\theta^1, \cdots, \theta^n$ をとり, それに関する接続形式 $\omega = (\omega^i_j)$ を使って d と δ を

書いてみる．Kähler であるから

$$(6.40)\qquad d\theta^i = -\sum \omega^i_j \wedge \theta^j$$

となることに注意しておく(すなわち，ねじれ率が0である．定理5.4を参照)．

$$(6.41)\qquad d\alpha = \frac{1}{p!q!}\sum da_{I\bar{J}} \wedge \theta^I \wedge \bar{\theta}^J + a_{I\bar{J}} d\theta^I \wedge \bar{\theta}^J + (-1)^p a_{I\bar{J}}\theta^I \wedge d\bar{\theta}^J$$

において，各項を別々に計算するとまず，

$$(6.42)\qquad \begin{aligned} d\theta^I &= \sum_{\lambda=1}^{p} (-1)^{\lambda-1}\theta^{i_1} \wedge \cdots \wedge d\theta^{i_\lambda} \wedge \cdots \wedge \theta^{i_p} \\ &= -\sum_{\lambda, k} \omega^{i_\lambda}_k \wedge \theta^{i_1} \wedge \cdots \wedge \theta^k \wedge \cdots \wedge \theta^{i_p} \end{aligned}$$

を得る(ここで θ^k は λ 番目に位置する)．同様に

$$(6.43)\qquad \begin{aligned} d\bar{\theta}^J &= \sum_{\mu=1}^{q} (-1)^{\mu-1}\bar{\theta}^{j_1} \wedge \cdots \wedge d\bar{\theta}^{j_\mu} \wedge \cdots \wedge \bar{\theta}^{j_q} \\ &= -\sum_{\mu, l} \bar{\omega}^{j_\mu}_l \wedge \bar{\theta}^{j_1} \wedge \cdots \wedge \bar{\theta}^l \wedge \cdots \wedge \bar{\theta}^{j_q} \end{aligned}$$

を得る(ここで $\bar{\theta}^l$ は μ 番目に位置する)．したがって

$$\begin{aligned} \sum_I a_{I\bar{J}} d\theta^I &= -\sum a_{i_1\cdots i_\lambda \cdots i_p \bar{J}}\,\omega^{i_\lambda}_k \wedge \theta^{i_1} \wedge \cdots \wedge \theta^k \wedge \cdots \wedge \theta^{i_p} \\ &= -\sum a_{i_1\cdots k \cdots i_p \bar{J}}\,\omega^k_{i_\lambda} \wedge \theta^{i_1} \wedge \cdots \wedge \theta^{i_\lambda} \wedge \cdots \wedge \theta^{i_p}. \end{aligned}$$

(ここで和をとるために使った添字 k と i_λ を入れかえたことを注意しておく．) まったく同様にして

$$\sum_J a_{I\bar{J}} d\bar{\theta}^J = -\sum a_{I\bar{j}_1\cdots\bar{l}\cdots\bar{j}_q}\,\bar{\omega}^l_{\bar{j}_\mu} \wedge \bar{\theta}^{j_1} \wedge \cdots \wedge \bar{\theta}^{j_\mu} \wedge \cdots \wedge \bar{\theta}^{j_q}.$$

上の2式を(6.41)に代入すれば

$$(6.44)\qquad d\alpha = \frac{1}{p!q!}\sum \nabla a_{I\bar{J}} \wedge \theta^I \wedge \bar{\theta}^J$$

を得る．ただし，ここで

(6.45) $$\nabla a_{I\bar{J}} = da_{I\bar{J}} - \sum_k a_{i_1\cdots k\cdots i_p\bar{J}}\omega^k_{i_\lambda} - \sum_l a_{I\bar{j}_1\cdots\bar{l}\cdots\bar{j}_q}\bar{\omega}^{\bar{l}}_{\bar{j}_\mu}$$

とおいた．1次微分形式 $\nabla a_{I\bar{J}}$ はその $(1,0)$ 成分 $\nabla' a_{I\bar{J}}$ と $(0,1)$ 成分 $\nabla'' a_{I\bar{J}}$ に分けておくと便利である．すなわち，

(6.46) $$\begin{gathered}\nabla a_{I\bar{J}} = \nabla' a_{I\bar{J}} + \nabla'' a_{I\bar{J}}, \\ \nabla' a_{I\bar{J}} = \sum \nabla_i a_{I\bar{J}}\theta^i, \quad \nabla'' a_{I\bar{J}} = \sum \nabla_{\bar{j}} a_{I\bar{J}}\bar{\theta}^j\end{gathered}$$

と書く．上の式は $\nabla_i a_{I\bar{J}}$ と $\nabla_{\bar{j}} a_{I\bar{J}}$ の定義式と考えるべきである．係数 $\nabla_i a_{I\bar{J}}$ を $i, i_1, \cdots, i_p$ について交代化して

(6.47) $$d'\alpha = \frac{1}{(p+1)!q!}\sum\Bigl(\nabla_i a_{I\bar{J}} - \sum_{\lambda=1}^{p}\nabla_{i_\lambda} a_{i_1\cdots i\cdots i_p\bar{J}}\Bigr)\theta^i\wedge\theta^I\wedge\bar{\theta}^J$$

を得る．$\nabla_i a_{I\bar{J}}$ はすでに $i_1, \cdots, i_p$ について交代だから，$i, i_1, \cdots, i_p$ のすべての置換を考えなくても，i と i_λ を入れかえて得られる項だけ使えばよいことを注意しておく．同様に $\nabla_{\bar{j}} a_{I\bar{J}}$ を $j, j_1, \cdots, j_q$ について交代化して

(6.48)
$$d''\alpha = \frac{1}{p!(q+1)!}\sum(-1)^p\Bigl(\nabla_{\bar{j}} a_{I\bar{J}} - \sum_{\mu=1}^{q}\nabla_{\bar{j}_\mu} a_{I\bar{j}_1\cdots\bar{j}\cdots\bar{j}_q}\Bigr)\theta^I\wedge\bar{\theta}^j\wedge\bar{\theta}^J$$

を得る．

次に $\delta\alpha$ に対して同様の表現を求める．すなわち

(6.49) $$\begin{gathered}\delta'\alpha = \frac{-1}{(p-1)!q!}\sum\nabla_{\bar{k}} a_{ki_2\cdots i_p\bar{J}}\theta^{i_2}\wedge\cdots\wedge\theta^{i_p}\wedge\bar{\theta}^J, \\ \delta''\alpha = \frac{-1}{p!(q-1)!}\sum\nabla_k a_{I\bar{k}\bar{j}_2\cdots\bar{j}_q}\theta^I\wedge\bar{\theta}^{j_2}\wedge\cdots\wedge\bar{\theta}^{j_q}\end{gathered}$$

を証明する．その準備としてベクトル場 $\xi = \sum_i v^i e_i$ の**発散**(divergence)を ξ の共変微分を使って表わす．

(6.50)
$$d(\iota_\xi(*1)) = (\sqrt{-1})^{n^2} d\Bigl(\sum_i(-1)^{i-1}v^i\theta^1\wedge\cdots\wedge\widehat{\theta^i}\wedge\cdots\wedge\theta^n\wedge\bar{\theta}^1\wedge\cdots\wedge\bar{\theta}^n\Bigr)$$

を計算するためには次の式を必要とする．

$$\begin{aligned} d(\theta^1\wedge\cdots\wedge\widehat{\theta}^i\wedge\cdots\wedge\theta^n) &= \sum_{k\neq i}(-1)^{i+k}\omega_i^k\wedge\theta^1\wedge\cdots\wedge\widehat{\theta}^k\wedge\cdots\wedge\theta^n \\ &\quad -\sum_{k\neq i}\omega_k^k\wedge\theta^1\wedge\cdots\wedge\widehat{\theta}^i\wedge\cdots\wedge\theta^n \\ &= \sum_k(-1)^{i+k}\omega_i^k\wedge\theta^1\wedge\cdots\wedge\widehat{\theta}^k\wedge\cdots\wedge\theta^n \\ &\quad -\sum_k\omega_k^k\wedge\theta^1\wedge\cdots\wedge\widehat{\theta}^i\wedge\cdots\wedge\theta^n, \end{aligned}$$

(これは(6.42)からも得られる)．次の式は容易に証明される(これも(6.43)の特別な場合としても得られる)．

$$d(\bar{\theta}^1\wedge\cdots\wedge\bar{\theta}^n) = -\sum_k\bar{\omega}_k^k\wedge\bar{\theta}^1\wedge\cdots\wedge\bar{\theta}^n.$$

$$\Theta=\theta^1\wedge\cdots\wedge\theta^n,\quad \bar{\Theta}=\bar{\theta}^1\wedge\cdots\wedge\bar{\theta}^n,$$
$$\widehat{\Theta}^i=\theta^1\wedge\cdots\wedge\widehat{\theta}^i\wedge\cdots\wedge\theta^n$$

とおけば(6.50)は

$$\begin{aligned} d\Big(\sum_i(-1)^{i-1}v^i\widehat{\Theta}^i\wedge\bar{\Theta}\Big) &= \sum_i(-1)^{i-1}dv^i\wedge\widehat{\Theta}^i\wedge\bar{\Theta}+\sum_{i,k}(-1)^{k-1}v^i\omega_i^k\wedge\widehat{\Theta}^k\wedge\bar{\Theta} \\ &\quad +\sum_{i,k}(-1)^{n+i-1}v^i(\omega_k^k+\bar{\omega}_k^k)\wedge\widehat{\Theta}^i\wedge\bar{\Theta} \\ &= \sum_i(-1)^{i-1}\Big(dv^i+\sum_k v^k\omega_k^i\Big)\wedge\widehat{\Theta}^i\wedge\bar{\Theta} \\ &= \sum_i\nabla_i v^i\Theta\wedge\bar{\Theta} \end{aligned}$$

と書ける．ただし，ここで

$$dv^i+\sum_k v^k\omega_k^i=\sum_j\nabla_j v^i\theta^j+\sum_j\nabla_{\bar{j}}v^i\bar{\theta}^j \tag{6.51}$$

(これは $\nabla_j v^i$ と $\nabla_{\bar{j}}v^i$ を定義する式である)．これで ξ の発散の表現

$$d(\iota_\xi(*1))=\sum_i\nabla_i v^i*1 \tag{6.52}$$

を得た．ξ の台がコンパクトなら，(6.52)を積分して

$$0=\int\sum_i \nabla_i v^i * 1\,.$$

ここで

$$v_{\bar{i}}=\sum a_{I\bar{J}}\bar{b}_{iI\bar{J}}$$

とおき，テンソル解析の記号に従って $v^i=v_{\bar{i}}$ とする(正規直交枠を使っていることに注意)．(6.52)によりベクトル場 $\sum v^i e_i$ の発散は

$$\begin{aligned}\sum\nabla_i v_{\bar{i}} &= \sum\nabla_i(a_{I\bar{J}}\bar{b}_{iI\bar{J}})\\ &= \sum\nabla_i a_{I\bar{J}}\bar{b}_{iI\bar{J}}+\sum a_{I\bar{J}}\overline{\nabla_{\bar{i}}b_{iI\bar{J}}}\end{aligned}$$

によって与えられる．α の台がコンパクトならば $\sum v^i e_i$ の台もコンパクトだから，上の式を積分すれば左辺は 0 になるから次の式を得る．

$$\frac{1}{p!q!}\int\sum\nabla_i a_{I\bar{J}}\bar{b}_{iI\bar{J}}*1=-\frac{1}{p!q!}\int\sum a_{I\bar{J}}\overline{\nabla_{\bar{i}}b_{iI\bar{J}}}*1\,.$$

左辺は $(d'\alpha,\beta)$ に等しいから，右辺は $(\alpha,\delta'\beta)$ に等しくなければならない．すなわち

$$(\alpha,\delta'\beta)=-\frac{1}{p!q!}\int\sum a_{I\bar{J}}\overline{\nabla_{\bar{i}}b_{iI\bar{J}}}*1.$$

これがコンパクトな台をもったすべての α に対して成立するためには

$$\delta'\beta=\frac{-1}{p!q!}\sum\nabla_{\bar{i}}b_{iI\bar{J}}\theta^I\wedge\bar{\theta}^J$$

でなければならない．これで(6.49)の 1 番目の式が証明された．2 番目の式の証明もまったく同様である．

次に前節と本節で導入した種々の作用素の間の交換関係について述べる．

定理 6.7　Kähler 多様体上では次の関係式が成り立つ．

(i)　$[L,d']=0,\quad [L,d'']=0,\quad [\Lambda,\delta']=0,\quad [\Lambda,\delta'']=0,$

(ii)　$[L,\delta']=\sqrt{-1}\,d'',\quad [L,\delta'']=-\sqrt{-1}\,d',$

(iii)　$[\Lambda,d']=\sqrt{-1}\,\delta'',\quad [\Lambda,d'']=-\sqrt{-1}\,\delta'\,.$

[証明]　(i)の 4 式は基本 2 次微分形式が d' によっても d'' によっても 0 になることからすぐにわかる．

(ii)の2番目の式も，(iii)の2番目の式もそれぞれ1番目の式に複素共役である．

(ii)の1番目の式を仮定して(iii)の1番目の式を証明する．α をコンパクトな台をもつ $(p,q+1)$ 次微分形式，β を (p,q) 次微分形式とすると

$$([\Lambda,d']\alpha,\beta)=((\Lambda d'-d'\Lambda)\alpha,\beta)=(\alpha,(\delta'L-L\delta')\beta)=-(\alpha,[L,\delta']\beta),$$
$$(\sqrt{-1}\,\delta''\alpha,\beta)=(\alpha,-\sqrt{-1}\,d''\beta)=-(\alpha,\sqrt{-1}\,d''\beta)$$

となる．$(\alpha,[L,\delta']\beta)=(\alpha,\sqrt{-1}\,d''\beta)$ がすべての α,β に対して成り立つから，$[L,\delta']\beta=\sqrt{-1}\,d''\beta$ でなければならない．

あとは(ii)の1番目の式を証明するだけである．まず

$$\delta'\alpha=\frac{-1}{(p-1)!q!}\sum\nabla_{\bar{k}}a_{ki_2\cdots i_p\bar{J}}\theta^{i_2}\wedge\cdots\wedge\theta^{i_p}\wedge\bar{\theta}^J$$

だから

$$\begin{aligned}L\delta'\alpha&=\frac{-\sqrt{-1}}{(p-1)!q!}\sum(-1)^{p-1}\nabla_{\bar{k}}a_{ki_2\cdots i_p\bar{J}}\delta_{i_1\bar{j}_0}\theta^{i_1}\wedge\theta^{i_2}\wedge\cdots\wedge\theta^{i_p}\wedge\bar{\theta}^{j_0}\wedge\bar{\theta}^J\\&=\frac{\sqrt{-1}\,(-1)^p}{p!(q+1)!}\sum\widetilde{a}_{I\bar{j}_0\bar{J}}\theta^I\wedge\bar{\theta}^{j_0}\wedge\bar{\theta}^J\end{aligned}$$

となる．ただし，ここで

$$\begin{aligned}\widetilde{a}_{I\bar{j}_0\bar{J}}&=\sum_k\nabla_{\bar{k}}a_{ki_2\cdots i_p\bar{J}}\delta_{i_1\bar{j}_0}-\sum_k\sum_{\lambda=2}^{p}\nabla_{\bar{k}}a_{ki_2\cdots i_1\cdots i_p\bar{J}}\delta_{i_\lambda\bar{j}_0}\\&\quad-\sum_k\sum_{\mu=1}^{q}\nabla_{\bar{k}}a_{ki_2\cdots i_p\bar{j}_1\cdots\bar{j}_0\cdots\bar{j}_q}\delta_{i_1\bar{j}_\mu}+\sum_k\sum_{\lambda=2,\mu=1}^{p,q}\nabla_{\bar{k}}a_{ki_2\cdots i_1\cdots i_p\bar{j}_1\cdots\bar{j}_0\cdots\bar{j}_q}\delta_{i_\lambda\bar{j}_\mu}\\&=\sum_k\sum_{\lambda=1}^{p}\nabla_{\bar{k}}a_{i_1\cdots k\cdots i_p\bar{J}}\delta_{i_\lambda\bar{j}_0}-\sum_k\sum_{\lambda,\mu=1}^{p,q}\nabla_{\bar{k}}a_{i_1\cdots k\cdots i_p\bar{j}_1\cdots\bar{j}_0\cdots\bar{j}_q}\delta_{i_\lambda\bar{j}_\mu}\,.\end{aligned}$$

(6.20)で示したように

$$L\alpha=\frac{\sqrt{-1}}{(p+1)!(q+1)!}\sum a'_{i_0I\bar{j}_0\bar{J}}\theta^{i_0}\wedge\theta^I\wedge\bar{\theta}^{j_0}\wedge\bar{\theta}^J$$

(係数 $a'_{i_0I\bar{j}_0\bar{J}}$ の定義については(6.19)を参照)．したがって

$$\delta' L\alpha = \frac{-\sqrt{-1}}{p!(q+1)!}\sum \nabla_{\bar{k}} a'_{kI\bar{j}_0\bar{J}}\theta^I \wedge \bar{\theta}^{j_0} \wedge \bar{\theta}^J$$

を得る．$a'_{i_0 I\bar{j}_0\bar{J}}$ の定義から

$$\begin{aligned}(-1)^p \sum_k \nabla_{\bar{k}} a'_{kI\bar{j}_0\bar{J}} &= \sum_k \nabla_{\bar{k}} a_{I\bar{J}}\delta_{k\bar{j}_0} - \sum_k \sum_{\lambda=1}^{p} \nabla_{\bar{k}} a_{i_1\cdots k\cdots i_p\bar{J}}\delta_{i_\lambda\bar{j}_0} \\ &\quad - \sum_k \sum_{\mu=1}^{q} \nabla_{\bar{k}} a_{I\bar{j}_1\cdots\bar{j}_0\cdots\bar{j}_q}\delta_{k\bar{j}_\mu} + \sum_k \sum_{\lambda,\mu=1}^{p,q} \nabla_{\bar{k}} a_{i_1\cdots k\cdots i_p\bar{j}_1\cdots\bar{j}_0\cdots\bar{j}_q}\delta_{i_\lambda\bar{j}_\mu} \\ &= \nabla_{\bar{j}_0} a_{I\bar{J}} - \sum_k \sum_{\lambda=1}^{p} \nabla_{\bar{k}} a_{i_1\cdots k\cdots i_p\bar{J}}\delta_{i_\lambda\bar{j}_0} \\ &\quad - \sum_{\mu=1}^{q} \nabla_{\bar{j}_\mu} a_{I\bar{j}_1\cdots\bar{j}_0\cdots\bar{j}_q} + \sum_k \sum_{\lambda,\mu=1}^{p,q} \nabla_{\bar{k}} a_{i_1\cdots k\cdots i_p\bar{j}_1\cdots\bar{j}_0\cdots\bar{j}_q}\delta_{i_\lambda\bar{j}_\mu}\end{aligned}$$

となるので

$$\begin{aligned}(L\delta' - \delta' L)\alpha &= \frac{\sqrt{-1}\,(-1)^p}{p!(q+1)!}\sum\left(\nabla_{\bar{j}_0} a_{I\bar{J}} - \sum_{\mu=1}^{q}\nabla_{\bar{j}_\mu} a_{I\bar{j}_1\cdots\bar{j}_0\cdots\bar{j}_q}\right)\theta^I \wedge \bar{\theta}^{j_0} \wedge \bar{\theta}^J \\ &= \sqrt{-1}\,d''\alpha\end{aligned}$$

となる． ∎

系 6.8 コンパクト Kähler 多様体上の正則微分形式 α はすべて閉じている．すなわち，$d\alpha = 0$.

[証明] $d'\alpha$ も正則だから，$d''d'\alpha = 0$ と $\Lambda d'\alpha = 0$ が成り立つ．したがって

$$(d'\alpha, d'\alpha) = (\alpha, \delta' d'\alpha) = -\sqrt{-1}\,(\alpha, (\Lambda d'' - d''\Lambda)d'\alpha) = 0$$

となるから $d\alpha = d'\alpha = 0$. ∎

ここで微分作用素を二つ

(6.53) $$\Delta = d\delta + \delta d, \quad \Box = d''\delta'' + \delta'' d''$$

と定義する．Δ は Riemann 多様体としての通常のラプラシアンである．

補題 6.9 Kähler 多様体上では

$$\Delta = 2\Box$$

が成り立つ．

[証明] まず

$$(*)\qquad \begin{aligned}\Delta &= (d'+d'')(\delta'+\delta'')+(\delta'+\delta'')(d'+d'') \\ &= (d'\delta'+\delta'd')+d''\delta''+\delta''d''+(d'\delta''+\delta''d')+(d''\delta'+\delta'd'').\end{aligned}$$

一方，定理6.7を使って

$$\begin{aligned}d'\delta'+\delta'd' &= \sqrt{-1}\,(d'(\Lambda d''-d''\Lambda)+(\Lambda d''-d''\Lambda)d'), \\ d''\delta''+\delta''d'' &= -\sqrt{-1}\,(d''(\Lambda d'-d'\Lambda)+(\Lambda d'-d'\Lambda)d'')\end{aligned}$$

だから

$$d'\delta'+\delta'd' = d''\delta''+\delta''d''.$$

やはり，定理6.7から，

$$\begin{aligned}d'\delta''+\delta''d' &= -\sqrt{-1}\,(d'(\Lambda d'-d'\Lambda)+(\Lambda d'-d'\Lambda)d') = 0, \\ d''\delta'+\delta'd'' &= \sqrt{-1}\,(d''(\Lambda d''-d''\Lambda)+(\Lambda d''-d''\Lambda)d'') = 0.\end{aligned}$$

これらを$(*)$に代入すれば補題が証明される. ∎

上の証明の途中で次の等式を得たことに注意しておく.

$$\square = d'\delta'+\delta'd'. \tag{6.54}$$

また，$\square$は(p,q)次微分形式を(p,q)次微分形式に移すから補題6.9により

$$\Delta(A^{p,q}) \subset A^{p,q} \tag{6.55}$$

となることにも注意しておく.

定理 6.10　Kähler多様体上ではΔは作用素$*$, d', d'', δ', δ'', L, Λと可換である.

[証明]　(6.35)と(6.36)からr次微分形式に対して

$$\begin{aligned}\Delta* &= -d*d**-*d*d* = -(-1)^r d*d-*d*d*, \\ *\Delta &= -*d*d*-**d*d = -*d*d*-(-1)^{2n-r}d*d.\end{aligned}$$

だから$\Delta*=*\Delta$.

$\square$がd''およびδ''と可換なことは$\square$の定義から明らか. (6.54)を使えば$\square$がd'およびδ'と可換なことも明らかである.

定理6.7を使って

$$\begin{aligned} L\Box &= Ld''\delta''+L\delta''d'' = d''L\delta''+\delta''Ld''-\sqrt{-1}\,d'd'' \\ &= d''\delta''L-\sqrt{-1}\,d''d'+\delta''d''L-\sqrt{-1}\,d'd'' \\ &= (d''\delta''+\delta''d'')L = \Box L. \end{aligned}$$

$\Box\Lambda=\Lambda\Box$ の証明も同様. ∎

微分形式 α が $\Delta\alpha=0$ を満たすとき**調和的**(harmonic)であるという. Kähler 多様体上では補題 6.9 よりこれは $\Box\alpha=0$ に同値である.

$$\mathbf{H}^{p,q} = \{\alpha\in A^{p,q};\ \Delta\alpha=0\}$$

とおく. (6.55)で示したように $\Delta(A^{p,q})\subset A^{p,q}$ だから, もし $\alpha=\sum_{p,q}\alpha^{p,q}$ ($\alpha^{p,q}\in A^{p,q}$) が調和的ならば各 $\alpha^{p,q}$ が調和的である. すなわち, r 次調和微分形式の空間 $\mathbf{H}^r$ は

$$\mathbf{H}^r = \bigoplus_{p+q=r}\mathbf{H}^{p,q} \tag{6.56}$$

と分解される. これは **Hodge 分解**(Hodge decomposition)とよばれる.

定理 6.11

(i) $d\alpha=0$ と $\delta\alpha=0$ が成り立てば α は調和的である. α の台がコンパクトならば, 逆に α が調和的なら $d\alpha=0$ と $\delta\alpha=0$ が成り立つ.

(ii) Kähler 多様体上で $d''\alpha=0$ と $\delta''\alpha=0$ が成り立てば α は調和的である.

[証明] (i) 前半は明白である. 逆は次の等式から明らか.

$$0 = (\Delta\alpha,\alpha) = (d\delta\alpha,\alpha)+(\delta d\alpha,\alpha) = (\delta\alpha,\delta\alpha)+(d\alpha,d\alpha).$$

(ii) これも $\Box$ の定義(6.53)から明らかである. ∎

コンパクト Kähler 多様体上の正則微分形式は閉じていることを系 6.8 で示した.

定理 6.12 コンパクト Kähler 多様体上では $(p,0)$ 次調和微分形式の空間 $\mathbf{H}^{p,0}$ は正則 p 次微分形式の空間と一致する.

[証明] α を $(p,0)$ 次微分形式とする. α が調和的ならば $d''\alpha=0$ だから正則である. 逆に α が正則なら $d''\alpha=0$. 一方, $\delta''(A^{p,0})=0$ だから, $\delta''\alpha=0$. 定理 6.11 の(ii)により α は調和的である. ∎

Kähler 多様体上で

(6.57)　$L(\mathbf{H}^{p,q}) \subset \mathbf{H}^{p+1,q+1}, \quad \Lambda(\mathbf{H}^{p,q}) \subset \mathbf{H}^{p-1,q-1}$

となることは定理6.7から明らか．さらに，系6.5から，次の結果を得る．

定理 6.13　Kähler 多様体上では $p+q<n$ に対し

$$L^k\colon \mathbf{H}^{p,q} \longrightarrow \mathbf{H}^{p+k,q+k}$$

は $k \leqq n-p-q$ の範囲で単射である．　□

定理6.3から次の Lefschetz の定理を得る．

定理 6.14（Lefschetz の定理）　Kähler 多様体上で (p,q) 次微分形式 α を定理6.3のように

$$(*)\qquad \alpha = \sum_{k=(p+q-n)^+}^{\min\{p,q\}} L^k \alpha_e^{(p-k,q-k)}, \quad \alpha_e^{(p-k,q-k)} \in A_e^{p-k,q-k}$$

と分解する（ここで $(p+q-n)^+ = \max\{p+q-n, 0\}$）．このとき α が調和微分形式であるための必要十分条件はすべての $\alpha_e^{(p-k,q-k)}$ が調和微分形式であることである．

［証明］　$\alpha_e^{(p-k,q-k)}$ が調和的なら定理6.10により α も調和的である．

逆に α を調和的とする．上の分解$(*)$に Δ を作用させ定理6.10を使えば

$$0 = \Delta\alpha = \sum L^k \Delta\alpha_e^{(p-k,q-k)}$$

を得る．定理6.10によれば $\Delta\alpha_e^{(p-k,q-k)}$ はすべて原始的だから，$\Delta\alpha$ に対する分解$(*)$の一意性から $\Delta\alpha_e^{(p-k,q-k)}=0$ を得る．前節の補題6.4の後の注意と定理6.10から簡単な別証が得られることを注意しておく．　■

原始的 (p,q) 次調和微分形式の空間を $\mathbf{H}_e^{p,q}$ と書く．すなわち

$$\mathbf{H}_e^{p,q} = \{\alpha \in \mathbf{H}^{p,q};\ \Lambda\alpha = 0\}$$

とすれば，定理6.14は $p+q \leqq n$ に対し

$$(6.58)\qquad \mathbf{H}^{p,q} = \bigoplus_{k=(p+q-n)^+}^{\min\{p,q\}} L^k(\mathbf{H}_e^{p-k,q-k})$$

と書ける．ここで上の直和は直交分解になっていることを示しておく．$\alpha \in \mathbf{H}_e^{p-k,q-k}$, $\beta \in \mathbf{H}_e^{p-l,q-l}$, $k<l$ とすると，

$$(L^k\alpha, L^l\beta) = (\Lambda^l L^k \alpha, \beta).$$

補題6.1の(iii)により $\Lambda^l L^k\alpha = 0$ だから $(L^k\alpha, L^l\beta) = 0$ となる．

定理6.14の代数的部分，すなわち定理6.3はユニタリ群 $U(n)$ の表現空間

$A^{p,q}$ の既約分解に外ならない．一般に X を m 次元 Riemann 多様体，$G\subset O(m)$ をそのホロノミー群とするとき，G の表現空間として $\Lambda^r T^*_{x_0}X$ を既約分解すると，それに対応して r 次調和微分形式が分解されることを Chern が証明している*1.

§6.3 Hermite ベクトル束の調和積分

Hermite 多様体 (X,g) 上の Hermite ベクトル束 (E,h) を考える．底空間 X の各点の近傍で計量 g に関して正規直交系となっているような $(1,0)$ 次微分形式 $\theta^1,\cdots,\theta^n$ をとる．E に値をとる (p,q) 次微分形式 α を(6.1)と同様に多重添字を使って

$$\alpha=\frac{1}{p!q!}\sum a_{I\bar{J}}\theta^I\wedge\bar{\theta}^J \tag{6.59}$$

と書く．ただし，今の場合は係数 $a_{I\bar{J}}$ は複素関数ではなくて E の C^∞ 級局所断面である．$a_{I\bar{J}}$ が $I=(i_1,\cdots,i_p)$ と $J=(j_1,\cdots,j_q)$ に関して交代になっているようにしておけば和を $i_1<\cdots<i_p$ と $j_1<\cdots<j_q$ に制限して

$$\alpha=\sum_{I,J}^{<}a_{I\bar{J}}\theta^I\wedge\bar{\theta}^J \tag{6.60}$$

と書けることは(6.2)の場合と同じである．E に値をとる (p,q) 次微分形式の全体を $A^{p,q}(E)$ と書くことにする．

これらの微分形式

$$\alpha=\frac{1}{p!q!}\sum a_{I\bar{J}}\theta^I\wedge\bar{\theta}^J,\quad \beta=\frac{1}{p!q!}\sum b_{I\bar{J}}\theta^I\wedge\bar{\theta}^J$$

に対し局所的内積を(6.4)と同様に

---

*1 詳しいことは次の論文を参照されたい．
S.-S. Chern, *On a generalization of Kähler geometry, Algebraic Geometry and Topology* (in honor of S. Lefschetz), pp. 103–121, Princeton Univ. Press, 1957. A. Weil, Un théorème fondamental de Chern en géométrie riemannienne, *Séminaire Bourbaki*, 14e année. n0 239, Mai 1962.

(6.61)
$$\langle\alpha,\beta\rangle = \frac{1}{p!q!}\sum h(a_{I\bar{J}},\bar{b}_{I\bar{J}}) = \overset{<}{\sum} h(a_{I\bar{J}},\bar{b}_{I\bar{J}})$$

そして大域的内積を

(6.62)
$$(\alpha,\beta) = \int\langle\alpha,\beta\rangle *1$$

と定義する．また作用素 $*, L, \Lambda$

$$*:\ A^{p,q}(E) \longrightarrow A^{n-q,n-p}(E)$$

$$L:\ A^{p,q}(E) \longrightarrow A^{p+1,q+1}(E),\quad \Lambda:\ A^{p,q}(E) \longrightarrow A^{p-1,q-1}(E)$$

も(6.9), (6.14), (6.16)によって定義される．正則ベクトル束 E に対しては d'' も定義されるから((4.38)参照)，$\delta' = -*d''*$ も定義され

$$d'':\ A^{p,q}(E) \longrightarrow A^{p,q+1}(E),\quad \delta':\ A^{p,q}(E) \longrightarrow A^{p-1,q}(E)$$

となる．しかし，E に対して d' は定義されない．ここで h によって定義される標準接続 $D = D'+d''$ の D' を d' の代りに使えば

$$D':\ A^{p,q}(E) \longrightarrow A^{p+1,q}(E)$$

である．そして $\delta'' = -*d'*$ の代りに

(6.63)
$$\delta''_h = -*D'*:\ A^{p,q}(E) \longrightarrow A^{p,q-1}(E)$$

を使う．ベクトル束 E の局所枠 $s_1, \cdots, s_r$ と D の接続形式 (φ^λ_μ) を使って δ''_h を書いてみる．

$$\alpha = \sum_{\lambda=1}^{r} \alpha^\lambda s_\lambda,\quad \alpha^\lambda \text{ は } (p,q) \text{ 次微分形式}$$

とすると

$$\delta''_h(\alpha) = -*D'*(\sum\alpha^\lambda s_\lambda) = -\sum(*d'*\alpha^\lambda)s_\lambda - \sum(-1)^{p+q}*(*\alpha^\lambda\wedge D's_\lambda)$$
$$= \sum_\lambda\left(\delta''\alpha^\lambda - (-1)^{p+q}*\sum_\mu *\alpha^\mu\wedge\varphi^\lambda_\mu\right)s_\lambda = \sum_\lambda\left(\delta''\alpha^\lambda - *\sum_\mu \varphi^\lambda_\mu\wedge *\alpha^\mu\right)s_\lambda,$$

すなわち

(6.64)
$$\delta''_h(\alpha) = \sum_\lambda\left(\delta''\alpha^\lambda - *\sum_\mu \varphi^\lambda_\mu\wedge *\alpha^\mu\right)s_\lambda$$

を得る．

補題6.6と同様に $\alpha\in A^{p-1,q}(E)$，$\beta\in A^{p,q}(E)$ がコンパクトな台をもつと

き

(6.65)　　$(D'\alpha, \beta) = (\alpha, \delta'\beta)$,

そして台がコンパクトな $\alpha \in A^{p,q-1}(E)$, $\beta \in A^{p,q}(E)$ に対しては

(6.66)　　$(d''\alpha, \beta) = (\alpha, \delta''_h\beta)$

が成り立つ．(6.65)の証明は補題 6.6 の場合とまったく同じであるから(6.66)だけ証明する．$s_1, \cdots, s_r$ を正則，$h_{\lambda\bar{\mu}} = h(s_\lambda, s_\mu)$ とするとき

$$
\begin{aligned}
d(\sum h_{\lambda\bar{\mu}}\alpha^\lambda \wedge *\bar{\beta}^\mu) &= d''(\sum h_{\lambda\bar{\mu}}\alpha^\lambda \wedge *\bar{\beta}^\mu) \\
&= \sum d''h_{\lambda\bar{\mu}}\alpha^\lambda \wedge *\bar{\beta}^\mu + \sum h_{\lambda\bar{\mu}}d''\alpha^\lambda \wedge *\bar{\beta}^\mu + \sum h_{\lambda\bar{\mu}}\alpha^\lambda \wedge **d''*\bar{\beta}^\mu \\
&= \sum h_{\lambda\bar{\mu}}d''\alpha^\lambda \wedge *\bar{\beta}^\mu + \sum h_{\lambda\bar{\mu}}\alpha^\lambda \wedge **h^{\nu\bar{\mu}}d''h_{\nu\bar{\rho}} \wedge *\bar{\beta}^\rho + \sum h_{\lambda\bar{\mu}}\alpha^\lambda \wedge **d''*\bar{\beta}^\mu \\
&= \langle d''\alpha, \beta\rangle *1 - \sum h_{\lambda\bar{\mu}}\alpha^\lambda \wedge *(-*\overline{d'*\beta^\mu} - \sum *\bar{\varphi}^\mu_\rho \wedge *\bar{\beta}^\rho) \\
&= \langle d''\alpha, \beta\rangle *1 - \langle\alpha, \delta''_h\beta\rangle *1
\end{aligned}
$$

となる．左辺の積分は 0 だから(6.66)を得る．

以下 (X, g) は Kähler 多様体とする．そのとき定理 6.7 の公式も d' の代りに D'，δ'' の代りに δ''_h を使えば成り立つ．

定理 6.15　(E, h) を Kähler 多様体 (X, g) 上の Hermite 正則ベクトル束とするとき，次の関係式が成り立つ．

(i)　$[L, D'] = 0$, $[L, d''] = 0$, $[\Lambda, \delta'] = 0$, $[\Lambda, \delta''_h] = 0$,

(ii)　$[L, \delta'] = \sqrt{-1}\, d''$, $[L, \delta''_h] = -\sqrt{-1}\, D'$,

(iii)　$[\Lambda, D'] = \sqrt{-1}\, \delta''_h$, $[\Lambda, d''] = -\sqrt{-1}\, \delta'$.　□

ここで D' も δ''_h も含まない式は定理 6.7 の場合とまったく同様に証明される．D' か δ''_h が入ってくるときは，X の各点 x_0 で適合した局所枠 $s_1, \cdots, s_r$ をとることにより，x_0 で $h_{\lambda\bar{\mu}} = \delta_{\lambda\mu}$, $\varphi^\lambda_\mu = 0$ となっているとして計算すれば定理 6.7 の場合の証明が使える．または $[L, D']$ のように D' や δ''_h の含まれる式の場合，その随伴作用に帰着してもよい．たとえば

$$([L, D']\alpha, \beta) = ((LD' - D'L)\alpha, \beta) = (\alpha, (\delta'\Lambda - \Lambda\delta')\beta) = (\alpha, [\delta', \Lambda]\beta)$$

と $[\delta', \Lambda] = 0$ から $[L, D'] = 0$ を得ることができる．

定理 4.4 で示したように，(E, h) の曲率 $R = D \circ D$ の次数が $(1, 1)$ 次であることから

$$(6.67) \qquad D' \circ D' = 0, \quad d'' \circ d'' = 0, \quad D'd'' + d''D' = R$$

である．最後の式の意味は

$$(D'd'' + d''D')\alpha = R \wedge \alpha,$$

ただし，$R \wedge \alpha$ は R を1次変換として α に作用させると同時に $(1,1)$ 次微分形式として外積をとることであった．このような作用素としての R を $e(R)$ と書くことにする．すなわち

$$(6.68) \qquad D'd'' + d''D' = e(R)$$

と考える．そのとき(6.67)の随伴は，

$$(6.69) \quad \delta_h'' \circ \delta_h'' = 0, \quad \delta' \circ \delta' = 0, \quad \delta' \circ \delta_h'' + \delta_h'' \circ \delta' = -*^{-1} e(R)*$$

となる．たとえば，最後の式は α の次数を r とするとき

$$(\delta'\delta_h'' + \delta_h''\delta')\alpha = (*d''**D'* + *D'**d''*)\alpha = (-1)^{r+1}*(d''D' + D'd'')*\alpha$$
$$= (-1)^{r+1}*e(R)*\alpha = -*^{-1}e(R)*\alpha$$

によって証明される．(6.69)の最後の式は**中野の公式**(Nakano's formula)とよばれる．

(6.53)で定義した作用素 $\square$ を一般化して作用素

$$(6.70) \qquad \square_h = d''\delta_h'' + \delta_h'' d'' \colon A^{p,q}(E) \longrightarrow A^{p,q}(E)$$

を定義する．作用素 $\square_h$ が d'', δ_h'' と可換なことは上の定義から明らかである．また $d''\alpha = 0$, $\delta_h''\alpha = 0$ ならば $\square_h\alpha = 0$ となることは明らかであるが，α の台がコンパクトなとき逆に $\square_h\alpha = 0$ ならば $d''\alpha = 0$, $\delta_h''\alpha = 0$ となることも定理6.11と同様に証明される．微分形式 $\alpha \in A^{p,q}(E)$ が条件

$$(6.71) \qquad \square_h \alpha = 0$$

を満たすとき **$\square_h$ 調和的**($\square_h$-harmonic)であるという．

$$\mathbf{H}^{p,q}(E) = \{\alpha \in A^{p,q}(E);\ \square_h \alpha = 0\}$$

とおく．

定理6.12と同様に次のことも証明できる．

定理 6.16　(E,h) がコンパクト Kähler 多様体 X 上の正則 Hermite ベクトル束とすると $\mathbf{H}^{p,0}(E)$ は E に値をとる正則 p 次微分形式の空間と一致する． □

§6.4 Hodge–de Rham–Kodaira の定理

この節では (X,g) はコンパクト複素多様体，(E,h) は X 上の正則 Hermite ベクトル束とする．そして E に値をとる (p,q) 次 $\Box_h$ 調和微分形式の全体を $\mathbf{H}^{p,q}(E)$ と書くことにする．すなわち

$$\mathbf{H}^{p,q}(E)=\{\alpha\in A^{p,q}(E);\ \Box_h\alpha=0\}. \tag{6.72}$$

ここでは $\mathbf{H}^{p,q}(E)$ が Dolbeault コホモロジー $H^q(X,\Omega^p(E))$ と同型になることを説明する．

まず $A^{p,q}(E)$ の次の三つの部分空間を考える．

$$\mathbf{H}^{p,q}(E),\quad d''A^{p,q-1}(E),\quad \delta_h''A^{p,q+1}(E).$$

これらの空間が互いに直交していることは明らかである．たとえば $\alpha\in\mathbf{H}^{p,q}(E)$，$\beta\in d''A^{p,q-1}(E)$ ならば，$\beta=d''\gamma$ と書いて

$$(\alpha,\beta)=(\alpha,d''\gamma)=(\delta_h''\alpha,\gamma)=0.$$

他の場合も同様である．したがって

$$\mathbf{H}^{p,q}(E)\oplus d''A^{p,q-1}(E)\oplus\delta_h''A^{p,q+1}(E)\subset A^{p,q}(E)$$

であるが実はこの包含関係が等号である．その証明は次の定理に帰着する．

定理 6.17

（i） $\dim\mathbf{H}^{p,q}(E)<\infty$,

（ii） もし $\beta\in A^{p,q}(E)$ が $\mathbf{H}^{p,q}(E)$ に直交するならば

$$\Box_h\psi=\beta$$

となるような $\psi\in A^{p,q}(E)$ が存在する． □

この定理は証明しないが後でもう少し説明を付け加える．

上の定理の(i)により直交射影

$$H\colon\ A^{p,q}(E)\longrightarrow\mathbf{H}^{p,q}(E)$$

が定義される．たとえば $\mathbf{H}^{p,q}(E)$ の正規直交基 $\alpha_1,\cdots,\alpha_m$ をとって，$\varphi\in A^{p,q}(E)$ に対し

$$H\varphi=\sum_{j=1}^{m}(\varphi,\alpha_j)\alpha_j$$

とおけばよい．上の定義から $\varphi-H\varphi$ が $\mathbf{H}^{p,q}(E)$ に直交することは明らかで

ある．また，そのような性質をもった線形写像 $H\colon A^{p,q}(E)\to\mathbf{H}^{p,q}(E)$ は一意であることも容易にわかる．

任意の $\varphi\in A^{p,q}(E)$ に対し $\alpha=\varphi-H\varphi$ として定理 6.17 を適用すれば，適当な $\psi\in A^{p,q}(E)$ を使って

$$\varphi-H\varphi=\Box_h\psi$$

と書けることがわかる．すなわち

$$\varphi=H\varphi+d''\delta''_h\psi+\delta''_h d''\psi \tag{6.73}$$

となる．これによって

$$A^{p,q}(E)=\mathbf{H}^{p,q}(E)\oplus d''A^{p,q-1}(E)\oplus\delta''_h A^{p,q+1}(E) \tag{6.74}$$

が証明された．

作用素 $d''\colon A^{p,q}(E)\to A^{p,q+1}(E)$ の核は $\mathbf{H}^{p,q}(E)\oplus d''A^{p,q-1}(E)$ と一致する．実際，$\alpha\in A^{p,q}(E)$ が $d''\alpha=0$ を満たすならば，すべての $\varphi\in A^{p,q+1}(E)$ に対し $(\alpha,\delta''_h\varphi)=(d''\alpha,\varphi)=0$ だから，α は $\delta''_h A^{p,q+1}(E)$ に直交する．(6.74)から $\alpha\in\mathbf{H}^{p,q}(E)\oplus d''A^{p,q-1}(E)$ となる．

よって Dolbeault の定理(3.51)から

$$H^q(X,\Omega^p(E))\cong\mathbf{H}^{p,q}(E) \tag{6.75}$$

を得る．

作用素 $\Box_h : A^{p,q}(E)\to A^{p,q}(E)$ の核が定義により $\mathbf{H}^{p,q}(E)$ だから，$\Box_h$ は $d''A^{p,q-1}(E)\oplus\delta''_h A^{p,q+1}(E)$ からそれ自身への単射を与えるが定理 6.17 により全射であることがわかる．したがって同型写像

$$\Box_h\colon d''A^{p,q-1}(E)\oplus\delta''_h A^{p,q+1}(E)\longrightarrow d''A^{p,q-1}(E)\oplus\delta''_h A^{p,q+1}(E)$$

の逆写像を G とし，$\mathbf{H}^{p,q}(E)$ 上では $G=0$ として，全射

$$G\colon A^{p,q}(E)\longrightarrow d''A^{p,q-1}(E)\oplus\delta''_h A^{p,q+1}(E)$$

を定義する．これを **Green 作用素**(Green's operator)と呼ぶ．定義から

$$I-H=\Box_h\circ G=G\circ\Box_h \tag{6.76}$$

となることがわかる．

定理 6.18　H,G は d'',δ''_h と可換である．

［証明］　$Hd''=d''H=0$，$\delta''_h H=H\delta''_h=0$，$\Box_h H=H\Box_h=0$．次に $Gd''=d''G$ を証明する．$\varphi\in A^{p,q}(E)$ に対し

$$\Box_h(Gd''-d''G)\varphi = \Box_h Gd''\varphi - \Box_h d''G\varphi = d''\varphi - d''\Box_h G\varphi$$
$$= d''\varphi - d''(I-H)\varphi = d''H\varphi = 0$$

$Gd''\varphi$ も $d''G\varphi$ も $d''A^{p,q}(E)\oplus\delta_h'' A^{p,q+2}(E)$ に属し，その上では $\Box_h$ は単射だから $(Gd''-d''G)\varphi=0$. $G\delta_h''=\delta_h''G$ の証明も同様. ∎

定理 6.17 の証明についてであるが，まず

$$\mathbf{H}^{p,q}(E)^{\perp} = \{\varphi\in A^{p,q}(E);\ (\varphi,\psi)=0,\ \forall\psi\in\mathbf{H}^{p,q}(E)\}$$

とおく. 定理 6.17 を証明する前だから(6.74)も未だわかっていないとして説明をしていることを注意しておく. すなわち

$$\Box_h(A^{p,q}(E))\subset d''A^{p,q-1}(E)\oplus\delta_h''A^{p,q+1}(E)\subset\mathbf{H}^{p,q}(E)^{\perp}$$

だけしかわかっていないとする. 定理 6.17 は上の包含関係が等式であることを主張している. $\Box_h(A^{p,q}(E))$ が $(\ ,\ )$ で定義されるトポロジーに関して $A^{p,q}(E)$ で閉じていることを証明すれば，定理 6.17 が得られることを示す. $\Box_h(A^{p,q}(E))$ が閉じているとして，直交分解

$$\mathbf{H}^{p,q}(E)^{\perp} = \Box_h(A^{p,q}(E))\oplus V$$

を考え，$V=0$ を証明すればよい. $\varphi\in V$ ならば

$$0=(\varphi,\Box_h\psi)=(\Box_h\varphi,\psi),\quad \psi\in A^{p,q}(E)$$

だから $\Box_h\varphi=0$，すなわち，$\varphi\in\mathbf{H}^{p,q}(E)$. 一方，$\varphi\in\mathbf{H}^{p,q}(E)^{\perp}$ だから $\varphi=0$.

したがって，問題は $\Box_h(A^{p,q}(E))$ が $A^{p,q}(E)$ で閉じていることの証明に帰する. そのために，$\Box_h$ が 2 階の強楕円型線形偏微分作用素であることを示しておく. 実際 $\varphi\in A^{p,q}(E)$ を E の局所枠 $s_1,\cdots,s_r$ を使って $\varphi=\sum\varphi^{\lambda}s_{\lambda}$ と書いたとき(6.64)からわかるように $\Box_h\varphi$ において 2 階の偏微分が入ってくる項をみるだけなら $(d''\delta''+\delta''d'')\varphi^{\lambda}$ を計算すれば充分である. X の局所座標系 $z^1,\cdots,z^n$ を使って

$$\varphi^{\lambda}=\sum\varphi^{\lambda}_{I\bar{J}}dz^I\wedge d\bar{z}^J$$

と書けば

$$\Box_h\varphi^{\lambda}=(d''\delta''+\delta''d'')\varphi^{\lambda}=-\sum g^{i\bar{j}}\frac{\partial^2\varphi^{\lambda}_{I\bar{J}}}{\partial z^i\partial\bar{z}^j}dz^I\wedge d\bar{z}^J+\cdots$$

となる. ここで $\cdots$ は 2 階以下の微分しか含まない項を表わし，$(g^{i\bar{j}})$ は計量 $\sum g_{i\bar{j}}dz^i d\bar{z}^j$ の係数の行列 $(g_{i\bar{j}})$ の逆行列を表わす. これで $\Box_h$ が強楕円型で

あることがわかった．

定理6.17は楕円型線形偏微分作用素

$$P\colon C^\infty(E) \longrightarrow C^\infty(F)$$

に関する次の定理の特別な場合である（ここで $C^\infty(E)$ と $C^\infty(F)$ はコンパクト多様体 X 上のベクトル束 E と F の C^∞ 級断面の空間を表わす）．

定理 6.19（Hodge–de Rham–Kodaira の定理）

（i）P の核 $\mathrm{Ker}\,P$ も随伴作用素 P^* の核 $\mathrm{Ker}\,P^*$ も有限次元である．

（ii）$\beta\in C^\infty(F)$ が $\mathrm{Ker}\,P^*$ に直交するならば，$P\varphi=\beta$ となるような $\varphi\in C^\infty(E)$ が存在する．φ が $\mathrm{Ker}\,P$ に直交するという条件を付ければ，そのような φ は一意にきまる*2．□

§6.5　Serre の双対定理

いま X を n 次元コンパクト複素多様体，E を X 上の正則ベクトル束とする．そして E^* を E に対する双対ベクトル束とする．$\alpha\in A^{p,q}(E)$, $\beta\in A^{n-p,n-q}(E^*)$ に対し

$$\langle\alpha,\beta\rangle=\int_X\langle\alpha\wedge\beta\rangle \tag{6.77}$$

と定義する*3．ただし，ここで $\langle\alpha\wedge\beta\rangle$ は E と E^* の双対性を与える内積と微分形式としての外積を組み合わせたものである．もっと具体的に言えば，$e_1,\cdots,e_r$ を E の局所枠，$e^1,\cdots,e^r$ を E^* の双対枠とし $\alpha=\sum\alpha^i e_i$, $\beta=\sum\beta_i e^i$ と書いたとき $\langle\alpha\wedge\beta\rangle=\sum\alpha^i\wedge\beta_i$ である．したがって $\langle\alpha\wedge\beta\rangle$ は M 上の次数 (n,n) の微分形式で

$$\langle\alpha,\beta\rangle=\int_X\sum\alpha^i\wedge\beta_i \tag{6.78}$$

が定義される．内積 $\langle\,,\,\rangle$ により $A^{p,q}(E)$ と $A^{n-p,n-q}(E^*)$ は互いに双対であ

---

*2　証明については，たとえば F. Warner, *Foundations of Differential Manifolds and Lie Groups*, Scott, Foresman and Co., 1971 を参照されたい．

*3　この内積は(6.62)の内積とは異なることを注意しておく．

ることを確かめるには，X 上にHermite計量を使って作用素 $*$ を(6.7)のように定義する．$\beta_i=\overline{*\alpha}^i$ とおけば，$\alpha\neq 0$ のとき

$$\langle\alpha,\beta\rangle=\int_X\sum\alpha^i\wedge\overline{*\alpha}^i>0$$

となる．よって，すべての $\beta\in A^{n-p,n-q}(E^*)$ に対し $\langle\alpha,\beta\rangle=0$ ならば $\alpha=0$ でなければならない．同様にすべての α に対し $\langle\alpha,\beta\rangle=0$ なら，$\beta=0$.

この内積が退化せず $H^{p,q}(E)$ と $H^{n-p,n-q}(E^*)$ の双対性を与えることを証明する．$e_1,\cdots,e_r$ を E の正則局所枠，$e^1,\cdots,e^r$ を E^* の双対枠としておけば $d''\alpha=\sum d''\alpha^ie_i$ である．$\beta=\sum\beta_ie^i\in A^{n-p,n-q-1}(E^*)$ に対しては $d''\beta=\sum d''\beta_ie^i$ で

$$\begin{aligned}\int d''\alpha^i\wedge\beta_i&=\int d''(\alpha^i\wedge\beta_i)-(-1)^{p+q}\int\alpha^i\wedge d''\beta_i\\&=\int d(\alpha^i\wedge\beta_i)-(-1)^{p+q}\int\alpha^i\wedge d''\beta_i\end{aligned}$$

だから

(6.79)

$$\langle d''\alpha,\beta\rangle=(-1)^{p+q-1}\langle\alpha,d''\beta\rangle,\quad\alpha\in A^{p,q}(E),\quad\beta\in A^{n-p,n-q-1}(E^*)$$

を得る．

$$Z^{p,q}(E)=\{\alpha\in A^{p,q}(E);\,d''\alpha=0\},\quad B^{p,q}(E)=d''A^{p,q-1}(E)$$

とおくとき(6.79)から

(6.80) $\langle Z^{p,q}(E),B^{n-p,n-q}(E^*)\rangle=0,\quad\langle B^{p,q}(E),Z^{n-p,n-q}(E^*)\rangle=0$

を得る．したがって，内積

(6.81) $\langle\,,\,\rangle\colon H^{p,q}(E)\times H^{n-p,n-q}(E^*)\longrightarrow\mathbb{C}$

が定義される．この内積が退化しないことを示すために E にHermite構造 h，そして E^* にも対応するHermite構造(同じ h で表わす)をとり，$\square_h$ 調和微分形式の空間に対し

(6.82) $\langle\,,\,\rangle\colon \mathbf{H}^{p,q}(E)\times\mathbf{H}^{n-p,n-q}(E^*)\longrightarrow\mathbb{C}$

の非退化性を証明すればよい．

その準備として(6.79)に対応する次の式を証明しておく．

(6.83)

$$\langle\delta_h''\alpha,\beta\rangle=(-1)^{p+q}\langle\alpha,\delta_h''\beta\rangle,\quad \alpha\in A^{p,q}(E),\quad \beta\in A^{n-p,n-q+1}(E^*).$$

まず(6.9)により，次の局所的(実際，1点における)等式が成り立つ．

$$\langle *\alpha\wedge\beta\rangle=(-1)^{p+q}\langle\alpha\wedge *\beta\rangle,\quad \alpha\in A^{p,q}(E),\quad \beta\in A^{q,p}(E^*)$$

一方，E の接続と E' の接続の関係式(4.27)から

$$d'\langle\alpha\wedge\beta\rangle=\langle D'\alpha\wedge\beta\rangle+(-1)^{p+q}\langle\alpha\wedge D'\beta\rangle,$$
$$\alpha\in A^{p,q}(E),\quad \beta\in A^{n-q-1,n-p}(E^*)$$

を得る．上の2式を使えば $\alpha\in A^{p,q}(E)$, $\beta\in A^{n-p,n-q+1}(E^*)$ に対し

$$\begin{aligned}d'\langle *\alpha\wedge *\beta\rangle&=\langle D'*\alpha\wedge *\beta\rangle+(-1)^{p+q}\langle *\alpha\wedge D'*\beta\rangle\\&=(-1)^{p+q-1}\langle *D'*\alpha\wedge\beta\rangle+\langle\alpha\wedge *D'*\beta\rangle\\&=(-1)^{p+q}\langle\delta_h''\alpha\wedge\beta\rangle-\langle\alpha\wedge\delta_h''\beta\rangle.\end{aligned}$$

これを積分すれば，左辺は $\int d'\langle *\alpha\wedge *\beta\rangle=\int d\langle *\alpha\wedge *\beta\rangle=0$ だから(6.83)を得る．

$\alpha\in\mathbf{H}^{p,q}(E)$ とする．(6.79)により

$$\langle\alpha,d''A^{n-p,n-q-1}(E^*)\rangle=0.$$

一方，(6.83)により

$$\langle\alpha,\delta_h''A^{n-p,n-q+1}(E^*)\rangle=0.$$

したがって，もし $\langle\alpha,\mathbf{H}^{n-p,n-q}(E^*)\rangle=0$ ならば $\langle\alpha,A^{n-p,n-q}(E^*)\rangle=0$ となるから $\alpha=0$ を得る．同様に $\langle\mathbf{H}^{p,q}(E),\beta\rangle=0$ となる $\beta\in\mathbf{H}^{n-p,n-q}(E^*)$ は0である．よって(6.82)が退化しない．以上を定理として述べておく．

定理 6.20 (Serreの双対定理)　X をコンパクト複素多様体，E を X 上の正則ベクトル束，E^* をその双対ベクトル束とするとき

$$H^q(X,\Omega^p(E))\underset{\text{dual}}{\sim}H^{n-q}(X,\Omega^{n-p}(E^*))$$

である．□

系 6.21　X をコンパクト複素多様体とすると

$$H^q(X,\Omega^p)\underset{\text{dual}}{\sim}H^{n-q}(X,\Omega^{n-p}).$$ □

また，定理6.20で $p=0$ とすれば

系 6.22　$$H^q(X,\mathcal{O}(E))\underset{\text{dual}}{\sim}H^{n-q}(X,\mathcal{O}(E^*\otimes K_X))$$

を得る. □

Serre の証明は調和積分を使わないが，Fréchet 空間の理論を必要とする. X が代数的多様体の場合，定理 6.20 は代数幾何的な主張である．実際，その場合純粋に代数的な証明が知られている*4.

§6.6 Kähler 多様体のコホモロジー

この節では (X,g) は n 次元コンパクト Kähler 多様体とする．§6.4 で E が一般の正則ベクトル束の場合の同型対応

$$H^q(X,\Omega^p(E))\cong \mathbf{H}^{p,q}(E)$$

を考えたが，ここでは E が自明な線束，すなわち $E=X\times\mathbb{C}$ の場合を考える.

まず X の複素構造を無視して，単に Riemann 多様体として考える．$A^r(X)$ を C^∞ 級 r 次複素微分形式の空間とし，r 次調和微分形式の空間

$$\mathbf{H}^r=\{\alpha\in A^r(X);\ \Delta\alpha=0\} \tag{6.84}$$

を考えると§6.4 と同様に $\dim\mathbf{H}^r<\infty$ で，また $\mathbf{H}^r$ に直交する $\beta\in A^r(X)$ に対しては $\Delta\varphi=\beta$ は解 $\varphi\in A^r(X)$ をもつ．さらに，φ が $\mathbf{H}^r$ に直交するという条件を付ければ解 φ は一意にきまる．そして§6.4 におけるように直交分解

$$A^r(X)=\mathbf{H}^r\oplus dA^{r-1}(X)\oplus\delta A^{r+1}(X) \tag{6.85}$$

が成り立つ．その結果 X の de Rham コホモロジーは調和微分形式の空間と同型になる.

$$H^r(X,\mathbb{C})\cong\mathbf{H}^r. \tag{6.86}$$

Kähler 多様体の場合，補題 6.9 で示したように $\Delta=2\Box$ であるから Δ 調和性と $\Box$ 調和性を区別する必要はない．また $\Delta(A^{p,q}(X))\subset A^{p,q}(X)$ である((6.55)参照)から

*4 たとえば A. Altman and S. Kleiman, Introduction to Grothendiech Duality Theory. II, *Lecture Notes in Math.* **146**, Springer, 1970. R. Hartshorne, *Algebraic Geometry*, Springer, 1977 を見られたい.

(6.87)
$$\mathbf{H}^r = \bigoplus_{p+q=r} \mathbf{H}^{p,q}$$

を得る．また，Δ は実作用素だから複素共役の作用と可換である．すなわち，$\Delta(\bar{\alpha}) = \overline{\Delta(\alpha)}$．特に

(6.88)
$$\bar{\mathbf{H}}^{p,q} = \mathbf{H}^{q,p}.$$

Serre の双対定理 6.20 によれば

(6.89)
$$\mathbf{H}^{p,q} \underset{\text{dual}}{\sim} \mathbf{H}^{n-p,n-q}.$$

いま

(6.90)
$$h^{p,q} = \dim \mathbf{H}^{p,q} \,(= \dim H^{p,q}(X,\mathbb{C}))$$

とおき，これらの整数 $h^{p,q}$ を X の **Hodge 数**(Hodge number)とよぶ．

定理 6.23　X を n 次元コンパクト Kähler 多様体とすると，r 次元 Betti 数 b_r と Hodge 数 $h^{p,q}$ の間に次のような関係がある．

(i)　$b_r = \sum_{p+q=r} h^{p,q}$,

(ii)　$h^{p,q} = h^{q,p}$,

(iii)　$h^{p,q} = h^{n-p,n-q}$.　□

これらの関係は(6.87), (6.88), (6.89)から直ちに得られる．

系 6.24　r が奇数ならば b_r は偶数である．　□

さらに $\mathbf{H}_e^{p,q}$ を原始的 (p,q) 次調和微分形式の空間，すなわち

(6.91)
$$\mathbf{H}_e^{p,q} = \{\alpha \in \mathbf{H}^{p,q};\, \Lambda\alpha = 0\}$$

とし

(6.92)
$$h_e^{p,q} = \dim \mathbf{H}_e^{p,q}$$

とおくとき定理 6.14 から次の結果を得る．

定理 6.25　X を n 次元コンパクト Kähler 多様体とすると

$$h^{p,q} = \sum_{k=(p+q-n)^+}^{\min\{p,q\}} h_e^{p-k,q-k} \qquad (\text{ここで } (p+q-n)^+ = \max\{p+q-n, 0\})$$

が成り立つ．　□

系 6.26　$0 \leqq p < n$ に対し，$p+2k \leqq n$ の範囲で

$$h^{p,0} \leqq h^{p+1,1} \leqq h^{p+2,2} \leqq \cdots \leqq h^{p+k,k}$$

が成り立つ. □

特に $p=0$ の場合，$2k \leqq n$ の範囲で

$$1 = h^{0,0} \leqq h^{1,1} \leqq h^{2,2} \leqq \cdots \leqq h^{k,k}$$

が成り立つが，これは定理 5.9 で示した $h^{k,k} \neq 0$ を含んでいる．系 6.26 において $h^{p+i,i}$ は i と共にある範囲まで単調増加するが定理 6.23 の(ii),(iii)によりその後は減少し始めることを注意しておく．

偶数次元のコンパクト Kähler 多様体に対しては Hodge 数に関してもう一つ重要な関係式がある．一般に，X を向きづけられた $4k$ 次元コンパクト実多様体とするとき

$$Q(\varphi, \psi) = \int_X \varphi \wedge \psi, \quad \varphi, \psi \in H^{2k}(X, \mathbb{R})$$

によって対称双線形形式

$$Q\colon\ H^{2k}(X, \mathbb{R}) \times H^{2k}(X, \mathbb{R}) \longrightarrow \mathbb{R}$$

が定義される．Poincaré の双対定理により Q は非退化である．Q を対角化したときの (正の項の数)－(負の項の数) を Q の**指数**(index)とよび，$\tau(X)$ で表わす．Hirzebruch の指数定理は $\tau(X)$ を X の Pontrjagin 数の 1 次結合として表わす．ここで証明するのは次の **Hodge の指数定理**(Hodge index theorem)である．

定理 6.27 (Hodge の指数定理)　X を偶数次元 $n=2m$ のコンパクト Kähler 多様体とすると，指数 $\tau(X)$ は

$$\tau(X) = \sum_{p,q=0}^{n} (-1)^q h^{p,q}$$

によって与えられる．

[証明]　ここで一番難しいのは次の式の証明である．

(6.93)　$\quad *\alpha = (-1)^{q+k}\alpha, \quad \alpha \in L^k(\mathbf{H}_e^{p-k,q-k}), \quad p+q=n.$

この式の証明は後まわしにして，定理の証明をする．

簡単のため

$$B^{p,q} = \{\alpha + \bar{\alpha};\ \alpha \in \mathbf{H}^{p,q}\}, \quad p+q=n,\ p \leqq q$$

とおけば

$$H^n(X,\mathbb{R})\cong\oplus B^{p,q},\quad p+q=n,\ p\leqq q$$

となる．$\varphi\in B^{p,q}$, $\psi\in B^{s,t}$ $(p+q=s+t=n)$ に対して次数を計算するだけで，$p=s$, $q=t$ の場合を除いて $\varphi\wedge\psi=0$ となることがわかる．したがって，$p=s$, $q=t$ の場合を除いて

$$Q(B^{p,q},B^{s,t})=0$$

であるから $Q\colon B^{p,q}\times B^{p,q}\to\mathbb{R}$ だけを考える．

定理6.14により，$B^{p,q}$ を分解して

$$B^{p,q}=\oplus B_k^{p,q},\quad B_k^{p,q}=\{\alpha+\bar{\alpha}\ ;\ \alpha\in L^k(\mathbf{H}_e^{p-k,q-k})\}$$

と書く．上の直和は直交分解であることは定理6.14で示した．$\varphi=\alpha+\bar{\alpha}\in B_k^{p,q}$, $\psi=\beta+\bar{\beta}\in B_l^{p,q}$ $(\alpha\in L^k(\mathbf{H}_e^{p-k,q-k}),\ \beta\in L^l(\mathbf{H}_e^{p-l,q-l}))$ とすると，(6.93)を使えば $\overline{*\psi}=*\psi=(-1)^{q+l}\psi$ だから

$$Q(\varphi,\psi)=\int\varphi\wedge\psi=(-1)^{q+l}\int\varphi\wedge*\psi=(-1)^{q+l}(\varphi,\psi).$$

したがって，上の直和は Q に関しても直交分解で $B_k^{p,q}$ 上で $(-1)^{q+k}Q$ は正値2次形式となるから

$$\tau(X)=\sum(-1)^{q+k}\dim_{\mathbb{R}}B_k^{p,q},\quad p+q=n,\ k\leqq p\leqq q$$

である．

一方，$p<q$ の場合，定理6.13を使って

$$\dim_{\mathbb{R}}B_k^{p,q}=2\cdot\dim_{\mathbb{C}}L^k(\mathbf{H}_e^{p-k,q-k})=2\cdot\dim_{\mathbb{C}}\mathbf{H}_e^{p-k,q-k}=2h_e^{p-k,q-k}.$$

同様に $p=q=m$ の場合には

$$\dim_{\mathbb{R}}B_k^{m,m}=\dim_{\mathbb{C}}L^k(\mathbf{H}_e^{m-k,m-k})=h_e^{m-k,m-k}$$

となる．定理6.25により

$$h_e^{p-k,q-k}=h^{p-k,q-k}-h^{p-k-1,q-k-1}.$$

定理6.23の(ii)と(iii)を使えば，$p+q=n$ だから

$$h^{p-k-1,q-k-1}=h^{p+k+1,q+k+1}.$$

したがって

$$\begin{aligned}\tau(X)&=\sum_{k\geqq 0,\,p+q=n}(-1)^{q+k}h^{p-k,q-k}+\sum_{k\geqq 0,\,p+q=n}(-1)^{q+k+1}h^{p+k+1,q+k+1}\\&=\sum_{p+q\leqq n}(-1)^q h^{p,q}+\sum_{p+q>n}(-1)^q h^{p,q}=\sum_{p,q}(-1)^q h^{p,q}.\end{aligned}$$

まだ(6.93)の証明が残っているが，まず

(6.94)

$$*\beta = \frac{1}{(n-r)!}(\sqrt{-1})^r(-1)^{r(r-1)/2+s}L^{n-r}\beta, \quad \beta \in \mathbf{H}_e^{s,t},\ r=s+t \leqq n$$

を仮定して(6.93)を証明する．$\alpha \in L^k(\mathbf{H}_e^{p-k,q-k})$ を

$$\alpha = L^k\beta, \quad \beta \in \mathbf{H}_e^{p-k,q-k}$$

と書けば(6.94)を使って

$$\begin{aligned} *\alpha &= *L^k\beta = (*L^k*^{-1})*\beta = \Lambda^k*\beta \\ &= (\sqrt{-1})^{n-2k}(-1)^{(n-2k)(n-2k-1)/2+p-k}\frac{1}{(2k)!}\Lambda^k L^{2k}\beta. \end{aligned}$$

補題 6.1 の(i)により $\Lambda^k L^{2k}\beta = (2k)!L^k\beta$. n が偶数だから，$\sqrt{-1}$ のベキと -1 のベキを整理すると $(-1)^{p-k}(=(-1)^{q+k})$ を得る．

いよいよ(6.94)の証明に移るが(6.93)同様，1 点における代数的結果であって Kähler 多様体の性質を使うわけではないことを注意しておく．$N=\{1,2,\cdots,n\}$ とおく．β を $\theta^1,\cdots,\theta^n,\bar\theta^1,\cdots,\bar\theta^n$ を使って表わすときに $\theta^k\wedge\bar\theta^k$ のように対で現われる場合と θ^i があっても $\bar\theta^i$ がない場合，$\bar\theta^j$ があって θ^j がない場合を考えて

$$\beta = \sum^{<} b_{i_1\cdots i_\lambda \bar j_1\cdots\bar j_\mu k_1\bar k_1\cdots k_\nu\bar k_\nu}\theta^{i_1}\wedge\cdots\wedge\theta^{i_\lambda}\wedge\bar\theta^{j_1}\wedge\cdots\wedge\bar\theta^{j_\mu}\wedge\theta^{k_1}\wedge\bar\theta^{k_1}\wedge\cdots\wedge\theta^{k_\nu}\wedge\bar\theta^{k_\nu}$$

と書く．N の部分集合として，$I=\{i_1,\cdots,i_\lambda\}$, $J=\{j_1,\cdots,j_\mu\}$, $K=\{k_1,\cdots,k_\nu\}$ は互いに素(共通部分がない)で

$$\beta = \sum^{<} b_{I\bar J K}\theta^I\wedge\bar\theta^J\wedge\omega^K, \quad \omega^K = \prod_{k\in K}\theta^k\wedge\bar\theta^k$$

と書くことにする．$\Lambda\beta$ の係数は定数を除いて

$$\sum_k^{<} b_{I\bar J k_1\bar k_1\cdots k_{\nu-1}\bar k_{\nu-1}k,\bar k}$$

で与えられるから β が原始的という条件は

$$\sum_{I,J,K}^{<} b_{I\bar J K}\theta^I\wedge\bar\theta^J\wedge\left(\sum_{k\in K}\omega^{K-\{k\}}\right)=0$$

で与えられる．したがって I, J を固定して β が

$$\beta=\theta^I\wedge\bar{\theta}^J\wedge\Big(\sum_K b(K)\omega^K\Big),\quad K\subset N-(I\cup J),\quad s=\lambda+\nu,\ t=\mu+\nu$$

の形をしている場合を考えればよい．$b(K)$ はこの式で定義される．I と J を固定するから簡単のため $I\cup J=\{m+1,\cdots,n\}$ としてよい（ここでは n は偶数でも奇数でもよく m は $n/2$ の意味で使わない）．したがって K は $M=\{1,\cdots,m\}$ からとることになる．$\Lambda\beta=0$ は

$$\sum_{k\in M-K'} b(K'\cup\{k\})=0$$

が M の部分集合 K' で $\#K'=\nu-1$ となるものすべてに対して成り立つという条件で与えられる．

$M=M_1\cup M_2$ $(M_1\cap M_2=\varnothing)$ と分けて

$$K_1'=M_1\cap K',\quad K_2'=M_2\cap K'$$

とおけば上の条件は

$$\sum_{k\in M_1-K_1'} b(K'\cup\{k\})+\sum_{k\in M_2-K_2'} b(K'\cup\{k\})=0$$

となる．ここで $0\leqq r\leqq\nu$ に対して

$$\mathcal{K}_{r,1}=\{K\subset M;\ \#K=\nu,\ \#(M_1\cap K)=r\}$$
$$\mathcal{K}_r'=\{K'\subset M;\ \#K'=\nu-1,\ \#(M_1\cap K')=r-1\}$$

を考える．各 $K'\in\mathcal{K}_r'$ に対し，$k\in M_1-K_1'$ をとれば $K'\cup\{k\}\in\mathcal{K}_{r,1}$ で，逆に各 $K\in\mathcal{K}_{r,1}$ は $K=K'\cup\{k\}$, $K'\in\mathcal{K}_r'$, $k\in M_1-K_1'$ と書けるが，そのとき書き方は一通りでなく r 通りある．

$$\mathcal{K}_{r,2}=\{K\subset M;\ \#K=\nu,\ \#(M_1\cap K)=r-1\}$$

とすれば同様に各 $K'\in\mathcal{K}_r'$ に対し $k\in M_2-K_2'$ をとれば，$K'\cup\{k\}\in\mathcal{K}_{r,2}$ で，逆に各 $K\in\mathcal{K}_{r,2}$ は $K=K'\cup\{k\}$, $K'\in\mathcal{K}_r'$, $k\in M_2-K_2'$ と $\nu-r+1$ 通りに書ける．

そこで

$$S_r(M_1)=\sum_{K\in\mathcal{K}_{r,1}} b(K),\quad 0\leqq r\leqq\nu$$

とおけば上の条件は

$$rS_r(M_1)+(\nu-r+1)S_{r-1}(M_1)=0$$

と表わされる．この式を $(-1)^r(r-1)!(\nu-r)!$ 倍して $r=1$ から ν までの和をとれば

$$S_\nu(M_1)=(-1)^\nu S_0(M_1)$$

を得る．一方，定義から

$$S_\nu(M_1)=\sum_{K\subset M_1} b(K)$$

$$S_0(M_1)=\sum_{K\subset M_2} b(K)=S_\nu(M_2)$$

特に $\#M_1=\nu$ の場合は $S_\nu(M_1)=b(M_1)$ となる．

さて

$$\beta=\theta^I\wedge\bar\theta^J\wedge\left(\sum_{K\subset M}^{<} b(K)\omega^K\right),\quad \#K=\nu$$

だから(6.10)により

$$\overline{*\beta}=c\bar\theta^I\wedge\theta^J\wedge\left(\sum_{K\subset M}^{<}\overline{b(K)}\omega^{M-K}\right)$$

となる．係数 c は

$$c\theta^I\wedge\bar\theta^J\wedge\omega^K\wedge\bar\theta^I\wedge\theta^J\wedge\omega^{M-K}=*1$$

という条件できまる．$\theta^k\wedge\bar\theta^k$ はすべてと可換だから ω^K と ω^{M-K} を前にもってくれば左辺は

$$c\theta^1\wedge\bar\theta^1\wedge\cdots\wedge\theta^m\wedge\bar\theta^m\wedge\theta^I\wedge\bar\theta^J\wedge\bar\theta^I\wedge\theta^J$$

に等しい．$\theta^I\wedge\bar\theta^J\wedge\bar\theta^I\wedge\theta^J=(-1)^\mu\theta^I\wedge\theta^J\wedge\bar\theta^I\wedge\bar\theta^J$ であるが I と J は固定して $I\cup J=\{m+1,\cdots,n\}$ としてあるが (IJ) が $(m+1,\cdots,n)$ の順になっているとして差支えない．そうすれば

$$\theta^I\wedge\theta^J\wedge\bar\theta^I\wedge\bar\theta^J=(-1)^{(n-m)(n-m-1)/2}\theta^{m+1}\wedge\bar\theta^{m+1}\wedge\cdots\wedge\theta^n\wedge\bar\theta^n.$$

したがって，$s=\lambda+\nu$，$t=\mu+\nu$，$r=s+t$ とおけば

$$c=(-\sqrt{-1})^n(-1)^{(n-m)(n-m-1)/2+\mu}=(\sqrt{-1})^n(-1)^{r(r+1)/2+s+n}.$$

一方，

$$\Phi^{n-r} = (\sqrt{-1})^{n-r}(n-r)!\sum_R \omega^R, \quad R \subset N,\ \#R = n-r$$

だから

$$L^{n-r}\beta = (\sqrt{-1})^{n-r}(n-r)!\theta^I \wedge \bar{\theta}^J \wedge \left(\sum_{K,R} b(K)\omega^{K\cup R}\right)$$

ここで $K, R \subset M$ は $K \cap R = \varnothing$, $\#K = \nu$, $\#R = n-r\,(=m-2\nu)$ という条件の下で和をとっている．$T = K \cup R$ として考えれば

$$\sum_{K,R} b(K)\omega^{K\cup R} = \sum_T S_\nu(T)\omega^T, \quad T \subset M, \quad \#T = m-\nu$$

である．

$$S_\nu(T) = (-1)^\nu S_0(T) = (-1)^\nu S_\nu(M-T)$$

を使って

$$L^{n-r}\beta = (-1)^\nu(\sqrt{-1})^{n-r}(n-r)!\theta^I \wedge \bar{\theta}^J \wedge \left(\sum_T S_\nu(M-T)\omega^T\right)$$

を得る．$\#(M-T) = m-(m-\nu) = \nu$ だから

$$S_\nu(M-T) = b(M-T)\,.$$

したがって

$$L^{n-r}\bar{\beta} = (-1)^{n-r}(\sqrt{-1})^{n-r}(n-r)!\bar{\theta}^I \wedge \theta^J \wedge \left(\sum_T \bar{b}(M-T)\omega^T\right).$$

そこで $M-T$ を K として書き直せば

$$L^{n-r}\bar{\beta} = (-1)^{n-r}(\sqrt{-1})^{n-r}(n-r)!\bar{\theta}^I \wedge \theta^J \left(\sum_K \bar{b}(K)\omega^{M-K}\right)$$

となる．これを上の $\overline{*\beta}$ と較べてみると定数倍を除いて一致していることは明らかである．あとは係数の計算をするだけである．これで(6.94)が証明され，定理6.27の証明も完了した[*5]．∎

以上の外に，§4.4で説明したRiemann–Roch–Hirzebruchの公式(4.113)を使えばHodge数に関する関係式が得られる．コンパクト複素多様体 X

＊5　(6.93)および(6.94)の証明は，A. Weil, *Variétés Kählériennes*, Hermann, 1958, の第1章(pp. 23–25)に従った．

(Kählerでなくてもよい)の上の正則ベクトル束 E に対し,

$$\sum(-1)^q \dim H^q(X, \mathcal{O}(E)) = \int_X td(X)ch(E)$$

というのが公式(4.113)であった. E として $\Lambda^p T^* X$ をとれば

$$\sum_{q=0}^{n}(-1)^q \dim H^q(X, \Omega^p) = \int_X td(X)ch(\Lambda^p T^* X) \tag{6.95}$$

となり, Hodge 数に関する結果が得られる. 高次元の場合, 右辺を具体的に計算するのは難しいが2次元の場合ならば簡単である. 2次元コンパクト複素多様体に対し

(6.96)

$$h^{0,0} - h^{0,1} + h^{0,2} = \int_X \frac{1}{12}(c_1(X)^2 + c_2(X)) \qquad \text{(Noether の公式)}$$

$$h^{1,0} - h^{1,1} + h^{1,2} = \int_X \frac{1}{6}(c_1(X)^2 - 5c_2(X))$$

$$h^{2,0} - h^{2,1} + h^{2,2} = \int_X \frac{1}{12}(c_1(X)^2 + c_2(X))$$

が成り立つ. 最後の式は最初の式に Serre の双対定理を適用しても得られる. (6.96)の証明は演習問題 6.5 として残す.

応用上たとえば等質空間のコホモロジーを求めるときなど, ラプラシアン Δ と X の変換の関係を知っておくと便利である. いま φ を X の任意の変換とするとよく知られているように整係数コホモロジー群 $H^r(X, \mathbb{Z})$ の変換 $\varphi^* : H^r(X, \mathbb{Z}) \to H^r(X, \mathbb{Z})$ を引きおこす. φ が X の恒等変換 id_X にホモトープであれば φ^* は $H^r(X, \mathbb{Z})$ の恒等変換である. そのとき $H^r(X, \mathbb{C})$ に引きおこす変換も恒等変換になるのは当然である.

いま φ が X の C^∞ 級の変換ならば, 変換 $\varphi^* : A^r(X) \to A^r(X)$ を引きおこし

$$d \circ \varphi^* = \varphi^* \circ d \tag{6.97}$$

により de Rham コホモロジー $H^r(X, \mathbb{C})$ の変換を引きおこす.

次に Riemann 多様体の等長変換 φ は Hodge の $*$ 作用素と可換であることを証明する. 局所的な計算をしてもよいが, α, β を r 次微分形式とし α の台

はコンパクトと仮定する．内積 (α,β) は

$$(\alpha,\beta)=\int_X \alpha\wedge\overline{*\beta}=\int_X \varphi^*(\alpha\wedge\overline{*\beta})=\int_X \varphi^*\alpha\wedge\varphi^*(\overline{*\beta})$$

となる．(1番目の等号は (α,β) の定義で，その後の等号は X の任意の変換 φ に対して成り立つ．ここでは φ が X の計量を保つ必要はない.) 同様に内積の定義により

$$(\varphi^*\alpha,\varphi^*\beta)=\int_X \varphi^*\alpha\wedge\overline{*(\varphi^*\beta)}\,.$$

φ が等長変換であれば $(\alpha,\beta)=(\varphi^*\alpha,\varphi^*\beta)$ が成り立つから，

$$\int_X \varphi^*\alpha\wedge\varphi^*(\overline{*\beta})=\int_X \varphi^*\alpha\wedge\overline{*(\varphi^*\beta)}$$

となる．これがコンパクトな台を持つすべての α に対して成り立つことから

$$\varphi^*(*\beta)=*(\varphi^*\beta) \tag{6.98}$$

を得る．

すでに述べたように，任意の変換 φ に対し $\varphi^*\circ d=d\circ\varphi^*$ が成り立つから等長変換 φ は $\delta=-*\circ d\circ *$ と可換である．すなわち，

$$\varphi^*\circ\delta=\delta\circ\varphi^*\,. \tag{6.99}$$

よって，等長変換 φ に対しては

$$\varphi^*\circ\Delta=\Delta\circ\varphi^* \tag{6.100}$$

が成り立つ．特に等長変換 φ は調和微分形式の空間 $\mathbf{H}^r$ をそれ自身に写す．

もし φ が恒等変換 id_X にホモトープなら de Rham コホモロジー $H^r(X,\mathbb{C})$ の恒等変換を引きおこすから，$\mathbf{H}^r$ の恒等変換を引きおこすことになる．以上をまとめて

定理 6.28　コンパクト Riemann 多様体 X の等長変換群を $I(X)$，その単位元の連結成分を $I^0(X)$ とするとき，任意の元 $\varphi\in I^0(X)$ はすべての調和微分形式を不変にする．すなわち

$$\varphi^*\alpha=\alpha,\quad \alpha\in\mathbf{H}^r,\ \varphi\in I^0(X)\,.$$

□

以上のことは，もちろんコンパクト Kähler 多様体に適用される．特に φ が X の正則変換であれば，φ は Dolbeault コホモロジー $H^{p,q}(X,\mathbb{C})$ の変換

を引きおこす．さらに，φ が Kähler 計量を保てば調和微分形式の空間 $\mathbf{H}^{p,q}$ の変換を引きおこす．

§6.7 Picard 多様体と Albanese 多様体

§4.5 で一般のコンパクト複素多様体 X に対して Picard 群 $\mathrm{Pic}(X)$ と Picard 多様体 $\mathrm{Pic}^0(X)$ を考えたが，ここでは，X をコンパクト Kähler 多様体であるとしてさらに詳しく調べる．

まず $\mathrm{Pic}^0(X)$ について考える．命題 4.19 によれば $j:\mathbb{Z}\to\mathcal{O}_X$ は単射 $j^*: H^1(X,\mathbb{Z})\to H^1(X,\mathcal{O}_X)$ を引きおこし，同型対応

$$\mathrm{Pic}^0(X)\cong H^1(X,\mathcal{O}_X)/j^*(H^1(X,\mathbb{Z}))$$

を与える．Dolbeault の定理(3.48)によれば，$A^{p,q}=\Gamma(X,\mathcal{A}^{p,q})$ とおくとき

$$H^1(X,\mathcal{O}_X)\cong\frac{\mathrm{Ker}(d''\colon A^{0,1}\to A^{0,2})}{d''A^{0,0}}$$

である．$H^1(X,\mathcal{O}_X)$ は d''-ラプラシアン $\square$ に関する $(0,1)$ 次調和微分形式の空間と同型である．

X をコンパクト Kähler 多様体とする．補題 6.9 により $\Delta=2\square$．

$$\mathbf{H}^{1,0}=\{\varphi\in\mathcal{A}^{1,0};\,\Delta\varphi=0\},\quad \mathbf{H}^{0,1}=\{\psi\in\mathcal{A}^{0,1};\,\Delta\psi=0\}$$

と書くと定理 6.12 と(6.88)により

$$\mathbf{H}^{1,0}=\{\text{ 正則 1 次微分形式}\,\varphi\},\quad \mathbf{H}^{0,1}=\bar{\mathbf{H}}^{1,0}=\{\bar\varphi\,;\,\varphi\in\mathbf{H}^{1,0}\}$$

となる．

命題 4.20 によれば $j^*(H^1(X,\mathbb{Z}))\subset H^1(X,\mathcal{O}_X)\cong H^{0,1}(X,\mathbb{C})\cong\mathbf{H}^{0,1}$ は $\bar\varphi\in\mathbf{H}^{0,1}$ で次の条件を満たすものから成り立つ．すなわち X のすべての整係数 1 次元サイクル λ に対し

$$\int_\lambda\varphi+\bar\varphi\in\mathbb{Z}.$$

したがって，$i^*:H^1(X,\mathbb{Z})\to H^1(X,\mathbb{R})$ を自然な写像，$r^*:\mathbf{H}^{0,1}\to H^1(X,\mathbb{R})$ を $r:\bar\varphi\to\varphi+\bar\varphi$ によって与えられる写像とすれば，図式

$$
\begin{array}{ccc}
 & \overset{j^*}{\nearrow} & H^1(X,\mathcal{O}_X)\cong \mathbf{H}^{0,1} \\
H^1(X,\mathbb{Z}) & & \downarrow r^* \\
 & \underset{i^*}{\searrow} & H^1(X,\mathbb{R})
\end{array}
$$

は可換，すなわち $i^*=r^*\circ j^*$ である．$i^*(H^1(X,\mathbb{Z}))$ は $H^1(X,\mathbb{R})$ の格子群で $b_1\,(=\dim H^1(X,\mathbb{R})=2h^{0,1})$ 個の1次独立なベクトルで生成される．したがって $H^1(X,\mathcal{O}_X)/j^*(H^1(X,\mathbb{Z}))$ は複素トーラスである．以上をまとめて，

定理 6.29　X がコンパクト Kähler 多様体ならば，その Picard 多様体 $\mathrm{Pic}^0(X)$ は複素次元 $h^{0,1}\left(=\dfrac{1}{2}b_1\right)$ の複素トーラスである．　□

次に Picard 群 $\mathrm{Pic}(X)$ を考える．$\mathcal{A}^k=\sum_{i+j=k}\mathcal{A}^{i,j}$ を k 次複素微分形式の層とし，層 $\mathbb{C}$ と $\mathcal{O}_X$ の細層による分解

$$
\begin{array}{ccccccccc}
0 & \longrightarrow & \mathbb{C} & \longrightarrow & \mathcal{A}^0 & \longrightarrow & \mathcal{A}^1 & \longrightarrow & \\
 & & {\scriptstyle i}\downarrow & & {\scriptstyle p}\downarrow & & {\scriptstyle p}\downarrow & & \\
0 & \longrightarrow & \mathcal{O}_X & \longrightarrow & \mathcal{A}^{0,0} & \longrightarrow & \mathcal{A}^{0,1} & \longrightarrow &
\end{array}
\tag{6.101}
$$

を考える（ここで，p は自然な射影）．$\mathbf{H}^k$ を k 次複素調和微分形式の空間とするとき，X がコンパクト Kähler であることから $\mathbf{H}^k=\sum_{i+j=k}\mathbf{H}^{i,j}$ で，(6.101) から可換図式

$$
\begin{array}{ccc}
H^k(X,\mathbb{C}) & \cong & \mathbf{H}^k \\
{\scriptstyle i^*}\downarrow & & {\scriptstyle p}\downarrow \\
H^k(X,\mathcal{O}_X) & \cong & \mathbf{H}^{0,k}
\end{array}
\tag{6.102}
$$

を得る．

自然な写像 $H^2(X,\mathbb{Z})\to H^2(X,\mathbb{C})$ による $H^{1,1}(X,\mathbb{C})\subset H^2(X,\mathbb{C})$ の逆像を $H^{1,1}(X,\mathbb{Z})$ と書くことにすると次の定理が成り立つ．

定理 6.30　X をコンパクト Kähler 多様体とする．F が X 上の正則線束ならば $c_1(F)\in H^{1,1}(X,\mathbb{Z})$ である．逆に，すべての $c\in H^{1,1}(X,\mathbb{Z})$ に対し $c=c_1(F)$ となる正則線束 F が存在する．

［証明］ 与えられた正則線束 F 上に Hermite 構造 h をとる．定理 4.4 により，その曲率は $(1,1)$ 次微分形式で式(4.87)により Chern 形式の次数も $(1,1)$ である．

逆に $c\in H^{1,1}(X,\mathbb{Z})$ とする．完全系列(4.126)

$$0 \longrightarrow \mathbb{Z} \xrightarrow{j} \mathcal{O}_X \xrightarrow{e} \mathcal{O}_X^* \longrightarrow 0$$

から得られる完全系列(4.127)

$$H^1(X,\mathcal{O}_X^*) \xrightarrow{\delta} H^2(X,\mathbb{Z}) \xrightarrow{j^*} H^2(X,\mathcal{O}_X)$$

を考える．$H^2(X,\mathcal{O}_X)\cong H^{0,2}(X,\mathbb{C})\cong \mathbf{H}^{0,2}$ であるが，上の j^* を(6.102)の $H^2(X,\mathbb{C})\cong \mathbf{H}^2\to\mathbf{H}^{0,2}$ と較べると j^* は

$$H^2(X,\mathbb{Z}) \longrightarrow H^2(X,\mathbb{C})\cong \mathbf{H}^2 \longrightarrow \mathbf{H}^{0,2}\cong H^2(X,\mathcal{O}_X)$$

に外ならないことがわかる．したがって，$c\in H^{1,1}(X,\mathbb{Z})$ ならば $j^*(c)=0$ だから $\delta(F)=-c$ となる $F\in H^1(X,\mathcal{O}_X^*)$ が存在する．定理 4.18 によれば $\delta(F)=-c_1(F)$ であった． ∎

系 6.31 X をコンパクト複素多様体とする．対応

$$F\in \mathrm{Pic}(X) \longrightarrow c_1(F)\in H^{1,1}(X,\mathbb{Z})$$

は単射 $\mathrm{Pic}(X)/\mathrm{Pic}^0(X)\to H^{1,1}(X,\mathbb{Z})$ を与えるが，X が Kähler ならば，これは同型対応となる．すなわち

$$\mathrm{Pic}(X)/\mathrm{Pic}^0(X)\cong H^{1,1}(X,\mathbb{Z})\,. \qquad \square$$

Abel 群としての $\mathrm{Pic}(X)/\mathrm{Pic}^0(X)$ の階数を X の **Picard 数**(Picard number)とよび，ρ で表わす．

Picard 多様体と深い関係のある複素トーラスとして Albanese 多様体と呼ばれるものがある．はじめは Kähler 多様体とは限らず X を任意のコンパクト複素多様体とする．B を X 上の閉じた正則 1 次微分形式の全体とする．すなわち

$$B=\{\omega\in A^{1,0};\, d\omega=0\}\,.$$

X の 1 点 a を固定し，$\pi_1(X,a)$ を基本群とする．また，$\widetilde{X}$ を X の普遍被覆空間とする．点 $\tilde{x}\in\widetilde{X}$ が与えられたとき a から出発する曲線で $\tilde{x}$ を代表するものを一つ選び，それを C とする．各 $\omega\in B$ に対し積分

$$f(\widetilde{x}) = \int_C \omega \tag{6.103}$$

によって $\widetilde{X}$ 上に正則関数 f が定義される．$\pi_1(X, a)$ は $\widetilde{X}$ に被覆変換群として作用するが f はその作用に関して次のような性質をもっている．

$$f(s \cdot \widetilde{x}) = f(\widetilde{x}) + \varphi(s), \quad \widetilde{x} \in X, \quad s \in \pi_1(X, a) \tag{6.104}$$

ここで，φ は s だけによる定数で $\varphi : \pi_1(X, a) \to \mathbb{C}$ が準同型写像になることはすぐにわかる．$H_1(X, \mathbb{Z}) = [\pi_1(X, a), \pi_1(X, a)]$ であるから，φ は準同型写像 $H_1(X, \mathbb{Z}) \to \mathbb{C}$ を与える．いま C が a から始まり a で終る曲線としたとき $\int_C \omega$ を ω の C に関する**周期**(period)とよぶが，これは C のホモロジー類にしか依らない．C が a で始まり a で終る曲線の場合，そのホモトピー類を $s \in \pi_1(X, a)$ とするとき，

$$\varphi(s) = \int_C \omega \tag{6.105}$$

である．

補題 6.32　$0 \neq \omega \in B$ とするとき，ω の周期 $\int_C \omega$ の実部がすべての $c \in H_1(X, \mathbb{Z})$ に対して 0 になることはない．

［証明］　もし $\mathrm{Re}\left(\int_C \omega\right) = 0$ がすべての $c \in H_1(X, \mathbb{Z})$ に対して成り立てば(6.104)の φ の実部が 0 である．したがって(6.104)の関数 f の実部 $\mathrm{Re}(f)$ は $\pi_1(X, a)$ で不変である．すなわち $\mathrm{Re}(f)$ は X 上の関数と考えられる．X がコンパクトだから $\mathrm{Re}(f)$ はどこかで最大値をとる．一方，$\mathrm{Re}(f)$ は調和関数だから最大値の原理によって，定数でなければならない．f は正則だから，f も定数でなければならない．したがって，$\omega = df = 0$ となり矛盾である．∎

積分 $\int_C \omega$ の実部 $\mathrm{Re}\left(\int_C \omega\right)$ を考えることにより双線形写像

$$H_1(X, \mathbb{Z}) \times B \longrightarrow \mathbb{R}$$

を得る．上の補題から $\dim_{\mathbb{R}} B \leqq \dim H_1(X, \mathbb{R})$ を得る．すなわち

$$2 \dim_{\mathbb{C}} B \leqq b_1(X). \tag{6.106}$$

B^* を B の双対線形空間とし，$\widetilde{\alpha} : \widetilde{X} \to B^*$ を

$$\langle \widetilde{\alpha}(\widetilde{x}), \omega \rangle = \int_C \omega = f(\widetilde{x})$$

で定義する．ここで，C は a から $x=\pi(\tilde{x})$ までの曲線で $\tilde{x}$ を代表するものである．

各 $s\in\pi_1(X,a)$ に対して，

$$\Phi(s)=\tilde{\alpha}(s\tilde{x})-\tilde{\alpha}(\tilde{x}) \tag{6.107}$$

は(6.104)の φ の場合と同様，$\tilde{x}$ には依らず，$\Phi:\pi_1(X,a)\to B^*$ は準同型写像となる．Φ は $H_1(X,\mathbb{Z})$ から B^* への準同型写像とも考えられる．B^* の部分群 Δ を

$$\Delta=\Phi(\pi_1(X,a)) \tag{6.108}$$

と定義する．

補題 6.33 Δ は B^* を実ベクトル空間として生成する．

［証明］ Δ によって生成される B^* の実線形部分空間を L とする．$L\neq B^*$ なら 0 でない実線形形式 $u:B^*\to\mathbb{R}$ で $u(L)=0$ となるものが存在する．この u を実部にするような複素線形形式 $\omega:B^*\to\mathbb{C}$ をとれば補題 6.32 に矛盾する． ∎

$\bar{\Delta}$ を Δ を含むような B^* の閉部分群でしかもその単位元成分 $\bar{\Delta}_0$ が B^* の複素部分空間であるようなもので最小のものとする．このとき $B^*/\bar{\Delta}$ は複素トーラスとなる．実際，$\bar{\Delta}/\bar{\Delta}_0$ はベクトル空間 $B^*/\bar{\Delta}_0$ の格子になることが補題 6.33 からわかる．

$$\mathrm{Alb}(X)=B^*/\bar{\Delta}=(B^*/\bar{\Delta}_0)/(\bar{\Delta}/\bar{\Delta}_0) \tag{6.109}$$

とおいて，$\mathrm{Alb}(X)$ を X の **Albanese 多様体**(Albanese variety)とよぶ．(6.107)で定義した $\tilde{\alpha}:\tilde{X}\to B^*$ は Δ の定義(6.108)によれば $s\in\pi_1(X,a)$ に対し

$$\Phi(s)=\tilde{\alpha}(s\cdot\tilde{x})-\tilde{\alpha}(\tilde{x})\in\Delta$$

である．したがって $\tilde{\alpha}$ は写像

$$\alpha\colon X=\tilde{X}/\pi_1(X,a)\longrightarrow B^*/\bar{\Delta} \tag{6.110}$$

を引きおこす．$\alpha:X\to\mathrm{Alb}(X)$ を X の **Albanese 写像**(Albanese mapping)とよぶ．$(\mathrm{Alb}(X),\alpha)$ は次に述べるような普遍写像性をもっている．

定理 6.34 X をコンパクト複素多様体とする．任意の複素トーラス T と正則写像 $\beta:X\to T$ に対し，正則写像 $\lambda:\mathrm{Alb}(X)\to T$ で

$$\begin{array}{ccc} X & \xrightarrow{\alpha} & \mathrm{Alb}(X) \\ & {}_{\beta}\searrow & \downarrow \lambda \\ & & T \end{array} \qquad \beta = \lambda \circ \alpha$$

となるものが唯一つ存在する.

［証明］　適当なベクトル空間 V の双対空間 V^* とその格子 $\Gamma \subset V^*$ を使って $T = V^*/\Gamma$ と書く. T の平行移動と組み合わせることにより $\beta(a)$ は T の原点0であるとしてよい. また V^* の双対空間 V は T 上の正則1次微分形式の集まりと考えてよい. 1次微分形式 $\theta \in V$ の引き戻し $\beta^*\theta$ は X 上の閉正則1次微分形式となる. B は X 上の閉正則1次微分形式の空間だから $\beta^*: V \to B$. β^* の双対写像を $\widetilde{\lambda}: B^* \to V^*$ と書く.

点 $\widetilde{x} \in \widetilde{X}$ を a から $x = \pi(\widetilde{x})$ までの曲線 C で代表するとき, 写像 $\widetilde{\alpha}: \widetilde{X} \to B^*$ は(6.109)により

$$\langle \widetilde{\alpha}(\widetilde{x}), \omega \rangle = \int_C \omega, \quad \omega \in B$$

で定義された. 同様に $\widetilde{\beta}: \widetilde{X} \to V^*$ を

$$\langle \widetilde{\beta}(\widetilde{x}), \theta \rangle = \int_C \beta^*\theta, \quad \theta \in V$$

で定義すると

$$\langle \widetilde{\beta}(\widetilde{x}), \theta \rangle = \int_C \beta^*\theta = \langle \widetilde{\alpha}(\widetilde{x}), \beta^*\theta \rangle = \langle \widetilde{\lambda}(\widetilde{\alpha}(\widetilde{x})), \theta \rangle$$

であるから

$$\begin{array}{ccc} \widetilde{X} & \xrightarrow{\widetilde{\alpha}} & B^* \\ & {}_{\widetilde{\beta}}\searrow & \downarrow \widetilde{\lambda} \\ & & V^* \end{array} \qquad \widetilde{\beta} = \widetilde{\lambda} \circ \widetilde{\alpha}$$

を得る.

$\widetilde{\beta}: \widetilde{X} \to V^*$ は $\beta: X = \widetilde{X}/\pi_1(X, a) \to T = V^*/\Gamma$ を持ち上げたものであるから各 $s \in \pi_1(X, a)$ に対し

$$\widetilde{\beta}(s\widetilde{x}) - \widetilde{\beta}(\widetilde{x}) \in \Gamma$$

が成り立つ. 一方, (6.108)によれば Δ の任意の元は適当な $s \in \pi_1(X, a)$ に

より $\tilde{\alpha}(s\tilde{x})-\tilde{\alpha}(\tilde{x})$ の形で与えられる．

$$\tilde{\lambda}(\tilde{\alpha}(s\tilde{x})-\tilde{\alpha}(\tilde{x})) = \tilde{\beta}(s\tilde{x})-\tilde{\beta}(\tilde{x}) \in \Gamma$$

だから，$\tilde{\lambda}(\varDelta)\subset\Gamma$ が成り立つ．$\tilde{\lambda}^{-1}(\Gamma)$ は閉部分群であり $\tilde{\lambda}$ は複素線形写像だから $\tilde{\lambda}(\bar{\varDelta})\subset\Gamma$ である．したがって $\tilde{\lambda}$ は，準同型写像 $\lambda:\mathrm{Alb}(X)\to T$ を引きおこす．$\beta=\lambda\circ\alpha$ となることは明らかである． ∎

X と Y をコンパクト複素多様体，$\alpha_X:X\to\mathrm{Alb}(X)$ と $\alpha_Y:Y\to\mathrm{Alb}(Y)$ をそれぞれの Albanese 多様体，Albanese 写像とする．$f:X\to Y$ が正則写像ならば，正則写像 $\alpha_f:\mathrm{Alb}(X)\to\mathrm{Alb}(Y)$ が存在して

(6.111)
$$\begin{array}{ccc} X & \xrightarrow{\alpha_X} & \mathrm{Alb}(X) \\ {\scriptstyle f}\downarrow & & \downarrow{\scriptstyle \alpha_f} \\ Y & \xrightarrow{\alpha_Y} & \mathrm{Alb}(Y) \end{array} \qquad \alpha_f\circ\alpha_X=\alpha_Y\circ f$$

となる．これは Albanese 多様体，Albanese 写像の作り方から直接にもわかるし，$\alpha_X:X\to\mathrm{Alb}(X)$ の普遍写像性からもわかる．

今までは一般のコンパクト複素多様体の Albanese 多様体を考えてきたが，これからは X をコンパクト Kähler 多様体とする．その場合には，X 上の正則微分形式はすべて閉じているから

(6.112)
$$B = H^0(X,\Omega^1) = H^{1,0}(X,\mathbb{C})$$

で不等式(6.106)は等式

(6.113)
$$2\dim H^0(X,\Omega^1) = b_1(X)$$

である．(6.107)で定義された準同型写像 $\Phi:\pi_1(X,a)\to B^*$ は，B^* が可換群だから準同型写像 $\Phi:H_1(X,\mathbb{Z})\to B^*$ を引きおこし，$\varDelta=\Phi(H_1(X,\mathbb{Z}))$ である．$\varDelta$ は B^* を $\mathbb{R}$ 上で張る．一方，等式(6.113)が成り立つから，$\Phi:H_1(X,\mathbb{Z})\to B^*$ は $H_1(X,\mathbb{Z})$ のねじれ部分群の上で 0 で，$H_1(X,\mathbb{Z})$ の自由部分から B^* への単射を与える．したがって，$\varDelta=\Phi(H_1(X,\mathbb{Z}))$ は B^* の格子となるから

$$\mathrm{Alb}(X) = B^*/\varDelta$$

となる．

コンパクト Kähler 多様体 X に付随する二つの複素トーラス $\mathrm{Alb}(X)$ と $\mathrm{Pic}^0(X)$ の間の関係について説明するために二つのトーラスの双対性の定義

から始める．M を階数 $2r$ の自由 Abel 群とする．すなわち $M\cong\mathbb{Z}^{2r}$．そのとき，$M\otimes_{\mathbb{Z}}\mathbb{C}$ は $2r$ 次元複素ベクトル空間であるが，r 次元複素部分空間 V で

$$M\otimes_{\mathbb{Z}}\mathbb{C}=V\oplus\bar{V}$$

となるものを一つきめておく．($\bar{V}$ は $M\otimes_{\mathbb{Z}}\mathbb{R}^{2r}$ に関する V の複素共役である．すなわち $u,u'\in M\otimes_{\mathbb{Z}}\mathbb{R}$，$u+iu'\in V$ のとき，$u-iu'\in\bar{V}$ となっている．) π_V と $\pi_{\bar{V}}$ を $M\otimes_{\mathbb{Z}}\mathbb{C}$ から V と $\bar{V}$ への射影とする．V^* を V の双対複素ベクトル空間とする．そして，

$$P(V)=\bar{V}/\pi_{\bar{V}}(M)$$
$$A(V)=V^*/M^{\perp} \tag{6.114}$$

と定義する．ここで $M^{\perp}$ は

$$M^{\perp}=\{\lambda\in V^*;\ 2\,\mathrm{Re}(\lambda(\pi_V(M)))\subset\mathbb{Z}\}$$

で与えられる V^* の部分群である．

$P(V)$ も $A(V)$ も共に複素トーラスになることを示す．まず写像 $\pi_{\bar{V}}:M\to M\otimes_{\mathbb{Z}}\mathbb{C}\to\bar{V}$ が単射であることを示す．この写像で $m\in M$ は $m\mapsto(v,\bar{v})\mapsto\bar{v}$ と移るから $\bar{v}=0$ なら $m=0$ である．したがって $\pi_{\bar{V}}(M)$ は $\bar{V}$ の格子であり，$P(V)$ は複素トーラスとなる．同様に $\pi_V:M\to V$ も単射で $\pi_V(M)$ は V の格子である．$m_1,\cdots,m_{2r}$ を M の基とし実線形写像 $f_j:V\to\mathbb{R}$，$j=1,\cdots,2r$ を

$$f_j(\pi_V(m_k))=\frac{1}{2}\delta_{jk},\quad j,k=1,\cdots,2r$$

によって定義する．すなわち，V を $2r$ 次元実ベクトル空間と考えたときその基 $\pi_V(m_1),\cdots,\pi_V(m_{2r})$ に対して $2f_1,\cdots,2f_{2r}$ は双対基になっている．一般に実線形写像 $f:V\to\mathbb{R}$ に対し

$$\lambda(v)=f(v)-if(iv),\quad v\in V$$

とおけば $\lambda:V\to\mathbb{C}$ は f を実部とする複素線形写像であるから，$\lambda_j:V\to\mathbb{C}$，$j=1,\cdots,2r$ を

$$\lambda_j(v)=f_j(v)-if_j(iv)$$

と定義すれば $\lambda_1,\cdots,\lambda_{2r}\in M^{\perp}$ で，V^* の格子を生成する．よって $A(V)$ も複

素トーラスになる.

このようにして得られた二つの複素トーラス $A(V)$ と $P(V)$ は互いに**双対**(dual)であるという.「互いに双対」という用語を正当化するために,

$$M' = \mathrm{Hom}_{\mathbb{Z}}(M, \mathbb{Z}), \quad V' = \bar{V}^*, \quad \bar{V}' = V^*$$
$$M' \otimes \mathbb{C} = V' \oplus \bar{V}'$$
$$M'^{\perp} = \{\lambda' \in V'^* = \bar{V};\, 2\,\mathrm{Re}(\lambda'(\pi_{V'}(M'))) \subset \mathbb{Z}\}$$

とおく. そのとき $M' \to M' \otimes \mathbb{C} = V' \oplus \bar{V}'$ によって $\mu \in M'$ が $(\bar{\lambda}, \lambda) \in V' \oplus \bar{V}'$ に移るとすると, $\pi_{\bar{V}'}(\mu) = \lambda \in \bar{V}' = V^*$ で

$$\mu(m) = \bar{\lambda}(\pi_{\bar{V}}(m)) + \lambda(\pi_V(m)) = 2\,\mathrm{Re}(\lambda(\pi_V(m)))$$

であるから $\pi_{\bar{V}'}(M') = M^{\perp}$. 同様に $\pi_{\bar{V}}(M) = M'^{\perp}$. したがって

$$P(V') = A(V), \quad A(V') = P(V) \tag{6.115}$$

となり「互いに双対」と言ってよいことがわかった.

上で説明した $P(V)$ と $A(V)$ の構成を使って Picard 多様体と Albanese 多様体を見直す. X をコンパクト Kähler 多様体

$$M = H^1(X, \mathbb{Z})/(\mathrm{torsion})$$

とすれば

$$M \otimes \mathbb{C} = H^1(X, \mathbb{C}) = H^{1,0}(X, \mathbb{C}) \oplus H^{0,1}(X, \mathbb{C})$$

である.

$$V = H^{1,0}(X, \mathbb{C}), \quad \bar{V} = H^{0,1}(X, \mathbb{C})$$

とすると

$$P(V) = \mathrm{Pic}(X), \quad A(V) = \mathrm{Alb}(X) \tag{6.116}$$

である. $P(V)$ と $A(V)$ の双対性の説明により

$$\mathrm{Alb}(X) = \mathrm{Pic}(\mathrm{Pic}(X)) \tag{6.117}$$

が成り立つ.

以上をまとめて

定理 6.35 X をコンパクト Kähler 多様体とすると, $\mathrm{Alb}(X)$ と $\mathrm{Pic}(X)$ は互いに双対である. □

《要約》

6.1　調和積分を(i) 1点における多重線形代数的なこと，(ii) 微分が使われる局所的なこと，(iii) 積分が使われる大域的なことを区別して理解する．

6.2　またどこまでがHermite多様体で成り立ち，どこでKählerという条件が使われるかに注意して学ぶ．特にKähler多様体の場合にDolbeaultコホモロジーとde Rhamコホモロジーの間に関係がつく理由を理解する．

6.3　Picard多様体とAlbanese多様体の違いを理解する．§9.2でJacobi多様体を学んでから，もう一度§6.7を読むとよい．

———— 演習問題 ————

6.1　コンパクトKähler多様体においてRicci曲率形式が調和微分形式となるのはスカラー曲率が定数となるとき，そしてそのときに限ることを証明せよ．さらに，Ricci曲率形式が原始的調和微分形式になるための必要十分条件はスカラー曲率が0であることを示せ．

6.2　コンパクトKähler多様体上で(p,p)次実微分形式θに対し$2p-1$次実微分形式αが存在して$\theta=d\alpha$と書けるならば$(p-1,p-1)$次実微分形式φによって$\theta=dd^*\varphi$と書けることを証明せよ．

6.3　次の場合にHodge数を決定せよ．

(i)　コンパクトRiemann面

(ii)　複素射影空間$P_n\mathbb{C}$

(iii)　複素トーラス$\mathbb{C}^n/\Gamma$

6.4　Grassmann多様体のホモロジー群を§5.4で具体的に決定したが，$j\neq k$のとき$h^{j,k}=0$であること証明せよ．

6.5　Riemann–Roch–Hirzebruchの公式(6.95)を仮定して公式(6.96)を証明せよ．

6.6　Xを2次元コンパクト複素多様体で条件

$$c_1(X)=0, \quad h^{0,1}=0$$

を満たすものとする(そのようなXは**K3曲面**(K3 surface)とよばれる)．(6.96)

を使って $\int_X c_2(X)=24$ と

$$h^{0,0}=1,\quad h^{0,1}=0,\quad h^{0,2}=1$$
$$h^{1,0}=0,\quad h^{1,1}=20,\quad h^{1,2}=0$$
$$h^{2,0}=1,\quad h^{2,1}=0,\quad h^{2,2}=1$$

および，$b_1=b_3=0$，$b_2=22$ を証明せよ．

（ヒント．X が Kähler 多様体と仮定すれば(6.96)からすぐわかる．一般の場合には次の結果も使う．

任意の 2 次元コンパクト複素多様体に対して

$$2h^{1,0}\leqq b_1\leqq h^{0,1}+h^{1,0}\leqq 2h^{0,1}$$

が成り立つ(この証明には演習問題 3.6 と 3.7 が役立つ)．実際には K3 曲面は Kähler であることが知られている．）

6.7 §2.1 の例 2.3 で定義された Hopf 曲面($n=2$ の場合)に対し

$$h^{0,0}=1,\quad h^{0,1}=1,\quad h^{0,2}=0$$
$$h^{1,0}=0,\quad h^{1,1}=0,\quad h^{1,2}=0$$
$$h^{2,0}=0,\quad h^{2,1}=1,\quad h^{2,2}=1$$

を証明せよ．（ヒント．前問で使った不等式をここでも使う．）

6.8 X を 3 次元岩沢多様体とする(§2.1 の例 2.2 で $n=3$ の場合)．$X=N/G$，ここで

$$N=\left\{\begin{pmatrix}1&z&t\\0&1&w\\0&0&1\end{pmatrix};\ z,w,t\in\mathbb{C}\right\},\quad G=\left\{\begin{pmatrix}1&a&c\\0&1&b\\0&0&1\end{pmatrix};\ a,b,c\in\mathbb{Z}+\mathbb{Z}\sqrt{-1}\right\}$$

そのとき X は 3 次元コンパクト複素多様体である(演習問題 2.8 を参照)．X に対して次のことを証明せよ．

（i） $b_1=4$,

（ii） $h^{1,0}=\dim H^0(X,\Omega^1)=3$,（$dz, dw, dt-wdz$ が基になる）

（iii） $\{\omega\in H^0(X,\Omega^1);\ d\omega=0\}=2$,（$dz, dw$ が基になる）

（iv） $\mathrm{Alb}(X)\cong\mathbb{C}^2/\{(\lambda,\mu);\ \lambda,\mu\in\mathbb{Z}+\mathbb{Z}\sqrt{-1}\}$.

7 消滅定理と埋蔵定理

この章では小平の消滅定理を証明し，それを使ってHodge計量をもった多様体は代数多様体であるという小平の有名な定理を証明する．そして，因子と線束の関係は代数多様体の場合に完全になることを示す．前章の調和積分の理論がこの章で本質的な役割を演じる．

§7.1　消滅定理

ここでは X はコンパクトKähler多様体，そして L を X 上の正則線束とする．線束 L のHermite構造 h の曲率を使うことにより，L のChern類 $c_1(L)$ は $(1,1)$ 次の閉微分形式で代表される(§4.4参照)．すなわち，e を L の正則局所枠(いまの場合，e は0にならない正則局所断面)とし，h を正の局所関数 $h(e,e)$ で表わすとき，接続形式は $d'\log h(e,e)$ で曲率は

$$(7.1)\qquad R=d''d'\log h(e,e)$$

で与えられる((4.53)と(4.54)を参照)．そしてChern類 $c_1(L)$ は

$$(7.2)\qquad c_1(L,h)=-\frac{1}{2\pi i}R=-\frac{1}{2\pi i}d''d'\log h(e,e)=-\frac{1}{4\pi}dd^c\log h(e,e)$$

によって代表される((4.87)と(1.26)を参照)．

与えられた h に正の関数 e^f (f は実関数)を掛けて $e^f h$ をHermite構造として使えば

$$(7.3)\quad c_1(L, e^f h) = -\frac{1}{4\pi} dd^c \log h(e,e) - \frac{1}{4\pi} dd^c f = c_1(L,h) - \frac{1}{4\pi} dd^c f$$

となるがこれは(4.137)の特別な場合である.

逆に，γ を $c_1(L)$ を代表する任意の実 $(1,1)$ 次微分形式とすると(演習問題6.2により)

$$\gamma = c_1(L,h) - \frac{1}{4\pi} dd^c f = c_1(L, e^f h)$$

となるような実関数 f が存在するから，γ は Hermite 構造 $e^f h$ によって定義される Chern 形式となる.

底空間 X の局所座標 $z^1, \cdots, z^n$ を使って(7.1)を

$$(7.4)\qquad R = \sum R_{i\bar{j}} dz^i \wedge d\bar{z}^j, \quad R_{i\bar{j}} = -\frac{\partial^2 \log h(e,e)}{\partial z^i \partial \bar{z}^j}$$

と書く．適当な Hermite 構造 h に対して行列 $(R_{i\bar{j}})$ がいたるところ正値のとき，L が正(positive)であると言い，$L>0$ と書く．同様に $(R_{i\bar{j}})$ が負値のとき L が負(negative)であると言い，$L<0$ と書く.

定理 7.1（**小平–秋月–中野の消滅定理**）　n 次元コンパクト Kähler 多様体 X 上の正則線束 L が負ならば

$$H^q(X, \Omega^p(L)) = 0, \quad p+q<n.$$

［証明］　まず次の**中野の不等式**を証明する.（これは $(R_{i\bar{j}})$ の正負に無関係な一般の不等式である.）(6.68)の記号 $e(R)$ を使う．そのとき $\alpha \in \mathbf{H}^{p,q}(L)$ に対し，次の式が成り立つ.

$$(7.5)\qquad \sqrt{-1}\,(\Lambda e(R) - e(R)\Lambda)\alpha, \alpha) = \|D'\alpha\|^2 + \|\delta'\alpha\|^2 \geqq 0.$$

［証明］　$\square_h \alpha = 0$ だから，$d''\alpha = 0$, $\delta''_h \alpha = 0$ である．したがって(6.68)は

$$e(R)\alpha = d'' D'\alpha$$

となるから定理6.7を使って

$$\begin{aligned}
\sqrt{-1}\,(\Lambda e(R)\alpha, \alpha) &= \sqrt{-1}\,(\Lambda d'' D'\alpha, \alpha) \\
&= \sqrt{-1}\,(d''\Lambda D'\alpha, \alpha) + (\delta' D'\alpha, \alpha) \\
&= \sqrt{-1}\,(\Lambda D'\alpha, \delta''_h \alpha) + (D'\alpha, D'\alpha)
\end{aligned}$$

$$= \|D'\alpha\|^2.$$

同様に

$$\begin{aligned} -\sqrt{-1}(e(R)\Lambda\varphi,\varphi) &= -\sqrt{-1}(d''D'\Lambda\alpha,\alpha)-\sqrt{-1}(D'd''\Lambda\alpha,\alpha) \\ &= (D'\delta'\alpha,\alpha)-\sqrt{-1}(D'\Lambda d''\alpha,\alpha) \\ &= \|\delta'\alpha\|^2. \end{aligned}$$

よって(7.5)が証明された. ▮

定理7.1を証明するには，$-\sum R_{i\bar{j}}dz^i d\bar{z}^j$ を Kähler 計量として使う．そうすれば $L=\sqrt{-1}\,e(R)$ だから(7.5)の左辺は $-((\Lambda L-L\Lambda)\alpha,\alpha)$ に等しくなり，(7.5)は

$$((\Lambda L-L\Lambda)\alpha,\alpha) \leqq 0$$

となる．そこで(6.25)を使えば

$$((n-p-q)\alpha,\alpha) = ((\Lambda L-L\Lambda)\alpha,\alpha) \leqq 0$$

となるから，$p+q<n$ ならば $\alpha=0$ でなければならない．すなわち $p+q<n$ に対し，$\mathbf{H}^{p,q}(L)=0$ を証明した．(6.75)により $H^q(X,\Omega^p(L))=0$ を得る．▮

この消滅定理ははじめ $q<n$ に対し $H^q(X,\Omega^0(L))=0$ を小平が証明し，秋月と中野によって定理7.1の形に拡張された.

Serre の双対定理によれば $H^q(X,\Omega^p(L))$ は $H^{n-q}(X,\Omega^{n-p}(L^*))$ の双対空間であるから定理7.1は次の形に述べることもできる.

系7.2　n 次元コンパクト Kähler 多様体 X 上の正則線束 L が正ならば

$$H^q(X,\Omega^p(L)) = 0, \quad p+q>n. \qquad \square$$

定理7.1において $p=0$，また系7.2において $p=n$ とした場合が小平の消滅定理である.

系7.3　n 次元コンパクト Kähler 多様体 X 上の正則線束が負ならば

$$H^q(X,L) = 0, \quad q<n. \qquad \square$$

系7.2で $p=n$ とした場合，X の標準線束 K を使えば $\Omega^0(K)=\Omega^n$ であるから，$\Omega^n(L)=\Omega^0(LK)$．そこで LK を L と書けば系7.2から次の系を得る.

系7.4　n 次元コンパクト Kähler 多様体 X の線束 L に対し LK^{-1} が正な

らば

$$H^q(X, L) = 0, \quad q > 0. \qquad \square$$

定理7.1はいろいろの形に一般化されている．たとえば$(R_{i\bar{j}}) \leqq 0$（負の半定符号）の場合，線束の代りにベクトル束の場合に拡張される*1.

§7.2　モノイダル変換

まず射影空間上の普遍部分線束と普遍商線束について復習しておく．Vを$m+1$次元ベクトル空間，V^*をその双対ベクトル空間とする．$P(V)$をVの直線（1次元部分空間）のつくる射影空間，そしてLを$P(V)$上の普遍部分線束とする．また$P^*(V^*)$をV^*の超平面（m次元部分空間）のつくる射影空間とする．Vの直線とV^*の超平面は自然に対応するから，$P(V)$と$P^*(V^*)$の間には自然な同型対応がある．

(7.6)
$$P^*(V^*) \cong P(V).$$

Hを$P^*(V^*)$上の普遍商線束とする．いまlをVの直線とし，それを$P(V)$の点と考えたとき$[l]$と書くことにしよう．$[l]$におけるLのファイバー$L_{[l]}$は定義によりlである．また，lに対応するV^*の超平面をl^*と書き，それを$P^*(V^*)$の点と考えたとき$[l^*]$と書けば，$[l^*]$におけるHのファイバー$H_{[l^*]}$は定義により1次元商空間V^*/l^*である．VとV^*の双対性から$L_{[l]} = l$と$H_{[l^*]} = V^*/l^*$の双対性が得られる．このようにして，$P(V) = P^*(V^*)$上の線束として，LとHは互いに双対である．すなわち

(7.7)
$$L = H^{-1}.$$

普遍部分線束LのChern類$c_1(L)$は$H^2(P(V), \mathbb{Z}) \cong \mathbb{Z}$の$-1$に対応する（§4.4の公理4.14）から，$H$のChern類$c_1(H)$は$+1$に対応する．すなわち，前節の意味で$L$は負そして$H$は正である．

---

*1　詳しいことは，S. Kobayashi, Differential Geometry of Complex Vector Bundles, *Publ. Math. Soc. Japan*, No. 15, Iwanami and Princeton U. Press, 1987. B. Shiffman and A. J. Sommese, Vanishing Theorems on Complex Manifolds, *Progress in Math.*, Birkhäuser, 1985を見られたい．後者にはRamanujam，Kawamata，Viehweg等によるもっと代数的な消滅定理についての解説もある．

いまFをコンパクト複素多様体X上の正則線束とし，その正則断面の集合を$\Gamma(F)=H^0(X,F)$と書く．上の記号で$V=\Gamma(F)^*$，したがって，$V^*=\Gamma(F)$として射影空間$P(\Gamma(F)^*)=P^*(\Gamma(F))$を考える．点$x\in X$に対し$\Gamma_x(F)$を$x$で消えるような$F$の正則断面の全体とする．$F$は線束であるから，$\Gamma_x(F)$の$\Gamma(F)$における余次元は高々1である．余次元1の場合，すなわち$\Gamma_x(F)$が$\Gamma(F)$の超平面の場合，$\Gamma_x(F)$は$P^*(\Gamma(F))$の点と考えられる．したがって，各点$x\in X$に対し，そこで消えない断面$s\in\Gamma(F)$が存在するならば，点$x\in X$に$\Gamma_x(F)$を対応させることにより写像

(7.8) $$\Phi_F\colon X \longrightarrow P^*(\Gamma(F))$$

を得る．すべての断面$s\in\Gamma(F)$が消える点xをFの**基点**(base point)とよび，基点の集合をB_Fと書く．

(7.9) $$B_F=\{x\in X\,;\, s(x)=0,\ \forall s\in\Gamma(F)\}$$

上の写像Φ_FはFに基点がないときに定義されているわけである．

線束Fに基点がないとき，Fは$P^*(\Gamma(F))$上の線束HをΦ_Fで引き戻したものである．すなわち束写像$\widetilde{\Phi}_F:F\to H$が存在し

(7.10) $$\begin{array}{ccc} F & \xrightarrow{\widetilde{\Phi}_F} & H \\ \downarrow & & \downarrow \\ X & \xrightarrow{\Phi_F} & P^*(\Gamma(F)) \end{array}$$

が可換な図形となる．これを証明するために，$\xi\in F_x$に対し$\xi=s(x)$となるような断面$s\in\Gamma(F)$をえらぶ．$\Phi_F(x)$におけるHのファイバー$H_{\Phi_F(x)}$は$\Gamma(F)/\Gamma_x(F)$である．$\widetilde{\Phi}_F(\xi)$をsによって代表される$\Gamma(F)/\Gamma_x(F)$の点として定義する．これはsのえらび方によらない．実際，$s'\in\Gamma(F)$も$\xi=s'(x)$となるような断面ならば，$s'-s$はxで消えるから$\Gamma_x(F)$の元である．

線束Fに基点がなく，そして写像$\Phi_F:X\to P^*(\Gamma(F))$が埋めこみであるとき$F$は**非常に豊富**(very ample)であるという．(これは$\Gamma(F)$の元がたくさんあるという意味である．) もし，正の整数k_0が存在して，すべての整数$k\geqq k_0$に対し$F^k=F\otimes\cdots\otimes F$が非常に豊富ならば$F$は**豊富**(ample)であるという．

まず，F が豊富ならば前節の意味で F は正であることを証明する．F の Hermite 構造 h から F^k に Hermite 構造 h^k が自然に定義され，F^k の Chern 形式は F の Chern 形式の k 倍になるから，ある $k>0$ に対し F^k が正ならば，F 自身も正である．よって F が非常に豊富なときに F が正であることを示せば十分である．(7.10)により $c_1(F)=\Phi_F^*(c_1(H))$ で，しかも Φ_F は埋めこみだから H の Chern 形式が正であることから，F の Chern 形式も正であることがわかる．

逆に F が正なら F は豊富であるというのが小平の埋蔵定理である．その証明で使われるのがモノイダル変換と前節で証明した消滅定理である．§2.3 の(2.45)で $\mathbb{C}^n$ の原点におけるモノイダル変換を定義した．その定義はそのまま n 次元複素多様体 X のモノイダル変換の定義に使える．X の点 x_0 が与えられたとき x_0 を $\mathbb{C}^n$ の原点，x_0 の近傍を $\mathbb{C}^n$ の原点の近傍と考えればよい．座標を使って具体的に説明する．

点 $x_0\in X$ の近傍 U で x_0 を原点とする局所座標系 $z=(z^1,\cdots,z^n)$ をとり，$t=(t^1,\cdots,t^n)$ を射影空間 $P_{n-1}\mathbb{C}$ の斉次座標系とするとき $U\times P_{n-1}\mathbb{C}$ の部分多様体 W を

(7.11)　$W=\{(z,t)\in U\times P_{n-1}\mathbb{C};\ t^\alpha z^\beta-t^\beta z^\alpha=0,\ \alpha,\beta=1,\cdots,n\}$

と定義する．$z\neq 0$ の場合，上の条件は $(t^1,\cdots,t^n)=(cz^1,\cdots,cz^n)$ ということで，z によって $P_{n-1}\mathbb{C}$ の点としての t は一意に決まることを示している．一方，$z=0$ の場合には，すべての t が上の条件を満たす．したがって，

$$\pi\colon W\longrightarrow U,\quad \pi(z,t)=z.$$

そして $E=\pi^{-1}(0)$ と定義すれば

$$\pi^{-1}(0)=E=\{0\}\times P_{n-1}\cong P_{n-1}$$

$$\pi: W-E\longrightarrow U-\{0\}\ \text{は同型写像}$$

であることがわかる．U を W で置きかえ

(7.12)　$$\widetilde{X}=Q_{x_0}(X)=W\cup(X-U)$$

とし，上の π を $X-U$ では恒等写像として $\pi:\widetilde{X}\to X$ に拡張する．X の x_0 におけるモノイダル変換(blow-up)を英語で x_0 における X の quadratic transformation ともよぶので記号 $Q_{x_0}(X)$ を使う．上の変換の際に x_0 を $E=$

$P_{n-1}\mathbb{C}$ で置きかえたが，この $P_{n-1}\mathbb{C}$ は x_0 における接平面 $T_{x_0}X$ からつくられる射影空間 $P(T_{x_0}X)$ と考えるべきである．E は $\widetilde{X}$ の超曲面であるが，この E はモノイダル変換によって得られた**例外因子**(exceptional divisor)とも呼ばれる．

X のモノイダル変換 $Q_{x_0}(X)$ は $X\times P_{n-1}\mathbb{C}$ の部分多様体として得られるから，X が Kähler 多様体であれば $Q_{x_0}(X)$ も Kähler 多様体である．同様に X が代数多様体(すなわち適当な $P_N\mathbb{C}$ の閉部分多様体)ならば $Q_{x_0}(X)$ も代数多様体であることを注意しておく．

因子と線束の関係については後で系統的に述べるが，ここでは超曲面 E から $\widetilde{X}$ 上に線束 L を次のようにつくる．

まず，一般に超曲面 E から，どのようにして線束をつくるかを説明し，次にいまの場合にそれを適用する．$\{U_j\}$ を $\widetilde{X}$ の開被覆，f_j を U_j 上の正則関数で，$f_j=0$ が $E\cap U_j$ を定義すると仮定し

(7.13)
$$a_{ij}=f_i/f_j$$

と置けば f_i と f_j は互いの零を消し合うから，a_{ij} は $U_i\cap U_j$ の正則関数であり零をもたない．すなわち，

$$a_{ij}: U_i\cap U_j \longrightarrow \mathbb{C}^*.$$

定義から明らかに U_i 上で $a_{ii}=1$，$U_i\cap U_j$ 上で $a_{ji}=a_{ij}^{-1}$，そして $U_i\cap U_j\cap U_k$ 上で $a_{ij}a_{jk}a_{ki}\equiv 1$ となるから $\{a_{ij}\}$ を変換関数とする線束 L が定義される．L は E の定義関数 f_j のえらび方にはよらない．実際 f_j' を $E\cap U_j$ のもう一つの定義関数とすると $f_j'=f_jh_j$ と書け，ここで h_j は U_j 上で零点をもたない正則関数であるから

$$a_{ij}'=f_i'/f_j'=h_ia_{ij}h_j^{-1}$$

となり，$\{a_{ij}'\}$ と $\{a_{ij}\}$ は同型な線束を定義することがわかる．

さて，いまの場合 X の開被覆としてまず $\{U_0,U_1,U_2,\cdots\}$ を $U_0=U$，$x_0\notin U_j\ (j=1,2,\cdots)$，となるように U_j をとる．$W_j=\pi^{-1}(U_j)$ と置けば $\{W_j\}_{j=0,1,\cdots}$ は $\widetilde{X}$ の開被覆で $W_0=W$，一方，$j\neq 0$ に対しては $\pi: W_j\to U_j$ は同型写像である．$j\neq 0$ に対しては $E\cap W_j=\varnothing$ だから，$f_j\equiv 1$ を $E\cap W_j$ の定義関数としてよい．しかし，$E\cap W_0$ は W_0 上の一つの正則関数では定義されない．実

際，$E\cap W_0=E\cong P_{n-1}\mathbb{C}$ だから，無理である．そこで $W_0=W$ を次の n 個の開集合 $V_1,\cdots,V_n$ で覆う．定義(7.11)の記号を使って

(7.14)　　$V_\alpha=\{(z,t)\in W;\ t^\alpha\neq 0\},\quad \alpha=1,\cdots,n$

と定義すれば，V_α においては $t^1/t^\alpha,\cdots,t^n/t^\alpha$ は正則である．そのとき(7.11)の条件は

$$z^\beta=\frac{t^\beta}{t^\alpha}z^\alpha,\quad \beta=1,\cdots,\alpha-1,\alpha+1,\cdots,n$$

と書けるから，$(t^1/t^\alpha,\cdots,t^{\alpha-1}/t^\alpha,z^\alpha,t^{\alpha+1}/t^\alpha,\cdots,t^n/t^\alpha)$ を V_α 内で座標系として使える．そのとき，$E\cap V_\alpha$ は $z^\alpha=0$ によって定義されるから，$\{W_j,V_\alpha;\ j=1,2,\cdots,\ \alpha=1,\cdots,n\}$ を $\widetilde{X}$ の開被覆としたとき，L の変換関数は

(7.15)
$$\begin{cases} W_i\cap W_j \text{ 上で} & a_{ij}(z,t)\equiv 1 & (i,j=1,2,\cdots) \\ V_\alpha\cap W_j \text{ 上で} & a_{\alpha j}(z,t)=z^\alpha & (j=1,2,\cdots;\ \alpha=1,\cdots,n) \\ V_\alpha\cap V_\beta \text{ 上で} & a_{\alpha\beta}(z,t)=z^\alpha/z^\beta & (\alpha,\beta=1,\cdots,n) \end{cases}$$

で与えられる．

定義(7.11)によれば $V_\alpha\cap V_\beta$ 上では

$$z^\alpha/z^\beta=t^\alpha/t^\beta$$

が成り立つ．$\{V_1,\cdots,V_n\}$ は W_0 の開被覆で，$\{z^\alpha/z^\beta\}$ が W_0 上の線束 L_{W_0} の変換関数であるから，L をさらに E に制限した L_E は $\{t^\alpha/t^\beta\}$ を変換関数とする．すなわち，L_E は射影空間 $E\cong P_{n-1}\mathbb{C}$ 上の普遍部分線束である(§2.3の(2.44)参照)．射影 $U\times P_{n-1}\mathbb{C}\to P_{n-1}\mathbb{C}\cong E$ を W_0 に制限したものを

$$\tau\colon W_0\longrightarrow P_{n-1}\mathbb{C}\cong E,\quad \tau(z,t)=(0,t)$$

と書いて，以上のことをまとめると

(7.16)　　$\tau^*L_E\cong L_{W_0}$

となる．

次に $\widetilde{X}=Q_{x_0}(X)$ の標準線束 $K_{\widetilde{X}}$ を X の標準線束 K_X および上で構成した線束 L を使って次のように表わすことができる．

定理 7.5

$$K_{\widetilde{X}} \cong \pi^* K_X \otimes L^{n-1}.$$

［証明］ X の開被覆 $\{U_i;\, i=0,1,2,\cdots\}$ に関する K_X の変換関数を $\{g_{ij}\}$, そして $\widetilde{X}$ の開被覆 $\{V_\alpha, W_j;\, \alpha=1,\cdots,n;\, j=1,2,\cdots\}$ に関する $K_{\widetilde{X}}$ の変換関数を $\{h_{ij}, h_{\alpha j}, h_{\alpha\beta}\}$ とし，$\{a_{ij}, a_{\alpha j}, a_{\alpha\beta}\}$ は(7.15)のようにとる．変換関数は局所断面の食い違いとして定義されるが，標準線束の変換関数を求めるには局所座標系 $z^1,\cdots,z^n$ から得られる正則 n 次微分形式 $dz^1\wedge\cdots\wedge dz^n$ を局所断面として用いるのがよい．

いまの場合，$j=1,2,\cdots$ に対しては同型写像 $\pi: W_j \to U_j$ により U_j の座標系を引きもどしたものを W_j の座標系として使えば，$\pi^* g_{ij} = h_{ij}$ が $W_i \cap W_j\ (i,j=1,2,\cdots)$ で成り立つことは明らか．一方，(7.15)により $a_{ij}\equiv 1$ だから，

$$W_i \cap W_j \text{ 上で} \quad h_{ij} = \pi^* g_{ij}\cdot a_{ij}^{n-1}, \quad i,j=1,2,\cdots.$$

次に $V_\alpha \cap W_j$ 上の変換関数を考える．$z^1,\cdots,z^n$ を U_0 の座標系，$(t^1/t^\alpha,\cdots, t^{\alpha-1}/t^\alpha, z^\alpha, t^{\alpha+1}/t^\alpha,\cdots,t^n/t^\alpha)$ を V_α の座標系とし，$t^\beta/t^\alpha = z^\beta/z^\alpha$ を使って

$$d\left(\frac{t^1}{t^\alpha}\right)\wedge\cdots\wedge d\left(\frac{t^{\alpha-1}}{t^\alpha}\right)\wedge dz^\alpha \wedge d\left(\frac{t^{\alpha+1}}{t^\alpha}\right)\wedge\cdots\wedge d\left(\frac{t^n}{t^\alpha}\right)$$
$$= \frac{1}{(z^\alpha)^{n-1}} dz^1\wedge\cdots\wedge dz^n$$

を得る．左辺は $K_{\widetilde{X}}$ の V_α 上の断面だから σ_α と書き，$dz^1\wedge\cdots\wedge dz^n$ は K_X の U_0 上の断面だから σ_0 と書き，また(7.15)により z^α を $a_{\alpha j}$ で置きかえれば，上式は

$$\sigma_\alpha = \pi^*\sigma_0 \cdot a_{\alpha j}^{1-n} \tag{7.17}$$

と表わされる．さらに，$\sigma_0 = \sigma_j g_{j0}$ を代入して

$$\sigma_\alpha = \pi^*\sigma_j \cdot \pi^* g_{j0}\cdot a_{\alpha j}^{1-n}$$

となり

$$h_{j\alpha} = \pi^* g_{j0}\cdot a_{\alpha j}^{1-n}$$

を得るが逆をとって，次のように書いておく．

$$h_{\alpha j} = \pi^* g_{0j}\cdot a_{\alpha j}^{n-1}.$$

最後に $V_\alpha \cap V_\beta$ 上の変換関数を考える．等式(7.17)において α を β にしたものを(7.17)とくらべて

$$\sigma_\beta = \left(\frac{z^\alpha}{z^\beta}\right)^{n-1} \sigma_\alpha$$

を得る．$z^\alpha/z^\beta = a_{\alpha\beta}$ であるから，$\sigma_\beta = \sigma_\alpha \cdot a_{\alpha\beta}^{n-1}$ となる．すなわち，$h_{\alpha\beta} = a_{\alpha\beta}^{n-1}$．一方，$\pi^* g_{00} \equiv 1$ だから，これを

$$h_{\alpha\beta} = \pi^* g_{00} \cdot a_{\alpha\beta}^{n-1}$$

と書いてもよい．以上で，$K_{\tilde{X}}$ と $\pi^* K_X \otimes L^{n-1}$ の同型が変換関数によって証明された． ∎

補題 7.6 $\widetilde{X} = Q_{x_0}(X)$，そして L を例外因子 E で定義された $\widetilde{X}$ の線束，すなわち変換関数(7.15)で定義された線束とする．F を X 上の正の線束，G を X 上の任意の線束，k を正の整数とする．そのとき正の整数 $m_0 = m_0(F, G, k)$ が存在して，すべての整数 $m \geqq m_0$ に対し，線束

$$\pi^* F^m \otimes \pi^* G \otimes L^{-k}$$

は正となる(m_0 は点 x_0 に依らないように選べる)．

[証明] 要点は $\pi^* F$ は E 以外では正，L^{-1} は E で正ということを使う．まず，L に次のようにして Hermite 構造を入れる．E に L を制限した L_E は $E = P_{n-1}\mathbb{C}$ 上の普遍部分線束であるから，負である．実際 L_E の自然な Hermite 構造を h_0 とすると，その曲率形式 Ω_0 は

$$\Omega_0 = d''d' \log(|t^1|^2 + \cdots + |t^n|^2) \tag{7.18}$$

で $E \cong P_{n-1}\mathbb{C}$ 上いたるところ負である(§5.3 の例 5.12 参照)．(7.16)により $\tau^* L_E \cong L_{W_0}$ であるから

$$h_1 = \tau^* h_0$$

と定義すれば，h_1 は L_{W_0} に Hermite 構造を定義し，その曲率形式 Ω_1 は $\Omega_1 = \tau^* \Omega_0$ で与えられる．Ω_1 は負の半定符号で E に接する方向には負である．(7.11)と(7.18)を使うと，E の外では

$$\Omega_1 = d''d' \log(|z^1|^2 + \cdots + |z^n|^2) \tag{7.19}$$

と表わされる．$\Omega_1 = \tau^* \Omega_0$ だから Ω_1 は $(z, t) \in W_0$ の変数 t の方向には負で，変数 z の方向には 0 である．W_0' を W_0 より少し小さい近傍とする．(7.15)

によりLは$X-W_0'$上では直積束$(X-W_0')\times\mathbb{C}$に同型だから，そこでは曲率が0になるような自明なHermite構造h_2が存在する．そこで，ρをX上のC^∞級の実関数で，W_0'上では1，$X-W_0$では0，その他のところでは$0\leqq\rho\leqq 1$となるように選び，

$$h=\rho h_1+(1-\rho)h_2 \tag{7.20}$$

とおけば，hはLにHermite構造を与える．そのときhの曲率は$X-W_0$では0，W_0'では負の半定符号でEに接する方向には負，そしてW_0-W_0'ではρの微分が介入してくるので曲率の正負については何も言えない．

次にπ^*Fを考える．仮定によって，Fには正の曲率をもつようなHermite構造fが存在する．そのときπ^*fはπ^*FのHermite構造で，その曲率はfの曲率のπによる引き戻しだから，E以外では正，そしてEの点でもEに接するベクトル以外に対しては正である．

したがって，$\pi^*F\cdot L^{-1}$のHermite構造$\pi^*f\cdot h^{-1}$の曲率はW_0-W_0'以外のところでは正である．十分に大きいベキμをとれば$\pi^*F^\mu\cdot L^{-1}$のHermite構造$\pi^*f^\mu\cdot h^{-1}$の曲率はいたるところ正になる．与えられた整数$k>0$に対して，$\pi^*F^{\mu k}\cdot L^{-k}$のHermite計量$\pi^*f^{\mu k}\cdot h^{-k}$の曲率も正である．

与えられた線束GのHermite構造gに対し十分大きなベキνをとれば$F^\nu G$のHermite構造$f^\nu g$の曲率はX上で正である．したがって，$m_0=k\mu+\nu$とおけば，整数$m\geqq m_0$に対し$\pi^*F^m\cdot\pi^*G\cdot L^{-k}$のHermite構造$\pi^*f^m\cdot\pi^*g\cdot h^{-k}$の曲率は$\widetilde{X}$上で正となる．ただし，ここまでは点$x_0$を固定した上での議論であるから，このようにして得たm_0はx_0に依存する．しかし，上の証明で，μはx_0に依るが，νはx_0に依らないことに注意しておく．また，すべての$\mu\geqq 1$に対して$\pi^*F^\mu\cdot L^{-1}$のHermite構造$\pi^*f^\mu\cdot h^{-1}$の曲率はW_0-W_0'以外では正で，W_0-W_0'でも正になるように大きなμを選んだのであった．

いま，x_0をW_0'内で少し動かした点x'でのモノイダル変換$\pi':\widetilde{X}'=Q_{x'}(X)\to X$を考える．そして，例外因子$E'=\pi'^{-1}(x')$から$\widetilde{X}'$上の線束$L'$をつくり，上と同様にHermite構造を導入し，その曲率を計算する．x_0を原点とする局所座標系$z^1,\cdots,z^n$によるx'の座標を$(a^1,\cdots,a^n)$ $(a^i=z^i(x'))$とすれば$(z^1-a^1,\cdots,z^n-a^n)$はx'を原点とする座標系になるから，(7.19)によれば，

E' の外では曲率は

$$d''d'\log(|z^1-a^1|^2+\cdots+|z^n-a^n|^2)$$

で与えられる．E' は W_0-W_0' と交わらないから，この曲率形式は W_0-W_0' で定義されていて，x_0 と共に(すなわち $(a^1,\cdots,a^n)$ と共に)連続的に変化する．したがって，(7.20)によって定義された h の曲率も W_0-W_0' では x_0 と共に連続的に変化する．これで最初に固定された x_0 が十分小さい近傍の中を動く限り，同じ m_0 で間に合うことがわかった．X はコンパクトだから有限個のこのような近傍で覆い，それぞれに対応する m_0 の最大のものを取ればよい． ∎

§7.3　小平の埋蔵定理

この節ではコンパクト複素多様体 X 上の線束 F が正ならば，豊富であることを証明する．

§3.1において構造層 $\mathcal{O}_X$ を定義し，§3.2では X 内の閉じた複素部分多様体 A に対し，A で消える正則関数の層 $\mathcal{I}_A$ を定義した．この節では A が1点の場合と超曲面の場合を使う．

A が1点 x の場合，層 $\mathcal{I}_x$ の x における茎(ファイバー)は $\mathcal{O}_X$ の茎の極大イデアルである．

また，F を X の線束とするとき，その正則断面の芽の層 $\mathcal{O}(F)$ も§3.1で定義した．一方，S を X の超曲面とするとき，前節で S から X 上の線束を構成した．

補題7.7　X を複素多様体，S を閉じた超曲面，L を S によって定義される X 上の線束とするとき，層 $\mathcal{I}_S$ と $\mathcal{O}(L^{-1})$ の間に自然な同型対応がある．

［証明］　$\{U_i\}$ を X の開被覆で，$S\cap U_i$ は U_i 上の正則関数 f_i により $f_i=0$ で定義されているとすると L は変換関数

$$a_{ij}=f_i/f_j$$

で定義される．したがって $\{f_i\}$ は L の断面と考えられる．この正則断面を s と書くことにする．明らかに S は断面 s の零点として与えられる(X がコン

パクトならば，このように $s=0$ がちょうど S を定義するような正則断面 s は定数倍を除いて一意に定まる)．L^{-1} の正則局所断面 t に対して st は S で消える局所正則関数である．求める同型対応は

$$s: \mathcal{O}(L^{-1}) \longrightarrow \mathcal{I}_S \subset \mathcal{O}_X = \mathcal{O}(L \otimes L^{-1})$$

によって与えられる． ∎

X を複素多様体，$\pi: \widetilde{X} = Q_{x_0}(X) \to X$ を点 $x_0 \in X$ におけるモノイダル変換，$E = \pi^{-1}(x_0)$ とする．$\mathcal{I}_E \subset \mathcal{O}_{\tilde{X}}$ を E で消える正則関数の部分層とするとき，次のような完全系列の可換な図式が得られる．

$$(7.21) \qquad \begin{array}{ccccccccc} 0 & \longrightarrow & \mathcal{I}_E^2 & \longrightarrow & \mathcal{O}_{\tilde{X}} & \longrightarrow & \mathcal{O}_{\tilde{X}}/\mathcal{I}_E^2 & \longrightarrow & 0 \\ & & \uparrow{\scriptstyle \pi_1^*} & & \uparrow{\scriptstyle \pi^*} & & \uparrow{\scriptstyle \pi_2^*} & & \\ 0 & \longrightarrow & \mathcal{I}_{x_0}^2 & \longrightarrow & \mathcal{O}_X & \longrightarrow & \mathcal{O}_X/\mathcal{I}_{x_0}^2 & \longrightarrow & 0 \end{array}$$

ここで，π^* が単射であることは明らか．$\pi^*(\mathcal{I}_{x_0}^2) \subset \mathcal{I}_E^2$ となることは前節で導入した局所座標系を使って π を表わせば確かめられる．たとえば V_1 では $(z^1, t^2/t^1, \cdots, t^n/t^1)$ を座標系に取れば E は $z^1=0$ で与えられ，かつ

$$(7.22) \qquad \pi^*(z^1) = z^1, \quad \pi^*(z^2) = z^1 t^2/t^1, \quad \cdots, \quad \pi^*(z^n) = z^1 t^n/t^1$$

であるから，$\pi^*(\mathcal{I}_{z_0}^2) \subset \mathcal{I}_E^2$ が成り立つ．したがって，π_1^* が π^* を $\mathcal{I}_{z_0}^2$ に制限したものとして定義され，π_2^* も定義される．もちろん π_1^* は単射であるが，π_2^* も単射であることを示す．$\mathcal{O}_X/\mathcal{I}_{x_0}^2$ の元を

$$a_0 + a_1 z^1 + \cdots + a_n z^n \in \mathcal{O}_X$$

の形の元で代表すれば，それを π_2^* で引きもどした元は(7.22)によれば V_1 では

$$a_0 + a_1 z^1 + a_2 z^1 t^2/t^1 + \cdots + a_n z^1 t^n/t^1$$

で代表される．この代表元が $\mathcal{I}_S^2$ に含まれるためには $a_0 = a_1 = \cdots = a_n = 0$ でなければならないから π_2^* が単射であることがわかる．

F を X 上の任意の線束，$\widetilde{F} = \pi^* F$ とする．図式(7.21)の上の完全系列と $\mathcal{O}(\widetilde{F})$ のテンソル積，そして下の完全系列と $\mathcal{O}(F)$ のテンソル積をとれば，それぞれ完全系列になり可換な図式

(7.23)

$$\begin{array}{ccccccccc} 0 & \longrightarrow & \mathcal{O}(\widetilde{F})\otimes\mathcal{I}_E^2 & \longrightarrow & \mathcal{O}(\widetilde{F}) & \longrightarrow & \mathcal{O}(\widetilde{F})\otimes(\mathcal{O}_{\widetilde{X}}/\mathcal{I}_E^2) & \longrightarrow & 0 \\ & & \uparrow{\scriptstyle \pi_1^*} & & \uparrow{\scriptstyle \pi^*} & & \uparrow{\scriptstyle \pi_2^*} & & \\ 0 & \longrightarrow & \mathcal{O}(F)\otimes\mathcal{I}_{x_0}^2 & \longrightarrow & \mathcal{O}(F) & \longrightarrow & \mathcal{O}(F)\otimes(\mathcal{O}_X/\mathcal{I}_{x_0}^2) & \longrightarrow & 0 \end{array}$$

を得る.（線束は局所的には積束だから，局所的には $\mathcal{O}(F)$ は $\mathcal{O}_X$ と同型，$\mathcal{O}(\widetilde{F})$ は $\mathcal{O}_{\widetilde{X}}$ と同型で(7.23)も局所的には(7.21)と同じである.）(7.23)においても π^*, π_1^*, π_2^* は単射である.

次に(7.23)から得られるコホモロジー系列の図式を考える．X または $\widetilde{X}$ 全域で定義された正則断面の空間を表わすのに H^0 の代りに Γ を使う．そのとき完全系列の可換な図式

(7.24)

$$\begin{array}{cccccccc} 0 & \longrightarrow & \Gamma(\mathcal{O}(\widetilde{F})\otimes\mathcal{I}_E^2) & \longrightarrow & \Gamma(\mathcal{O}(\widetilde{F})) & \longrightarrow & \Gamma(\mathcal{O}(\widetilde{F})\otimes(\mathcal{O}_{\widetilde{X}}/\mathcal{I}_E^2)) & \longrightarrow \\ & & \uparrow{\scriptstyle \pi_1^*} & & \uparrow{\scriptstyle \pi^*} & & \uparrow{\scriptstyle \pi_2^*} & \\ 0 & \longrightarrow & \Gamma(\mathcal{O}(F)\otimes\mathcal{I}_{x_0}^2) & \longrightarrow & \Gamma(\mathcal{O}(F)) & \longrightarrow & \Gamma(\mathcal{O}(F)\otimes(\mathcal{O}_X/\mathcal{I}_{x_0}^2)) & \longrightarrow \end{array}$$

を得るが，上の系列は右の方に H^1 の項が続いている．(7.23)の π^*, π_1^*, π_2^* が単射だから，(7.24)の π^*, π_1^*, π_2^* も単射である．(7.24)の π^* と π_1^* は実際は同型写像である．X の次元 n が1のときは，$\widetilde{X}=X$ であるから，$n>1$ の場合だけ考えればよい．$\widetilde{X}$ 全域で定義された $\mathcal{O}(\widetilde{F})$ の断面 $\widetilde{f}$ を $\widetilde{X}-E$ に制限したものは $X-\{x_0\}$ で定義された $\mathcal{O}(F)$ の断面と考えられる．それが x_0 まで拡張できることを示す．$\mathcal{O}(F)$ は x_0 の近傍 U では $\mathcal{O}_U$ に同型で $\mathcal{O}(\widetilde{F})$ は E の近傍 $\widetilde{U}$ では $\mathcal{O}_{\widetilde{U}}$ に同型だから，F と $\widetilde{F}$ を無視して $\widetilde{f}$ は $\widetilde{U}$ で定義された正則関数と思ってよい．E はコンパクトだから $\widetilde{f}$ は E では定数である．$\widetilde{f}$ を $\widetilde{U}-E$ に制限してそれを $U-\{x_0\}$ 上の正則関数と考えたとき x_0 での値として，その定数をとればよい．したがって(7.24)の π^* は同型写像である．図式(7.24)を使って π_1^* も同型写像であることがわかる．

補題 7.8　図式(7.24)において $\Gamma(\mathcal{O}(\widetilde{F}))\to\Gamma(\mathcal{O}(\widetilde{F})\otimes(\mathcal{O}_{\widetilde{X}}/\mathcal{I}_E^2))$ が全射ならば $\Gamma(\mathcal{O}(F))\to\Gamma(\mathcal{O}(F)\otimes(\mathcal{O}_X/\mathcal{I}_{x_0}^2))$ も全射である．

［証明］ 図式(7.24)において π^* が同型写像，π_2^* が単射であることから明らか． ∎

以下，X をコンパクトとする．したがって $\dim\Gamma(\mathcal{O}(F))$ は有限でそれを $N+1$ とする．$\varphi_0,\varphi_1,\cdots,\varphi_N\in\Gamma(\mathcal{O}(F))$ を基とする．e を x_0 の近傍で定義された局所枠とすると，局所正則関数 f_i を使って $\varphi_i=f_ie$ と書ける．$\varphi_i(x_0)\neq 0$ となる i があれば，写像

$$\Phi_F:\ x\longmapsto(f_0(x),\cdots,f_N(x)) \tag{7.25}$$

は x_0 の近傍から $P_N\mathbb{C}$ への写像と考えられる．このとき写像は局所枠 e の選び方には依らない．

補題 7.9 もし $\rho:\Gamma(\mathcal{O}(F))\to\Gamma(\mathcal{O}(F)\otimes(\mathcal{O}_X/\mathcal{I}_{x_0}^2))$ が全射ならば，写像(7.25)は x_0 の近傍の $P_N\mathbb{C}$ への**はめこみ**(immersion)を定義する．

［証明］ $\mathcal{O}_X/\mathcal{I}_{x_0}^2$ の元は

$$a_0+a_1z^1+\cdots+a_nz^n \pmod{\mathcal{I}_{x_0}^2}$$

と表わされるから $\Gamma(\mathcal{O}(F))$ の基 $\varphi_0,\varphi_1,\cdots,\varphi_N$ を

$$f_0=1,\quad f_1=z^1,\quad \cdots,\quad f_n=z^n$$

となるように選べる．実際，ρ が全射だから

$$\rho(\varphi_0)\equiv e,\quad \rho(\varphi_1)\equiv z^1e,\quad \cdots,\quad \rho(\varphi_n)=z^ne \pmod{\mathcal{I}_{x_0}^2}$$

となるようにとればよい．そうすれば(7.25)ははめこみであることは明らか． ∎

補題 7.10 X 上の線束 F が正ならば，十分大きな整数 $m_0>0$ をとれば，任意の整数 $\mu\geqq m_0$ と任意の点 $x_0\in X$ に対し

$$\rho:\ \Gamma(\mathcal{O}(F^\mu))\longrightarrow\Gamma(\mathcal{O}(F^\mu)\otimes(\mathcal{O}_X/\mathcal{I}_{x_0}^2))$$

は全射である．

［証明］ 図式(7.24)と補題 7.8 を見れば

$$H^1(\widetilde{X},\mathcal{O}(\widetilde{F}^\mu)\otimes\mathcal{I}_E^2)=0$$

を証明すればよいことがわかる．補題 7.7 を $\widetilde{X}$ の例外因子 E とそれによって定義される線束 L に適用すると

$$\mathcal{O}(L^{-1})\cong\mathcal{I}_E$$

だから，$H^1(\widetilde{X},\mathcal{O}(\widetilde{F}^\mu)\otimes\mathcal{O}(L^{-2}))=0$ を証明すればよい．系 7.4 によれば線束

$\widetilde{F}^{\mu}\otimes L^{-2}\otimes K_{\widetilde{X}}^{-1}$ が正であることがわかればよい．定理7.5により $\widetilde{F}^{\mu}\otimes L^{-2}\otimes K_{\widetilde{X}}^{-1}\cong\widetilde{F}^{\mu}\otimes L^{-n-1}\otimes\pi^{*}K_{X}^{-1}$ であるがこれは補題7.6により正である． ∎

$\dim\Gamma(\mathcal{O}(F^{\mu}))=N+1$ とする．写像(7.25)において F の代りに F^{μ} とし，$\Gamma(\mathcal{O}(F^{\mu}))$ の双対空間 $\Gamma(\mathcal{O}(F^{\mu}))^{*}$ の1次元部分空間の集合としての射影空間 $P(\Gamma(\mathcal{O}(F^{\mu}))^{*})\cong P_N\mathbb{C}$ への写像

$$\Phi_{F^{\mu}}\colon X\longrightarrow P_N\mathbb{C} \tag{7.26}$$

を考える．補題7.10で与えられる m_0 をとれば補題7.9により任意の整数 $\mu\geqq m_0$ に対して，上の写像 $\Phi_{F^{\mu}}$ は X の $P_N\mathbb{C}$ へのはめこみを与える．さらに大きい m_0 をとれば $\Phi_{F^{\mu}}$ は**埋めこみ**(imbedding)を定義することを証明する．

証明すべきは異なる2点 $x_0,x_1\in X$ に対し $\Phi_{F^{\mu}}(x_0)\neq\Phi_{F^{\mu}}(x_1)$ となることである．

$$\pi\colon\widetilde{X}=Q_{x_0}Q_{x_1}X\longrightarrow X$$

を X の x_0 と x_1 におけるモノイダル変換とする(モノイダル変換 Q_{x_0},Q_{x_1} のどちらを先に行っても同じである)．

$$E_0=\pi^{-1}(x_0),\quad E_1=\pi^{-1}(x_1),\quad E=\pi^{-1}(\{x_0,x_1\})$$

とおいて，L を E_0 と E_1 によって定義された $\widetilde{X}$ の線束とする．(L_0 を超曲面 E_0 によって定義された線束，L_1 を E_1 によって定義された線束とするとき $L=L_0\otimes L_1$ である．後で因子と線束の関係をもっと系統的に説明するが，L は因子 $E=E_0+E_1$ によって定義された線束ということである．) 次の補題は補題7.6とまったく同様に証明されるし，補題7.6からも導かれる．

補題7.11　F を X 上の正の線束，G を X 上の任意の線束，k を正の整数とする．そのとき正の整数 $m_0=m_0(F,G,k)$ が存在して，すべての整数 $m\geqq m_0$ に対して線束

$$\pi^{*}F^{m}\otimes\pi^{*}G\otimes L^{-k}$$

は正となる(m_0 は，x_0,x_1 には依らない)． □

図式(7.24)と同様にして次のような完全系列の可換な図式を得る(ただし，$\widetilde{F}=\pi^{*}F$ とおく)．

(7.27)

$$\begin{array}{ccccccc} 0 \longrightarrow & \Gamma(\mathcal{O}(\widetilde{F})\otimes\mathcal{I}_E) & \longrightarrow & \Gamma(\mathcal{O}(\widetilde{F})) & \longrightarrow & \Gamma(\mathcal{O}(\widetilde{F})\otimes(\mathcal{O}_{\tilde{X}}/\mathcal{I}_E)) & \longrightarrow \\ & \uparrow{\scriptstyle \pi_1} & & \uparrow{\scriptstyle \pi^*} & & \uparrow{\scriptstyle \pi_2^*} & \\ 0 \longrightarrow & \Gamma(\mathcal{O}(F)\otimes\mathcal{I}_{\{x_0,x_1\}}) & \longrightarrow & \Gamma(\mathcal{O}(F)) & \longrightarrow & \Gamma(\mathcal{O}(F)\otimes(\mathcal{O}_X/\mathcal{I}_{\{x_0,x_1\}})) & \longrightarrow \end{array}$$

そして同様に，π^*, π_1^* は同型写像，π_2^* は単射である．したがって次の結果を得る．

補題 7.12　図式(7.27)において $\Gamma(\mathcal{O}(\widetilde{F}))\to\Gamma(\mathcal{O}(\widetilde{F})\otimes(\mathcal{O}_{\tilde{X}}/\mathcal{I}_E))$ が全射ならば $\Gamma(\mathcal{O}(F))\to\Gamma(\mathcal{O}(F)\otimes(\mathcal{O}_X/\mathcal{I}_{\{x_0,x_1\}}))$ も全射である．　□

商層 $\mathcal{O}_X/\mathcal{I}_{\{x_0,x_1\}}$ の茎(ファイバー)は点 x_0 と x_1 では $\mathbb{C}$，その他の点では 0 である．したがって

$$\Gamma(\mathcal{O}(F)\otimes(\mathcal{O}_X/\mathcal{I}_{\{x_0,x_1\}})) \cong F_{x_0}\oplus F_{x_1} \ (\cong \mathbb{C}\oplus\mathbb{C}),$$
$$\varphi\in\Gamma(\mathcal{O}(F)) \longrightarrow (\varphi(x_0),\varphi(x_1))\in F_{x_0}\oplus F_{x_1}$$

である．この写像が全射であるということは，$\varphi_0,\varphi_1\in\Gamma(\mathcal{O}(F))$ で $\varphi_0(x_0)=0$，$\varphi_0(x_1)\neq0$，$\varphi_1(x_0)\neq0$，$\varphi_1(x_1)=0$ となるものが存在するということに外ならない．

以下では，F を F^μ として上の結果を使う．(7.26)で定義されたはめこみ $\Phi_{F^\mu}: X\to P_N\mathbb{C}$ が埋めこみであるためにはすべての $\{x_0,x_1\}$ に対し，写像

$$\Gamma(\mathcal{O}(F^\mu)) \longrightarrow \Gamma(\mathcal{O}(F^\mu)\otimes(\mathcal{O}_X/\mathcal{I}_{\{x_0,x_1\}})) \cong F^\mu_{x_0}\oplus F^\mu_{x_1}$$

が全射であればよい．それには $H^1(\widetilde{X},\mathcal{O}(\widetilde{F}^\mu)\otimes\mathcal{I}_E)=0$ であればよいことは補題 7.12 と図式(7.27)から明らかである．補題 7.7 により $\mathcal{O}(L^{-1})\cong\mathcal{I}_E$ だから

$$H^1(\widetilde{X},\mathcal{O}(\widetilde{F}^\mu)\otimes\mathcal{I}_E)\cong H^1(\widetilde{X},\mathcal{O}(\widetilde{F}^\mu\otimes L^{-1})).$$

系 7.4 により $\widetilde{F}^\mu\otimes L^{-1}\otimes K_{\tilde{X}}^{-1}$ が正であれば $H^1(\widetilde{X},\mathcal{O}(\widetilde{F}^\mu\otimes L^{-1}))=0$ となる．定理 7.5 により $\widetilde{F}^\mu\otimes L^{-1}\otimes K_{\tilde{X}}^{-1}\cong\widetilde{F}^\mu\otimes L^{-n}\otimes\pi^*K_X^{-1}$ で，これは μ が十分大きければ正であることは補題 7.6 から明らか．以上で次の小平の**埋蔵定理**(Imbedding Theorem)を証明した．

定理 7.13 (小平の埋蔵定理)　X をコンパクト複素多様体，F を X 上の正な線束とするとき，整数 $m_0>0$ が存在して，すべての整数 $\mu\geqq m_0$ に対し

て F^μ は非常に豊富である．すなわち(7.26)の写像 $\Phi_{F^\mu}: X \to P_N\mathbb{C}$ は埋めこみとなる．□

上の証明を少し気をつけて読めば次の定理も得られる．

定理 7.14　X をコンパクト複素多様体，F を X 上の正な線束，G を任意の線束とする．そのとき整数 $m_0>0$ が存在して，すべての整数 $\mu \geqq m_0$ に対して $F^\mu \otimes G$ は非常に豊富である．

［証明］　図式(7.24)で F を $F^\mu\otimes G$ で，$\widetilde{F}$ を $\widetilde{F}^\mu\otimes\widetilde{G}$ で置きかえたものを考える(ここで $\widetilde{F}=\pi^*F$, $\widetilde{G}=\pi^*G$)．そうすれば補題 7.8 でも同様に F を $F^\mu\otimes G$, $\widetilde{F}$ を $\widetilde{F}^\mu\otimes\widetilde{G}$ で置きかえたものが成り立つ．次に補題 7.10 の証明を見れば

$$\rho(\Gamma(\mathcal{O}(F^\mu\otimes G))) \longrightarrow \Gamma(\mathcal{O}(F^\mu\otimes G)\otimes(\mathcal{O}_X/\mathcal{I}_{x_0}^2))$$

が全射になることを示すには

$$H^1(\widetilde{X}, \mathcal{O}(\widetilde{F}^\mu\otimes\widetilde{G})\otimes\mathcal{I}_E^2)=0$$

を証明すればよいことがわかる．補題 7.7 により $\mathcal{O}(L^{-1})\cong\mathcal{I}_E$ だから，これは $H^1(\widetilde{X}, \mathcal{O}(\widetilde{F}^\mu\otimes\widetilde{G})\otimes\mathcal{O}(L^{-2}))=0$ を証明することに帰着する．系 7.4 により $\widetilde{F}^\mu\otimes\widetilde{G}\otimes L^{-2}\otimes K_{\widetilde{X}}^{-1}>0$ がわかればよいが，これは定理 7.5 と補題 7.6 から得られる．このようにして

$$\Phi_{F^\mu\otimes G}\colon X \longrightarrow P_N\mathbb{C}\cong P(\Gamma(\mathcal{O}(F^\mu\otimes G))^*)$$

がはめこみであることがわかる．同様にして，$m_0>0$ が存在して，$\mu\geqq m_0$ に対して上の写像が埋めこみになることもわかる．■

§7.4　Hodge 多様体

X をコンパクト複素多様体とする．§4.5 で説明したように層の完全系列

$$0\longrightarrow\mathbb{Z}\xrightarrow{\ j\ }\mathcal{O}_X\xrightarrow{\ e\ }\mathcal{O}_X^*\longrightarrow 0$$

からコホモロジーの完全系列

$$H^1(X,\mathcal{O}_X^*)\xrightarrow{\ \delta\ }H^2(X,\mathbb{Z})\xrightarrow{\ j^*\ }H^2(X,\mathcal{O})$$

を得る．

補題 7.15　$c\in H^2(X,\mathbb{Z})$ が $H^2(X,\mathbb{C})$ で $(1,1)$ 次の閉微分形式で代表され

るならば $0=j^*(c)\in H^2(X,\mathcal{O})$ である．

［証明］　de Rham の同型定理と Dolbeault の同型定理の関係を使い，図式

$$H^2(X,\mathbb{Z}) \begin{array}{l} \nearrow H^2(X,\mathbb{C}) \cong \Gamma(d\mathcal{A}^1)/d\Gamma(\mathcal{A}^1) \\ \searrow H^2(X,\mathcal{O}_X) \cong \Gamma(d''\mathcal{A}^{0,1})/d''\Gamma(\mathcal{A}^{0,1}) \end{array}$$

において c の行き先を追跡する．X の非輪状な開被覆 $\mathcal{U}=\{U_{ij}\}$ を使い c を 2 次元コサイクル $\{c_{ijk}\}$ で表わす．c を $H^2(X,\mathbb{C})$ の元と考えたときそれを de Rham の定理により 2 次微分形式で表わす．まず 1 次元双対鎖体 $\alpha=\{\alpha_{ij}\}\in C^1(\mathcal{U},\mathcal{A}^0)$ で

$$c_{ijk}=\delta\{\alpha\}_{ijk}=\alpha_{jk}-\alpha_{ik}+\alpha_{ij}$$

となるものを選ぶ．$dc_{ijk}=0$ だから $\{d\alpha_{ij}\}\in C^1(\mathcal{U},\mathcal{A}^1)$ はコサイクルで 0 次元双対鎖体 $\beta=\{\beta_i\}\in C^0(\mathcal{U},\mathcal{A}^1)$ で

$$d\alpha_{ij}=\beta_j-\beta_i$$

となるものがある．

$$\gamma=d\beta_i=d\beta_j$$

とおけば，γ は X 上の 2 次閉微分形式でそのコホモロジー類が c である．同様の計算を Dolbeault コホモロジーで行うために $d\alpha_{ij}=d'\alpha_{ij}+d''\alpha_{ij}$ と分解する．$\{d''\alpha_{ij}\}\in C^1(\mathcal{U},\mathcal{A}^{0,1})$ はコサイクルで，$\beta_i=\beta_i^{(1,0)}+\beta_i^{(0,1)}$ と分解すると

$$d''\alpha_{ij}=\beta_j^{(0,1)}-\beta_i^{(0,1)}$$

となる．$\gamma=\gamma^{(2,0)}+\gamma^{(1,1)}+\gamma^{(0,2)}$ と分解すると

$$\gamma^{(0,2)}=d''\beta_j^{(0,1)}=d''\beta_i^{(0,1)}$$

は X 上の $(0,2)$ 次の d'' で閉じた微分形式で，その Dolbeault コホモロジー類が $j^*(c)$ である．仮定により，$(1,1)$ 次閉微分形式 $\omega^{(1,1)}$ と 1 次微分形式 ξ が存在して

$$\gamma=\omega^{(1,1)}+d\xi$$

となる．したがって，$\gamma^{(0,2)}=d''\xi$．これで $j^*(c)=0$ が証明された．　∎

$(1,1)$ 次閉微分形式で代表される $H^2(X,\mathbb{Z})$ の元の集合を $H^{1,1}(X,\mathbb{Z})$ と書く．定理 4.18 により線束 $L\in H^1(X,\mathcal{O}_X^*)$ に対し $\delta(L)=-c_1(L)\in H^2(X,\mathbb{Z})$ である．L に Hermite 構造を入れれば，曲率は $(1,1)$ 次微分形式だから $c_1(L)$ は

$(1,1)$ 次閉微分形式で代表される．したがって，$\delta(L)\in H^{1,1}(X,\mathbb{Z})$．逆に $c\in H^{1,1}(X,\mathbb{Z})$ なら，補題 7.15 で $j^*(c)=0$ だから，線束 $L\in H^1(X,\mathcal{O}_X^*)$ が存在して $\delta(L)=c$．以上をまとめて定理として述べる．

定理 7.16　X をコンパクト複素多様体とする．そのとき

$$H^{1,1}(X,\mathbb{Z}) = \delta(H^1(X,\mathcal{O}_X^*))\,.$$ □

コンパクト複素多様体 X 上の Kähler 計量の基本 2 次微分形式（Kähler 微分形式）ω が $H^{1,1}(X,\mathbb{Z})$ の元を表わすとき，その Kähler 計量を **Hodge 計量**（Hodge metric）とよぶ．Hodge 計量をもつようなコンパクト複素多様体を **Hodge 多様体**（Hodge manifold）とよぶ．

定理 7.17　コンパクト複素多様体 X が Hodge 多様体であるための必要十分条件は X 上に正の線束 F が存在することである．

［証明］　線束 F が正とする．F の適当な Hermite 構造の曲率は正である．したがって，Chern 形式を基本 2 次微分形式とするような Kähler 計量は Hodge 計量である．

逆に X に Hodge 計量が存在したとして，その基本 2 次微分形式が定義する $H^{1,1}(X,\mathbb{Z})$ の元を c とする．定理 7.16 により $c=\delta(L)$ となる線束が存在する．$\delta(L)=-c_1(L)$ だから，L^{-1} が正の線束となる． ■

定理 7.13 と 7.17 を合わせると次の定理が得られる．

定理 7.18　コンパクト複素多様体 X が Hodge 多様体であるための必要十分条件は代数多様体であること，すなわち適当な $P_N\mathbb{C}$ に埋めこまれることである． □

系 7.19　X がコンパクト Kähler 多様体で $h^{0,2}=\dim H^2(X,\mathcal{O}_X)=0$ ならば X は代数多様体である．

［証明］　$H^{2,0}(X,\mathbb{C})=H^{0,2}(X,\mathbb{C})=0$ だから $H^2(X,\mathbb{R})=H^{1,1}(X,\mathbb{R})$，そして $H^2(X,\mathbb{Z})$ の $H^2(X,\mathbb{C})$ における像は $H^{1,1}(X,\mathbb{Z})$ である．いま $\alpha_1,\cdots,\alpha_k$ を $H^{1,1}(X,\mathbb{Z})$ の基とすれば，それは $H^2(X,\mathbb{R})$ の基になっている．$\omega\in H^2(X,\mathbb{R})$ を Kähler 微分形式のコホモロジー類として，$\omega=\sum c_i\alpha_i$，$c_i\in\mathbb{R}$ とおく．$c_1,\cdots,c_k$ に十分近い有理数 $c'_1,\cdots,c'_k$ をとれば $\omega'=\sum c'_i\alpha_i$ も正である．適当な正の整数 m を掛けて $c'_1,\cdots,c'_k$ の分母をはらえば $m\omega'=\sum mc'_i\alpha_i$ は $H^{1,1}(X,\mathbb{Z})$

の元で正である．　∎

上の系から次の結果も直ちにわかる．

系 7.20　コンパクト Riemann 面はすべて代数曲線である．　□

定理 7.18 から次の系も得られる．

系 7.21　X をコンパクト複素多様体，$\pi: \widetilde{X} \to X$ を非分岐有限被覆とする．X が代数多様体なら $\widetilde{X}$ も代数多様体，逆に $\widetilde{X}$ が代数多様体ならば X も代数多様体である．

［証明］　$\pi^*: H^2(X,\mathbb{C}) \to H^2(\widetilde{X},\mathbb{C})$ が $\pi^*: H^{1,1}(X,\mathbb{Z}) \to H^{1,1}(\widetilde{X},\mathbb{Z})$ を引きおこすのは明らか．X の Hodge 計量 g に対応する $(1,1)$ 次微分形式 ω, $[\omega] \in H^{1,1}(X,\mathbb{Z})$ をとれば $\pi^* g$ に対応する $(1,1)$ 次微分形式 $\pi^*\omega$ のコホモロジー類 $[g^*\omega]$ は $H^{1,1}(\widetilde{X},\mathbb{Z})$ に属するから，$\pi^* g$ も Hodge 計量である．

逆に $\widetilde{g}$ を $\widetilde{X}$ の Hodge 計量，$\widetilde{\omega}$ を対応する $(1,1)$ 次微分形式とする．$\widetilde{X}$ を X の m 重被覆とする．X の各点 x に対し小さい近傍 U をとり $\pi^{-1}U = \bigcup_{i=1}^{m} \widetilde{U}_i$，$\pi: \widetilde{U}_i \to U$ は正則同型対応になっているとする．$\widetilde{g}_i = \widetilde{g}|_{U_i}$ として，$g = \sum_i (\pi^{-1})^* \widetilde{g}_i$ により X 上に計量を定義し，まったく同様に $\widetilde{g}$ に対応する $(1,1)$ 次微分形式 $\widetilde{\omega}$ から，X 上の $(1,1)$ 次微分形式 ω をつくれば，ω が g に対応し，g が Kähler 計量になる．η を X の $2n-2$ 次閉微分形式で $[\eta] \in H^{2n-2}(X,\mathbb{R})$ は $H^{2n-2}(X,\mathbb{Z})$ の元を表わすものとする．そのとき

$$\int_X \omega \wedge \eta = \frac{1}{m}\int_{\widetilde{X}} \pi^*(\omega \wedge \eta) = \frac{1}{m}\int_{\widetilde{X}} \widetilde{\omega} \wedge \pi^*\eta.$$

$\pi^*\eta$ は $H^{2n-2}(\widetilde{X},\mathbb{Z})$ の元を表わすから $\int_{\widetilde{X}} \widetilde{\omega} \wedge \pi^*\eta \in \mathbb{Z}$．したがって，$mg$ が X の Hodge 計量になる．　∎

§7.5　因子と線束

この章ですでに特別な因子を使ったが，ここでは因子についてもっと系統的に述べる．コンパクト複素多様体 X において余次元 1 の既約解析的部分集合の全体で生成される自由 Abel 群を**因子群**(divisor group)といい，その元を**因子**(divisor)という．既約解析的部分集合の概念をまだ説明していない

が，(一般には特異点をもつ)超曲面のことである．今まで考えた因子は特異点のない超曲面であった．もう少し詳しく説明する．X の閉部分集合 A が，すべての点 $x\in X$ の近傍において，そこで正則な有限個の関数の共通零点として表わされるとき，X の解析的部分集合とよばれる．$A=A'\cup A''$ (A', A'' も解析的部分集合で，$\neq A$)，と書けないとき A を既約であるという．余次元1というのは A が局所的に1個の正則関数の零点として表わされるということに外ならない．以下，余次元1の解析的部分集合という代りに超曲面ということにする．したがって，すべての因子は既約な超曲面 $A_1,\cdots,A_k$ と整数 $m_1,\cdots,m_k$ を使って

$$D=\sum_{\alpha=1}^{k} m_\alpha A_\alpha \tag{7.28}$$

と書ける．すべての $m_\alpha\geqq 0$ のとき D は**正**(positive とか effective)であるといい，$D\geqq 0$ と書く．集合 $\bigcup_{m_\alpha\neq 0} A_\alpha$ を D の**台**(support)とよび $\mathrm{supp}(D)$ で表わす．

f を X 上の有理型関数とする．定義により f は局所的に二つの正則関数の商として表わされる．定数0以外の有理型関数 f に対し，その因子 (f) を零因子 $(f)_0$ と極因子 $(f)_\infty$ の差として次のように定義する．まず f の零点の集合を $\mathrm{Zero}(f)$ と書くことにする．(ここで f の零とは局所的に f を互いに素な正則関数 g,h を使って $f=g/h$ と表わしたときの g の零のことである．) $1/f$ の零 $\mathrm{Zero}(1/f)$ を $\mathrm{Pole}(f)$ と書くことにする．既約な超曲面 A に対し，整数 $v_A(f)$ を定義するため A の非特異点 x_0 の近傍で X の局所座標系 $z^1,\cdots,z^n$ を $z^n=0$ が A を定義するように選ぶ．$A\subset\mathrm{Zero}(f)$, $A\subset\mathrm{Pole}(f)$ とどちらでもない三つの場合に分けて考える．$A\subset\mathrm{Zero}(f)$ の場合，上のように $f=g/h$ と表わすと，g は A 上で零となるから

$$g(z^1,\cdots,z^n)=(z^n)^m g'(z^1,\cdots,z^n)$$

となるような整数 $m>0$ と正則関数 g' がある．そのような最大の m を $v_A(f)$ と定義する($v_A(f)$ が点 x_0 に依らないことは，定義から $v_A(f)$ が x_0 の近傍では一定であることと非特異点の集合が連結であることから明らかである)．要

するに $v_f(A)$ は f が A において零になるが，その零の重複度を表わす．$A\subset \mathrm{Pole}(f)$ の場合には $v_A(f)=-v_A(1/f)$ と定義する．この場合には $v_A(f)<0$ である．それ以外の場合には $v_A(f)=0$ とおく．そして

$$(f)=\sum_A v_A(f)A \tag{7.29}$$

と定義する．

$$(f)_0=\sum_{A\subset \mathrm{Zero}(f)} v_A(f)A, \quad (f)_\infty=\sum_{A\subset \mathrm{Pole}(f)}(-v_A(f))A$$

とおけば

$$(f)=(f)_0-(f)_\infty$$

で $(f)_0$ も $(f)_\infty$ も正因子である．このような因子 (f) を**主因子**(principal divisor)とよぶ．主因子の集合は因子群 $\mathrm{Div}(X)$ の部分群となる．この部分群を $\mathrm{Div}_l(X)$ と書くとき，商群 $\mathrm{Div}(X)/\mathrm{Div}_l(X)$ を**因子類群**(divisor class group)，そしてその元を**因子類**(divisor class)とよぶ．X 上の二つの因子 D と D' に対し有理型関数 $f\neq 0$ が存在して

$$D-D'=(f)$$

となるとき D と D' は**線形同値**(linearly equivalent)であるという．主因子とは 0 に線形同値な因子に外ならない．線形同値関係で定義された同値類が因子類である．

与えられた因子 $D=\sum_{\alpha=1}^{p} m_\alpha A_\alpha$ に対応する線束を次のように定義する．X を十分小さい開集合 U_i で覆い $A_\alpha\cap U_i$ は正則関数 $f_{\alpha i}=0$ で与えられているとすれば D は U_i では有理型関数 $f_i=\prod f_{\alpha i}^{m_\alpha}$ で与えられる．f_i と f_j は $U_i\cap U_j$ において重複度まで含めて同じ零と極をもつから f_i/f_j は $U_i\cap U_j$ では零をもたない正則関数となる．したがって

$$a_{ij}=f_i/f_j \tag{7.30}$$

を変換関数とする線束が得られるが，これを $[D]$ と書くことにする．上の構成において $f_{\alpha i}$ は A_i によって一意に定まらないが $f'_{\alpha i}$ を A_i を与えるもう一つの正則関数とすれば，U_i で零をもたない正則関数 $h_{\alpha i}$ が存在して $f'_{\alpha i}=f_{\alpha i}h_{\alpha i}$ となる．したがって，$f'_i=\prod f'_{\alpha i}$ そして $h_i=\prod h_{\alpha i}$ とおくとき $f'_i=f_ih_i$

となるから変換関数 $a'_{ij}=f'_i/f'_j$ は a_{ij} と $a'_{ij}=h_ia_{ij}h_j^{-1}$ という関係で結ばれる．したがって $\{a_{ij}\}$ と $\{a'_{ij}\}$ は同型な線束を定義する．これで $[D]$ の定義が正当化された．

対応 $D\mapsto[D]$ が因子群 $\mathrm{Div}(X)$ から Picard 群 $\mathrm{Pic}(X)$ への準同型写像であることは明白である．次に D が有理型関数 f の因子 (f) であるとすると，$f_i=f|_{U_i}$ としてよいから，$a_{ij}\equiv 1$ となり対応する線束 $[D]$ は積束となる．逆に因子 D に対し $[D]$ が積束であるとすると，D の変換関数 $\{a_{ij}=f_i/f_j\}$ に対し，U_i で零にならない正則関数 h_i が存在して $a_{ij}=h_i/h_j$ となるから $f_i/h_i=f_j/h_j$ が $U_i\cap U_j$ で成り立つ．したがって $f=f_i/h_i$ とおいて X 上の有理型関数が得られ，$D=(f)$ となる．以上をまとめて定理として述べる．

定理 7.22　X をコンパクト複素多様体とする．写像 $D\in\mathrm{Div}(X)\to[D]\in\mathrm{Pic}(X)$ は因子類群 $\mathrm{Div}(X)/\mathrm{Div}_l(X)$ からの単射

$$\mathrm{Div}(X)/\mathrm{Div}_l(X)\longrightarrow\mathrm{Pic}(X)$$

を与える．　□

(7.30)を $f_i=a_{ij}f_j$ と書き直せば $\{f_i\}$ が線束 $[D]$ の有理型断面を与えることがわかる．特に因子 D が正ならば $\{f_i\}$ は $[D]$ の正則断面を定義し，その零が因子 D を与える．

定理 7.23　X をコンパクト複素多様体で，豊富な線束 F が存在するならば(すなわち X が代数的多様体ならば)，

$$\mathrm{Div}(X)/\mathrm{Div}_l(X)\longrightarrow\mathrm{Pic}(X)$$

は同型写像となる．

[証明]　写像 $\mathrm{Div}(X)\to\mathrm{Pic}(X)$ が全射なことを示せばよい．G を X 上の任意の線束とする．定理 7.14 により十分大きい整数 m をとれば F^m にも $F^m\otimes G$ にも正則断面が存在する．$s\in\Gamma(\mathcal{O}(F^m))$ と $t\in\Gamma(\mathcal{O}(F^m\otimes G))$ をとれば t/s は G の有理型断面となる．t/s (の零と極)によって与えられる因子を (t/s) とすれば，G はこの因子から得られる．これで，$\mathrm{Div}(X)\to\mathrm{Pic}(X)$ が全射であることが証明された．　∎

因子と線束の関係をさらに調べる準備として **Poincaré–Lelong の公式** (formula of Poincaré-Lelong)を証明する．f を $\mathbb{C}^n$ の領域 U で正則な関数，

(f) を f の零で与えられる因子とする．そのとき

$$(f) = \frac{1}{2\pi} dd^C \log|f| \tag{7.31}$$

が成り立つ．左辺は因子で右辺は $(1,1)$ 次微分形式で $\mathrm{Zero}(f)$ の外では 0, その上 $\mathrm{Zero}(f)$ では特異なので，この等式の意味を説明する必要がある．ここでは超関数，カレントの一般論については述べないが，上の等式はカレントとして成り立っていることを説明する．φ を U で定義された C^∞ 級の次数 $(n-1,n-1)$ の微分形式でコンパクトな台をもつとするとき，

$$\int_{(f)} \varphi = \frac{1}{2\pi} \int_U dd^C \log|f| \wedge \varphi \tag{7.32}$$

が成り立つというのが(7.31)の意味である．右辺の $dd^C \log|f|$ は

(7.33)

$$d'd'' \log|f| \wedge \varphi = d(d'' \log|f| \wedge \varphi + \log|f| \wedge d'\varphi) + \log|f| \wedge d'd''\varphi$$

を考慮して

$$\int_U dd^C \log|f| \wedge \varphi = \int_U \log|f| \wedge dd^C \varphi \tag{7.34}$$

で定義する．$|f| \neq 0$ となるところでは，この $dd^C \log|f|$ が普通の $dd^C \log|f|$ と一致することは(7.33)と Stokes の定理から明らかである．

(7.32)の証明は，1 の分割を使うことにより完全に局所的な問題になることをまず注意しておく．そのとき因子 (f) の台と交わらないような近傍では(7.32)は自明である．($\mathrm{supp}\,\varphi$ がそのような近傍に含まれていれば左辺は明らかに 0 である．一方，そこでは $dd^C \log|f| = id'd''(\log f + \log \bar{f}) = 0$ であるから右辺も 0 となる.) したがって，因子 (f) の台に属する点 x_0 の近傍で(7.32)を証明すればよい．以下，そのような近傍を U とする．

(i) まず x_0 が (f) の台の非特異点の場合を考える．そのとき x_0 を原点とする局所座標系 $z^1, \cdots, z^n$ を

$$f(z^1, \cdots, z^n) = (z^n)^p$$

となるように選ぶ((f) の台を A とするとき，A は x_0 の近傍で $z^n = 0$ で与えられる超曲面で，$(f) = pA$ である)．そのとき(7.32)は(右辺は(7.34)の右辺

で置きかえて)，p で割れば

$$(7.35)\qquad \int_A \varphi = \frac{1}{4\pi}\int_U \log|z^n|^2 \wedge dd^C\varphi$$

となるから，$p=1$ の場合，すなわち $f=z^n$ の場合に帰する．右辺の積分は $G_\varepsilon=\{(z^1,\cdots,z^n)\in\mathbb{C}^n;\ |z^n|>\varepsilon\}$ で積分して $\varepsilon\to 0$ とする広義の積分である(φ の台がコンパクトだから，積分は $\mathbb{C}^n$ 上の積分と考えてよい)．以下，簡単のために z^n の代りに w と書く．G_ε において

$$\log|w|^2 dd^C\varphi = d(\log|w|^2 d^C\varphi) - d\log|w|^2 \wedge d^C\varphi$$

だから，G_ε 上で積分して

$$\lim_{\varepsilon\to 0}\int_{G_\varepsilon}\log|w|^2 dd^C\varphi = \lim_{\varepsilon\to 0}\int_{\partial G_\varepsilon}\log|w|^2 d^C\varphi - \lim_{\varepsilon\to 0}\int_{G_\varepsilon} d\log|w|^2\wedge d^C\varphi$$

を得る．$\displaystyle\int_{|w|=\varepsilon} d^C\varphi = O(\varepsilon)$ だから，右辺の第1項は

$$\lim_{\varepsilon\to 0}\int_{\partial G_\varepsilon}\log|w|^2 d^C\varphi = -\lim_{\varepsilon\to 0} 2\log\varepsilon\int_{|w|=\varepsilon} d^C\varphi = \lim_{\varepsilon\to 0} O(\varepsilon\log\varepsilon) = 0\,.$$

一方，第2項を求めるため $d=d'+d''$，$d^C=i(d''-d')$ を使い，次数 $(n+1,n-1)$ とか $(n-1,n+1)$ の微分形式はないことに注意して計算すれば

$$d\log|w|^2\wedge d^C\varphi = d\varphi\wedge d^C\log|w|^2 = d(\varphi\wedge d^C\log|w|^2)$$

が G_ε で成り立つことがわかる．したがって，$w=re^{i\theta}$ とおけば $d^C\log|w|^2=2d\theta$ を使って

$$\begin{aligned}
-\lim_{\varepsilon\to 0}\int_{G_\varepsilon} d\log|w|^2\wedge d^C\varphi &= -\lim_{\varepsilon\to 0}\int_{G_\varepsilon} d(\varphi\wedge d^C\log|w|^2)\\
&= \lim_{\varepsilon\to 0}\int_{|w|=\varepsilon}\varphi\wedge d^C\log|w|^2\\
&= \lim_{\varepsilon\to 0}\int_{|w|=\varepsilon}\varphi\wedge 2d\theta\\
&= \lim_{\varepsilon\to 0}\int_{|w|=0}\varphi\int_{|w|=\varepsilon}2d\theta = 4\pi\int_{|w|=0}\varphi
\end{aligned}$$

を得る．

(ii)　次に x_0 が (f) の台の特異点である場合を考える．φ が実微分形式

(すなわち $\bar{\varphi}=\varphi$)のとき(7.32)を証明すればよい.(任意の φ は $\frac{1}{2}(\varphi+\bar{\varphi})+\frac{1}{2}(\varphi-\bar{\varphi})$ と書けば $\frac{1}{2}(\varphi+\bar{\varphi})$ と $\frac{1}{2i}(\varphi-\bar{\varphi})$ は実微分形式である.)次に $\varphi=a(z^1,\cdots,z^n)dz^1\wedge\cdots\wedge dz^{n-1}\wedge d\bar{z}^1\wedge\cdots\wedge d\bar{z}^{n-1}$ の形の φ の場合に証明すればよいことを示す.

一般の φ は $\varphi_{i\bar{j}}=adz^1\wedge\cdots\wedge\widehat{dz^i}\wedge\cdots\wedge dz^n\wedge d\bar{z}^1\wedge\cdots\wedge\widehat{d\bar{z}^j}\wedge\cdots\wedge d\bar{z}^n$ の形の微分形式の和であるから $\varphi_{i\bar{j}}$ に対して(7.32)を証明すればよい. $i=j$ の場合には座標の順を入れかえるだけで $\varphi=\varphi_{n\bar{n}}$ の場合に帰する. $i\neq j$ の場合 $\varphi=\varphi_{i\bar{j}}+\varphi_{j\bar{i}}$ を考える. 座標の順を入れかえるだけで $i=n$, $j=n-1$ としてよい. φ が実であるから

$$\begin{aligned}\varphi=(\sqrt{-1})^{n-1}&dz^1\wedge d\bar{z}^1\wedge\cdots\wedge dz^{n-2}\wedge d\bar{z}^{n-2}\\ &\wedge(\alpha dz^{n-1}\wedge d\bar{z}^n+\bar{\alpha}dz^n\wedge d\bar{z}^{n-1})\end{aligned}$$

と書ける. $\alpha=a+\sqrt{-1}b$ として

$$\begin{aligned}\alpha dz^{n-1}\wedge d\bar{z}^n+\bar{\alpha}dz^n\wedge d\bar{z}^{n-1}&=a(dz^{n-1}\wedge d\bar{z}^n+dz^n\wedge d\bar{z}^{n-1})\\ &\quad+\sqrt{-1}b(dz^{n-1}\wedge d\bar{z}^n-dz^n\wedge d\bar{z}^{n-1})\end{aligned}$$

と分解して, $dz^{n-1}\wedge d\bar{z}^n+dz^n\wedge d\bar{z}^{n-1}$ と $dz^{n-1}\wedge d\bar{z}^n-dz^n\wedge d\bar{z}^{n-1}$ を別々に扱う. まず, 座標変換

$$z^{n-1}=u^{n-1}+u^n,\quad z^n=u^{n-1}-u^n$$

を行えば

$$dz^{n-1}\wedge d\bar{z}^n+dz^n\wedge d\bar{z}^{n-1}=2(du^{n-1}\wedge d\bar{u}^{n-1}-du^n\wedge d\bar{u}^n)$$

となる. また座標変換

$$z^{n-1}=v^{n-1}+\sqrt{-1}v^n,\quad z^n=\sqrt{-1}v^{n-1}+v^n$$

を行えば

$$dz^{n-1}\wedge d\bar{z}^n-dz^n\wedge d\bar{z}^{n-1}=-2\sqrt{-1}(dv^{n-1}\wedge d\bar{v}^{n-1}-dv^n\wedge d\bar{v}^n)$$

となる. したがって φ は

$$dz^1\wedge d\bar{z}^1\wedge\cdots\wedge dz^{n-2}\wedge d\bar{z}^{n-2}\wedge du^{n-1}\wedge d\bar{u}^{n-1},$$

$$dz^1\wedge d\bar{z}^1\wedge\cdots\wedge dz^{n-2}\wedge d\bar{z}^{n-2}\wedge du^n\wedge d\bar{u}^n,$$

$$dz^1 \wedge d\bar{z}^1 \wedge \cdots \wedge dz^{n-2} \wedge d\bar{z}^{n-2} \wedge dv^{n-1} \wedge d\bar{v}^{n-1},$$
$$dz^1 \wedge d\bar{z}^1 \wedge \cdots \wedge dz^{n-2} \wedge d\bar{z}^{n-2} \wedge dv^n \wedge d\bar{v}^n$$

の1次結合として表わされる．いずれも座標関数の記号さえ変えれば $dz^1 \wedge d\bar{z}^1 \wedge \cdots \wedge dz^{n-1} \wedge d\bar{z}^{n-1}$ の形をしている．

以下，$\varphi = a dz^1 \wedge d\bar{z}^1 \wedge \cdots \wedge dz^{n-1} \wedge d\bar{z}^{n-1}$ として(7.32)を証明する．$w = z^n$ とおき，次の Weierstrass の予備定理を使う．

定理 7.24（Weierstrass の予備定理）　$f(z^1, \cdots, z^{n-1}, w)$ を $\mathbb{C}^n$ の 0 の近傍で定義された正則関数とする．1 変数 w の関数 $f(0, \cdots, 0, w)$ の $w=0$ における零の次数を m とするならば，$z^1, \cdots, z^{n-1}$ の正則関数 $a_1(z^1, \cdots, z^{n-1}), \cdots, a_m(z^1, \cdots, z^{n-1})$ を係数とする多項式

$$h = w^m + a_1(z^1, \cdots, z^{n-1})w^{m-1} + \cdots + a_m(z^1, \cdots, z^{n-1})$$

と原点 $(0, \cdots, 0, 0)$ で消えない正則関数 $g(z^1, \cdots, z^{n-1}, w)$ が存在して

$$f = g \cdot h$$

と書ける．　□

この定理を(7.32)の f に適用する．g は 0 の近傍で消えないから $(f) = (h)$ で，また $dd^C \log g = 0$ でもあるから(7.32)で f を h に置きかえてよい．したがって

$$f(z^1, \cdots, z^{n-1}, w) = w^m + a_1(z^1, \cdots, z^{n-1})w^{m-1} + \cdots + a_m(z^1, \cdots, z^{n-1})$$

として(7.32)を証明する．簡単のため $z = (z^1, \cdots, z^{n-1})$ と書いて，固定した z について多項式 $f(z, w)$ の根を $w_1(z), \cdots, w_m(z)$ とする．すなわち

$$f(z, w) = (w - w_1(z)) \cdots (w - w_m(z))$$

とする．したがって

$$\log |f(z, w)|^2 = \sum_{j=1}^{m} \log |w - w_j(z)|^2 .$$

一方，$\varphi = a(z, w) dz^1 \wedge \cdots \wedge dz^{n-1} \wedge d\bar{z}^1 \wedge \cdots \wedge d\bar{z}^{n-1}$ だから

$$dd^C \varphi = 2i d' d'' \varphi = 2i \frac{\partial^2 a}{\partial w \partial \bar{w}} dw \wedge d\bar{w} \wedge dz^1 \wedge \cdots \wedge dz^{n-1} \wedge d\bar{z}^1 \wedge \cdots \wedge d\bar{z}^{n-1}.$$

そこで，z を固定して，w を変数とする 1 次元の場合に Poincaré–Lelong の公式(7.32)を考えてみる．この場合には (f) は m 個の点 $(z, w_j(z))$ の和

$\sum_{j=1}^{m}(z, w_j(z))$ で，各点は非特異 0 次元部分多様体だから，すでに証明した(i)の場合となる．(7.32)をこの場合に書いてみる．z を固定してあるから，φ は関数 $a(z,w)$ で左辺の積分は和 $\sum a(z, w_j(z))$ となる．右辺は(7.35)を使って

$$2i\int_{V(z)} \log|f(z,w)|^2 \frac{\partial^2 a}{\partial w \partial \bar{w}} dw \wedge d\bar{w}$$

となる(ここで $V(z)$ は z を固定したときの $w=0$ の近傍)．したがって，

$$\sum_j a(z, w_j(z)) = \frac{i}{2\pi}\int_{V(z)} \log|f(z,w)|^2 \frac{\partial^2 a}{\partial w \partial \bar{w}} dw \wedge d\bar{w}$$

を得る．$U = U' \times V(z)$ として

$$\begin{aligned}\sum_j \int_{U'} a(z, w_j(z)) dz \wedge d\bar{z} &= \frac{i}{2\pi}\int_{U'} dz \wedge d\bar{z} \int_{V(z)} \log|f(z,w)|^2 \frac{\partial^2 a}{\partial w \partial \bar{w}} dw \wedge d\bar{w} \\ &= \frac{1}{4\pi}\int \log|f(z,w)|^2 dd^C \varphi\end{aligned}$$

これで Poincaré–Lelong の公式が証明された．

Hermite 線束の正則断面に対して Poincaré–Lelong の公式を次のように一般化する．

定理 7.25　F を複素多様体 X 上の線束，h を F の Hermite 構造，そして $\sigma \neq 0$ を F の正則断面とする．c_h を (F, h) の Chern 形式，(σ) を σ の零点で与えられる因子，$|\sigma|_h$ を h で測った σ の長さとするとき，カレントの意味で

$$\frac{1}{2\pi} dd^C \log|\sigma|_h = -c_h + (\sigma)$$

が成り立つ．

［証明］　これは局所的な式である．F を小さい開集合 U に制限して，そこでは積束 $U \times \mathbb{C}$ とする．σ を U 上の正則関数，h を U 上の正値実関数と考えれば

$$c_h = -\frac{1}{4\pi} dd^C \log h, \quad |\sigma|_h^2 = h\sigma\bar{\sigma}$$

である．したがって，(7.31)を使って，

$$\frac{1}{4\pi} dd^C \log |\sigma|_h^2 = \frac{1}{4\pi} dd^C \log h + \frac{1}{4\pi} dd^C \log |\sigma|^2 = -c_h + (\sigma).$$ ∎

定理 7.25 の式の意味は任意の $(n-1, n-1)$ 次微分形式 φ に対し

(7.36) $$\frac{1}{2\pi} \int_X \log |\sigma|_h \wedge dd^C \varphi = -\int_X c_h \wedge \varphi + \int_{(\sigma)} \varphi$$

が成り立つということである．$d\varphi = 0$ ならば(7.36)は

(7.37) $$\int_X c_h \wedge \varphi = \int_{(\sigma)} \varphi$$

となる．ここで φ は $(n-1, n-1)$ 次としたが，φ がそれ以外の次数の場合にも両辺がそれぞれに 0 になるから(7.37)は成り立つ．したがって，(7.37)はすべての $2n-2$ 次閉微分形式に対して成り立つ．これは Chern 類 $c_1(F) \in H^2(X, \mathbb{R})$ と因子 (σ) の定義する $2n-2$ 次元ホモロジーの元が Poincaré の双対律によって対応するということを意味する．

系 7.26　X をコンパクト複素多様体，D をその因子，そして $[D]$ を D によって定義される線束とする．そのとき Chern 類 $c_1([D]) \in H^2(X, \mathbb{R})$ と D の定義する $2n-2$ 次元ホモロジーの元は Poincaré の双対律により対応する．

［証明］　$D = D_1 - D_2$ と正因子 D_1, D_2 を使って書く．$F_i = [D_1]$ とおき，σ_i を F_i の正則断面で $(\sigma_i) = D$ となるものとする(定理 7.22 のすぐ後の節を参照)．そのとき $c_1(F_i) \in H^2(X, \mathbb{R})$ と (σ_j) の定義する $H_{2n-2}(X, \mathbb{R})$ の元が対応するから系 7.26 が得られる． ∎

因子群 $\mathrm{Div}(X)$ の部分群 $\mathrm{Div}_l(X)$ を 0 に線形同値な因子，すなわち主因子の群として定義した．また，D を主因子とすると，線束 $[D]$ は積束であることもすでに証明した．したがって，$c_1([D]) = 0$ である．系 7.26 により，D は $2n-2$ 次元サイクルとして 0 にホモローグである．したがって

$$\mathrm{Div}_h(X) = \{D \in \mathrm{Div}(X);\ D \text{ は } 0 \text{ にホモローグ}\}$$

と定義すれば

(7.38)
$$\mathrm{Div}_l(X) \subset \mathrm{Div}_h(X)$$

となる．系7.26により

(7.39)
$$\mathrm{Div}_h(X) = \{D \in \mathrm{Div}(X);\ c_1([D]) = 0\}$$

が成り立つ．ここでは，因子の間の代数的同値性の定義をしないが，二つの因子が代数的同値であることとホモローグであることが一致することが知られている．(ホモローグというのはトポロジーの概念であるのに対し，代数的同値性は純粋に代数的に定義されるので代数幾何ではその方が望ましい概念である．)

§4.5でPicard群 $\mathrm{Pic}(X)$ とPicard多様体

(7.40)
$$\mathrm{Pic}^0(X) = \{F \in \mathrm{Pic}(X);\ c_1(F) = 0\}$$

を定義した．単射 $\mathrm{Div}(X)/\mathrm{Div}_l(X) \to \mathrm{Pic}(X)$ は単射

(7.41)
$$\mathrm{Div}_h(X)/\mathrm{Div}_l(X) \longrightarrow \mathrm{Pic}^0(X)$$

を引きおこす．そして定理7.23から，次の定理を得る．

定理7.27　X が代数的多様体ならば単射(7.41)は同型写像
$$\mathrm{Div}_h(X)/\mathrm{Div}_l(X) \cong \mathrm{Pic}^0(X)$$
を与える．□

次に

(7.42)
$$NS(X) = \mathrm{Div}(X)/\mathrm{Div}_h(X) \cong (\mathrm{Div}(X)/\mathrm{Div}_l(X))/(\mathrm{Div}_h(X)/\mathrm{Div}_l(X))$$

とおいて，$NS(X)$ を X の **Néron–Severi群**(Néron-Severi group)とよぶ．そのとき自然な写像

(7.43)
$$NS(X) \longrightarrow \mathrm{Pic}(X)/\mathrm{Pic}^0(X)$$

は単射である．系6.31，定理7.23，定理7.27から次の定理を得る．

定理7.28　X が代数的多様体ならば
$$NS(X) \cong \mathrm{Pic}(X)/\mathrm{Pic}^0(X) \cong H^{1,1}(X, \mathbb{Z}).$$
□

最後に因子の定義する線束に関する公式で，しばしば使われるものを二つ証明しておく．V を複素多様体 X の非特異閉超曲面，$N_{V/X}$ をその法束とする．また X と V の標準線束をそれぞれ K_X, K_V と書く．そのとき

(7.44) $$N^*_{V/X} \cong [V]^{-1}|_V$$

(7.45) $$K_V \cong K_X|_V \otimes [V]$$

が成り立つ．この二つの式は**同伴公式**(adjunction formula)とよばれる．X を開集合 U_i で覆い，$V \cap U_i$ が正則関数 $f_i = 0$ で定義されていると $[V]$ は変換関数 $a_{ij} = f_i/f_j$ で定義される．$N^*_{V/X} \subset T^*X|_V$ は TV 上で0になるような $T^*X|_V$ の元から成る．$V \cap U_i$ 上で $f_i \equiv 0$ だから df_i は $N^*_{V/X}$ の $V \cap U_i$ 上の断面である．V が非特異だから df_i はいたるところ0でない．$f_i = a_{ij} f_j$ を微分して $V \cap (U_i \cap U_j)$ に制限すれば $df_i = a_{ij} df_j$ となるから $\{df_i\}$ は $N^*_{V/X} \otimes [V]|_V$ のいたるところ0でない断面を与える．したがって $N^*_{V/X} \otimes [V]|_V$ は積線束である．これで(7.44)が証明された．$0 \to TV \to TX|_V \to N_{V/X} \to 0$ の完全性から，$K_X|_V \cong K_V \otimes N^*_{V/X}$ は明らか．したがって，(7.45)は(7.44)の言いかえに過ぎない．

§7.6 超曲面のトポロジー

消滅定理を使って超曲面のコホモロジーに関する Lefschetz の定理を証明する．

定理 7.29 (Lefschetz の定理) X を n 次元コンパクト Kähler 多様体，V をその非特異閉超曲面で，線束 $L = [V]$ が正であるとする．そのとき埋めこみ $i: V \to X$ が引きおこす写像 $i^*: H^r(X, \mathbb{C}) \to H^r(V, \mathbb{C})$ は $r \leqq n-2$ の範囲では同型対応，$r = n-1$ に対しては単射である．

［証明］ Hodge の分解定理 $H^r(X, \mathbb{C}) = \bigoplus_{p+q=r} H^{p,q}(X, \mathbb{C})$ により，定理の主張は $i^*: H^{p,q}(X, \mathbb{C}) \to H^{p,q}(V, \mathbb{C})$ が $p+q \leqq n-2$ に対しては同型写像で，$p+q = n-1$ に対しては単射であるということと同値である．

写像 $i^*: \Omega^p_X \to \Omega^p_V$ を

$$\Omega^p_X \xrightarrow{\ r\ } \Omega^p_X|_V = \mathcal{O}(\Lambda^p T^*X|_V) \xrightarrow{\ j\ } \Omega^p_V$$

と二つの写像に分けて考える．まず，r を考える．線束 $[V]$ にはちょうど V で0になる断面 σ が存在するから完全系列

(r) $$0 \longrightarrow \Omega_X^p([V]^{-1}) \xrightarrow{\sigma} \Omega_X^p \xrightarrow{r} \Omega_X^p|_V \longrightarrow 0$$

を得る(系列中のσはσを掛けるという写像を意味する). 一方, $N_{V/X}=TX|_V/TV$ を法束, $N_{V/X}^*\subset T^*X|_V$ をその双対束とするとき完全系列

$$0 \longrightarrow N_{V/X}^* \longrightarrow T^*X|_V \longrightarrow T^*V \longrightarrow 0$$

から, ($N_{V/X}^*$ が線束であることに注意して)完全系列

$$0 \longrightarrow N_{V/X}^*\otimes \Lambda^{p-1}T^*V \longrightarrow \Lambda^pT^*X|_V \longrightarrow \Lambda^pT^*V \longrightarrow 0$$

を得る. (7.44)により $N_{V/X}^*$ を $[V]^{-1}$ で置きかえ, 層にして考えれば

(j) $$0 \longrightarrow \Omega_V^{p-1}([V]^{-1}) \longrightarrow \Omega_X^p|_V \xrightarrow{j} \Omega_V^p \longrightarrow 0.$$

仮定によって $[V]$ が正だから $[V]|_V$ も正で消滅定理7.1により

$$H^q(X,\Omega_X^p([V]^{-1}))=0,\quad H^q(V,\Omega_V^{p-1}([V]^{-1}))=0,\quad p+q<n$$

である. $\Omega_X^p|_V$ は V 上の層であるが, V の外へは0として拡張して X 上の層であるとも考えられる. そのとき

$$H^*(X,\Omega_X^p|_V)\cong H^*(V,\Omega_X^p|_V)$$

は明らかである. 完全系列(r)と(j)から引きおこされるコホモロジー完全系列に上の消滅定理を適用すれば

$$H^q(X,\Omega_X^p)\overset{r^*}{\cong} H^q(V,\Omega_X^p|_V)\cong H^q(X,\Omega_X^p|_V)\overset{j^*}{\cong} H^q(V,\Omega_V^p)$$

が $p+q\leqq n-2$ の範囲で成り立つ. $p+q=n-1$ に対しては r^* も j^* も単射になる. ∎

定理において $[V]>0$ という仮定は重要である. たとえば, C をコンパクトRiemann面, V を $n-1$ 次元コンパクト複素多様体, $X=V\times C$ とし, V を $V\times\{a\}$ $(a\in C)$ と考えたとき $[V]$ は積束で定理は成り立たない.

系7.30 V を $P_n\mathbb{C}$ の非特異超曲面とするとき,

$$H^r(P_n\mathbb{C},\mathbb{C}) \longrightarrow H^r(V,\mathbb{C})$$

は $r\leqq n-2$ では同型対応, $r=n-1$ では単射である. □

定理7.29はMorseの理論を使っても証明できる. $[V]$ の断面 σ として V でちょうど0になるものをとり, $[V]$ のHermite構造 h として, その曲率が正になるものをえらべば, 関数 $h(\sigma,\sigma)$ は V を臨界部分多様体とするMorse関数になる. これにMorseの理論を適用すればよい. この方法だと整係数の

コホモロジーに対して定理が成り立つという利点があるだけでなくホモトピー群についても同様の結果を与える*2.

《要約》

7.1　コホモロジー消滅定理とモノイダル変換がどのように使われて小平の埋蔵定理が証明されるか，その仕組みを理解する.

7.2　一般には線束の方が因子類より一般な概念である(すなわち，よりたくさんある)が代数多様体においては，これら二つの概念の間の関係が完全になることを理解する.

演習問題

7.1　$X\subset P_3\mathbb{C}$ を次数 d の非特異曲面とするとき，その Hodge 数は

$$h^{0,0}=1,\quad h^{0,1}=0,\quad h^{0,2}=\frac{1}{6}(d-1)(d-2)(d-3),$$

$$h^{1,0}=0,\quad h^{1,1}=\frac{1}{3}d(2d^2-6d+7),\quad h^{1,2}=0$$

$$h^{2,0}=\frac{1}{6}(d-1)(d-2)(d-3),\quad h^{2,1}=0,\quad h^{2,2}=1$$

で与えられることを証明せよ.

7.2　n 次元コンパクト複素多様体 X の1点 x_0 においてモノイダル変換 Q_{x_0} を施すとき偶数次元の Betti 数 b_r $(2\leqq r\leqq 2n-2)$ は1だけ増え，奇数次元の Betti 数は変わらない. さらに，X がコンパクト Kähler 多様体である場合には，Hodge 数 $h^{p,p}$ $(1\leqq p\leqq n-1)$ は1だけ増え，他の Hodge 数に変化はない. 以上のことを証明せよ.

7.3　X を非特異な曲面(2次元複素多様体)，$\pi:\widetilde{X}=Q_{x_0}(X)\to X$ を x_0 におけるモノイダル変換，$E=\pi^{-1}(x_0)$ を例外因子とする(いまの場合，E は $P_1\mathbb{C}$).

*2　詳しいことは，R. Bott, On a theorem of Lefschetz, *Michigan Math. J.* **6**, 1959, 211–216 を参照されたい.

$[E]$ を E で定義される $\widetilde{X}$ 上の線束とする．そのとき $\int_E c_1([E]) = -1$，そして自身との交わり数 $E \cdot E$ も -1 であることを証明せよ．

7.4

(i) 変換 $\sigma: \mathbb{C}^n \to \mathbb{C}^n$，$\sigma(z) = -z$，と恒等変換からなる群を $\langle\sigma\rangle$ と書く．原点 $0 \in \mathbb{C}^n$ は σ で固定されるから，$\mathbb{C}^n/\langle\sigma\rangle$ は原点が特異点となるが，$n=1$ の場合は $\mathbb{C}/\langle\sigma\rangle$ を非特異複素多様体にし，射影 $\mathbb{C} \to \mathbb{C}/\langle\sigma\rangle$ が正則になるように座標系をとり直せることを示せ．

(ii) $\mathbb{C}^n$ の原点でモノイダル変換を行って得た多様体 L(§2.3 の(2.45)参照)に σ を拡張したとき射影 $L \to L/\langle\sigma\rangle$ が正則となるような非特異複素多様体の構造が $L/\langle\sigma\rangle$ に入ることを示せ．（ヒント．(i)を使う．）

7.5 複素トーラス $T = \mathbb{C}^2/\Gamma$ とその自己同型写像 $\sigma: T \to T$，$\sigma(z) = -z$ を考える．

(i) σ が固定する点が 16 あることを示せ．

(ii) 16 の固定点でモノイダル変換したものを $\widetilde{T}$ としたとき，射影 $\widetilde{T} \to \widetilde{T}/\langle\sigma\rangle$ が正則になるような非特異複素多様体の構造が $\widetilde{T}/\langle\sigma\rangle$ に入ることを示せ．

(iii) そのような複素多様体として $\widetilde{T}/\langle\sigma\rangle$ の標準線束は，積束であり，$\widetilde{T}/\langle\sigma\rangle$ 上には正則 1 次微分形式は 0 以外に存在しない(すなわち，$h^{1,0} = 0$)ことを証明せよ(他の Hodge 数は演習問題 6.6 で決定した)．

上で作った曲面 $\widetilde{T}/\langle\sigma\rangle$ は **Kummer 曲面**(Kummer surface)とよばれる．

7.6 複素トーラス $T = \mathbb{C}^{2m}/\Gamma$ の場合も 2^{4m} 個の σ の不動点でモノイダル変換を行って $\widetilde{T}$，そして $\widetilde{T}/\langle\sigma\rangle$ をつくると $\widetilde{T}/\langle\sigma\rangle$ は非特異複素多様体で，その上には正則 2 次微分形式 ω で(i) $d\omega = 0$，(ii) ω^{2m} はどこでも 0 にならないものが存在することを示せ．一般に $2m$ 次元複素多様体上で条件(i), (ii)を満たすような正則 2 次微分形式は**正則シンプレクティック形式**(holomorphic symplectic form)とよばれる．

8 複素トーラスと Abel 多様体

代数多様体でないコンパクト Kähler 多様体の簡単な例は複素トーラスによって与えられる．複素トーラスの場合には代数的であるかどうか，すなわち前章の意味で Hodge 多様体になっているかどうかということが周期行列によって判定できる．§8.3 では Abel 多様体，すなわち代数多様体であるような複素トーラスについて Kähler 幾何の立場から説明する*1.

§8.1 複素トーラスのコホモロジー

§2.1 で定義したように(例 2.1 参照)，複素トーラスは $\mathbb{R}$ 上 1 次独立な $\mathbb{C}^n$ の $2n$ 個のベクトル $\gamma_1, \cdots, \gamma_{2n}$ によって生成される階数 $2n$ の格子 Γ による商群 $\mathbb{C}^n/\Gamma$ として定義される．明らかにトーラス $\mathbb{C}^n/\Gamma$ はコンパクト可換複素 Lie 群である．逆に

定理 8.1 連結なコンパクト複素 Lie 群 G は複素トーラスである．

［証明］ $\rho: G \to GL(N;\mathbb{C})$ を正則な表現とする．$\rho(g) = (a^i_j(g))$, $g \in G$ とすると，各 $a^i_j(g)$ は G 上の正則関数である．G がコンパクトだから，$a^i_j(g)$ は定数でなければならないから，$\rho(g)$ はすべて単位行列 I である．特に G の随伴表現 Ad_G も恒等的に単位行列である．したがって，G は可換群である． ∎

*1 もっと代数的な，そして詳しい理論については D. Mumford, *Abelian Varieties*, Publ. Tata Institute, Oxford Univ. Press, 1970 を参照されたい．

を G の Lie 環，$\exp:\mathfrak{g}\to G$ を指数写像とする．G が可換だから $\exp(\xi+\eta)=\exp(\xi)\cdot\exp(\eta)$, $\xi,\eta\in\mathfrak{g}$，となる．すなわち，exp は準同型写像である．exp は $\mathfrak{g}$ の 0 近傍と G の単位元の近傍の間に 1:1 同相対応を与えるから，その核 $\Gamma=\mathrm{Ker}(\exp)$ は $\mathfrak{g}$ の離散部分群である．したがって $\mathbb{R}$ 上 1 次独立ないくつかの $\mathfrak{g}$ の元によって生成される．一方，$\exp(\mathfrak{g})$ は G の単位元を含むような G の部分群であり，G は連結であるから，$\exp(\mathfrak{g})=G$ となる．すなわち，exp は全射である．G がコンパクトであるから格子 Γ の階数は $2\dim_{\mathbb{C}} G$ となる．よって，$G\cong\mathfrak{g}/\Gamma$ は複素トーラスである． ∎

トーラス $X=\mathbb{C}^n/\Gamma$ は位相的にも実 Lie 群としても，$(\mathbb{R}/\mathbb{Z})^{2n}$ $(\cong(S^1)^{2n})$ に同型だから，そのコホモロジーは容易に計算できるが，Dolbeault コホモロジーを書き下すために，その準備として次の結果を証明しておく．

一般に X を多様体，G を X に作用するコンパクト群とする(G の各元は X の C^∞ 級変換を定義すると仮定する)．A^p を X 上の p 次微分形式の全体とする．$g\in G$ と $\omega\in A^p$ に対し $\omega^g=g^*\omega$ とおく．すべての $g\in G$ に対し，$\omega^g=\omega$ となるとき，ω は G 不変であるという．G 不変な p 次微分形式の全体を A^p_G と書くことにする．$d(g^*\omega)=g^*(d\omega)$ だから A^*_G を使ってコホモロジーを定義する．すなわち

$$H^p_G(X,\mathbb{C})=\frac{\mathrm{Ker}(d:A^p_G\to A^{p+1}_G)}{dA^{p-1}_G}.$$

単射 $\iota:A^p_G\to A^p$ が準同型写像 $\iota^*:H^p_G(X,\mathbb{C})\to H^p(X,\mathbb{C})$ を引きおこす．G がコンパクトであるという仮定から ι^* が単射であることを証明する．そのために G に Haar 測度 dg を $\int_G dg=1$ となるようにとる．(この節では $G=\mathbb{C}^n/\Gamma$ の場合に応用するので，その場合には $\mathbb{C}^n$ の通常の体積要素を使い $\mathbb{C}^n/\Gamma$ の体積が 1 になるように正規化すればよい．) $\omega\in A^p$ に対し

$$I\omega=\int_G\omega^g dg$$

とおく．$I\omega$ は ω の G による平均と考えられる．

補題 8.2

(i)　$\omega\in A^p$ に対し，$d(I\omega)=I(d\omega)$,

(ii) $\omega\in A^p$ に対し，$I\omega\in A^p_G$,

(iii) $\omega\in A^p_G$ に対し，$I\omega=\omega$.

[証明] (i) $d(g^*\omega)=g^*(d\omega)$ から明らか．

(ii) $g_0\in G$ とする．$g_0^*(I\omega)=g_0^*\int\omega^g dg=\int\omega^{gg_0}dg=\int\omega^{gg_0}d(gg_0)=I\omega$.

(iii) すべての g に対し，$\omega^g=\omega$ だから，$I\omega=\int_G\omega\,dg=\omega$. ∎

$\omega\in A^p_G$ が $d\omega=0$ で，適当な $\theta\in A^{p-1}$ に対し $\omega=d\theta$ であるとする．そのとき，上の補題により，$d(I\theta)=I(d\theta)=I\omega=\omega$，そして $I\theta\in A^{p-1}_G$ であるから，ω は $H^p_G(X,\mathbb{C})$ の 0 を与える．したがって，次の補題を証明した．

補題 8.3 G がコンパクトならば，$\iota^*: H^p_G(X,\mathbb{C})\to H^p(X,\mathbb{C})$ は単射である． □

さらに G が(弧で結べるという意味で)連結とする．$g\in G$ とする．g による変換は恒等変換にホモトープであるから，$g^*: H^p(X,\mathbb{C})\to H^p(X,\mathbb{C})$ は恒等変換である．

定理 8.4 G がコンパクトで連結ならば，

$$\iota^*: H^p_G(X,\mathbb{C})\longrightarrow H^p(X,\mathbb{C})$$

は同型写像である．

[証明] $\omega\in A^p$ で $d\omega=0$ とする．$d(I\omega)=I(d\omega)=0$ だから，ω と $I\omega$ が $H^p(X,\mathbb{C})$ の同じ元を与えることを証明すればよい．$g\in G$ なら $g^*: H^p(X,\mathbb{C})\to H^p(X,\mathbb{C})$ が恒等写像であることから，$\omega-\omega^g=d\theta_g$ となる $\theta_g\in A^{p-1}$ が存在する．

$$\int_G\omega\,dg-\int_G\omega^g dg=d\int_G\theta_g dg\,.$$

$\theta=\int\theta_g dg$ とおけば

$$\omega-I\omega=d\theta$$

を得る．(積分 $\int\theta_g dg$ が定義されるには θ_g の g に対する依存の仕方が勝手では困る．たとえば X に Riemann 計量をとり Green の作用素と調和射影 H を使えば

$$\omega-\omega^g=(d\delta G+\delta dG)(\omega-\omega^g)+H(\omega-\omega^g)=d\delta G(\omega-\omega^g)$$

となるから $\theta_g = \delta G(\omega - \omega^g)$ とおけば θ_g は g に関して連続である.) ▮

上の定理をトーラス $X = \mathbb{C}^n/\Gamma$ にそれ自身が平行移動の群として作用している場合に適用してみる. $z^1, \cdots, z^n$ を $\mathbb{C}^n$ の座標系とするとき X 上の (p,q) 次微分形式は

$$\omega = \frac{1}{p!q!}\sum a_{i_1\cdots i_p\bar{j}_1\cdots\bar{j}_q} dz^{i_1}\wedge\cdots\wedge dz^{i_p}\wedge d\bar{z}^{j_1}\wedge\cdots\wedge d\bar{z}^{j_q}$$

と書ける. ここで係数 $a_{i_1\cdots i_p\bar{j}_1\cdots\bar{j}_q}$ は $i_1, \cdots, i_p$ についても $j_1, \cdots, j_q$ についても交代とする. この ω が平行移動で不変ということは係数 $a_{i_1\cdots i_p\bar{j}_1\cdots\bar{j}_q}$ がすべて X 上で定数であるということに外ならない. そのような微分形式は明らかに d で 0 になる. $G = \mathbb{C}^n/\Gamma$ として, 上の記号を使えば $d(A_G^r) = 0$, $d(A_G^{r-1}) = 0$ であるから, $H_G^r(X, \mathbb{C}) = A_G^r = \sum_{p+q=r} A_G^{p,q}$ である. ここで, もちろん $A_G^{p,q}$ は上の ω で係数が定数であるようなものの全体である. $X = \mathbb{C}^n/\Gamma$ 上に Hermite 計量 $ds^2 = 2\sum h_{i\bar{j}} dz^i d\bar{z}^j$ を考える. ただし, $(h_{i\bar{j}})$ は定数から成る正値 Hermite 行列とする. $h_{i\bar{j}}$ が定数だから, この計量は明らかに平行移動で不変な Kähler 計量である. 平行移動で不変な $\omega \in A_G^r$ に対しては $*\omega$ も平行移動で不変だから $\delta\omega = 0$ が成り立つ. したがって, ω は調和微分形式である. $H^r(X, \mathbb{C}) \cong A_G^r$ で, 各コホモロジー類には唯一つの調和形式が含まれているだけであるから, A_G^r の元以外に調和微分形式はない. すなわち,

定理 8.5　複素トーラス $X = \mathbb{C}^n/\Gamma$ に群 $G = \mathbb{C}^n/\Gamma$ が平行移動で作用していると考え, $A_G^{p,q}$ を G 不変な (p,q) 次微分形式とすると

$$H^{p,q}(X, \mathbb{C}) \cong A_G^{p,q}$$

である. また G 不変な Kähler 計量に関して, $A_G^{p,q}$ はちょうど (p,q) 次調和微分形式の全体と一致する.

$X = \mathbb{C}^n/\Gamma$ の原点 0 において $T_0^{*'} = T_0^{*'}(X)$, $T_0^{*''} = T_0^{*''}(X)$ とおけば

$$A_G^{p,q} \cong \Lambda^p T_0^{*'} \otimes \Lambda^q T_0^{*''} \tag{8.1}$$

とも書ける. 明らかに

$$h^{p,q} = \dim H^{p,q}(X, \mathbb{C}) = \binom{n}{p}\binom{n}{q} \tag{8.2}$$

である. □

§8.2　トーラス上の線束

$\mathbb{C}^n$ 上の正則線束は積束であるという事実を使う(演習問題 3.4 参照)．L をトーラス $X=\mathbb{C}^n/\Gamma$ 上の線束，$\pi: L\to X$ をその射影，また $p:\mathbb{C}^n\to X$ を自然な射影とする．そのとき引きもどし

$$p^*L=\{(z,\xi)\in\mathbb{C}^n\times L;\ p(z)=\pi(\xi)\}\subset\mathbb{C}^n\times L$$

は $\mathbb{C}^n$ 上の線束だから，上に述べたように積束である．

$$p^*L\cong\mathbb{C}^n\times\mathbb{C}. \tag{8.3}$$

この同型対応は一つ選んで固定しておく．

格子 Γ は $\mathbb{C}^n$ に平行移動によって作用するが，この作用を p^*L の自己同型写像として次のように持ち上げる．

$$\gamma:(z,\xi)\longmapsto(z+\gamma,\xi),\quad \gamma\in\Gamma,\ z\in\mathbb{C}^n,\ \xi\in L.$$

積束 $\mathbb{C}^n\times\mathbb{C}$ に対して，この作用を書き表わす．ファイバー $\mathbb{C}$ の自己同型写像は 0 以外の複素数を掛けることによって得られるから，$\gamma\in\Gamma$ の作用は

$$\gamma:(z,t)\in\mathbb{C}^n\times\mathbb{C}\longrightarrow(z+\gamma,j(\gamma,z)t)\in\mathbb{C}^n\times\mathbb{C} \tag{8.4}$$

と書ける．ここで各 $\gamma\in\Gamma$ に対し，$j(\gamma,\cdot):\mathbb{C}^n\to\mathbb{C}^*$ は正則である．Γ は群として作用しているから，γ を作用させた後で γ' を作用させるのは $\gamma+\gamma'$ を直接作用させるのと同じ結果を生む．このことを j の性質として書くと

$$j(\gamma+\gamma',z)=j(\gamma',z+\gamma)\cdot j(\gamma,z) \tag{8.5}$$

となる．このような関数 j を**保形因子**(factor of automorphy)とよぶ．$j(\gamma,z)$ が z に依らないとき $\gamma\mapsto j(\gamma,z)$ は Γ から $\mathbb{C}^*$ への準同型写像，すなわち Γ の表現になっていることを注意しておく．

逆に(8.5)を満たす正則写像 $j:\Gamma\times\mathbb{C}^n\to\mathbb{C}^*$ が与えられると(8.4)により Γ を $\mathbb{C}^n\times\mathbb{C}$ に作用させ商空間 $(\mathbb{C}^n\times\mathbb{C})/\Gamma$ を作ることにより $\mathbb{C}^n/\Gamma$ 上の線束 L を得る．

もし同型対応(8.3)を正則関数 $u:\mathbb{C}^n\to\mathbb{C}^*$ を掛けることによって変更すると新しい保形因子 j' は j と関係式

$$j'(\gamma,z)=u(z+\gamma)j(\gamma,z)u(z)^{-1} \tag{8.6}$$

で結ばれる．このような二つの保形因子 j と j' を互いに同値であると考える

と保形因子の同値類と，$\mathbb{C}^n/\Gamma$ 上の線束の同値類(同型類)は1対1に対応する．

トーラス $\mathbb{C}^n/\Gamma$ 上の線束 L に Hermite 構造 h を入れ，$\mathbb{C}^n$ 上に引きもどした線束 p^*L に h を引きもどしたものを $\widetilde{h}$ とする．(8.1)のように p^*L と積束の同型対応を一つ固定すると $\widetilde{h}$ は Γ の作用(8.2)で不変な $\mathbb{C}^n$ 上の正値関数と考えてよい．不変性は

$$\widetilde{h}(z) = \widetilde{h}(z+\gamma)|j(\gamma,z)|^2, \quad z\in\mathbb{C}^n, \quad \gamma\in\Gamma \tag{8.7}$$

で表わされる．(4.53)と(4.54)によれば $\widetilde{h}$ で定義される接続形式 $\widetilde{\omega}$ と曲率形式 $\widetilde{\Omega}$ は

$$\widetilde{\omega} = d'\log\widetilde{h}, \quad \widetilde{\Omega} = d''\omega = d''d'\log\widetilde{h}$$

で与えられるから(8.7)より

$$\widetilde{\omega}(z) = \omega(z+\gamma)+d'\log j(\gamma,z), \tag{8.8}$$

$$\widetilde{\Omega}(z) = \widetilde{\Omega}(z+\gamma) \tag{8.9}$$

を得る．(8.9)は $\widetilde{\Omega}$ がトーラス $\mathbb{C}^n/\Gamma$ 上の微分形式であることを表わしている．$\mathbb{C}^n/\Gamma$ 上の微分形式と考えたとき $\widetilde{\Omega}$ を Ω と書くことにする．すなわち，Ω は h の曲率形式で $\widetilde{\Omega}=p^*\Omega$ となっている．

もし，h に正値関数 e^{φ} を掛けると曲率は $\Omega+d''d'\varphi$ に変わる．演習問題6.2によれば適当な φ を選べば曲率は $(1,1)$ 次調和微分形式になる．以下，h はその曲率 Ω が調和微分形式となるように選ばれているとする．そのような h は定数倍を除けば一意に定まる(なぜなら，コンパクト複素多様体上では $d''d'\psi=0$ となるような実関数 ψ は補題4.22によれば定数である)．h を定数倍しても曲率形式 Ω は変わらない．Ω を

$$\Omega = \sum R_{j\bar{k}}dz^j \wedge d\bar{z}^k \tag{8.10}$$

と書けば，前節で示したように Ω が調和微分形式であることから，係数 $R_{j\bar{k}}$ はすべて定数である．また，(4.51) により $\Omega=-\bar{\Omega}$ であるから

$$R_{j\bar{k}} = \bar{R}_{k\bar{j}}\,, \tag{8.11}$$

すなわち $(R_{j\bar{k}})$ は Hermite 行列である．

定理 8.6　p^*L の Hermite 構造 $\widetilde{h}$ は次の式で与えられる．

$$\log \widetilde{h}(z) = -\sum R_{j\bar{k}} z^j \bar{z}^k + f(z) + \overline{f(z)}.$$

ここで $f(z)$ は $\mathbb{C}^n$ 上の正則関数.

［証明］ $p^*L = \mathbb{C}^n \times \mathbb{C}$ の Hermite 構造 h_0 を

$$\log h_0 = -\sum R_{j\bar{k}} z^j \bar{z}^k$$

で定義すれば，その接続形式は $-\sum R_{j\bar{k}} z^k d\bar{z}^j$，曲率は $\sum R_{j\bar{k}} dz^j \wedge d\bar{z}^k$ である．$\varphi = \log \widetilde{h} - \log h_0$ とおけば，$d''d'\varphi = 0$ となる．そのような実関数 φ は正則関数 f を使って，$\varphi = f + \bar{f}$ と書ける(演習問題 1.3(i)の証明参照). ∎

$$H(z,w) = \frac{1}{\pi} \sum R_{j\bar{k}} z^j \bar{w}^k \tag{8.12}$$

とおいて，$\mathbb{C}^n$ 上の Hermite 2 次形式 H を定義する．$H(z,w)$ の実部と虚部をそれぞれ $S(z,w), A(z,w)$ と書く．すなわち

(8.13)

$$\begin{aligned} &H(z,w) = S(z,w) + iA(z,w), \\ &S(z,w) = A(iz,w), \quad S(z,w) = S(w,z), \quad A(z,w) = -A(w,z) \end{aligned}$$

で

$$\Omega = \pi i A(dz, dz). \tag{8.14}$$

線束 L の Chern 類 $c_1(L)$ は(4.87)によれば Chern 形式

$$c_1(L,h) = -\frac{1}{2\pi i}\Omega$$

で代表される．$c_1(L)$ が整係数コホモロジー $H^2(\mathbb{C}^n/\Gamma, \mathbb{Z})$ の元であるから，$\alpha, \beta \in \Gamma$ によって張られる $\mathbb{C}^n/\Gamma$ の 2 次元サイクル $[\alpha, \beta]$ の上で $c_1(L,h)$ を積分すれば整数となる．

$$-\frac{1}{2\pi i}\int_{[\alpha,\beta]} \sum R_{j\bar{k}} dz^j \wedge d\bar{z}^k \in \mathbb{Z}.$$

$\alpha = (a^1, \cdots, a^n)$，$\beta = (b^1, \cdots, b^n)$ とすると

$$\begin{aligned} -\frac{1}{2\pi i}\int_{[\alpha,\beta]} \sum R_{j\bar{k}} dz^j \wedge d\bar{z}^k &= -\frac{1}{2\pi i}\sum R_{j\bar{k}}(a^j \bar{b}^k - b^j \bar{a}^k) \\ &= -\frac{1}{2i}(H(\alpha,\beta) - H(\beta,\alpha)) = -A(\alpha,\beta), \end{aligned}$$

したがって

(8.15)　$$A(\alpha,\beta)\in\mathbb{Z},\quad \alpha,\beta\in\Gamma.$$

一方，(8.7)と定理8.6から

$$-\pi H(z,\bar{z})+f(z)+\overline{f(z)}\equiv-\pi H(z+\gamma,z+\gamma)+f(z+\gamma)+\overline{f(z+\gamma)}$$
$$+\log j(\gamma,z)+\log\overline{j(\gamma,z)}\qquad(\mathrm{mod}\ 2\pi i\mathbb{Z})$$

を得る．これを整理して

$$\mathrm{Re}\left\{\pi H(z,\gamma)+f(z)-f(z+\gamma)+\frac{\pi}{2}H(\gamma,\gamma)-\log j(\gamma,z)\right\}=0$$

を得る．{ }の中は正則だから，定数である．その定数を $\sqrt{-1}\,c_\gamma$ $(c_\gamma\in\mathbb{R})$ とすれば

(8.16)　$$j(\gamma,z)=\chi(\gamma)\exp\left[\pi H(z,\gamma)+f(z)-f(z+\gamma)+\frac{\pi}{2}H(\gamma,\gamma)\right].$$

ここで，$\chi(\gamma)=e^{\sqrt{-1}c_j}$ だから $|\chi(\gamma)|=1$．(8.5)と(8.16)を使って

(8.17)　$$\chi(\gamma+\gamma')=\chi(\gamma)\chi(\gamma')\cdot e^{\pi iA(\gamma,\gamma')},\quad \gamma,\gamma'\in\Gamma$$

を得る．(8.15)によれば，

(8.18)　$$e^{\pi iA(\gamma,\gamma')}=\pm 1$$

であるから，(8.17)は $\chi:\Gamma\to\mathbb{C}^*$ がほとんど指標であることを示している．上の χ を**半指標**(semi-character)とよぶ．

保形因子の同値性の定義式(8.16)によれば，(8.16)で与えられる保形因子は次の保形因子に同値である．

(8.19)　$$j(\gamma,z)=\chi(\gamma)\exp\left[\pi H(z,\gamma)+\frac{\pi}{2}H(\gamma,\gamma)\right].$$

逆に，$\mathbb{C}^n$ 上に Hermite 形式 $H(z,w)$ が与えられ，その虚部 $A(z,w)$ が(8.16)を満たし，さらに Γ の半指標 χ が与えられたとき，(8.19)で定義された $j:\Gamma\times\mathbb{C}^n\to\mathbb{C}^*$ は保形因子である．この j を使って(8.4)により Γ を $\mathbb{C}^n\times\mathbb{C}$ に作用させるとトーラス $\mathbb{C}^n/\Gamma$ 上に線束 L が得られる．以上をまとめて **Appell–Humbert の定理**(Theorem of Appell-Humbert)を述べる．

定理 8.7　複素トーラス $\mathbb{C}^n/\Gamma$ 上の線束 L に対し，次の性質をもつ $\mathbb{C}^n$ 上

の Hermite 形式 $H(z,w)$ と写像 $\chi: \Gamma \to U(1) \subset \mathbb{C}^*$ が対応する.

（i） $A(z,w)$ を $H(z,w)$ の虚部とすると

$$A(\gamma,\gamma') \in \mathbb{Z}, \quad \gamma,\gamma' \in \Gamma$$

（ii） $\chi(\gamma+\gamma') = \chi(\gamma)\chi(\gamma')e^{\pi i A(\gamma,\gamma')}$

逆に，性質(i),(ii)をもつ H と χ が与えられると，それに対応する線束 $L(H,\chi)$ が唯一つ次のようにしてきまる

$$L(H,\chi) = \mathbb{C}^n \times \mathbb{C}/\Gamma,$$

ここで Γ の作用は

$$\gamma\colon (z,t) \in \mathbb{C}^n \times \mathbb{C} \longrightarrow (z+\gamma,\ j(\gamma,z)t) \in \mathbb{C}^n \times \mathbb{C},$$

ただし，$j(\gamma,z) = \chi(\gamma)\exp\left[\pi H(z,\gamma) + \frac{\pi}{2}H(\gamma,\gamma)\right]$. □

以上のことから，(i)と(ii)を満たす二つの対 $(H_1,\chi_1),(H_2,\chi_2)$ が与えられたとき

$$(8.20) \qquad L(H_1+H_2,\chi_1\chi_2) = L(H_1,\chi_1) \otimes L(H_2 \otimes \chi_2)$$

となることもわかる．すなわち $(H,\chi) \mapsto L(H,\chi)$ は(i),(ii)を満たす対 (H,χ) のつくる群から $\mathrm{Pic}(\mathbb{C}^n/\Gamma)$ への群同型写像である．線束 $L \in \mathrm{Pic}(\mathbb{C}^n/\Gamma)$ が $\mathrm{Pic}^0(\mathbb{C}^n/\Gamma)$ に属するための必要十分条件は $c_1(L)=0$ であり，$c_1(L)=0$ の必要十分条件は $H=0$ である．$H=0$ のときは $\chi: \Gamma \to U(1)$ は準同型写像，すなわち Γ の指標になっている．したがって，

$$(8.21) \qquad \mathrm{Pic}^0(\mathbb{C}^n/\Gamma) = \{L(0,\chi);\ \chi \text{ は } \Gamma \text{ の指標}\}$$

である.

条件(i),(ii)を満たす対 (H,χ) のつくる群を $\{(H,\chi)\}$ と書き，(i)を満たす H のつくる群を $\{H\}$ と書くことにすると，図式

(8.22)

$$\begin{array}{ccccccccc} 0 & \longrightarrow & \{(0,\chi)\} & \longrightarrow & \{(H,\chi)\} & \longrightarrow & \{H\} & \longrightarrow & 0 \\ & & \updownarrow & & \updownarrow & & \updownarrow & & \\ 0 & \longrightarrow & \mathrm{Pic}^0(\mathbb{C}^n/\Gamma) & \longrightarrow & \mathrm{Pic}(\mathbb{C}^n/\Gamma) & \longrightarrow & H^{1,1}(\mathbb{C}^n/\Gamma,\mathbb{Z}) & \longrightarrow & 0 \end{array}$$

は可換で，縦の矢印は同型対応，横の列は完全系列である．縦の矢印のうち，左の二つが同型対応であることは上で証明した．また下の系列が完全である

ことも系6.31で証明したから，一番右の縦の矢印が同型対応であることを証明すればよい．この対応は

$$H \longrightarrow \frac{1}{2\pi i}\Omega = \frac{1}{2\pi i}\sum R_{j\bar{k}}dz^j \wedge d\bar{z}^k$$

によって与えられる．これが $H^{1,1}(\mathbb{C}^n/\Gamma, \mathbb{Z})$ への写像を与えることは(8.15)の証明から明らかである．そして(8.13)により A から H が定まることから $\{H\} \to H^{1,1}(\mathbb{C}^n/\Gamma, \mathbb{Z})$ が同型対応であることもわかる．

§8.3　Abel 多様体

前節の定理8.7の記号を使ってトーラス $\mathbb{C}^n/\Gamma$ 上の線束 $L(H,\chi)$ が豊富であるための条件を述べる．

定理 8.8　線束 $L(H,\chi)$ が正であるのは H が正であるとき，そしてそのときに限る．

[証明]　$H>0$ ならば Chern 形式 $c_1(L(H,\chi),h)$ が正だから $L(H,\chi)$ が正である．逆に，$c_1(L(H,\chi))$ が正とする．定義により $c_1(L(H,\chi))$ を代表する $(1,1)$ 次閉微分形式でいたるところに正になるものが存在する．§8.1で示したように，この微分形式を $\mathbb{C}^n/\Gamma$ 上で平均すれば平行移動で不変な微分形式で $c_1(L(H,\chi))$ を代表するものが得られる．この微分形式は明らかに正であり，その係数は定数である．H と $c_1(L(H,\chi))$ の関係から明らかに $H>0$ である． ∎

定理7.13で示したように $X=\mathbb{C}^n/\Gamma$ が代数的多様体になるための必要十分条件は X 上に正な線束 L が存在することである．$\mathbb{C}^n/\Gamma$ 上の線束はすべて $L(H,\chi)$ の形をしているから $L(H,\chi)>0$ となる (H,χ) を見つければよい．(8.22)で示したように定理8.7の条件(i)を満たす H が与えられると，(ii)を満たす χ が存在するから，(i)を満たす正の H が存在すれば正の線束 $L(H,\chi)$ が存在し，したがって $\mathbb{C}^n/\Gamma$ は代数的多様体になる．以上をまとめて定理として述べる．

定理 8.9　複素トーラス $\mathbb{C}^n/\Gamma$ が代数的多様体であるための必要十分条件

は $\mathbb{C}^n$ 上に正値 Hermite 形式 $H(z,w)$ で，その虚部 $A(z,w)$ が Γ 上で整数値となるようなものが存在することである． □

$H(z,w)$ が正値というのは，すべての $0 \neq z \in \mathbb{C}^n$ に対し $H(z,z)>0$ という意味であり，$A(z,w)$ が Γ 上で整数値というのは

$$A(\gamma,\gamma') \in \mathbb{Z}, \quad \gamma,\gamma' \in \Gamma$$

という意味である．

複素トーラスが代数多様体であるとき **Abel 多様体**(Abelian variety)とよぶ．定理 8.9 の判定条件を行列を使って具体的に書き表わすために，Γ の基 $\gamma_1,\cdots,\gamma_{2n}$ を選び，各 γ_j の成分を $(c_j^1,\cdots,c_j^n)$ として，**周期行列**(period matrix)とよばれる $n\times 2n$ 型の行列

$$C=\begin{pmatrix} c_1^1 & \cdots & c_{2n}^1 \\ \vdots & & \vdots \\ c_1^n & \cdots & c_{2n}^n \end{pmatrix} \tag{8.23}$$

と $2n\times 2n$ 型の行列

$$\widetilde{C}=\begin{pmatrix} C \\ \bar{C} \end{pmatrix} \tag{8.24}$$

を考える．$\widetilde{C}$ の行列式 $|\widetilde{C}|$ は 0 でない．もし $|\widetilde{C}|=0$ ならば $2n$ 個の縦ベクトル

$$\begin{pmatrix} \gamma_j \\ \bar{\gamma}_j \end{pmatrix} \qquad j=1,\cdots,2n$$

が 1 次従属で，$\sum_{j=1}^{2n} a_j\gamma_j=0$, $\sum_{j=1}^{2n} a_j\bar{\gamma}_j=0$ となるような複素数 $a_1,\cdots,a_{2n}$(もちろん，少なくとも一つの a_j が 0 でない)が存在する．そのとき

$$\sum(a_j+\bar{a}_j)\gamma_j=\sum a_j\gamma_j+\sum\overline{a_j\bar{\gamma}_j}=0,$$

$$\sum(a_j-\bar{a}_j)\gamma_j=\sum a_j\gamma_j-\sum\overline{a_j\bar{\gamma}_j}=0.$$

一方，$\gamma_1,\cdots,\gamma_{2n}$ は $\mathbb{R}$ 上では 1 次独立だから $a_j+\bar{a}_j=0$, $a_j-\bar{a}_j=0$ でなければならない．したがって $a_j=0$ で矛盾である．

次に，$\widetilde{C}$ の逆行列を $\widetilde{B}$ として，$\widetilde{B}=(B\ \ B')$ とおく．ここで B も B' も $2n\times n$ 型の行列である．そのとき $B'=\bar{B}$ となることを証明する．

$$\begin{pmatrix} I_n & 0 \\ 0 & I_n \end{pmatrix} = \widetilde{C}\widetilde{B} = \begin{pmatrix} C \\ \bar{C} \end{pmatrix}(B\ B') = \begin{pmatrix} CB & CB' \\ \bar{C}B & \bar{C}B' \end{pmatrix}$$

から

$$CB' = \bar{C}B = 0, \quad CB = \bar{C}B' = I$$

を得る．したがって，$C\bar{B}=0$, $\bar{C}\,\bar{B}=I$ で

$$C(B'-\bar{B}) = 0, \quad \bar{C}(B'-\bar{B}) = 0$$

となる．$\det\widetilde{C}\neq 0$ だから，$B'=\bar{B}$ を得る．以下

$$\widetilde{C}^{-1} = \widetilde{B} = (B\ \bar{B}) \tag{8.25}$$

と書く．$\widetilde{C}\widetilde{B}=I_{2n}$ と $\widetilde{B}\,\widetilde{C}=I_{2n}$ から

$$CB = I_n, \quad C\bar{B} = 0, \quad BC+\bar{B}\,\bar{C} = I_{2n}$$

を得る．

$$H(z,w) = \sum_{\alpha,\beta=1}^{n} h_{\alpha\bar{\beta}} z^{\alpha}\bar{w}^{\beta}, \quad H = (h_{\alpha\bar{\beta}})$$

とおくと

$$A(z,w) = \frac{i}{2}(\overline{H(z,w)} - H(z,w)) = \frac{i}{2}(H(w,z) - H(z,w)).$$

$2n\times 2n$ 型歪対称行列 Q を

$$Q = (q_{jk}), \quad q_{jk} = A(\gamma_j,\gamma_k) = \frac{i}{2}(H(\gamma_k,\gamma_j) - H(\gamma_j,\gamma_k)) \tag{8.26}$$

によって定義すると

$$Q = \frac{i}{2}({}^t CH\bar{C} - {}^t\bar{C}{}^t HC) = \frac{i}{2}({}^t C\ {}^t\bar{C})\begin{pmatrix} H & 0 \\ 0 & -{}^t H \end{pmatrix}\begin{pmatrix} \bar{C} \\ C \end{pmatrix}$$

$$= \frac{i}{2}{}^t\widetilde{C}\begin{pmatrix} H & 0 \\ 0 & -{}^t H \end{pmatrix}\bar{\widetilde{C}}$$

となる．したがって

$${}^t\widetilde{B}Q\bar{\widetilde{B}} = \frac{i}{2}\begin{pmatrix} H & 0 \\ 0 & -{}^t H \end{pmatrix}.$$

すなわち

$$\begin{pmatrix} {}^t B \\ {}^t \bar{B} \end{pmatrix} Q(\bar{B}\ B) = \frac{i}{2}\begin{pmatrix} H & 0 \\ 0 & -{}^t H \end{pmatrix}. \tag{8.27}$$

これは次の2式と同値である.

$${}^t BQB = 0, \quad -i{}^t BQ\bar{B} = \frac{1}{2}H. \tag{8.28}$$

定理8.9を次の形に述べることができる.

定理8.10 与えられた複素トーラス $\mathbb{C}^n/\Gamma$ に対し，Γ の基 $\gamma_1, \cdots, \gamma_{2n}$ を選び，$\omega_1, \cdots, \omega_{2n}$ を平行移動で不変な実1次微分形式で

$$\int_{\gamma_j} \omega_k = \delta_{jk}, \quad j, k = 1, \cdots, 2n$$

となるものとする.

$$\omega_j = \sum_{\alpha=1}^n b_{j\alpha} dz^\alpha + \sum_{\alpha=1}^n \bar{b}_{j\alpha} d\bar{z}^\alpha$$

により $2n \times n$ 型の行列 $B = (b_{j\alpha})$ を定義する．そのとき複素トーラス $\mathbb{C}^n/\Gamma$ が Abel 多様体になるための必要十分条件は成分が整数の歪対称行列 Q で次の条件を満たすものが存在することである.

$${}^t BQB = 0, \quad -i{}^t BQ\bar{B} > 0.$$

［証明］ ここで定義した B が(8.25)で与えられた B と一致することは明らかである．Abel 多様体の場合，(8.26)で定義された Q が上の条件を満たすことは(8.28)から明らかである．逆に上の条件を満たす $Q = (q_{jk})$ が与えられたとき行列 $H = (h_{\alpha\bar{\beta}})$ を

$$\frac{1}{2}H = -i{}^t BQ\bar{B}$$

によって定義すれば ${}^t\bar{H} = H$ は明らかで $H > 0$ は与えられた条件である．あとは(8.26)から(8.28)に至る計算を逆に辿れば q_{jk} は H の虚部 A により $q_{jk} = A(\gamma_j, \gamma_k)$ で与えられることがわかる．$q_{jk} \in \mathbb{Z}$ だから，定理8.8により $\mathbb{C}^n/\Gamma$ は Abel 多様体である. ∎

上の定理における2条件は **Riemann の条件**(Riemann conditions)とよばれる.

(8.27)の両辺の逆行列を考えれば

$$\begin{pmatrix} \bar{C} \\ C \end{pmatrix} Q^{-1}({}^t C\ {}^t\bar{C}) = -2i\begin{pmatrix} H^{-1} & 0 \\ 0 & -{}^t H^{-1} \end{pmatrix}$$

となる．これは

$$CQ^{-1}\cdot{}^tC = 0, \quad CQ^{-1}\cdot{}^t\bar{C} = 2i{}^tH^{-1}$$

と同値である．したがって，定理8.10のRiemannの条件は

$$(8.29)\qquad CQ^{-1}\cdot{}^tC = 0, \quad -iCQ^{-1}\cdot{}^t\bar{C} > 0$$

とも表わされる．

Γ の基 $\gamma_1,\cdots,\gamma_{2n}$ を適当に選べば，Q が非退化であるとして(特に $\mathbb{C}^n/\Gamma$ がAbel多様体ならよい)，Q が次の形になることを証明する．

$$(8.30)\qquad Q = \begin{pmatrix} 0 & \Delta \\ -\Delta & 0 \end{pmatrix}, \quad \Delta = \begin{pmatrix} \delta_1 & & 0 \\ & \ddots & \\ 0 & & \delta_n \end{pmatrix}, \quad \delta_i \in \mathbb{Z},\ \delta_i > 0$$

で整数 $\delta_1,\cdots,\delta_n$ は $\delta_1\,|\,\delta_2$，$\delta_2\,|\,\delta_3$，$\cdots$，$\delta_{n-1}\,|\,\delta_n$，すなわち δ_i は δ_{i+1} を割る．

各 $\gamma\in\Gamma$ に対し，$\{A(\gamma,\gamma');\ \gamma'\in\Gamma\}$ は $\mathbb{Z}$ のイデアルだから $d_\gamma\mathbb{Z}$，$d_\gamma>0$ の形をしている．$\delta_1=\min\{d_\gamma;\ \gamma\in\Gamma\}$ とおき，Γ の元 γ_1 と γ_{n+1} を $\delta_1=d_{\gamma_1}$，$A(\gamma_1,\gamma_{n+1})=\delta_1$ となるように選ぶ．すべての $\gamma\in\Gamma$ に対し，δ_1 は $A(\gamma,\gamma_1)$ も $A(\gamma,\gamma_{n+1})$ も割るから

$$\gamma' = \gamma + \frac{A(\gamma,\gamma_1)}{\delta_1}\gamma_{n+1} - \frac{A(\gamma,\gamma_{n+1})}{\delta_1}\gamma_1$$

とおけば $\gamma'\in\Gamma$ で，$A(\gamma',\gamma_1)=A(\gamma',\gamma_{n+1})=0$ となる．したがって，$\Gamma'=\{\gamma'\in\Gamma;\ A(\gamma',\gamma_1)=A(\gamma',\gamma_{n+1})\}$ と定義すれば

$$\Gamma = \mathbb{Z}\gamma_1\oplus\mathbb{Z}\gamma_{n+1}\oplus\Gamma'$$

となる．Γ' に対して上と同様の議論をして，$\delta_2\in\mathbb{Z}$，$\gamma_2,\gamma_{n+2}\in\Gamma'$ を得る．もし δ_2 が δ_1 で割りきれなければ $\delta_2=q\delta_1+r$，$0<r<\delta_1$ だから

$$A(\gamma_2-q\gamma_1,\gamma_{n+2}+\gamma_{n+1}) = A(\gamma_2,\gamma_{n+2})-qA(\gamma_1,\gamma_{n+1}) = \delta_2-q\delta_1 = r < \delta_1$$

で矛盾である．あとは同じ議論を繰り返せばよい．

$\delta_1,\cdots,\delta_n$ は A の**単因子**(elementary divisor)とよばれ，Γ と A で決まる．しかし，上のようにして構成した $\gamma_1,\cdots,\gamma_{2n}$ すなわち Q が(8.30)の形になる

ような $\gamma_1, \cdots, \gamma_{2n}$ は一意でない．$\gamma_1', \cdots, \gamma_{2n}'$ をもう一つの基に変えると，その変換は

$$\gamma_j' = \sum_{k=1}^{2n} m_j^k \gamma_k, \quad m_j^k \in \mathbb{Z} \tag{8.31}$$

と書けるが，そのとき $2n \times 2n$ 型の行列 $M = (m_j^k)$ は $SL(2n; \mathbb{Z})$ の元で，Q は ${}^tMQM$ に変わる．したがって，$\gamma_1', \cdots, \gamma_{2n}'$ に関しても Q が(8.30)の形をしているためには変換 M を ${}^tMQM = Q$ となるものに限ればよい．

$$Sp(2n; \mathbb{R}) = \{M \in SL(2n; \mathbb{R});\ {}^tMQM = Q\},$$
$$Sp(2n; \mathbb{Z}) = \{M \in SL(2n; \mathbb{Z});\ {}^tMQM = Q\}$$

とおく．$Sp(2n; \mathbb{R})$ は歪対称行列 Q に関する**シンプレクティック群**(symplectic group)とよばれる．$Sp(2n; \mathbb{Z})$ はその離散部分群である．以上で，Q が(8.30)の形になるような $\gamma_1, \cdots, \gamma_{2n}$ は $Sp(2n; \mathbb{Z})$ の作用を除いて一意であることがわかった．

$\gamma_1, \cdots, \gamma_{2n}$ を適当にとって，Q が(8.30)の形にできることを示したが，次に $\mathbb{C}^n$ の基として $\dfrac{1}{\delta_1}\gamma_1, \cdots, \dfrac{1}{\delta_n}\gamma_n$ をとることにより周期行列 C の形を簡単にする．$\mathbb{C}^n$ のはじめに与えられた座標系に関して，C を $\gamma_1, \cdots, \gamma_n$ の部分と $\gamma_{n+1}, \cdots, \gamma_{2n}$ の部分に分けて $C = (C_0, C_1)$ と書いたとき，新しい基 $\dfrac{1}{\delta_1}\gamma_1, \cdots, \dfrac{1}{\delta_n}\gamma_n$ に関して C は

$$\Delta \cdot C_0^{-1} \cdot (C_0, C_1) = (\Delta, \Delta \cdot C_0^{-1} C_1) \tag{8.32}$$

になる．$\Delta \cdot C_0^{-1} C_1$ を T とおいて

$$\Delta \cdot C_0^{-1}(C_0, C_1) = (\Delta, T) \tag{8.33}$$

と書くことにする．このとき，周期行列 C は**標準化**(normalized)されたという．(8.30)から

$$Q^{-1} = \begin{pmatrix} 0 & \Delta^{-1} \\ -\Delta^{-1} & 0 \end{pmatrix}$$

となるから，(8.29)は

$$T = {}^tT, \quad \mathrm{Im}(T) = \frac{1}{2i}(T - \bar{T}) > 0 \tag{8.34}$$

と同値であることは容易にわかる．上の条件を満たすような $n \times n$ 型複素

行列(すなわち，対称で虚部が正値な行列) T の集合を **Siegel の上半平面** (Siegel's upper half-plane)とよび $\mathfrak{S}_n$ と書く．$\mathfrak{S}_n$ は $\mathbb{C}^{n(n+1)/2}$ の中の領域で対称領域の一例である．$n=1$ の場合，$\mathfrak{S}_1$ は通常の上半平面である．

さて，$\gamma_1,\cdots,\gamma_{2n}$ を $Sp(2n;\mathbb{Z})$ の元 M によって(8.31)のように変換したとき T がどのように変わるかを調べる．$\gamma_1',\cdots,\gamma_{2n}'$ によって与えられる周期行列を C' とすれば(8.31)から，

$$C' = CM \tag{8.35}$$

となる．M を $n\times n$ 型の行列に4分して

$$M = \begin{pmatrix} M_{11} & M_{12} \\ M_{21} & M_{22} \end{pmatrix}$$

と書けば(8.35)は

$$(C_0', C_1') = (C_0, C_1)\begin{pmatrix} M_{11} & M_{12} \\ M_{21} & M_{22} \end{pmatrix}$$

となるから

$$C_0' = C_0M_{11}+C_1M_{21}, \quad C_1' = C_0M_{12}+C_1M_{22}$$

ということである．したがって，

$$\begin{aligned} T' &= \Delta\cdot C_0'^{-1}\cdot C_1' = \Delta\cdot(C_0M_{11}+C_1M_{21})^{-1}(C_0M_{12}+C_1M_{22}) \\ &= \Delta\cdot(\Delta C_0^{-1}(C_0M_{11}+C_1M_{21}))^{-1}\cdot\Delta C_0^{-1}(C_0M_{12}+C_1M_{22}) \\ &= \Delta\cdot(\Delta M_{11}+TM_{21})^{-1}(\Delta M_{12}+TM_{22}). \end{aligned}$$

変換

$$T \longmapsto \Delta(\Delta M_{11}+TM_{21})^{-1}(\Delta M_{12}+TM_{22}) \tag{8.36}$$

により $Sp(2n;\mathbb{Z})$ が $\mathfrak{S}_n$ に作用する．そして，A と Γ から一意に定まるのは $\mathfrak{S}_n$ の点 T ではなくて，$\mathfrak{S}_n/Sp(2n;\mathbb{Z})$ の点である．

以上をまとめると，与えられた Abel 多様体 $\mathbb{C}^n/\Gamma$ から正の整数 $\delta_1,\delta_2,\cdots,\delta_n$ $(\delta_i\,|\,\delta_{i+1})$，と $\mathfrak{S}_n/Sp(2n;\mathbb{Z})$ の点が一意に定まる．逆に，このような与えられたデータに対応する Abel 多様体が一意に定まることも容易にわかる．

$\delta_1=\cdots=\delta_n=1$ の場合には $\Delta=I_n$ だから Q に関するシンプレクティック群 $Sp(2n;\mathbb{R})$ は通常のシンプレクティック群となり，変換(8.36)も

$$T \longmapsto (M_{11}+TM_{21})^{-1}(M_{12}+TM_{22})$$

と簡単になる．

任意のコンパクト複素多様体 X に対し $\mathrm{Pic}^0(X)$ と $\mathrm{Alb}(X)$ を定義したが，代数多様体の場合には次の定理が成り立つ．

定理 8.11　X が代数多様体ならば，その Picard 多様体 $\mathrm{Pic}^0(X)$ も Albanese 多様体 $\mathrm{Alb}(X)$ も共に Abel 多様体になる．

［証明］　(6.117)で示したように $\mathrm{Pic}^0(X)$ と $\mathrm{Alb}^0(X)$ は互いに双対な複素トーラスで $\mathrm{Pic}^0(\mathrm{Pic}^0(X)) \cong \mathrm{Alb}(X)$ だから $\mathrm{Pic}^0(X)$ が Abel 多様体であることを証明すれば十分である．

X の Kähler 計量 g をとり，その Kähler 2 次微分形式を Φ とする．$H^{1,0}$ を X の正則 1 次微分形式の空間，$H^{0,1}=\bar{H}^{1,0}$ をその複素共役とする．$H^{0,1}$ に内積 H を

$$H(\omega,\varphi)=2\int_X(-i\omega\wedge\bar{\varphi})\wedge\Phi^{n-1}$$

によって定義する．その虚部 A は

$$A(\omega,\varphi)=\frac{i}{2}(H(\varphi,\omega)-H(\omega,\varphi))=\int_X(\varphi\wedge\bar{\omega}-\omega\wedge\bar{\varphi})\wedge\Phi^{n-1}$$

で与えられる．

X の Picard 多様体を $H^{0,1}/\Gamma$ と表わしたとき格子 $\Gamma=j^*(H^1(X,\mathbb{Z}))$ の元 $\omega\in H^{0,1}$ は，$\omega+\bar{\omega}$ が $H^1(X,\mathbb{Z})$ の元を表わすという条件で与えられた(§6.7 参照)．X が代数多様体だから，g として Hodge 計量をとる．すなわち，Φ は $H^2(X,\mathbb{Z})$ の元を表わすとする．$\omega,\varphi\in\Gamma$ ならば $(\omega+\bar{\omega})\wedge(\varphi+\bar{\varphi})$ も $H^2(X,\mathbb{Z})$ の元を表わす．したがって，

$$\int_X(\omega+\bar{\omega})\wedge(\varphi+\bar{\varphi})\wedge\Phi^{n-1}\in\mathbb{Z}$$

となる．$\omega\wedge\varphi$ は $(0,2)$ 次，$\bar{\omega}\wedge\bar{\varphi}$ は $(2,0)$ 次だから，$\omega\wedge\varphi\wedge\Phi^{n-1}$ も $\bar{\omega}\wedge\bar{\varphi}\wedge\Phi^{n-1}$ も共に 0 である．よって，上の積分は

$$\int_X(\omega\wedge\bar{\varphi}+\bar{\omega}\wedge\varphi)\wedge\Phi^{n-1}=-A(\omega,\varphi)$$

に等しい．これで $A(\omega,\varphi)\in\mathbb{Z}$ が証明された．定理 8.9 により $\mathrm{Pic}^0(X)$ は Abel 多様体である． ∎

系 8.12　Abel 多様体に双対な複素トーラスは Abel 多様体である．

［証明］　複素トーラス X に双対な複素トーラスは $\mathrm{Pic}^0(X)$ で与えられる ((6.117)参照)から，これは定理から直ちにわかる． ∎

《要 約》

8.1　複素トーラスの通常のコホモロジーの計算は非常に易しいが，その Dolbeault コホモロジーの計算を理解する．

8.2　周期行列に関する Riemann の条件を理解する．

演習問題

8.1　T と T' を次元の等しい複素トーラスとする．T から T' への全射準同型写像が存在するとき，その準同型写像を**同種写像**(isogeny)とよび，T は T' に**同種**(isogenous)であるという．この関係が同値関係であることを証明せよ．

8.2　複素トーラス T_1 と T_2 が同種であるとする．T_1^*, T_2^* を T_1, T_2 の双対トーラスとするとき T_1^* と T_2^* は同種であることを証明せよ．

8.3　2 次元複素トーラスで Abel 多様体でない例を作れ．

8.4　複素トーラス $\mathbb{C}^2/\Gamma$, $\Gamma=\langle\gamma_1,\gamma_2,\gamma_3,\gamma_4\rangle$，を考える．ここで Γ は，$\gamma_1=(1,0)$, $\gamma_2=(0,1)$, $\gamma_3=(a,bi)$, $\gamma_4=(bi,a)$ $(a,b\in\mathbb{R},\ b\neq 0)$，によって生成される格子群とする．そのとき，$\mathbb{C}^2/\Gamma$ に双対なトーラスを求め，それが $\mathbb{C}^2/\Gamma$ に同型であることを示せ．

さらに，この複素トーラスは Abel 多様体であることを証明せよ．

8.5　複素トーラス $X=\mathbb{C}^n/\Gamma$ 上，$x\in X$ による平行移動を τ_x と書く．$\tau_x(y)=x+y$, $y\in X$．X 上の線束 L を使って写像 $\phi_L: X\to \mathrm{Pic}\,X$ を $\phi_L(x)=\tau_x^*L\otimes L^{-1}$ によって定義する．次のことを証明せよ．

(1)　ϕ_L は X から $\mathrm{Pic}^0\,X$ への群準同型写像である．

(2)　$\phi_L=0$ となるのは $L\in\mathrm{Pic}^0\,X$ のとき，そのときに限る．

(3) Appell–Humbert の定理により (H, χ) が L に対応するとき H が非退化であることと，$\phi_L : X \to \mathrm{Pic}^0 X$ が同種写像になることは同値である．

(4) X が Abel 多様体ならば $\mathrm{Pic}^0 X$ と X は同種である．

9 Riemann 面への応用

Kähler 多様体の理論はもちろん Riemann 面の理論をモデルにして発展してきたわけだが，ここでは前章までに得た Kähler 多様体に関する一般論を Riemann 面に応用するという立場をとった．しかし，Riemann 面の場合にはより深い結果が得られることを示すように努めた．

Jacobi 多様体に関することに重点を置いたので，Riemann 面の理論のほんの一部分に触れたに過ぎない．

§9.1 Riemann 面上の線束と因子

この節では，X はコンパクト 1 次元複素多様体，すなわち，コンパクト Riemann 面とする．次元が理由で X 上の 2 次微分形式はすべて閉じているから，X 上の Hermite 計量はすべて Kähler 計量である．したがって

(9.1) $$H^1(X,\mathbb{C}) \cong \mathbf{H}^{1,0}+\mathbf{H}^{0,1}, \quad \mathbf{H}^{0,1} = \bar{\mathbf{H}}^{1,0}$$

そして次数 $(1,0)$ の調和微分形式の空間 $\mathbf{H}^{1,0}$ は正則 1 次微分形式の空間 $H^0(X,\Omega^1)$ と一致する．

(9.2) $$g = \dim \mathbf{H}^{1,0} = \dim H^0(X,\Omega^1)$$

を X の**種数**(genus)とよぶ．

2 次元 Betti 数 $b_2 = \dim H^2(X,\mathbb{C}) = 1$ であるから，X は Kähler であるだけでなく代数的である．

X 上の線束 L に対し,

$$\deg L = \int_X c_1(L) \in \mathbb{Z} \tag{9.3}$$

とおいて L の**次数**(degree)とよぶ. $H^2(X,\mathbb{Z}) \cong \mathbb{Z}$ で, この同型対応で $c_1(L) \in H^2(X,\mathbb{Z})$ に対応する整数が $\deg L$ に外ならない. したがって

$$L > 0 \iff \deg L > 0, \quad L < 0 \iff \deg L < 0 \tag{9.4}$$

である. また,

$$L \in \mathrm{Pic}^0(X) \iff \deg L = 0 \tag{9.5}$$

も明らかである.

X の因子は

$$D = \sum m_\alpha p_\alpha, \quad m_\alpha \in \mathbb{Z},\ p_\alpha \in X$$

の形をしている. $[D]$ を D で定義される線束とすると, 系 7.26((7.37)も参照)により

$$\int_X c_1([D]) = \sum m_\alpha \tag{9.6}$$

となる. したがって

$$\deg D = \sum m_\alpha \tag{9.7}$$

とおいて $\deg D$ を因子 D の**次数**(degree)とよぶ. (9.6)により

$$\deg([D]) = \deg D \tag{9.8}$$

である.

小平の消滅定理 7.1 によれば

$$\deg L < 0 \Longrightarrow H^0(X, \mathcal{O}(L)) = 0 \tag{9.9}$$

(今の場合, これは定理 4.23 からも得られる). K_X を X の標準線束とする. もし, $\deg L > \deg K_X$ ならば $\deg(K_X \otimes L^*) < 0$ だから,

(9.10)
$$\deg L > \deg K_X \Longrightarrow H^1(X, \mathcal{O}(L)) \underset{\text{dual}}{\sim} H^0(X, \mathcal{O}(K_X \otimes L^*)) = 0$$

を得る.

一般のコンパクト複素多様体の場合, 線束 L が正(すなわち豊富)であるか

どうかは容易にわかっても，非常に豊富かどうかを決めるのは容易でない．しかし，1 次元の場合には次のような簡単な結果がある．

定理 9.1　L がコンパクトな Riemann 面上の線束で，条件

$$\deg L > \deg K_X + 2$$

を満たしているならば，非常に豊富である．

［証明］　点 $p \in X$ を因子と考え，それが定義する線束を $[p]$ と書き，層の完全系列

$$0 \longrightarrow \mathcal{O}(L \otimes [p]^{-1}) \xrightarrow{j} \mathcal{O}(L) \xrightarrow{r_p} \mathcal{L}_p \longrightarrow 0$$

を考える．ここで j は p だけで 0 になるような $[p]$ の断面 σ_p を掛けることによって得られる準同型写像であり，$\mathcal{L}_p$ は p 以外の点でのファイバーは 0，p でのファイバーは $\mathbb{C}$ となる層である．$\deg(L \otimes [p]^{-1}) = \deg L - 1 > \deg K_X$ だから $H^1(X, \mathcal{O}(L \otimes [p]^{-1})) = 0$．したがって

$$H^0(X, \mathcal{O}(L)) \xrightarrow{r_p^*} H^0(X, \mathcal{L}_p) \longrightarrow 0$$

は完全系列で，これは L の断面 $s \in H^0(X, \mathcal{O}(L))$ を L の p 上のファイバー L_p の点 $s(p)$ に制限するという写像 r_p^* が全射であることを示している．X の各点 p に対し，$r_p^*\colon H^0(X, \mathcal{O}(L)) \to L_p$ の核 $r_p^{*-1}(0)$ を対応させる．$r_p^{*-1}(0)$ は $H^0(X, \mathcal{O}(L))$ の超平面だから射影空間 $P(H^0(X, \mathcal{O}(L))^*)$ の点と考えられる．このようにして正則写像

$$\Phi_L\colon X \longrightarrow P(H^0(X, \mathcal{O}(L))^*) \tag{9.11}$$

が得られる．

同様にして X の 2 点 p, q に対し，完全系列

$$\mathcal{O}(L \otimes [p]^{-1} \otimes [q]^{-1}) \xrightarrow{j} \mathcal{O}(L) \xrightarrow{r_{p,q}} \mathcal{L}_{p,q}$$

を考える．ここで j は p だけで 0 になるような $[p]$ の断面 σ_p と，q だけで 0 になるような $[q]$ の断面 σ_q を掛けるという写像であり，層 $\mathcal{L}_{p,q}$ は p, q におけるファイバーが $\mathbb{C}$ で，それ以外の点でのファイバーは 0 である．$\deg(L \otimes [p]^{-1} \otimes [q]^{-1}) = \deg L - 2 > \deg K_X$ だから $H^1(X, \mathcal{O}(L \otimes [p]^{-1} \otimes [q]^{-1})) = 0$．したがって

$$H^0(X, \mathcal{O}(L)) \xrightarrow{r^*_{p,q}} H^0(X, \mathcal{L}_{p,q}) \longrightarrow 0$$

は完全系列，すなわち

$$s \in H^0(X, \mathcal{O}(L)) \longrightarrow (s(p), s(q)) \in L_p \oplus L_q$$

が全射である．これは，$p \neq q$ ならば $\Phi_L(p) \neq \Phi_L(q)$ となることを示している．すなわち，Φ_L は単射である．

さらに Φ_L の微分が点 p で退化しないことを示すには完全系列

$$\mathcal{O}(L \otimes [p]^{-2}) \xrightarrow{j} \mathcal{O}(L) \xrightarrow{d_p} \mathcal{L}_{p^2} \longrightarrow 0$$

を考えればよい．ここで j は σ_p^2 を掛けるという写像であり，層 $\mathcal{L}_{p^2}$ の p におけるファイバーは $L_p \otimes T_p^* X$，その他の点でのファイバーは 0 である．$\deg(L \otimes [p]^{-2}) = \deg L - 2 > \deg K_X$ だから $H^1(X, \mathcal{O}(L \otimes [p]^{-2})) = 0$．したがって

$$H^0(X, \mathcal{O}(L)) \xrightarrow{d_p^*} H^0(X, \mathcal{L}_{p^2}) \longrightarrow 0$$

は完全系列で，Φ_L の p における微分が退化しないことがわかる．詳しいことは小平の埋蔵定理の証明を参照． ∎

Φ_L によって X が何次元の射影空間に埋めこまれるかを調べる前に標準線束 K_X の次数と X の種数の関係を計算しておく．$\dim H^1(X, \mathbb{C}) = 2g$ だから X の Euler 数 $\chi(X)$ は

(9.12)
$$\chi(X) = 2 - 2g$$

で与えられる．したがって，Gauss–Bonnet の定理により

(9.13)
$$\int_X c_1(K_X) = -\int_X c_1(X) = \chi(X) = 2 - 2g,$$

すなわち

(9.14)
$$\deg(K_X) = 2g - 2$$

である．

次に Riemann–Roch の定理を証明しておく．X の因子 D が定義する線束を $[D]$ と書いて

$$h^i(D)=\dim H^i(X,\mathcal{O}([D])),\quad i=0,1$$

とおく．そのとき **Riemann–Roch の定理**（Theorem of Riemann-Roch）は

$$h^0(D)-h^1(D)=\deg(D)+1-g \tag{9.15}$$

と表わされる．この公式を証明するために，まず $h^0(D)-h^1(D)-\deg(D)$ が D に依らないことを示す．それには X の任意の点 p に対し因子を D から $D+p$ に変えたときに，

$$h^0(D+p)-h^1(D+p)-\deg(D+p)=h^0(D)-h^1(D)-\deg(D)$$

と変わらないことを示せばよい．層の完全系列

$$0\longrightarrow\mathcal{O}([D])\xrightarrow{\ i\ }\mathcal{O}([D+p])\xrightarrow{\ j\ }\mathcal{L}_p\longrightarrow 0$$

を考える．ここで i は線束 $[p]$ の断面で p だけで 0 になるようなものを掛けることによって得られる写像であり，$\mathcal{L}_p$ はそのファイバーが点 p では $\mathbb{C}$，それ以外の点では 0 となるような層である．これからコホモロジーの完全系列

$$\begin{aligned}0\longrightarrow H^0(X,\mathcal{O}([D]))\longrightarrow H^0(X,\mathcal{O}([D+p]))\longrightarrow\mathbb{C}\\ \longrightarrow H^1(X,\mathcal{O}([D]))\longrightarrow H^1(X,\mathcal{O}([D+p]))\longrightarrow 0\end{aligned}$$

を得る．したがって

$$h^0(D)-h^0(D+p)+1-h^1(D)+h^1(D+p)=0$$

となり，求める等式が得られた．

$h^0(D)-h^1(D)-\deg(D)$ が D に依らないことがわかったから，その値は $D=0$ として求めればよい．$D=0$ ならば $[D]$ は積束だから $h^0(0)=1$．一方，$h^1(0)=\dim H^1(X,\mathcal{O})=g$ だから，$h^0(0)-h^1(0)-\deg 0=1-g$ となり，公式(9.15)が証明された．

いま，X は代数的だから，定理 7.23 によりすべての線束 L は因子 D によって与えられる．また $\deg D=\deg([D])$ だから(9.15)は

$$\dim H^0(X,L)-\dim H^1(X,L)=\deg L+1-g \tag{9.16}$$

とも書ける．Serre の双対定理（定理 6.20）によれば $H^1(X,L)$ は $H^0(X,K_X\otimes L^{-1})$ に双対だから（ここで，K_X は X の標準線束），(9.16)は

$$\dim H^0(X,L)-\dim H^0(X,K_X\otimes L^{-1})=\deg L+1-g \tag{9.17}$$

とも書ける．

特に $L=K_X$ とすれば(9.17)は

$$g-1 = \deg K_X + 1 - g,$$

すなわち，再び(9.14)

$$\deg K_X = 2g-2$$

を得る．

$[D]\otimes K_X^{-1}>0$ ならば，すなわち $\deg(D)>\deg K_X$ ならば消滅定理により $h^1(D)=0$．そして(9.15)により，$h^0(D)=\deg(D)+1-g$ となる．したがって，定理9.1におけるように $\deg L>\deg K_X+2$ の場合($L=[D]$ として)，

$$\dim H^0(X,\mathcal{O}(L)) = \deg L+1-g > \deg K_X+3-g = 2g-2+3-g = g+1$$

となる．特に $\deg L=\deg K_X+3$ となるような L を使えば $\dim H^0(X,\mathcal{O}(L)) =g+2$ となるから，(9.11)で与えられる Φ_L は X を $P_{g+1}(\mathbb{C})$ に埋めこむことになる(定理9.1参照)．

因子 D の次数 $\deg D$ と線束 $[D]$ の次数 $\deg([D])$ が等しいこと((9.8)参照)を使って写像の次数に関する次の結果を証明する．

定理 9.2　X と Y をコンパクト Riemann 面，$f\colon X\to Y$ を定値でない正則写像とする．重複度も勘定に入れれば，f はすべての値 $q\in Y$ を同じ回数だけとる．すなわち，$f^{-1}(q)$ の点の数は重複度も含めれば，q に依らない．

［証明］　$H^2(X,\mathbb{Z})\cong\mathbb{Z}$ の生成元を e_X，すなわち，X 自身を $H_2(X,\mathbb{Z})\cong\mathbb{Z}$ を生成する2次元サイクルと考えたとき $e_X[X]=1$ とする．同様に e_Y を定義する．そのとき

$$f^*e_Y = ne_X$$

によって定義される整数 n を f の**次数**(order)とよび，$\deg f$ と書く．(この定義は，X と Y が向きの付いたコンパクト多様体で，$\dim X=\dim Y$ であれば通用する．) L を Y 上の線束とするとき $\deg L$ は，$c_1(L)=(\deg L)e_Y$ によって定義された．すなわち $\deg L=\int_Y c_1(L)$ である．X 上に引きもどした線束 f^*L に対しては

$$c_1(f^*L) = f^*(c_1(L)) = \deg L\cdot f^*(e_Y) = \deg L\cdot\deg f\cdot e_X$$

だから

$$\deg f^*L = \deg f\cdot\deg L = n\deg L \tag{9.18}$$

が成り立つ．

一方，$q \in Y$ に対し，$f^{-1}(q)$ を単に集合としてでなく，重複度も含めたとき，すなわち因子と考えたとき，$f^*(q)$ と書くことにする．詳しく言うと，集合として $f^{-1}(q)=\{p_1,\cdots,p_k\}$ とし，w を q を原点とする Y の局所座標系としたとき，関数 $f\circ w$ の零点 p_i の位数 m_i が p_i の重複度で

$$f^*(q)=\sum m_i p_i, \quad \deg f^*(q)=\sum m_i$$

である．因子 q によって定義される Y 上の線束を $[q]$，因子 $f^*(q)$ によって定義される X 上の線束を $[f^*(q)]$ と書くとき，

$$f^*[q]=[f^*(q)]$$

となることは，因子から線束を構成する仕方を考えれば明らかである．$L=[q]$ として，(9.18) を使えば

$$\deg[f^*(q)]=\deg f^*[q]=n\cdot\deg[q]\,.$$

したがって，式(9.7)により，$\deg f^*(q)=n$，すなわち，$\sum m_i=n$ で $\sum m_i$ が q に依らないことが証明された． ∎

上のように $f\colon X\to Y$ を非定値正則写像で，$\deg f=n$ とする．f の微分が 0 になるような点 $p\in X$ を**分岐点**(branch point)とよぶが，p を原点とする局所座標 z，$f(p)$ を原点とする局所座標 w を適当にとれば，p の近傍で f は $w=z^m$ によって与えられる．上に述べたように m を重複度とよぶが，$m=1$ のときは分岐していないわけだから，$m-1$ を**分岐度**(degree of ramification)とよぶ．X がコンパクトだから分岐点は有限個である．それらを $p_1,\cdots,p_l$ とし，分岐度を $r_1,\cdots,r_l$ とする．そのとき X と Y の Euler 数 $\chi(X),\chi(Y)$ の間には次の **Riemann–Hurwitz の関係式**(Riemann-Hurwitz relation)が成り立つ．

$$\chi(X)+\sum_{i=1}^{l} r_i=n\cdot\chi(Y)\,. \tag{9.19}$$

これを証明するために X と Y を三角形分割する．そのとき，f の分岐点はすべて頂点となるように，そして Y の各三角形の上に X の三角形が n 個重なるように分割する．そうすれば X の三角形の数は Y の三角形の数の n 倍，X の辺の数も Y の辺の数の n 倍であることは定理 9.2 からわかる．X の頂点の数は Y の頂点の数の n 倍はない．分岐点 p_i は r_i+1 個の点として

数えれば，ちょうど n 倍になる．以上のことから Riemann–Hurwitz の関係式が出る．

l 個の分岐点 $\{p_1, \cdots, p_l\} \subset X$ の f による像は Y の k 個の点から成るとする．もちろん $k \leqq l$ で，本当に分岐点があれば $k < l$ であるが，簡単な計算で

$$\sum_{i=1}^{l} r_i = nk - l \tag{9.20}$$

となることがわかる．

定理 9.3　X, Y がコンパクト Riemann 面で，その種数を g_X, g_Y とする．

(i)　$g_X < g_Y$ の場合には，すべての正則写像 $f\colon X \to Y$ が定値である．

(ii)　$g_X = g_Y \geqq 2$ の場合，すべての正則写像 $f\colon X \to Y$ は定値か，解析的同型写像である．

［証明］　(i) この場合，$\chi(X) > \chi(Y)$ だから，$\chi(Y) \leqq 0$. f が定値でなければ(9.19)により

$$0 \leqq \sum r_i < (n-1)\chi(Y) \leqq 0$$

となり矛盾．

(ii) f が定値でなければ，(9.19)により

$$\sum r_i = (n-1)\chi(X).$$

仮定により，$\chi(X) < 0$ だから，$n = 1$ で $\sum r_i = 0$ でなければならない．$\sum r_i = 0$ から分岐点がないことがわかる．∎

§9.2　Jacobi 多様体

この節ではコンパクト Riemann 面 X の場合，その Picard 多様体 $\mathrm{Pic}^0(X)$ と Albanese 多様体 $\mathrm{Alb}(X)$ が同型になることを証明する．

Riemann 面 X の種数を g とするとコホモロジー群 $H^1(X, \mathbb{Z})$ は $\mathbb{Z}^{2g}$ に同型である．

$$H^1(X, \mathbb{Z}) \subset H^1(X, \mathbb{R}) \subset H^1(X, \mathbb{C})$$

と考える．$H^{1,0}$ を正則 1 次微分形式の空間，$H^{0,1} = \bar{H}^{1,0}$ とすれば

$$H^1(X, \mathbb{C}) \cong H^{1,0} \oplus H^{0,1}$$

そして

$$\pi^{1,0}\colon H^1(X,\mathbb{C}) \longrightarrow H^{1,0}, \quad \pi^{0,1}\colon H^1(X,\mathbb{C}) \longrightarrow H^{0,1}$$

を射影とする．

§4.5 と §6.7 で説明したように

(9.21) $$\mathrm{Pic}^0(X) \cong H^1(X,\mathcal{O})/j^*(H^1(X,\mathbb{Z}))$$

だが，$H^1(X,\mathcal{O}) \cong H^{0,1}$ を使えば

(9.22) $$\mathrm{Pic}^0(X) \cong H^{0,1}/\pi^{0,1}(H^1(X,\mathbb{Z}))$$

と書ける．

一方，$H^1(X,\mathbb{C})$ の双対空間 $H_1(X,\mathbb{C})$ を

$$H_1(X,\mathbb{C}) \cong H_{1,0}+H_{0,1}$$

と書く．ここで，$H_{1,0}$ と $H_{0,1}$ はそれぞれ $H^{1,0}$ と $H^{0,1}$ の双対空間とし

$$\pi_{1,0}\colon H_1(X,\mathbb{C}) \longrightarrow H_{1,0}, \quad \pi_{0,1}\colon H_1(X,\mathbb{C}) \longrightarrow H_{0,1}$$

は射影とする．また，ホモロジー群 $H_1(X,\mathbb{Z})$ も $\mathbb{Z}^{2g}$ と同型である．

$$H_1(X,\mathbb{Z}) \subset H_1(X,\mathbb{R}) \subset H_1(X,\mathbb{C})$$

と考え，

(9.23) $$\mathrm{Alb}(X) = H_{1,0}/\pi_{1,0}(H_1(X,\mathbb{Z}))$$

と書けば §6.7 の定義と一致する．

双線形形式 $H^1(X,\mathbb{C})\times H^1(X,\mathbb{C}) \to \mathbb{C}$ を

$$(\omega,\varphi) = \int_X \omega\wedge\varphi, \quad \omega,\varphi \in H^1(X,\mathbb{C})$$

で定義すれば，非退化である．$H^1(X,\mathbb{C})$ からその双対空間 $H_1(X,\mathbb{C})$ への同型写像 $\lambda\colon H^1(X,\mathbb{C}) \to H_1(X,\mathbb{C})$ を

(9.24) $$\langle\omega,\lambda(\varphi)\rangle = (\omega,\varphi)$$

と定義すれば $\lambda\colon H^{0,1} \to H_{1,0}$ は同型写像となる．そのとき λ が格子群間の同型対応 $\lambda\colon \pi^{0,1}(H^1(X,\mathbb{Z})) \to \pi_{1,0}(H_1(X,\mathbb{Z}))$ を与えることを証明する．

そこで，$\gamma\in\pi^{0,1}(H^1(X,\mathbb{Z}))$ とすれば，$\gamma+\bar{\gamma}\in H^1(X,\mathbb{Z})$．$H^1(X,\mathbb{Z})$ の任意の元 ω に対し

$$\langle\omega,\lambda(\gamma+\bar{\gamma})\rangle = \int\omega\wedge(\gamma+\bar{\gamma}) \in \mathbb{Z}$$

だから，$\lambda(\gamma+\bar{\gamma})\in H_1(X,\mathbb{Z})$．したがって，$\lambda(\gamma)\in\pi_{1,0}(H_1(X,\mathbb{Z}))$．これで $\lambda(\pi^{0,1}(H^1(X,\mathbb{Z}))\subset\pi_{1,0}(H_1(X,\mathbb{Z}))$ が証明された．また，$\lambda^{-1}(\pi_{1,0}(H_1(X,\mathbb{Z}))\subset\pi^{0,1}(H^1(X,\mathbb{Z}))$ の証明も同様．(9.23)と(9.24)から次の定理が証明された．

定理 9.4　コンパクト Riemann 面 X に対して

$$\mathrm{Pic}^0(X)\cong\mathrm{Alb}(X)$$

が成り立つ． □

$\mathrm{Pic}^0(X)\cong\mathrm{Alb}(X)$ を X の **Jacobi 多様体**(Jacobian variety)とよぶ．

§9.3　Abel の定理

前節でコンパクト Riemann 面 X に対し同型対応 $\mathrm{Pic}^0(X)\cong\mathrm{Alb}(X)$ を実際に作った．ここではその同型対応を別の見地から作る．

まず，特別な場合として X の 2 点 p_0,p_1 が一つの座標近傍 U_0 に入っているとして，因子 $D=p_0-p_1$ で定義される線束 $L=[D]$ を考える．$\deg D=1-1=0$ だから，$L\in\mathrm{Pic}^0(X)$ である．L に対応する $\mathrm{Alb}(X)$ の元は $\int_{p_0}^{p_1}$ で与えられることを証明する．

$\{U_0,U_1,\cdots,U_m\}$ を X の開被覆で $p_0,p_1\notin U_i$ $(i=1,\cdots,m)$ とする．z を U_0 内の局所座標系とし

$$a_0=z(p_0),\quad a_1=z(p_1)$$

とおけば有理関数

$$f_0(z)=(z-a_0)/(z-a_1)$$

の因子は $D=p_0-p_1$ である．$i\neq 0$ に対し，U_i 上の関数 f_i を

$$f_i\equiv 1,\quad i=1,\cdots,m$$

と定義する．そのとき，線束 L の変換関数 $a_{ij}=f_i/f_j$ は

$$a_{0j}=a_{j0}^{-1}=f_0,\quad U_0\cap U_j$$
$$a_{ij}=f_i/f_j\equiv 1,\quad U_i\cap U_j,\quad i,j=1,\cdots,m$$

で与えられる．p_0 と p_1 を U_0 内の曲線 γ で結べば，$\log f_0$ は U_0 上 γ を除いたところで連続に定義される．γ は U_i, $i=1,\cdots,m$ に交わらないようにして

おく．$\log a_{0j}=-\log a_{j0}=\log f_0$ とおき，$i,j=1,\cdots,m$ に対しては $\log a_{ij}=0$ とする．そうすれば $U_i\cap U_j\cap U_k$ で

$$\log a_{ij}+\log a_{jk}+\log a_{ki}=0, \quad i,j,k=0,1,\cdots,m$$

となりコサイクル $\{\log a_{ij}\}$ は $H^1(X,\mathcal{O})$ の元を定義する．

さて U_0 の中に p_0,p_1 を含む近傍 $W\subset V\subset U_0$ を $V\cap U_i=\varnothing$, $i=1,\cdots,m$, そして $\bar{W}\subset V$ となるようにとり，ρ を U_0 上の実関数で W 上では $\rho=0$, V の外では $\rho=1$ となるようにえらぶ(p_0 と p_1 を結ぶ曲線 γ は W の中にとっておく)．そこで

$$U_0 \text{ 上で}\quad b_0=\rho\log f_0$$
$$U_i \text{ 上で}\quad b_i\equiv 0, \quad i=1,\cdots,m$$

とおけば

$$\log a_{ij}=b_i-b_j, \quad i,j=0,1,\cdots,m$$

が成り立つ．$0=d''\log a_{ij}=d''b_i-d''b_j$ だから $\{d''b_i\}$ は X 上の d'' で閉じた $(0,1)$ 次微分形式である．その $\square''$ 調和成分を $\bar{\varphi}$ とすれば，$\triangle$ 調和的でもあり，

$$d''b_i=\bar{\varphi}+d''g$$

と書ける．ここで g は X 上の関数，φ は正則1次微分形式である．(9.23) において，この $\bar{\varphi}\in H^{0,1}$ が $L\in \mathrm{Pic}^0(X)$ を代表する．

写像 $\omega\in H^{1,0}\to\int_X\omega\wedge\bar{\varphi}\in\mathbb{C}$ によって $\bar{\varphi}$ は $H^{1,0}$ の双対空間 $H_{1,0}$ の元を定義するが，この元が L に対応する $\mathrm{Alb}(X)\cong H_{1,0}/\pi_{1,0}(H_1(X,\mathbb{Z}))$ の元を定めることを前節で証明した．そこで $\int_X\omega\wedge\bar{\varphi}$ を計算する．

$$\int\omega\wedge dg''=\int d''\omega\wedge g-d''(\omega\wedge g)=-\int d''(\omega\wedge g)=-\int d(\omega\wedge g)=0$$

で，また $i\neq 0$ に対しては $b_i=0$ であるから

$$\int_X\omega\wedge\bar{\varphi}=\int_{U_0}\omega\wedge d''b_0=\int_{U_0}\omega\wedge d''(\rho\log f_0)=\int_{U_0}d(\omega\wedge\rho\log f_0)$$

となる．V の外では $\rho=1$ なので，そこでは

$$d(\omega\wedge\rho\log f_0)=d(\omega\wedge\log f_0)=\omega\wedge d\log f_0=0$$

となるから

$$\begin{aligned}\int_X \omega \wedge \bar{\varphi} &= \int_{U_0} d(\omega \wedge \rho \log f_0) \\ &= \int_V d(\omega \wedge \rho \log f_0) \\ &= \int_{\partial V} \omega \wedge \rho \log f_0 = \int_{\partial V} \omega \wedge \log f_0,\end{aligned}$$

U_0 内では正則関数 h を使って $\omega = dh$ と書けるから

$$\begin{aligned}\int_{\partial V} \omega \wedge \log f_0 &= \int_{\partial V} dh \wedge \log f_0 = -\int_{\partial V} h \wedge d\log f_0 \\ &= -\left(\int_{\partial V} \frac{h(z)dz}{z-a_0} - \int_{\partial V} \frac{h(z)dz}{z-a_1}\right) = h(a_1) - h(a_0) = \int_{p_0}^{p_1} \omega\,.\end{aligned}$$

これで

$$\int_X \omega \wedge \bar{\varphi} = \int_{p_0}^{p_1} \omega$$

が証明された．すなわち，因子 $p_0 - p_1$ で与えられる線束 $L \in \mathrm{Pic}^0(X)$ に対して $\int_{p_0}^{p_1} \in H_{1,0}$ が対応する $\mathrm{Alb}(X) = H_{1,0}/\pi_{1,0}(H_1(X,\mathbb{Z}))$ の元を与えることを p_0 と p_1 が十分に近いときに証明した．一般の p_0, p_1 に対しては点列 $p_0 = q_0, q_1, \cdots, q_{k-1}, q_k = p_1$ を q_{i-1} と q_i が十分近いようにとり因子 $q_{i-1} - q_i$ で与えられる線束を $L_{q_{i-1}q_i}$ と書けば因子 $p_0 - p_1$ で与えられる線束 $L_{p_0p_1}$ は

$$L_{p_0p_1} = L_{q_0q_1} \otimes L_{q_1q_2} \otimes \cdots \otimes L_{q_{k-1}q_k}$$

であり，

$$\int_{p_0}^{p_1} = \int_{q_0}^{q_1} + \int_{q_1}^{q_2} + \cdots + \int_{q_{k-1}}^{q_k} \in H_{1,0}$$

が $L_{p_0p_1}$ に対応する $\mathrm{Alb}(X) = H_{1,0}/\pi_{1,0}(H_1(X,\mathbb{Z}))$ の元を与える．

以上のことから **Abel の定理**(Abel's theorem)を得る．

定理 9.5　X をコンパクト Riemann 面，

$$D = \sum_{i=1}^{m} p_i - \sum_{i=1}^{m} q_i$$

を $\deg(D) = 0$ の因子とし $L = [D]$ を D によって定義される線束とする．そのとき $L \in \mathrm{Pic}^0(X)$ に対応する $\mathrm{Alb}(X) = H_{1,0}/\pi_{1,0}(H_1(X,\mathbb{Z}))$ の元は

$$(9.25)\qquad \sum_{i=1}^{m}\int_{p_i}^{q_i}:\ \omega \longmapsto \sum_{i=1}^{m}\int_{p_i}^{q_i}\omega, \quad \omega\in H^{1,0}$$

で与えられる.

［証明］　$L=L_{p_1q_1}\otimes\cdots\otimes L_{p_mq_m}$ と書いて，上の結果を $L_{p_iq_i}$ に適用すればよい. ∎

定理9.4で証明した同型対応 $\mathrm{Pic}^0(X)\cong \mathrm{Alb}(X)$ が定理9.5の写像(9.25)で与えられることを示したわけだが，定理9.5の方が対応がより幾何学的であると言えよう.

Abelの定理から次の結果を得る.

定理9.6　X が種数 $g\geqq 1$ のコンパクトRiemann面ならばAlbanese写像 $\alpha\colon X\to \mathrm{Alb}(X)$ は埋めこみである.

［証明］　α は基点 p_0 からの積分で与えられているとする．すなわち，$\alpha(p)=\int_{p_0}^{p}$．まず α が1:1であることを示すため，X の2点 p_1, p_2 に対し $\alpha(p_1)=\alpha(p_2)$ であると仮定する．そのとき線束 $L_{p_0p_1}=[p_0-p_1]$ と $L_{p_0p_2}=[p_0-p_2]$ は同型となる．したがって，線束 $L_{p_1p_2}=[p_1-p_2]$ は積束である．よって，因子 p_1-p_2 は0に線形同値である．すなわち X 上に有理型関数 f で $(f)=p_1-p_2$ となるものが存在する．特に，p_1 が f の唯一つの零点でその次数が1である．定理9.2により，f を正則写像 $X\to P_1\mathbb{C}=\mathbb{C}\cup\{\infty\}$ と考えたとき $\deg f=1$ であるということで，$g=0$ になり仮定に矛盾する.

次に α の微分がどこでも0にならないことを証明する．それには各点 $p\in X$ に対し，そこで0にならない正則1次微分形式が存在することを示せばよい．準備として線束 $L_p=[p]$ に対し，

$$(9.26)\qquad \dim H^0(X, L_p)=1$$

を証明する．p が1位の零点で，それ以外の零点をもたない正則断面 $\sigma_0\in H^0(X, L_p)$ をとる．もし σ_1 が σ_0 に1次独立な断面とすると有理型関数 $f=\sigma_1/\sigma_0$ は p が1位の極で，それ以外に極はない．したがって，正則写像 $X\to P_1\mathbb{C}=\mathbb{C}\cup\{\infty\}$ として f の次数 $\deg f$ は1でなければならず，$g=0$ となり矛盾する.

K_X を X の標準線束とするとき，σ_0 を掛けるという単射

$$\sigma_0\colon\ H^0(X, K_X\otimes L_p^{-1}) \longrightarrow H^0(X, K_X)$$

の像 $\sigma_0(H^0(X, K_X\otimes L_p^{-1}))$ はちょうど p で 0 になる正則 1 次微分形式の集合である． $\dim H^0(X, K_X) = g$ だから $\dim H^0(X, K_X\otimes L_p^{-1}) = g-1$ を証明すれば p で 0 にならない正則 1 次微分形式の存在がわかる．Riemann–Roch の定理(9.15)により

$$\dim H^0(X, K_X\otimes L_p^{-1}) - \dim H^0(X, L_p) = \deg K_X - g$$

である．(9.26)と(9.14)を使えば， $\dim H^0(X, K_X\otimes L_p^{-1}) = g-1$ を得る． ∎

種数 g のコンパクト Riemann 面 X の点 $a_1, \cdots, a_n$ を固定する． $p_1, \cdots, p_n$ を X 上を動く点としてとる．因子

$$\sum a_i - \sum p_i$$

で定義される線束を $L(p_1, \cdots, p_n) \in \mathrm{Pic}^0(X)$ とする．対応する $\mathrm{Alb}(X)$ の点は $\sum_i \int_{a_i}^{p_i}$ で与えられることを上で示した．写像

$$\alpha_n\colon\ X^n \longrightarrow \mathrm{Pic}^0(X) \cong \mathrm{Alb}(X), \quad \alpha_n(p_1, \cdots, p_n) = L(p_1, \cdots, p_n)$$

が全射かという問題を考える．すなわち，与えられた $L\in \mathrm{Pic}^0(X)$ に対し $L \cong L(p_1, \cdots, p_n)$ となる $p_1, \cdots, p_n$ を見つける，言いかえれば， $L = [D]$ とするとき，因子 D が $\sum a_i - \sum p_i$ に線形同値になるような $p_1, \cdots, p_n$ すなわち， $D-(\sum a_i - \sum p_i)$ が適当な有理型関数 f の因子になるような $p_1, \cdots, p_n$ があるかという問題である．

$$D' = \sum a_i - D$$

とおけば， $\deg D' = \deg \sum a_i = n$ だから Riemann–Roch の公式(9.15)により $h^0(D') = n+1-g+h^1(D')$． $n \geqq g$ と仮定すれば $h^0(D') = \dim H^0(X, [D']) \geqq 1$ である．したがって， $(f) \geqq -D'$ となるような有理型関数 f が存在する．(実際， $D' = \sum x_j - \sum y_k$ $(x_j, y_k \in X)$ ならば $[D'] = \bigotimes L_{x_j} \otimes L_{y_k}^{-1}$ だから x_j を零点とする L_j の自然な正則断面 σ_{x_j}， y_k を零点とする L_{y_j} の正則断面 σ_{y_k} を使って $\sigma = \prod \sigma_{x_j} \prod \sigma_{y_k}^{-1}$ により， $[D']$ の有理型断面 σ で $(\sigma) = D'$ となるものを得る．一方， $[D']$ の 0 でない正則断面を σ' とすれば $f = \sigma'\sigma^{-1}$ が求める有理型関数である．) そこで，

$$D'' = D' + (f)$$

とおけば $D'' \geqq 0$ で $\deg D'' = n$ だから， $D'' = p_1 + \cdots + p_n$ となるような点

$p_1, \cdots, p_n$ がある．そうすれば

$$D = \sum a_i - D' = \sum a_i - \sum p_i + (f)$$

となり，D と $\sum a_i - \sum p_i$ が線形同値であることがわかった．以上で次の事実が証明された．

定理 9.7 X を種数 g のコンパクト Riemann 面とする．$n \geqq g$ に対し，$\alpha_n \colon X^n \to \mathrm{Pic}^0(X) \cong \mathrm{Alb}(X)$ は全射である． □

写像 $(p_1, \cdots, p_n) \mapsto \alpha_n(p_1, \cdots, p_n)$ は $p_1, \cdots, p_n$ の置換によって不変だから，X^n を対称群 S_n の作用で割った商空間

$$X^{(n)} = X^n / S_n$$

からの写像 $\bar{\alpha}_n \colon X^{(n)} \to \mathrm{Pic}^0(X)$ と考えるのが自然である．$X^{(n)}$ の元として $(p_1, \cdots, p_n)$ は順番に依らないから因子 $p_1 + \cdots + p_n$ と考えてよい．すなわち，$X^{(n)}$ は次数 n の正因子の集合である．対称群 S_n の X^n 上の作用は自由でないから，一見 $X^{(n)}$ は多様体にならないように思えるが，$\dim X = 1$ という理由で実は $X^{(n)}$ に非特異複素多様体の構造が自然に入ることを説明する．$\pi \colon X^n \to X^{(n)}$ を射影とする．$p_1, \cdots, p_n$ が互いに相異なるような点 $(p_1, \cdots, p_n)$ の集合を $(X^n)_0$ と書けば，$\pi \colon (X^n)_0 \to \pi((X^n)_0)$ は分岐点のない n 重被覆になるので $\pi((X^n)_0)$ に自然に複素多様体の構造が入る．問題は $p_i = p_j$ となるような点の近傍で局所座標系をどのように定義するかである．最も簡単な場合として $p_1 = \cdots = p_n$ となる点 $(p_1, \cdots, p_n)$ の近傍を考える．X における $p_1, \cdots, p_n$ の近傍として同じ近傍をとるが，一応区別して $U_1, \cdots, U_n$ と書く．そこでの局所座標系も同じものをとるが，やはり区別して $z_1, \cdots, z_n$ と書く．$z_1, \cdots, z_n$ の基本対称式

$$w^1 = \sum z_i, \quad w^2 = \sum_{i<j} z_i z_j, \quad \cdots, \quad w^n = z_1 z_2 \cdots z_n$$

は S_n で不変だから $\pi(U_1 \times \cdots \times U_n)$ 内の座標系として使える．一般の場合には，$p_1 = \cdots = p_{i_1} \neq p_{i_1+1} = \cdots = p_{i_2}, \cdots$ とブロックに分けて各ブロックごとに上のように基本対称式を使って座標系を定義すればよい．このようにして定義された多様体の構造により $\pi \colon X^n \to X^{(n)}$ は正則写像で分岐する n 重被覆空間となる．$X^{(n)}$ を X の n 個の**対称積**(symmetric product)とよぶ．

次の定理では n は任意で $n \geqq g$ とは限らない.

定理 9.8 X を種数 g のコンパクト Riemann 面とする. 与えられた $D = p_1 + \cdots + p_n \in X^{(n)}$ に対し, $\bar{\alpha}_n^{-1}(\bar{\alpha}_n(D)) \subset X^{(n)}$ は $P_{\nu-1}\mathbb{C}$ に正則同型である. ここで, $\nu = h^0(D)$.

[証明] $D' = q_1 + \cdots + q_n \in X^{(n)}$ が $\bar{\alpha}_n^{-1}(\bar{\alpha}_n(D))$ に属する条件, すなわち, $\bar{\alpha}_n(D') = \bar{\alpha}_n(D)$ となる条件を求める. これは線束 $L(p_1, \cdots, p_n)$ と $L(q_1, \cdots, q_n)$ が同型となる条件だから D と D' が線形同値という条件に外ならない. $p_1, \cdots, p_n$ がちょうど零であるような $[D]$ の断面を σ_0 とする. $0 \neq \sigma \in H^0(X, \mathcal{O}([D]))$ に対し, $f = \sigma/\sigma_0$ は $D = \sum p_i$ を極とする有理型関数で $D + (\sigma/\sigma_0)$ は σ の零で与えられる正の因子でその次数は n である. $0 \neq \sigma, \sigma' \in H^0(X, \mathcal{O}([D]))$ の零が同じ因子を定義するための必要十分条件は σ'/σ が定数になることであるから, 写像

$$0 \neq \sigma \in H^0(X, \mathcal{O}([D])) \longrightarrow D' = D + (\sigma/\sigma_0) \in \bar{\alpha}_n^{-1}(\alpha_n(D))$$

は射影空間 $P(H^0(X, \mathcal{O}([D])))$ から $\bar{\alpha}_n^{-1}(\bar{\alpha}_n(D))$ への同型対応を与える. ∎

次に次元 $\nu = h^0(D)$ を求める. Riemann–Roch の公式(9.16)により

$$\dim H^0(X, \mathcal{O}([D])) - \dim H^0(X, \mathcal{O}(K_X \otimes [D]^{-1})) = n + 1 - g$$

である. $K_X \otimes [D]^{-1}$ の断面 τ に対し $\tau\sigma_0$ は $p_0, \cdots, p_n$ で 0 になる K_X の断面になる. いま, W_1 を p_1 で 0 になる K_X の断面(すなわち正則1次微分形式)の集合, W_2 を p_1 と p_2 で 0 になる K_X の断面の集合, 一般に W_i を $p_1, \cdots, p_i$ で 0 になる K_X の断面の集合とする. $\sigma_0 \colon H^0(X, (K_X \otimes [D]^{-1})) \to W_n$ が同型対応だから, $\dim W_n$ を求める. 定理9.6で示したように, すべての正則1次微分形式が p_1 で 0 になることはないから, $\dim W_1 = g - 1$ である. すべての W_i の元が p_{i+1} で 0 になるか否かによって,

$$\dim W_{i+1} = \dim W_i \quad か \quad \dim W_{i+1} = \dim W_i - 1$$

である. ほとんどの $p_1, \cdots, p_n$ に対し, $\dim W_1 > \dim W_2 > \cdots > \dim W_n$ となり, したがって $\dim W_n = \max\{g - n, 0\}$ となることを示す. まず W_1 の元がすべて 0 となる点の集合は有限集合だから, p_2 をその有限集合外の点にすればよい. 次に W_2 の元がすべて 0 となる点の集合の外に p_3 をとる. このように $X^{(n)}$ から高々 $n-1$ 次元の部分解析集合を除いたところから $D = \sum p_i$ をと

れば $\dim W_n = \max\{g-n, 0\}$ となり，

$$n \leqq g \text{ の場合は } \quad h^0(D) = 1$$

$$n > g \text{ の場合は } \quad h^0(D) = n-g+1$$

となる．

さらに，$n > 2g-2$ ならば $\deg(K_X \otimes [D]^{-1}) < 0$ だから，$K_X \otimes [D]^{-1} < 0$ で消滅定理により常に $H^0(X, \mathcal{O}([K_X \otimes [D]^{-1}])) = 0$．すなわち $h^1(D) = 0$ で

$$h^0(D) = n-g+1$$

がすべての $D \in X^{(n)}$ に対して成り立つ．

以上をまとめると

定理 9.9 X を種数 g のコンパクト Riemann 面，$X^{(n)}$ をその n 個の対称積，$V_n = \bar{\alpha}_n(X^{(n)})$ とすると V_n は $\mathrm{Pic}^0(X)$ の既約な解析的部分空間で，$L \in V_n \subset \mathrm{Pic}^0(X)$ に対し $\bar{\alpha}_n^{-1}(L)$ は $P_{\nu-1}\mathbb{C}$，$\nu = \dim H^0(X, \mathcal{O}(L))$，に正則同型である．そして，$\bar{\alpha}_n \colon X^{(n)} \to V_n$ に対して次のことが成り立つ．

(i) $n < g$ の場合，$\bar{\alpha}_n \colon X^{(n)} \to V_n$ は双有理型正則写像である．

(ii) $n = g$ の場合，$V_n = \mathrm{Pic}^0(X)$ で，$\bar{\alpha}_n \colon X^{(n)} \to \mathrm{Pic}^0(X)$ は双有理型正則写像である．

(iii) $n > g$ の場合，$V_n = \mathrm{Pic}^0(X)$ で，$\bar{\alpha}_n \colon X^{(n)} \to \mathrm{Pic}^0(X)$ の一般のファイバーは $P_{n-g}\mathbb{C}$ に正則同型である．

(iv) $n > 2g-2$ の場合，$\bar{\alpha}_n \colon X^{(n)} \to \mathrm{Pic}^0(X)$ のすべてのファイバーが $P_{n-g}\mathbb{C}$ に正則同型である． □

上の定理で(iv)の場合，$X^{(n)}$ は $P_{n-g}\mathbb{C}$ をファイバーとする正則ファイバー束であり，実際 $\mathrm{Pic}^0(X)$ 上に $\mathbb{C}^{n-g+1}$ をファイバーとする正則ベクトル束 E が存在して，$X^{(n)}$ は E の射影化 $P(E)$ に同型となることが知られている．α_n の構成において，使った因子 $\sum a_i$ により定義される線束を L_0 とするとき，$L \in \mathrm{Pic}^0(X)$ における E のファイバー E_L は $H^0(X, \mathcal{O}(L \otimes L_0))$ によって与えられる[*1]．

$n = g$ の場合，与えられた $\mathrm{Alb}(X)$ の点の $\bar{\alpha}_n$ による逆像を $X^{(n)}$ に求める

---

*1 詳しいことは R. C. Gunning, Lectures on Riemann Surfaces-Jacobi Varieties, *Math. Notes* No. 12, Princeton, 1972 を参照されたい．

ことを **Jacobi の逆問題**(Jacobi's inversion problem)とよぶが，上の定理の(ii)により，逆像は常に存在し，ほとんどすべての $\mathrm{Alb}(X)$ の点に対し，一意であることがわかる．

§9.4　Jacobi 多様体の周期行列

X をコンパクト Riemann 面とする．X は代数多様体だから，一般論からその Jacobi 多様体は Abel 多様体であることがわかる(定理 8.11 参照)が，直接に調べることによりさらに詳しいことがわかる．

いま X の種数を $g \geqq 1$ とすると $H_1(X,\mathbb{Z}) \cong \mathbb{Z}^{2g}$ であるが，$H_1(X,\mathbb{Z})$ の基 $a_1,\cdots,a_g,b_1,\cdots,b_g$ を次のような交わり数をもつように選ぶ．

$$a_i\cdot a_j = b_i\cdot b_j = 0, \quad a_i\cdot b_j = -b_j\cdot a_i = \delta_{ij} \tag{9.27}$$

そのような基がとれることは次の図 9.1($g=1$ と $g=2$ の場合)から明らかである．

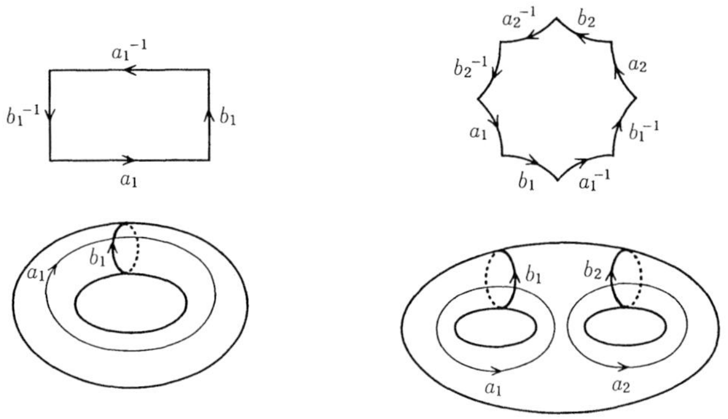

図 9.1

次に $H^1(X,\mathbb{R})$ を de Rham コホモロジーと考えて実閉 1 次微分形式 $\alpha_1,\cdots,\alpha_g,\alpha_{g+1},\cdots,\alpha_{2g}$ を

$$\int_{a_j}\alpha_i = \int_{b_j}\alpha_{g+i} = \delta_{ij}, \quad \int_{a_j}\alpha_{g+i} = \int_{b_j}\alpha_i = 0, \quad i,j=1,\cdots,g \tag{9.28}$$

となるように選ぶ．そうすれば

(9.29)
$$\int_X \alpha_i \wedge \alpha_{g+j} = -\int_X \alpha_{g+j} \wedge \alpha_i = \delta_{ij}, \quad \int_X \alpha_i \wedge \alpha_j = \int \alpha_{g+i} \wedge \alpha_{g+j} = 0, \quad i, j = 1, \cdots, g$$
ここで，$\alpha_1, \cdots, \alpha_{2g}$ は実調和微分形式であるとして差支えない．

一方，X の局所座標系 $z = x + \sqrt{-1}\, y$ を使って
$$J(dx) = dy, \quad J(dy) = -dx$$
により実1次微分形式の空間に線形作用素 J を定義する（定義が局所座標系に依らないことはすぐにわかる）．
$$dx + \sqrt{-1}\, J(dx) = dz, \quad dy + \sqrt{-1}\, J(dy) = -\sqrt{-1}\, dz$$
からわかるように，任意の実1次微分形式 θ に対し $\theta + \sqrt{-1}\, J(\theta)$ は $(1,0)$ 次の微分形式になる．J を複素1次微分形式にも複素線形作用素として定義を拡張すれば

(9.30)
$$J(dz) = -\sqrt{-1}\, dz, \quad J(d\bar{z}) = \sqrt{-1}\, d\bar{z}$$
となる．すなわち§6.1で定義した $*$ 作用素と較べると任意の複素1次微分形式 φ に対し

(9.31)
$$\overline{*\varphi} = J(\bar{\varphi})$$
となる．また $J(dx) \wedge J(dy) = dx \wedge dy$ から，任意の1次微分形式 φ と ψ に対して

(9.32)
$$J(\varphi) \wedge J(\psi) = \varphi \wedge \psi$$
となることもわかる．

いま θ が実調和1次微分形式なら(9.31)により $J(\theta)$ も調和的，そして $\theta + \sqrt{-1}\, J(\theta)$ も調和的である．一方，$J(\theta + \sqrt{-1}\, J(\theta)) = -\sqrt{-1}\,(\theta + \sqrt{-1}\, J(\theta))$ だから(9.30)により $\theta + \sqrt{-1}\, J(\theta)$ は次数 $(1,0)$ である．したがって正則1次微分形式である．そこで正則1次微分形式
$$\omega_j = \alpha_j + \sqrt{-1}\, J(\alpha_j), \quad j = 1, \cdots, 2g$$
を定義する．

$J(\alpha_i)$ を $\alpha_1, \cdots, \alpha_{2g}$ の1次結合

(9.33) $$J(\alpha_i)=\sum_{j=1}^{2g}\lambda_{ij}\alpha_j,\quad i=1,\cdots,2g$$

として書いて $2g\times 2g$ 型実行列 $\Lambda=(\lambda_{ij})$ を定義する．$J^2(\alpha_i)=-\alpha_i$ だから，

(9.34) $$\Lambda^2=-I_{2g}$$

である．Λ を $g\times g$ 型の 4 つのブロックに分け

$$\Lambda=\begin{pmatrix}\Lambda_1 & \Lambda_2\\ \Lambda_3 & \Lambda_4\end{pmatrix}$$

と書いて，Λ の性質を調べる．準備として，$2g\times 2g$ 型の行列，G と A を定義しておく．

(9.35) $$G=((\alpha_i,\alpha_j)),\quad (\alpha_i,\alpha_j)=\int_X\alpha_i\wedge J\alpha_j$$

(9.36) $$A=\left(\int_X\alpha_i\wedge\alpha_j\right)=\begin{pmatrix}0 & I_g\\ -I_g & 0\end{pmatrix}$$

行列 A が上のような形になることは(9.29)に外ならない．

(9.32)と(9.33)から

$$(\alpha_i,\alpha_j)=\int_X\alpha_i\wedge J\alpha_j=\int_X J\alpha_i\wedge J^2\alpha_j=-\int_X J\alpha_i\wedge\alpha_j$$
$$=-\sum\lambda_{ik}\int_X\alpha_k\wedge\alpha_j$$

を得る．これを上の行列の記号で書けば

(9.37) $$G=-\Lambda A=-\begin{pmatrix}\Lambda_1 & \Lambda_2\\ \Lambda_3 & \Lambda_4\end{pmatrix}\begin{pmatrix}0 & I_g\\ -I_g & 0\end{pmatrix}=\begin{pmatrix}\Lambda_2 & -\Lambda_1\\ \Lambda_4 & -\Lambda_3\end{pmatrix}$$

となる．G は対称で正の定符号だから，

(9.38) $$\begin{aligned}&\Lambda_2={}^t\Lambda_2,\quad \Lambda_3={}^t\Lambda_3,\quad \Lambda_4=-{}^t\Lambda_1\\ &\Lambda_2>0,\quad -\Lambda_3>0\end{aligned}$$

であることがわかる．一方，(9.34)と(9.38)から

(9.39) $$\Lambda_1\Lambda_1+\Lambda_2\Lambda_3=-I_g,\quad \Lambda_1\Lambda_2=\Lambda_2{}^t\Lambda_1,\quad \Lambda_3\Lambda_1={}^t\Lambda_1\Lambda_3$$

という関係式も得られる．(9.34)から Λ の逆行列は

(9.40) $$\Lambda^{-1}=\begin{pmatrix}-\Lambda_1 & -\Lambda_2\\ -\Lambda_3 & -\Lambda_4\end{pmatrix}$$

で与えられる．

さらにもう一つ $2g\times 2g$ 型の行列 Ω を

$$\Omega=\begin{pmatrix}\displaystyle\int_{a_j}\omega_i & \displaystyle\int_{b_j}\omega_i\\ \displaystyle\int_{a_j}\omega_{g+i} & \displaystyle\int_{b_j}\omega_{g+i}\end{pmatrix},\quad i,j=1,\cdots,g \tag{9.41}$$

と定義する．(9.28), (9.33) と ω_i の定義から

(9.42)

$$\begin{aligned}&\int_{a_j}\omega_i=\delta_{ij}+\sqrt{-1}\,\lambda_{ij},\quad \int_{b_j}\omega_i=\sqrt{-1}\,\lambda_{i\ g+j}\\ &\int_{a_j}\omega_{g+i}=\sqrt{-1}\,\lambda_{g+i\ j},\quad \int_{b_j}\omega_{g+i}=\delta_{ij}+\sqrt{-1}\,\lambda_{g+i\ g+j}\end{aligned}\qquad i,j=1,\cdots,g$$

これを行列の記号で書けば

$$\Omega=I_{2g}+\sqrt{-1}\,\Lambda=\begin{pmatrix}I_g+\sqrt{-1}\,\Lambda_1 & \sqrt{-1}\,\Lambda_2\\ \sqrt{-1}\,\Lambda_3 & I_g+\sqrt{-1}\,\Lambda_4\end{pmatrix} \tag{9.43}$$

となる．

また ω_i の定義から

(9.44)

$$(\omega_i,\omega_j)=\int_X\omega_i\wedge J(\bar{\omega}_j)=2(\alpha_i,\alpha_j)+2\sqrt{-1}\int_X\alpha_i\wedge\alpha_j,\quad i,j=1,\cdots,2g$$

となる．したがって，$2g\times 2g$ 型 Hermite 行列

$$H=\left(\frac{1}{2}(\omega_i,\omega_j)\right)=G+\sqrt{-1}\,A \tag{9.45}$$

は正の定符号である．特に $g\times g$ 型 Hermite 行列

$$((\omega_i,\omega_j))_{i,j=1,\cdots,g}\qquad ((\omega_i,\omega_j))_{i,j=g+1,\cdots,2g}$$

は共に正の定符号，したがって $\omega_1,\cdots,\omega_g$ も $\omega_{g+1},\cdots,\omega_{2g}$ もそれぞれ $\mathbb{C}$ 上1次独立である．

さて，(9.38)により $-\Lambda_3>0$ だから Λ_3 の逆行列が存在する．それを $\Lambda_3^{-1}=(\mu_{ij})$ とする．

$$\varphi_i = -\sqrt{-1}\sum_{k=1}^{g}\mu_{ik}\omega_{g+k}, \quad i=1,\cdots,g \tag{9.46}$$

と定義すれば $\varphi_1,\cdots,\varphi_g$ も1次独立で $H^0(X,\Omega^1)$ の基になる．そして(9.42)の左下の式から

$$\int_{a_j}\varphi_i = \delta_{ij} \tag{9.47}$$

を得る．次に(9.42)の右下の式を使えば

$$\int_{b_j}\varphi_i = -\sqrt{-1}\sum_k \mu_{ik}\int_{b_j}\omega_{g+k} = -\sqrt{-1}\sum_k \mu_{ik}(\delta_{kj}+\sqrt{-1}\lambda_{g+k\ g+j})$$

となる．右辺を行列で表わせば

$$\left(\int_{b_j}\varphi_i\right) = -\sqrt{-1}\Lambda_3^{-1}(I_g+\sqrt{-1}\Lambda_4) = -\sqrt{-1}\Lambda_3^{-1}+\Lambda_3^{-1}\Lambda_4.$$

(9.38)により $-\Lambda_3^{-1}$ も対称で $-\Lambda_3^{-1}>0$．次に $\Lambda_3^{-1}\Lambda_4$ も対称であることを示す．$\Lambda_4 = -{}^t\Lambda_1$ だから ${}^t(\Lambda_3^{-1}\,{}^t\Lambda_1) = \Lambda_3^{-1}\,{}^t\Lambda_1$ を示せばよい．

$${}^t(\Lambda_3^{-1}\,{}^t\Lambda_1) = \Lambda_1\,{}^t\Lambda_3^{-1} = \Lambda_1\Lambda_3^{-1} = \Lambda_3^{-1}\,{}^t\Lambda_1$$

(ここで2番目の等式には(9.38)の $\Lambda_3 = {}^t\Lambda_3$ を，3番目の等式には(9.39)の $\Lambda_3\Lambda_1 = {}^t\Lambda_1\Lambda_3$ を使った)．

以上を定理としてまとめる．

定理 9.10　X を種数 $g>0$ のコンパクト Riemann 面，$a_1,\cdots,a_g,b_1,\cdots,b_g$ を $H_1(X,\mathbb{Z})$ の標準的な基とする．そのとき $H^0(X,\Omega^1)$ の基 $\varphi_1,\cdots,\varphi_g$ で

$$\int_{a_j}\varphi_i = \delta_{ij}, \quad i,j=1,\cdots,g$$

となるものが一意にきまり，$g\times g$ 型行列 $\left(\int_{b_j}\varphi_i\right)$ は対称でその虚部は正の定符号である．　□

《要約》

9.1　高次元の場合の Riemann–Roch の定理は証明なしで§4.4で述べたが，ここでは Riemann 面の場合の証明を理解する．

9.2 高次元の場合 Albanese 多様体と Picard 多様体は互いに双対であるが Riemann 面の場合には，これら二つの Abel 多様体は同じであることを理解する．

9.3 Abel の定理の意味を理解する．

9.4 Riemann 面の場合 $H^1(X,\mathbb{Z})$ の標準的な基を使うことによりその Jacobi 多様体に対しては，第 8 章の一般の Abel 多様体に対する結果より，いろいろなことが具体的にわかることを理解する．

演習問題

9.1 $P_2\mathbb{C}$ の中の次数 d の非特異曲線(1 次元部分多様体) C の種数 g は

$$g = \frac{1}{2}(d-1)(d-2)$$

によって与えられることを証明せよ．

9.2 C を $P_1\mathbb{C}\times P_1\mathbb{C}$ の中の非特異曲線とする．$\mathrm{Pic}(P_1\mathbb{C}\times P_1\mathbb{C}) \cong \mathbb{Z}+\mathbb{Z}$ だから(証明せよ)，その正の生成元を $H_1, H_2 \in \mathrm{Pic}(P_1\mathbb{C}\times P_1\mathbb{C})$ とするとき，$[C] = H_1^a\otimes H_2^b$(線束として)ならば C の種数 g は

$$g = ab-a-b+1$$

によって与えられることを証明せよ．

9.3 X を種数 g のコンパクト Riemann 面，K_X をその標準線束とするとき次の表を証明せよ．

g	p	$\dim H^0(X,\mathcal{O}(K_X^p))$
0	$p\leqq 0$	$1-2p$
0	$p>0$	0
1	制限なし	1
$g>1$	$p<0$	0
$g>1$	$p=0$	1
$g>1$	$p=1$	g
$g>1$	$p>1$	$(2p-1)(g-1)$

あとがき

題は複素幾何であるが，本書前半の基礎的な部分を除けば結局コンパクト複素多様体，特にコンパクト Kähler 多様体の話に終始してしまった．しかも，1950 年代 60 年代には完成してしまった理論を説明したに過ぎない．しかしここで学んだ知識があれば，必要に応じて他の本をところどころ拾い読みしながらコンパクト Kähler 多様体に関する論文は大てい読めるのではないかと思う．

複素幾何は多変数関数論や代数幾何とは隣接する分野でその境界ははっきりしない．正則領域，もっと一般に Stein 多様体の基礎は 1960 年代には完成したと言えるだろう．その後，多変数関数論は次第に幾何学的な性格が強くなってきた．1 変数の場合，すべての領域は正則領域であるから，正則領域の理論は多変数関数論の第 0 章とも言うべきもので，その理論を踏まえて 1 変数の場合の結果の多変数化が本格的になってきたが，その際§5.3 で説明した Bergman 計量などの幾何学的道具が非常に重要な役割を果たしている．今後，多変数関数論はますます幾何的になっていくと思われる．

一方，複素幾何と代数幾何との関連はこの本の中心的課題であったが Enriques と小平による 2 次元コンパクト複素多様体(簡単のため通常「複素曲面」とよぶ)の分類に触れることはできなかった．複素曲面については小平の全集[14]，Beauville [2]，Barth–Peters–Van de Ven [1]の本を参照されたい．4 次元トポロジーにおいて複素曲面は単に例を与えるという以上に重要な役割を果たしている．

「理論の概要と目標」で述べたように，この本で扱えなかったが現在でも研究の活発ないくつかのトピックについても参考になる本を参考文献に挙げておく．

参考文献

[1] W. Barth, C. Peters, and A. Van de Ven, *Compact Complex Surfaces*, Springer, 1984.

[2] A. Beauville, *Complex Algebraic Surfaces*, London Math. Soc. Lecture Note Series 68, Cambridge Univ. Press, 1983.

[3] S.-S. Chern, *Complex Manifolds without Potential Theory*, 2nd ed., Springer-Verlag, 1991

[4] H. Grauert and R. Remmert, *Theory of Stein Spaces*, Springer, 1979.

[5] H. Grauert and R. Remmert, *Coherent Analytic Sheaves*, Springer, 1984.

[6] P. Griffiths and J. Harris, *Principles of Algebraic Geometry*, John Wiley & Sons, 1978.

[7] R. C. Gunning, *Lectures on Riemann Surfaces*, Math. Notes 2, Princeton Univ. Press, 1966.

[8] R. C. Gunning, *Lectures on Riemann Surfaces: Jacobian Varieties*, Math. Notes 12, Princeton Univ. Press, 1972.

[9] F. Hirzebruch, *Topological Methods in Algebraic Geometry*, Springer-Verlag, 1966.

[10] W. V. D. Hodge and D. Pedoe, *Methods of Algebraic Geometry*, Cambridge Univ. Press, 1952.

[11] S. Kobayashi and K. Nomizu, *Foundations of Differential Geometry*, Vol. 1 (1963), Vol 2 (1969), John Wiley & Sons.

[12] S. Kobayashi, *Hyperbolic Manifolds and Holomorphic Mappings*, Marcel Dekker, 1970

[13] S. Kobayashi, *Differential Geometry of Complex Vector Bundles*, Publ. Math. Soc. Japan, No.15, Iwanami-Princeton Univ. Press, 1987.

[14] K. Kodaira, *Complete Works*, Iwanami/Princeton Univ. Press, 1975.

[15] K. Kodaira, *Complex Manifolds and Deformations of Complex Structures*,

Springer-Verlag, 1985.

[16] S. Lang, *Introduction to Complex Hyperbolic Spaces*, Springer, 1987.

[17] A. Lascoux and M. Berger, *Variétés Kähleriennes Compactes*, Lecture Notes in Math. 154, Springer-Verlag, 1970.

[18] A. Lichnerowicz, *Théorie Globale des Connexions et des Groupes d'Holonomie*, Ed. Cremonese, Rome, 1955.

[19] A. Lichnerowicz, *Géométrie des Groupes de Transformations*, Dunod, Paris, 1958.

[20] M. Lübke and A. Teleman, *The Kobayashi-Hitchin Correspondence*, World Sci. Publ., 1995.

[21] J. W. Milnor and J. D. Stasheff, *Characteristic Classes*, Annals of Math. Studies, No. 76, Princeton Univ. Press, 1974.

[22] J. Morrow and K. Kodaira, *Complex Manifolds*, Holt, Reinehart & Winston, 1971.

[23] D. Mumford, *Abelian Varieties*, Tata Inst. Stud. Math., Oxford Univ. Press, 1974.

[24] J. Noguchi and T. Ochiai, *Geometric Function Theory in Several Complex Variable*, Transl. Math. Mono. 80, Amer. Math. Soc. 1990.

[25] P. Shanahan, *The Atiyah-Singer Index Theorem*, Lecture Notes in Math. 638. Springer, 1978.

[26] B. Shiffman and A. J. Sommese, *Vanishing Theorems on Complex Manifolds*, Birkhäuser, 1985.

[27] N. E. Steenrod, *Topology of Fiber Bundles*, Princeton Univ. Press, 1951.

[28] K. Ueno, *Classification Theory of Algebraic Varieties and Compact Complex Spaces*, Lecture Notes in Math. 439, Springer, 1975.

[29] A. Weil, *Introduction à l'Etude des Variétés Kähleriennes*, Hermann, Paris, 1958.

[30] K. Yano and S. Bochner,*Curvature and Betti Numbers*, Annals of Math. Studies, No. 32, Princeton Univ. Press, 1953.

演習問題解答

第1章

1.1 証明はいろいろな本にあるので要点だけ述べる．ここでは U が星形領域，すなわち，すべての点 $x\in U$ に対し，線分 $\{tx;\, 0\leqq t\leqq 1\}$ も U に含まれているということを使う．写像 $\varphi\colon I\times U\to U$:

$$\varphi(t,x)=tx$$

と定義し，

$$\omega=\frac{1}{(p+1)!}\sum a_{i_0\cdots i_p}(x)dx^{i_0}\wedge\cdots\wedge dx^{i_p}$$

に対し $\varphi^*\omega$ を計算すれば

$$\begin{aligned}\varphi^*\omega &= \frac{1}{(p+1)!}\sum a_{i_0\cdots i_p}(tx)t^{p+1}dx^{i_0}\wedge\cdots\wedge dx^{i_p}\\ &\quad+\frac{1}{p!}\sum a_{i_0\cdots i_p}(tx)t^p x^{i_0}dt\wedge dx^{i_1}\wedge\cdots\wedge dx^{i_p}\end{aligned}$$

そこで

$$\theta=\frac{1}{p!}\sum\left(\int_0^1 a_{i_0\cdots i_p}(tx)t^p dt\right)x^{i_0}dx^{i_1}\wedge\cdots\wedge dx^{i_p}$$

とおけばよい．もっと一般に，U が1点に可縮という仮定で十分である．詳しいことは，例えば小林昭七著『接続の微分幾何とゲージ理論』(裳華房)参照.

1.2 Dolbeault の補題(補題 1.3)だけでなく，その複素共役もいちいちことわらずに使う．まず Poincaré の補題(問題 1.1)により $\omega=d\theta$ と書く．次数によって分解して

$$\theta=\theta_0+\theta_1+\cdots+\theta_{p+q-1}$$

とおく．ここで θ_j は次数 $(p+q-j-1,j)$ の成分とする．

$$d\theta=d'\theta_0+\sum_{j=1}^{p+q-1}(d''\theta_{j-1}+d'\theta_j)+d''\theta_{p+q-1}$$

と次数によってまとめ，ω と比べると

$$d'\theta_0=0$$

$$d''\theta_{j-1}+d'\theta_j=0\qquad j\neq q$$

$$d''\theta_{p+q-1} = 0$$

(i) $$d''\theta_{q-1} + d'\theta_q = \omega$$

まず $\theta_0 = d'\varphi_0$ と書き，次に

$$0 = d''\theta_0 + d'\theta_1 = d''d'\varphi_0 + d'\theta_1 = d'(-d''\varphi_0 + \theta_1)$$

だから $\theta_1 = d''\varphi_0 + d'\varphi_1$ と書く．これを繰り返して $\varphi_0, \varphi_1, \cdots, \varphi_{q-1}$ を順に見付け

(ii) $$\theta_{q-1} = d''\varphi_{q-2} + d'\varphi_{q-1}$$

を得る（φ_j の次数は $(p+q_j-2, j)$ である）．次に，逆の方から始めて，まず $\theta_{p+q-1} = d''\psi_0$ と書き，次に

$$0 = d''\theta_{p+q-2} + d'\theta_{p+q-1} = d''\theta_{p+q-2}d'd''\psi_0$$

だから $\theta_{p+q-2} = d'\psi_0 + d''\psi_1$ と書く．これを繰り返して $\psi_0, \psi_1, \cdots, \psi_{p-1}$ を順に見付け

(iii) $$\theta_q = d'\psi_{p-2} + d''\psi_{p-1}$$

を得る（ψ_j の次数は $(j, p+q-j-2)$ である）．(ii)と(iii)を(i)に代入して

$$\omega = d''d'\varphi_{q-1} + d'd''\psi_{p-1} = d'd''(\psi_{p-1} - \varphi_{q-1}).$$

1.3 (i) $p=q=0$ の場合．$d''d'\omega = 0$ だから $d'\omega$ は正則 $(1,0)$ 次微分形式．$dd'\omega = 0$ だから，適当な関数 f を使って $d'\omega = df$ と書ける．両辺の次数を比べて $d''f = 0$．すなわち f は正則．そこで $h = \omega - f$ とおけば $d'h = d'(\omega - f) = 0$ だから $g = \overline{h}$ は正則．

(ii) $p>0$, $q=0$ の場合．$d''\omega$ の次数は $(p,1)$ で $dd''\omega = d'd''\omega = 0$ だから，前問により $(p-1,0)$ 次の θ が存在して $d''\omega = d''d'\theta$ と書ける．$d''(\omega - d'\theta) = 0$ だから $\omega - d'\theta$ は正則 p 次微分形式．

(iii) $p=0$, $q>0$ の場合．これは(ii)の場合と同様に証明される．また(ii)の複素共役をとってもよい．

(iv) $p, q>0$ の場合．$dd''\omega = 0$ だから，前問により $(p-1,q)$ 次の φ が存在して $d''\omega = d''d'\varphi$ と書ける．$d''(\omega - d'\varphi) = 0$ だから，$(p, q-1)$ 次の ψ が存在して $\omega - d'\varphi = d''\psi$ と書ける．

1.4 (i) $(0,1)$ 次の場合．r に近づく数列 $r_1 < r_2 < \cdots < r$ を一つとる．D_r^n 上に次の性質をもった関数 u_j $(j=1,2,\cdots)$ をつくる．

(a) $\overline{D}_{r_j}^n$ 上で，$d''u_j = \omega$（以下“$\overline{D}_{r_j}^n$ で”というのはその近傍での意）

(b) $D_{r_j}^n$ 上で，$|u_{j+1} - u_j| < 2^{-j}$

まず補題 1.3 で u_1 の存在は明らか．$u_1, \cdots, u_k$ までつくったとする．補題 1.3 に

より D_r^n 上の関数 v_{k+1} で $\overline{D}^n_{r_{k+1}}$ 上 $d''v_{k+1}=\omega$ となるものがある．$d''(v_{k+1}-u_k)=\omega-\omega=0$ だから $v_{k+1}-u_k$ は $\overline{D}^n_{r_k}$ で正則．$v_{k+1}-u_k$ を原点でベキ級数に展開して，高次の項を捨てることにより，多項式 f で近似して $\overline{D}^n_{r_k}$ 上で $|v_{k+1}-u_k-f|<2^{-k}$．そこで $u_{k+1}=v_{k+1}-f$ と定義すればよい．こうして得られた関数の列 $\{u_j\}$ を使って

$$\theta=u_1+\sum_{j=1}^{\infty}(u_{j+1}-u_j)$$

と定義すればよい．

(ii) $(0,q)$ 次，$q>1$ の場合．D_r^n 上に $(0,q-1)$ 次微分形式 u_j を次の性質をもつようにつくる．

(a) $\overline{D}^n_{r_j}$ 上で，$\omega=d''u_j$

(b) $D^n_{r_j}$ 上で，$u_{j+1}=u_j$

(i)の場合と同様，補題 1.3 により u_1 をつくり，$u_1,\cdots,u_k$ までつくったとする．補題 1.3 を使って D_r^n 上に v_{k+1} を $\omega=d''v_{k+1}$ が $\overline{D}^n_{r_{k+1}}$ で成り立つようにつくる．$d''(v_{k+1}-u_k)=0$ が $\overline{D}^n_{r_k}$ で成り立つから，補題 1.3 により D_r^n 上の $(0,q-2)$ 次微分形式 f で $\overline{D}^n_{r_k}$ 上で $v_{k+1}-u_k=d''f$ となるものがある．そこで $u_{k+1}=v_{k+1}-d''f$ と定義すればよい．こうしてできた $\{u_j\}$ を使って θ を $D^n_{r_j}$ 上で $\theta=u_j$ と定義すればよい．

1.5 (i) これは公式 1.4(Cauchy の積分公式)の証明で，Δ を D で置きかえて同じ議論をすればよい．

(ii) 円環領域の列 $A_i=\{z\in\mathbb{C};\, r_i<|z|<R_i\}$，$r_i\searrow 0$，$R_i\nearrow\infty$ を考える．$\omega=fd\bar{z}$ とおいて，問題 1.4 の(i)の場合の議論を使う．まず $\mathbb{C}^*$ 上に次の性質をもった関数 u_j $(j=1,2,\cdots)$ をつくる．

(a) $\overline{A}_j$ 上で，$\omega=d''u_j$

(b) A_j 上で，$|u_{j+1}-u_j|<2^{-j}$

まず(i)で $D=A_1$ として u_1 をつくる．$u_1,\cdots,u_k$ までできたとする．(i)で $D=A_{k+1}$ として，$\mathbb{C}^*$ 上の関数 v_{k+1} で $\overline{A}_{k+1}$ 上で $\omega=d''v_{k+1}$ となるものをつくる．$d''(v_{k+1}-u_k)=\omega-\omega=0$ だから $v_{k+1}-u_k$ は $\overline{A}_k$ で正則．$v_{k+1}-u_k$ を原点で展開した Laurent 級数の有限個の項から成る関数 f で近似して $\overline{A}_k$ 上で $|v_{k+1}-u_k-f|<2^{-k}$，そこで $u_{k+1}=v_{k+1}-f$ と定義すればよい．こうして得た関数の列 $\{u_j\}$ を使って $g=u_1+\sum_{j=1}^{\infty}(u_{j+1}-u_j)$ と定義すればよい．

1.6　補題 1.3 の証明と，問題 1.4 および 1.5 の解で使った議論とを合わせればよい.

第2章

2.1　$GL(n;\mathbb{C})$ は $\mathbb{C}^n-\{0\}$ に推移的に作用するから，$\Gamma=\{2^kI_n;\ k\in\mathbb{Z}\}$ とおくとき $G=GL(n;\mathbb{C})/\Gamma$ は Hopf 多様体 $X=(\mathbb{C}^n-\{0\})/\Gamma$ に推移的に作用する. 点 $(1,0,\cdots,0)$ によって代表される X の点での固定部分群が H/Γ となることはすぐにわかる. $SL(n;\mathbb{C})$ も $\mathbb{C}^n-\{0\}$ に推移的に作用するから，$SL(n;\mathbb{C})/H\cap SL(n;\mathbb{C})$ とも書ける.

2.2

$$\sum_{k=0}^{n+1} z^kz^k=\sum_{k=0}^{n+1}(x^kx^k+2ix^ky^k-y^ky^k)$$

となるから $\sum_{k=0}^{n+1} z^kz^k=0$ を満たすことは明らか. これが基の選び方に依らないことを見るために，$\boldsymbol{u},\boldsymbol{v}$ を条件 $|\boldsymbol{u}|=|\boldsymbol{v}|$ と $\boldsymbol{u}\cdot\boldsymbol{v}=0$ を満たすような，もう一つの正の向きの基とする. $r=|\boldsymbol{u}|/|\boldsymbol{x}|=|\boldsymbol{v}|/|\boldsymbol{y}|$ とおけば

$$\boldsymbol{u}=(r\cos\theta)\boldsymbol{x}-(r\sin\theta)\boldsymbol{y}$$
$$\boldsymbol{v}=(r\sin\theta)\boldsymbol{x}+(r\cos\theta)\boldsymbol{y}$$

だから，$\boldsymbol{w}=\boldsymbol{u}+i\boldsymbol{v}$ と書くと $\boldsymbol{w}=re^{i\theta}\boldsymbol{z}$ となる. したがって $\boldsymbol{z}$ と $\boldsymbol{w}$ は $P_{n+1}\mathbb{C}$ の同じ点を表わす.

2.3　これは(2.19)において $u=\partial/\partial x^j$, $v=\partial/\partial x^k$ として確かめるだけである.

2.4　(i) $P_n\mathbb{C}$ が問題で述べた形の等質空間として表わされ，$L,Q,T(P_n\mathbb{C})$ が等質ベクトル束となることは明らか. L を与える H の表現を ρ とし，Q を与える H の表現を ρ' とするとき

$$\rho\begin{pmatrix} a & * \\ 0 & B \end{pmatrix}=a,\quad \rho'\begin{pmatrix} a & * \\ 0 & B \end{pmatrix}=B$$

となることは容易にわかる. $GL(n+1;\mathbb{C})$ と H の Lie 環をそれぞれ $\mathfrak{gl}(n+1;\mathbb{C})$ と $\mathfrak{h}$ とし，

$$\mathfrak{m}=\left\{\begin{pmatrix} 0 & 0 \\ \boldsymbol{u} & 0 \end{pmatrix}\right\}\qquad (ここで\ \boldsymbol{u}\ は縦ベクトル)$$

とおけば，ベクトル空間として

$$\mathfrak{gl}(n+1;\mathbb{C})=\mathfrak{h}+\mathfrak{m}$$

と分解される．$P_n\mathbb{C}$ の原点(すなわち H に対応する点)を o と書くことにすれば，o での接ベクトル空間は

$$T_o(P_n\mathbb{C}) \cong \mathfrak{gl}(n+1;\ \mathbb{C})/\mathfrak{h} \cong \mathfrak{m} \cong \mathrm{Hom}(L_o, Q_o)$$

となる．

$$\begin{pmatrix} a & * \\ 0 & B \end{pmatrix}\begin{pmatrix} 0 & 0 \\ \boldsymbol{u} & 0 \end{pmatrix}\begin{pmatrix} a & * \\ 0 & B \end{pmatrix}^{-1} = \begin{pmatrix} * & * \\ B\boldsymbol{u}a^{-1} & * \end{pmatrix}$$

だから $T(P_n\mathbb{C})$ を与える H の表現は ${}^t\rho^{-1}\otimes\rho'$ である．すなわち，

$$T(P_n\mathbb{C}) \cong \mathrm{Hom}(L, Q) = L^{-1}\otimes Q\,.$$

(ii) したがって $Q \cong T(P_n\mathbb{C})\otimes L$．これは問題の完全系列の言い換えにすぎない．

2.5 一般に P を X 上の主ファイバー束，G をその構造群とする．V をベクトル空間，$\rho\colon G \to GL(V)$ を表現とし，$E = P\times_\rho V$ をそれによって定義されたベクトル束とする．P の元 $u\in P_x$ は同形写像 $u\colon V\to E_x$ と見なせるから，E の断面 ξ は写像 $\tilde{\xi}\colon P\to V$ を

$$\tilde{\xi}(u) = u^{-1}(\xi(\pi(u)))$$

によって引きおこす．そのとき構造群の元 $a\in G$ に対し

$$\tilde{\xi}(ua) = \rho(a)^{-1}(\tilde{\xi}(u))$$

が成り立つ．上の条件を満たす写像 $\tilde{\xi}\colon P\to VE$ の集合と E の断面 ξ の集合は 1 対 1 に対応する．

これを線束 L^k の場合に適用する．対応する主ファイバー束 P は $\mathbb{C}^{n+1}-\{0\}$ で構造群は $\mathbb{C}^*$ である．表現 $\rho_k(\lambda) = \lambda^k$ $(\lambda\in\mathbb{C}^*)$ を使って $L^k = P\times_{\rho_k}\mathbb{C}$ と書ける．L^k の断面 ξ に対応する関数 $\tilde{\xi}\colon \mathbb{C}^{n+1}-\{0\}\to\mathbb{C}$ は条件

$$\tilde{\xi}(z) = \rho_k(\lambda)^{-k}\tilde{\xi}(z) = \lambda^{-k}\tilde{\xi}(z), \quad x\in\mathbb{C}^{n+1}-\{0\},\ \lambda\in\mathbb{C}^*$$

を満たす．Hartogs の定理により $\mathbb{C}^{n+1}-\{0\}$ 上の正則関数 $\tilde{\xi}$ は $\mathbb{C}^{n+1}$ 上の正則関数に拡張される．$k>0$ の場合，$\tilde{\xi}(z) = \lambda^k\tilde{\xi}(z\lambda)$ と書いて $\lambda=0$ とすれば $\tilde{\xi}(z)=0$ となる．$k<0$ の場合，$\tilde{\xi}(z)$ を原点でベキ級数に展開して $\tilde{\xi}(z\lambda) = \lambda^{-k}\tilde{\xi}(z)$ を使えば，$\tilde{\xi}(z)$ は k 次の斉次多項式であることがわかる．

2.6 (2.38)の双対完全系列 $0\to N^*\to T^*X|_V\to T^*V\to 0$ から明らか．

2.7 $f_j = a_{jk}f_k$ を微分して $df_j = da_{jk}f_k + a_{jk}df_k$ を得るが，これを S に制限すると $df_j = a_{jk}df_k$ となる．したがって $\{df_j\}$ は N から $[S]|_S$ への同形写像を与える．

2.8 $G=G_1$ としてその正規部分群の列 $G_1\supset G_2\supset\cdots\supset G_n=\{I\}$ を次のように定義する．G_2 は対角線のすぐ上の元 $a_{12}, a_{23}, \cdots, a_{n-1\,n}$ が 0 という条件で定

義される．G_3 はさらにその上の元 $a_{13}, a_{24}, \cdots, a_{n-2n}$ が 0 という条件で定義される．$\Gamma_i = \Gamma \cap G_i$ とおく．商群 G_1/G_2 は $\mathbb{C}^{n-1}$ に同形で Γ_1/Γ_2 はその格子となり，$(G_1/G_2)/(\Gamma_1/\Gamma_2)$ は $n-1$ 次元複素トーラスである．G_1/Γ_1 は $(G_1/G_2)/(\Gamma_1/\Gamma_2)$ を底とし，G_2/Γ_2 をファイバーとするファイバー束になるから，G_2/Γ_2 のコンパクト性を証明すればよい．上と同様にして，G_2/Γ_2 はトーラス $(G_2/G_3)/(\Gamma_2/\Gamma_3)$ を底とし，G_3/Γ_3 をファイバーとするファイバー束になるから，G_2/Γ_3 のコンパクト性を証明すればよい．これをくり返せば証明は完了する．

第3章

3.1　点 $p \in A$ においては層 $\mathcal{I}_A/\mathcal{I}_A^2$ の茎は p における A の法空間の双対空間で，一方，点 $q \notin A$ においては $\mathcal{I}_A/\mathcal{I}_A^2$ の茎は 0 である．特に $A=p$ の場合は p における茎は接空間の双対空間 T_p^*X で，それ以外の点 $q \neq p$ では 0 になる．

3.2　これは前層から層をつくる定義を理解すればただちにわかる．

3.3　任意の開集合 $V \subset Y$ に対し，系列(3.37)の完全性により次のような完全系列を得る．

$$0 \longrightarrow H^0(f^{-1}(V), \mathcal{F}) \longrightarrow H^0(f^{-1}(V), \mathcal{G}) \longrightarrow H^0(f^{-1}(V), \mathcal{H})$$
$$\longrightarrow H^1(f^{-1}(V), \mathcal{F}) \longrightarrow H^1(f^{-1}(V), \mathcal{G}) \longrightarrow H^1(f^{-1}(V), \mathcal{H}) \longrightarrow \cdots$$

この前層の完全系列に前問の結果を適用すればよい．

3.4　$H^1(D_r^n, \mathcal{O}^*) = 0$ および $H^1(\mathbb{C}^n, \mathcal{O}^*) = 0$ を証明すればよい．完全系列 $0 \to \mathbb{Z} \to \mathcal{O} \to \mathcal{O}^* \to 0$ から完全系列

$$H^1(D_r^n, \mathcal{O}) \longrightarrow H^1(D_r^n, \mathcal{O}^*) \longrightarrow H^2(D_r^n, \mathbb{Z})$$

を得る．$H^2(D_r^n, \mathbb{Z}) = 0$ だから $H^1(D_r^n, \mathcal{O}^*) = 0$ を証明するには $H^1(D_r^n, \mathcal{O}) = 0$ を証明すればよい．問題 1.4 の解によれば，D_r^n 上の $(0,1)$ 次微分形式 ω が $d''\omega = 0$ ならば D_r^n 上に関数 θ が存在して $\omega = d''\theta$ となるから，Dolbeault の定理により $H^1(D_r^n, \mathcal{O}) = 0$ を得る．同様に，$H^1(\mathbb{C}^n, \mathcal{O}^*) = 0$ を証明するには $H^1(\mathbb{C}^n, \mathcal{O}) = 0$ を証明すればよいが，これも問題 1.4 から同様に証明される．

3.5　$U_i \cong \mathbb{C}$ だから，問題 1.4 の解と Dolbeault の定理により $H^1(U_i, \mathcal{O}) = 0$．一方，$U_0 \cap U_1 \cong \mathbb{C}^*$ だから，問題 1.5 の解と Dolbeault の定理から $H^1(U_0 \cap U_1; \mathcal{O}) = 0$．したがって $\mathcal{U}$ は $\mathcal{O}$ に関して非輪状．よって Leray の定理 3.11 により $H^1(\mathcal{U}, \mathcal{O}) = 0$ を証明すればよい．

$\mathcal{O}$ を係数にもつ $\mathcal{U}$ の 1 次元コサイクルは $U_0 \cap U_1 \cong \mathbb{C}^*$ 上の正則関数 f で与え

られる．$z=\zeta^1/\zeta^0$ とおいて，f を Laurent 級数 $f=\sum_{j=-\infty}^{\infty} a_j z^j$ に展開し

$$f_0=\sum_{j=0}^{\infty} a_j z^j \quad \text{および} \quad f_1=-\sum_{j=-\infty}^{-1} a_j z^j$$

と置けば，f_0 は U_0 上の正則関数，そして f_1 は U_1 上の正則関数で，$U_0\cap U_1$ 上では $f=f_0-f_1$ となる．したがって f は 0 次元双対鎖体 $\{f_0, f_1\}$ の双対境界となるから $H^1(\mathcal{U}, \mathcal{O})=0$.

3.6 $\mathcal{O}$ を X の構造層とすれば，(3.52)により $d\mathcal{O}$ は閉正則 1 次微分形式の層である．完全系列 $0\to\mathbb{C}\xrightarrow{i}\mathcal{O}\xrightarrow{d}d\mathcal{O}\to 0$ から完全系列

$$H^0(X,\mathcal{O})\longrightarrow H^0(X,d\mathcal{O})\longrightarrow H^1(X,\mathbb{C})$$

を得るが，X 上の正則関数は定数に限るから写像 $H^0(X,\mathcal{O})\to H^0(X,d\mathcal{O})$ は 0, したがって，$H^0(X,d\mathcal{O})\to H^1(X,\mathbb{C})$ は単射．同様に，$\overline{H^0(X,d\mathcal{O})}\to H^1(X,\mathbb{C})$ も単射．よって $2\dim_{\mathbb{C}} H^0(X,d\mathcal{O})\leqq b_1$.

3.7 任意の $(n,0)$ 次微分形式 $\theta\neq 0$ に対し $\int\theta\wedge\bar{\theta}\neq 0$, 特に，もし $d\omega\neq 0$ ならば，$\int d\omega\wedge d\bar{\omega}\neq 0$. 一方，$\int d\omega\wedge d\bar{\omega}=\int d(\omega\wedge d\bar{\omega})=0$ だから $d\omega=0$.

第4章

4.1 E に概複素構造を入れてそれが可積分であることを示す．U を X 内の座標近傍，$(z^1,\cdots,z^n)$ をそこでの局所座標系とする．U 上で E を積束 $E|_U=U\times\mathbb{C}^r$ と考える．$(w^1,\cdots,w^r)$ をファイバー $\mathbb{C}^r$ の座標系とする．この積束の自然な断面を $e_1,\cdots,e_r$ とし，$D''e_j=\sum\theta^i_j e_i$ によって $(0,1)$ 次微分形式の $r\times r$ 型行列 $\theta=(\theta^i_j)$ を定義する．仮定により

$$(*)\qquad 0=D''(D''e_j)=\sum(d''\theta^i_j-\sum\theta^i_k\wedge\theta^k_j)e_i\,.$$

$E|_U$ 上に概複素構造を，$\{d\bar{z}^\alpha, d\bar{w}^i+\sum\theta^i_j\bar{w}^j\}$ を $(0,1)$ 次微分形式の基とすることによって定義する．これが可積なことは定理 2.6 の(c)を使って確かめればよい．$(*)$から

$$d''\theta^i_j=\sum\theta^i_k\wedge\theta^k_j,\quad d\theta^i_j=\sum\theta^i_k\wedge\theta^k_j+(1,1)\text{ 次微分形式}$$

を得る．したがって $d(d\bar{w}^i+\sum\theta^i_j\bar{w}^j)$ には $(2,0)$ 次の成分はない．

4.2 接続が(4.2)を満たすことから，D'' が問題 4.1 の条件を満たすことがわかる．曲率に $(0,2)$ 次成分がないということは $D''\circ D''=0$ にほかならない．あとは問題 4.1 を使えばよい．

4.3 $\tilde{X}$ を X 上の主ファイバー束として，その変換関数を $\{\gamma_{ij}\}$ とする．この

場合 $\gamma_{ij}: U_i \cap U_j \to \Gamma$ は，Γ が離散群だから定値写像である．したがって $E^\rho|_{U_i} \cong U_i \times \mathbb{C}^r$ で $D=d$ と定義すれば，X 上全体で D は矛盾なく定義され，明らかに $D \circ D = 0$ である．ρ がユニタリならば $\mathbb{C}^r$ に通常の内積を定義すれば E^ρ 全体で定義され，明らかに上の $D\,(=d)$ によって保たれる．

逆に，複素ベクトル束 E に $D \circ D = 0$ となる接続 D が与えられたとする．点 $x_0 \in X$ をとり，そこから始まる曲線に沿ってファイバー E_{x_0} を平行移動することにより，他の点 $x \in X$ でのファイバー E_x との同形対応を得る．曲率が 0 だから，この対応は x_0 から x までの曲線のホモトピー類にしか依らない．したがって，表現 $\rho: \Gamma = \pi_1(X, x_0) \to GL(r; \mathbb{C})$ を得る．そして，この表現 ρ によって同形対応 $E \cong E^\rho$ が得られる．接続 D が Hermite 構造を保つとき，この表現がユニタリなことは明らか．

4.4 完全系列 $0 \to \mathbb{Z} \to \mathcal{O} \to \mathcal{O}^* \to 0$ から完全系列

$$H^1(P_1\mathbb{C}, \mathcal{O}) \longrightarrow H^1(P_1\mathbb{C}, \mathcal{O}^*) \longrightarrow H^2(P_1\mathbb{C}, \mathbb{Z}) \longrightarrow H^2(P_1\mathbb{C}, \mathcal{O})$$

を得るが，問題 3.5 の解により $H^1(P_1\mathbb{C}, \mathcal{O}) = 0$．一方，Dolbeault の定理(3.48)を使えば，$P_1\mathbb{C}$ 上に $(0,2)$ 次微分形式がないことから $H^2(P_1\mathbb{C}, \mathcal{O}) = 0$ を得る．したがって $H^1(P_1\mathbb{C}, \mathcal{O}^*) \cong H^2(P_1\mathbb{C}, \mathbb{Z}) \cong \mathbb{Z}$．普遍部分線束 L は -1 に対応するから $\mathrm{Pic}(P_1\mathbb{C}) = \{L^k;\, k \in \mathbb{Z}\}$．

4.5 $\mathbb{C}^2$ を $\mathbb{C}^{n+1}$ の線形部分空間と考えれば $\mathbb{C}^2 - \{0\} \subset \mathbb{C}^{n+1} - \{0\}$，そして $P_1\mathbb{C} \subset P_n\mathbb{C}$．そのとき L を $P_1\mathbb{C}$ に制限した線束 $L|_{P_1\mathbb{C}}$ が $P_1\mathbb{C}$ の普遍部分線束になることは明らか．したがって Chern 類 $c_1(L)$ を $P_1\mathbb{C}$ に制限したものが $c_1(L|_{P_1\mathbb{C}})$ となる．$c_1(L|_{P_1\mathbb{C}})$ を $P_1\mathbb{C}$ で積分したものは Chern 類の公理 4 により -1．したがって $c_1(L)$ を $P_1\mathbb{C}$ 上で積分すれば -1．

4.6 完全系列 $0 \to L \to P_n\mathbb{C} \times \mathbb{C}^{n+1} \to Q \to 0$ から $c(L)c(Q) = 1$．問題 4.5 により $c(L) = 1 - \alpha$ であるから

$$c(Q) = 1 + \alpha + \alpha^2 + \cdots + \alpha^n\,.$$

一方，問題 2.4 で得た Euler 系列

$$0 \longrightarrow L \longrightarrow P_n\mathbb{C} \times \mathbb{C}^{n+1} \longrightarrow T(P_n\mathbb{C}) \otimes L \longrightarrow 0$$

に L^{-1} を掛けて完全系列

$$0 \longrightarrow P_n\mathbb{C} \times \mathbb{C} \longrightarrow (P_n\mathbb{C} \times \mathbb{C}^{n+1}) \otimes L^{-1} \longrightarrow T(P_n\mathbb{C}) \longrightarrow 0$$

を得る．したがって $c(P_n\mathbb{C} \times \mathbb{C})c(T(P_n\mathbb{C})) = c((P_n\mathbb{C} \times \mathbb{C}^{n+1}) \otimes L^{-1})$．一方

$$(P_n\mathbb{C} \times \mathbb{C}^{n+1}) \otimes L^{-1} = L^{-1} \oplus \cdots \oplus L^{-1} \qquad (n+1 \text{ 回})$$

だから

$$c(T(P_n\mathbb{C})) = (1+\alpha)^{n+1}.$$

4.7 $(\zeta^0, \cdots, \zeta^n)$ を $P_n\mathbb{C}$ の斉次座標系，$\mathcal{U} = \{U_0, U_1, \cdots, U_n\}$ を $U_j = \{\zeta^j \neq 0\}$ によって定義された開被覆とする．S は d 次斉次多項式 $f(\zeta^0, \cdots, \zeta^n)$ によって定義されているとする．

$$f(\zeta^0, \cdots, \zeta^n) = (\zeta^j)^d f_j(\zeta^0/\zeta^j, \cdots, \zeta^n/\zeta^j)$$

によって f_j を定義すれば，$f_j(\zeta^0/\zeta^j, \cdots, \zeta^n/\zeta^j)$ は $\zeta^0/\zeta^j, \cdots, \zeta^n/\zeta^j$ の多項式だから，特に U_j で正則．$U_j \cap U_k$ 上で

$$f_j/f_k = (\zeta^k/\zeta^j)^d$$

となるから，問題 2.7 により S の法線束 N は変換関数 $\{f_j/f_k = (\zeta^k/\zeta^j)^d\}$ で与えられるから $N \cong L^{-d}$．したがって $c(N) = c(L^{-d}) = 1 + d\alpha$ を得る．そこで，$c(T(S))c(N) = c(T(P_n\mathbb{C})|_S)$ に問題 4.6 の結果を使えば

$$c(S) = c(T(S)) = (1+\alpha)^{n+1}(1+d\alpha)^{-1}.$$

4.8 E の接続を D，その双対接続を D^* とし，曲率をそれぞれ R_D, R_{D^*} で表わす．E に局所枠 $e_1, \cdots, e_r$，E^* に双対局所枠 $e^1, \cdots, e^r$ をとれば，(4.29)により $R_{D^*} = -{}^tR_D$ だから

$$c(E^*, D^*) = \det\left(I - \frac{R_{D^*}}{2\pi i}\right) = \det\left(I + \frac{{}^tR}{2\pi i}\right) = \det\left(I + \frac{R}{2\pi i}\right).$$

したがって $c_k(E^*, D^*) = (-1)^k c_k(E, D)$．Chern 指標の場合も同様．または Chern 類との関係を使ってもよい．

第5章

5.1 E の正則局所枠 $e_1, \cdots, e_r$ をとり，$\xi = \sum \xi^i e_i$ とおく．X の局所座標系 $(z^1, \cdots, z^n)$ と $(\xi^1, \cdots, \xi^r)$ を合わせて E の局所座標系とする．そのとき

$$\tilde{g} = \sum \tilde{g}_{\alpha\bar{\beta}}\, dz^\alpha d\bar{z}^\beta + \sum \tilde{g}_{\alpha\bar{j}}\, dz^\alpha d\bar{\xi}^j + \sum \tilde{g}_{i\bar{\beta}}\, d\xi^i d\bar{z}^\beta + \sum \tilde{g}_{i\bar{j}}\, d\xi^i d\bar{\xi}^j$$

の成分を計算すると($\partial/\partial z^\alpha$ の代りに ∂_α と書いて)

$$\tilde{g}_{\alpha\bar{\beta}} = g_{\alpha\bar{\beta}} + \sum \partial_\alpha \partial_{\bar{\beta}} h_{i\bar{j}}\, \xi^i \bar{\xi}^j, \qquad \tilde{g}_{\alpha\bar{j}} = \sum \partial_\alpha h_{i\bar{j}}\, \xi^i,$$

$$\tilde{g}_{i\bar{\beta}} = \sum \partial_{\bar{\beta}} h_{i\bar{j}}\, \bar{\xi}^j, \qquad \tilde{g}_{i\bar{j}} = h_{i\bar{j}}$$

となる．点 $x \in X$ を決めて，そこで適合しているように $e_1, \cdots, e_r$ を選べば $\tilde{g}_{\alpha\bar{j}} = 0$, $\tilde{g}_{i\bar{\beta}} = 0$ だから，ξ が小さければ $\tilde{g}$ は正値．h の曲率が 0 か負ならば，(4.58)により $\tilde{g}$ は E_x のすべての点で正値となる．

5.2 計算は $P(E)$ でなく $E^\times$ で行なう方が便利である．問題5.1の解と同じ記号で

$$\widetilde{g}_{\alpha\bar{\beta}} = g_{\alpha\bar{\beta}} + c\frac{h(\xi,\xi)\partial_\alpha\partial_{\bar{\beta}}h(\xi,\xi) - \partial_\alpha h(\xi,\xi)\partial_\beta h(\xi,\xi)}{h(\xi,\xi)^2},$$

$$\widetilde{g}_{\alpha\bar{j}} = c\frac{h(\xi,\xi)\sum\partial_\alpha h_{i\bar{j}}\xi^i - \partial_\alpha h(\xi,\xi)\sum h_{i\bar{j}}\xi^i}{h(\xi,\xi)^2},$$

$$\widetilde{g}_{i\bar{\beta}} = c\frac{h(\xi,\xi)\sum\partial_{\bar{\beta}} h_{i\bar{j}}\bar{\xi}^j - \partial_{\bar{\beta}} h(\xi,\xi)\sum h_{i\bar{j}}\bar{\xi}^j}{h(\xi,\xi)^2},$$

$$\widetilde{g}_{i\bar{j}} = c\frac{h(\xi,\xi)h_{i\bar{j}} - (\sum h_{i\bar{l}}\bar{\xi}^l)(\sum h_{k\bar{j}}\xi^k)}{h(\xi,\xi)^2}.$$

与えられた点 $x\in X$ で適合した $e_1,\cdots,e_r$ を選べば，上式は

$$\widetilde{g}_{\alpha\bar{\beta}} = g_{\alpha\bar{\beta}} + c\frac{\sum\partial_\alpha\partial_{\bar{\beta}}h_{i\bar{j}}\xi^i\bar{\xi}^j}{h(\xi,\xi)}, \qquad \widetilde{g}_{\alpha\bar{j}} = 0,$$

$$\widetilde{g}_{i\bar{\beta}} = 0, \qquad \widetilde{g}_{i\bar{j}} = c\frac{h(\xi,\xi)h_{i\bar{j}} - (\sum h_{i\bar{l}}\bar{\xi}^l)(\sum h_{k\bar{j}}\xi^k)}{h(\xi,\xi)^2}$$

となる．あとは明らかであろう．

5.3 X の Kähler 微分形式を Φ とする．$\sigma^*\Phi$ は $\sigma^{-1}(x_0)\cong P_{n-1}\mathbb{C}$ で退化する．$\widehat{U}$ を線束 $\pi\colon L\to P_{n-1}\mathbb{C}$ 内の零断面の近傍と考える．$(z^1,\cdots,z^n)$ を $P_{n-1}\mathbb{C}$ の斉次座標系，U_i を $z^i\neq 0$ で定義された $P_{n-1}\mathbb{C}$ の開集合とする．関数

$$f_i = \log\left(1+\sum_{k\neq i}\frac{|z^k|^2}{|z^i|^2}\right)$$

は U_i で定義されているから $\pi^{-1}(U_i)$ 上の関数とも考えられる．$\pi^{-1}(U_i\cap U_j)$ 上で $dd^c f_i = dd^c f_j$ となるから $\{dd^c f_i\}$ は L 上に 2 次微分形式を定義する(これは $P_{n-1}\mathbb{C}$ の Fubini–Study 計量に対する Kähler 微分形式を引き戻したものである)．$\mathbb{C}^n$ の 0 の近傍 U_ε: $\sum|z^k|^2<\varepsilon$ を $\sigma\colon L\to\mathbb{C}^n$ で引き戻した零断面の近傍を $\widehat{U}_\varepsilon$ とする．ρ を U_ε で 1，$U_{2\varepsilon}$ で 0 となる関数とする．そのとき $\{dd^c\log\rho f_i\}$ は L 上に $(1,1)$ 次微分形式 Ψ を定義するが，$\widehat{U}_{2\varepsilon}$ の外では $\Psi=0$ だから $\widehat{X}$ 上の微分形式と考えられる．十分小さい $c>0$ をとれば $\sigma^*\Phi+c\Psi$ は正値で Kähler 微分形式になる．

5.4 (5.83)で示したように，$G_{2,2}$ は Plücker 写像 P により $P_5\mathbb{C}$ に 2 次超曲面として埋め込まれる．問題4.7により，$H^2(P_5\mathbb{C},\mathbb{Z})$ の正の成生元を $G_{2,2}$ に制限したものを α と書けば

$$c(T(G_{2,2})) = (1+\alpha)^6(1+2\alpha)^{-1} = 1+4\alpha+7\alpha^2+6\alpha^3+3\alpha^4$$

となる．これが一つの解であるが，$G_{2,2}$ 上の普遍部分ベクトル束 S または普遍商束 Q の Chern 類によって，接ベクトル束 $T=T(G_{2,2})$ の Chern 類を表わすこともできる．

まず(5.89)の $T=S^*\otimes Q$ に注意しておく．(4.107)の第1式により，$ch(Q)=2+\sum_{k\geqq 1} ch_k(Q)$ から $ch(S)=2-\sum_{k\geqq 1} ch_k(Q)$ を得る．問題 4.8 から $ch(S^*)=2-\sum_{k\geqq 1}(-1)^k ch_k(Q)$．(4.107)の第2式から $ch(T)=ch(S^*)ch(Q)$．したがって T の Chern 指標は Q の Chern 指標によって表わされる．

(4.106)を使えば Chern 指標を Chern 類で表わせるはずだが，計算は面倒である．階数が2だからなんとか計算して

$$
\begin{aligned}
c_1(T) &= 4c_1(Q), \qquad c_2(T) = 7c_1(Q)^2,\\
c_3(T) &= -\frac{4}{3}c_1(Q)^3-\frac{8}{3}c_1(Q)c_2(Q)+4c_3(Q),\\
c_4(T) &= -\frac{88}{3}c_1(Q)^4-\frac{38}{3}c_1(Q)^2c_2(Q)+10c_1(Q)c_3(Q)+6c_2(Q)^2.
\end{aligned}
$$

第6章

6.1　(1,0) 次の微分形式 $\theta^1,\cdots,\theta^n$ を局所的正規直交基，$\omega=(\omega^i_j)$ を接続形式とすれば Ricci 曲率形式は

$$\rho = d(\sum \omega^i_i) = \sum R_{j\bar{k}}\theta^j\wedge\bar{\theta}^k$$

と書ける．したがって，$d\rho=0$．(これは Chern 形式が閉じているということの特別な場合としてもわかる．§4.4 参照．) (6.24)により $\Lambda\rho=\sqrt{-1}\sum R_{j\bar{j}}=\sqrt{-1}\,s$．(ここで s はスカラー曲率である．) 定理6.7 の(iii)により

$$
\begin{aligned}
\delta'\rho &= \sqrt{-1}\,(\Lambda d''-d''\Lambda)\rho = -\sqrt{-1}\,d''\Lambda\rho = -\sqrt{-1}\,d''s,\\
\delta''\rho &= -\sqrt{-1}\,(\Lambda d'-d'\Lambda)\rho = \sqrt{-1}\,d'\Lambda\rho = \sqrt{-1}\,d's
\end{aligned}
$$

だから $\delta\rho=0$ と $ds=0$ は同値である．

定義により，ρ が原始的というのは $\Lambda\rho=0$ ということである．$\Lambda\rho=\sqrt{-1}\,s$ だから，これは $s=0$ と同値である．

6.2　$\alpha=\beta+\bar{\beta}$ とおく．ここで β は $(p-1,p)$ 次，$\bar{\beta}$ は $(p,p-1)$ 次である．

$$\theta = d\alpha = d'\bar{\beta}+(d''\bar{\beta}+d'\beta)+d''\beta$$

の次数を較べることにより，$d'\bar{\beta}=0$，$d''\beta=0$，$\theta=d''\bar{\beta}+d'\beta$ を得る．$d''\beta=0$ だ

から $\beta=H\beta+d''\gamma$ と書ける($H\beta$ は調和的，γ は $(p-1,p-1)$ 次)．そのとき $\bar{\beta}=H\bar{\beta}+d'\bar{\gamma}$ だから

$$\theta = d''\bar{\beta}+d'\beta = d''d'\bar{\gamma}+d'd''\gamma = d'd''(\gamma-\bar{\gamma})\,.$$

$\varphi=\dfrac{1}{2i}(\gamma-\bar{\gamma})$ とおけばよい．

6.3 (i) X をコンパクト Riemann 面とし，任意の Hermite 計量をとる．1 次元だから，その基本 2 次微分形式は閉じていて，Kähler 計量であることがわかる．したがって

$$\mathbf{H}^1 = \mathbf{H}^{1,0}+\mathbf{H}^{0,1}, \quad \mathbf{H}^{0,1} = \bar{\mathbf{H}}^{1,0}\,.$$

$h^{1,0}=h^{0,1}$ だから $b_1=2h^{1,0}$．したがって

$$b_0 = h^{0,0} = 1, \quad b_1 = 2h^{1,0} = 2h^{0,1}, \quad b_2 = h^{1,1} = 1\,.$$

$h^{1,0}=\dim H^0(X,\Omega^1)$ は X の**種数**(genus)とよばれる．

(ii) $P_n\mathbb{C}$ の Betti 数は(§5.4 の例 5.19 を参照)

$$b_{2p} = 1, \quad b_{2p+1} = 0, \quad p = 0,1,\cdots,n\,.$$

一方，Kähler 多様体ではいつも $h^{p,p}\geqq 1$ だから

$$h^{p,q} = \delta_{pq}\,.$$

(iii) $\mathbb{C}^n/\Gamma$ を $2n$ 次元実トーラス $(S^1)^{2n}$ と考えて $b_r=\binom{2n}{r}$．$z^1,\cdots,z^n$ を $\mathbb{C}^n$ の座標系とするとき $dz^1,\cdots,dz^n$，$d\bar{z}^1,\cdots,d\bar{z}^n$ はトーラス上の微分形式と考えられ，(p,q) 次の微分形式 α は

$$\alpha = \overset{<}{\sum} a_{I\bar{J}}dz^I\wedge d\bar{z}^J, \quad \#I=p,\ \#J=q$$

の形に一意に書ける．Kähler 計量としては $\sum dz^j d\bar{z}^j$ を使う．α の係数 $a_{I\bar{J}}$ がすべて定数ならば α が調和的なことは明らかで，そのような($a_{I\bar{J}}$ が定数であるような)α の集りのつくるベクトル空間の次元は $\binom{n}{p}\binom{n}{q}$ だから $\binom{n}{p}\binom{n}{q}\leqq h^{p,q}$．したがって

$$b_r = \sum_{p+q=r} h^{p,q} \leqq \sum_{p+q=r}\binom{n}{p}\binom{n}{q}\,.$$

一方，$(1+x)^{2n}=(1+x)^n(1+x)^n$ の係数を 2 項定理を使って計算すれば

$$\binom{2n}{r} = \sum_{p+q=r}\binom{n}{p}\binom{n}{q}$$

だから，これを $b_r=\sum\limits_{p+q=r}h^{p,q}$ と較べて

$$h^{p,q}=\binom{n}{p}\binom{n}{q}$$

を得る．したがって，α が調和的であるためには $a_{I\bar{J}}$ がすべて定数でなければならないこともわかった．トーラス $\mathbb{C}^n/\Gamma$ は連結な群で平行移動によりそれ自身の上に等長変換群として作用しているから(§6.6 の最後に注意したように)調和微分形式を不変にする．このことからも α が調和的なら $a_{I\bar{J}}$ が定数になることがわかる．

6.4 §5.4 で示したように奇数次元 Betti 数は 0 で，$2k$ 次元ホモロジーは k 次元複素部分多様体 W_α で生成されている．(k,k) 次以外の微分形式を W_α に制限したら 0 だから W_α 上で積分すればもちろん 0 である．

6.5 X の Chern 類，すなわち TX の Chern 類を $1+c_1+c_2$ とする．そのとき T^*X の Chern 類は $1-c_1+c_2$ で与えられる．(4.105), (4.106)で説明したように Chern 類と Chern 指標の関係式から

$$ch(T^*X)=2-c_1+\frac{1}{2}(c_1^2-2c_2).$$

$\Lambda^2T^*X=\det T^*X$ で $c(\Lambda^2T^*X)=1-c_1$ だから

$$ch(\Lambda^2T^*X)=1-c_1+\frac{1}{2}c_1^2.$$

Todd 類は(4.112)で示したように

$$td(X)=1+\frac{1}{2}c_1+\frac{1}{12}(c_1^2+c_2)+\cdots.$$

これらの式を Riemann–Roch–Hirzebruch の公式に代入すればよい．

6.6 双対定理により $h^{2,2}=h^{0,0}=1$，$h^{2,1}=h^{0,1}=0$．完全系列(4.127)を線束 $\Lambda^2T^*X\in H^1(X,\mathcal{O}^*)$ に適用して $c_1(X)=0$ と $h^{0,1}=0$ を使えば Λ^2T^*X が積束であることがわかる．したがって，$H^0(X,\Omega^2)\cong\mathbb{C}$，すなわち $h^{2,0}=1$．双対定理で，$h^{0,2}=1$．(6.96)の 1 番目の式から $c_2=24$．2 番目の式から $h^{1,1}=20+2h^{1,0}$．

ここまでは Kähler という条件を使っていない．Kähler なら，$h^{1,0}=h^{0,1}=0$ だから証明は終る．

一般の場合も，$2h^{1,0}\leqq b_1\leqq h^{0,1}+h^{1,0}\leqq 2h^{0,1}$ さえ証明すれば，$h^{1,0}=0$，$b_1\equiv 0$ がわかり，$2+b_2=\text{Euler 数}=c_2=24$ から $b_2=22$ がわかる．上の不等式のうち $2h^{1,0}\leqq b_1$ は演習問題 3.6 で示した．$\omega\in H^0(X,\Omega^1)$ とすると演習問題 3.7 で示したように $d\omega=0$．もし $\omega=df$ となる関数があれば $0=d''\omega=d''df=d''d'f$ だ

から，f は調和関数．X がコンパクトだから f は定数，したがって $\omega=0$ となるから，$H^0(X,\Omega^1)\subset H^1(X,\mathbb{C})$ と考えられる．同様に $\overline{H^0(X,\Omega)}\subset H^1(X,\mathbb{C})$ と考えられる．そのとき，$H^0(X,\Omega^1)\cap\overline{H^0(X,\Omega^1)}=0$ である．（なぜなら $\omega_1,\omega_2\in H^0(X,\Omega^1)$ で $[\omega_1]=[\bar{\omega}_2]$ ならば，$\omega_1-\bar{\omega}_2=df$ となる関数 f がある．$\omega_1=d'f$ だから $0=d\omega_1=dd'f=d''d'f$ で f がまた定数になる．）したがって，$2h^{1,0}\leqq b_1$ をここでもう一度証明した．

$\mathcal{S}$ を閉じた正則1次微分形式の層とすれば完全系列

$$0\longrightarrow\mathbb{C}\longrightarrow\mathcal{O}\xrightarrow{d}\mathcal{S}\longrightarrow 0$$

が考えられる．問題3.7により，$H^0(X,\Omega^1)=H^0(X,\mathcal{S})$ だから

$$0\longrightarrow H^0(X,\Omega^1)\longrightarrow H^1(X,\mathbb{C})\longrightarrow H^1(X,\mathcal{O})$$

が完全系列である．したがって，$b_1\leqq h^{1,0}+h^{0,1}$．これと $2h^{1,0}\leqq b_1$ を合わせれば $b_1\leqq 2h^{0,1}$ が，そして $h^{1,0}\leqq h^{0,1}$ がわかる．

6.7 Hopf曲面は位相的には $S^1\times S^3$ と同相だから $b_1=1$，$b_2=0$，$b_3=1$．したがって $c_1=0$．またEuler数 $=0$ だから $c_2=0$．双対性により，$h^{2,2}=h^{0,0}=1$．$2h^{1,0}\leqq b_1\leqq h^{0,1}+h^{1,0}\leqq 2h^{0,1}$ と $b_1=1$ から $h^{1,0}=0$，$h^{0,1}=1$．双対性により $h^{1,2}=0$，$h^{2,1}=1$．$c_1=0$，$c_2=0$ だから，(6.96)より $h^{0,0}-h^{0,1}+h^{0,2}=0$．したがって，$h^{0,2}=0$．双対性により $h^{2,0}=0$．同様に(6.96)から $h^{1,0}-h^{1,1}+h^{0,2}=0$．したがって $h^{1,1}=0$

6.8

$$\begin{pmatrix}1&z&t\\0&1&w\\0&0&1\end{pmatrix}^{-1}=\begin{pmatrix}1&-z&-t+zw\\0&1&-w\\0&0&1\end{pmatrix},$$

$$\begin{pmatrix}0&dz&dt\\0&0&dw\\0&0&0\end{pmatrix}\begin{pmatrix}1&z&t\\0&1&w\\0&0&1\end{pmatrix}^{-1}=\begin{pmatrix}0&dz&dt-wdz\\0&0&dw\\0&0&0\end{pmatrix}$$

だから $dz,dw,dt-wdz$ は N 上の右側不変な正則1次微分形式で，$X=N/G$ 上の正則微分形式と考えられる．

(i) G の交換子群 $[G,G]$ は

$$[G,G]=\left\{\begin{pmatrix}1&0&c\\0&1&0\\0&0&1\end{pmatrix};\ c\in\mathbb{Z}+\mathbb{Z}\right\}$$

で与えられる．G は X の基本群 $\pi_1(X)$ だから，

$$H_1(X,\mathbb{Z})=G/[G,G]=(\mathbb{Z}+\mathbb{Z}\sqrt{-1})\times(\mathbb{Z}+\mathbb{Z}\sqrt{-1})\cong\mathbb{Z}^4.$$

(ii) N が複素 Lie 群，G が離散部分群だから N/G の接ベクトル積が正則ベクトル束として積束である．したがって $\dim H^0(X,\Omega^1)=3$．上で求めた $dz, dw, dt-wdz$ はいたるところで 1 次独立で $H^0(X,\Omega^1)$ の基になる．

(iii) 演習問題 3.6 により

$$\dim\{\omega\in H^0(X,\Omega^1);\ d\omega=0\}\leqq\frac{1}{2}b_1=2.$$

dz, dw が閉正則 1 次微分形式だから，この不等式は等式になる．

(iv) これは $\mathrm{Alb}(X)$ の定義から明らか．

第7章

7.1 α を $H^2(P_3\mathbb{C},\mathbb{Z})\cong\mathbb{Z}$ の正の生成元とする．演習問題 4.7 により，X の Chern 類 $1+c_1+c_2$ は

$$(1+c_1+c_2)(1+d\alpha)=1+4\alpha+6\alpha^2$$

で与えられる．すなわち，$c_1=(4-d)\alpha$，$c_2=(6-4d+d^2)\alpha^2$．系 7.30 により，$r\leqq 1$ の範囲で $H^r(X,\mathbb{C})\cong H^r(P_3\mathbb{C},\mathbb{C})$ だから，$h^{0,0}=1$，$h^{1,0}=h^{0,1}=0$ を得る．Riemann–Roch–Hirzebruch の公式(6.96)により

$$\begin{aligned}1+h^{0,2}=h^{0,0}-h^{0,1}+h^{0,2}&=\frac{1}{12}\int_X((4-d)^2+(6-4d+d^2))d^2\\&=\frac{1}{6}(d^2-6d+11)\int_X\alpha^2.\end{aligned}$$

X の次数が d だから $\int_X\alpha^2=d$．したがって

$$h^{0,2}=\frac{1}{6}(d-1)(d-2)(d-3).$$

同様に(6.96)の 2 番目の式を使えば $h^{1,1}$ が求められる．

7.2 $\pi\colon\widetilde{X}=Q_{x_0}(X)\to X$ をモノイダル変換，$E=\pi^{-1}(x_0)$ を例外因子とする．$X'=X-\{x_0\}$，$\widetilde{X}'=\widetilde{X}-E$，$U$ を x_0 の近傍，$\widetilde{U}=\pi^{-1}(U)$，$U'=U\cap X'=U-\{x_0\}$，$\widetilde{U}'=\widetilde{U}\cap\widetilde{X}'=\widetilde{U}-E$ とし，$X=X'\cup U$，$\widetilde{X}=\widetilde{X}'\cup\widetilde{U}$ に対する Mayer–Vietoris の完全系列を考えると次のような可換な図式が得られる．

$$\begin{array}{ccccccc} H_i(\widetilde{U}') & \longrightarrow & H_i(\widetilde{X}')\oplus H_i(\widetilde{U}) & \longrightarrow & H_i(\widetilde{X}) & \longrightarrow & H_{i+1}(\widetilde{U}') \\ \downarrow \pi_* & & \downarrow \pi_* & & \downarrow \pi_* & & \downarrow \pi_* \\ H_i(U') & \longrightarrow & H_i(X')\oplus H_i(U) & \longrightarrow & H_i(X) & \longrightarrow & H_{i+1}(U') \end{array}$$

$\pi\colon \widetilde{U}'\to U'$ は同相写像だから両端の π_* は同型写像，同様に $\pi_*\colon H_i(\widetilde{X}')\to H_i(X')$ も同型写像である．U は x_0 を中心とする球体の近傍にしておけば $H_i(U)=0$ $(i>0)$，そして $H_i(U')\neq 0$ $(i\neq 0, 2n-1)$．そのとき $\widetilde{U}$ は E に可縮だから $H_i(\widetilde{U})\cong H_i(E)$．以上のことから

$$H_i(\widetilde{X})\cong H_i(X)+H_i(E), \quad 0<i\leqq 2n-3$$

を得る．$E=P_{n-1}\mathbb{C}$ だから，$b_{2p}(\widetilde{X})=b_{2p}(X)+1$ $(1\leqq p<n-1)$，および $b_{2p-1}(\widetilde{X})=b_{2p-1}(X)$ $(1\leqq p<n-1)$ となる．双対性によりこれは $p=n-1$ でも成り立つ．

X が Kähler だとする．もし $h^{p,q}$ $(p\neq q)$ が増えると，$h^{q,p}$ も増えるから b_r $(r=p+q)$ は少なくとも 2 増えて矛盾するから $h^{p,q}$ $(p\neq q)$ は変わらない．したがって，$h^{p,p}$ $(1\leqq p\leqq n-1)$ は 1 だけ増える．

7.3 E の法束 N は E の近傍だけで決まり，$\widetilde{X}$ 全体には関係ない．したがって，§2.3 の最後に説明した $\mathbb{C}^2$ の原点でモノイダル変換を行って普遍部分束 L を得たときの様子を調べればよい．その場合 L の零断面が例外因子 E であった．したがって，E の法束は L に同型で，§4.4 の公理 4.14 によれば $\int_E c_1(L)=-1$ である．したがって $\int_E c_1(N)=-1$，一方，同伴公式(7.44)により $N=[E]|_E$ だから $\int_E c_1([E])=-1$ を得る．また，系 7.26 により，$c_1([E])\in H^2(\widetilde{X},\mathbb{R})$ は E が定義する 2 次元ホモロジー $H_2(\widetilde{X},\mathbb{R})$ の元に Poincaré 双対律で対応するから $\int_E c_1([E])=E\cdot E$ である．

7.4 (i) $\mathbb{C}$ の座標 z に対し，$w=z^2$ とおけば w は σ で不変で $\mathbb{C}/\langle\sigma\rangle$ の座標として使えばよい．

(ii) §2.3 の(2.45)で示したように L は $P_{n-1}\mathbb{C}$ 上の線束，σ は L の各ファイバーの元 z を $-z$ に移すから局所的に L を直積 $U\times\mathbb{C}$ と考えたとき，$L/\langle\sigma\rangle$ は $U\times(\mathbb{C}/\langle\sigma\rangle)$．(i)により $U\times(\mathbb{C}/\langle\sigma\rangle)$ は非特異である．

7.5 (i) $\gamma_1,\gamma_2,\gamma_3,\gamma_4\in\Gamma$ を Γ の基とすると $\frac{1}{2}(\varepsilon_1\gamma_1+\varepsilon_2\gamma_2+\varepsilon_3\gamma_3+\varepsilon_4\gamma_4)$ $(\varepsilon_i=0,1)$ で代表される T の 16 点が σ で動かない．

(ii) これらの 16 点の各々のまわりで σ は $\mathbb{C}^2$ の原点のまわりで z を $-z$ に移すのと同様の変換をおこすから前問(ii)で示したように $\widetilde{T}/\langle\sigma\rangle$ に自然に非特異複素

多様体の構造が入る．

（iii）φ を $\widetilde{T}/\langle\sigma\rangle$ 上の正則 1 次微分形式とする．$\pi\colon \widetilde{T}\to\widetilde{T}/\langle\sigma\rangle$ により φ を引き戻すと $\pi^*\varphi$ は $\widetilde{T}$ 上の正則 1 次微分形式である．$p_1,\cdots,p_{16}\in T$ が σ の固定点，$E_1,\cdots,E_{16}$ がそれらの点でモノイダル変換をして得た例外因子とする．$\widetilde{T}\backslash\bigcup_i E_i=T\backslash\bigcup_i\{p_i\}$ だから $\pi^*\varphi$ を $\widetilde{T}\backslash\bigcup E_i$ に制限した後 Hartogs の定理で T に拡張すると T 上に正則 1 次微分形式 ψ が得られる．$\sigma^*\psi=-\psi$ であるが，一方，$\sigma^*(\pi^*\varphi)=\pi^*\varphi$ だから $\varphi=0$ でないと矛盾する．

$\mathbb{C}^2$ の座標 z^1, z^2 から T 上に正則 2 次微分形式 $\theta=dz^1\wedge dz^2$ が得られる．$\sigma^*\theta=\theta$ は明らか．$\pi^*\theta$ は σ で不変な $\widetilde{T}$ 上の正則 2 次微分形式であるから $\widetilde{T}/\langle\sigma\rangle$ 上に正則 2 次微分形式 ω を定義する．$\pi^*\theta$ が E_i で 0 になるのに ω がどこでも 0 にならないことを理解するためには，$\mathbb{C}^2$ の原点でモノイダル変換を行って得た L（§2.3 の(2.45)および前問の(ii)参照）に $\theta=dz^1\wedge dz^2$ を引き戻した場合を考えてみる．z^1, z^2 を例外因子 $E=P_1\mathbb{C}$ の斉次座標系と考え，U_1 を $z^1\neq 0$ で定義された開集合として，$w=z^2/z^1$ を U_1 での座標系として使えば $\pi\colon L|_{U_1}\cong U_1\times\mathbb{C}\to\mathbb{C}^2$ は

$$(w,\zeta)\in U_1\times\mathbb{C}\longrightarrow(w\zeta,\zeta)\in\mathbb{C}^2$$

によって与えられる．したがって $\pi^*(\theta)=\pi^*(dz^1\wedge dz^2)$ を $U_1\times\mathbb{C}$ の座標系 (w,ζ) で表わすと

$$\pi^*\theta=d(w\zeta)\wedge d\zeta=dw\wedge\zeta d\zeta=\frac{1}{2}dw\wedge d(\zeta^2).$$

(w,ζ^2) が $L/\langle\sigma\rangle$ の局所座標系だから，$\pi^*\theta$ が $L/\langle\sigma\rangle$ に定義する正則 2 次微分形式はどこでも 0 にならない．

7.6 前問とまったく同じように考えればよい．求める 2 次微分形式は T 上の 2 次微分形式 $dz^1\wedge dz^2+\cdots+dz^{2m-1}\wedge dz^{2m}$ からつくればよい．

第8章

8.1 $T=\mathbb{C}^n/\Gamma$, $T'=\mathbb{C}^n/\Gamma'$ と書く．準同型写像 $f\colon T\to T'$ は線形写像 $\tilde{f}\colon\mathbb{C}^n\to\mathbb{C}^n$ で $\tilde{f}(\Gamma)\subset\Gamma'$ となるものに対応する．f が全射ということは $\tilde{f}\colon\mathbb{C}^n\to\mathbb{C}^n$ が同型写像ということである．そのとき片方の $\mathbb{C}$ の座標をとり直して，$\tilde{f}$ は恒等変換であるとしてよい．そうすれば $\Gamma\subset\Gamma'$ となる．核 $\operatorname{Ker} f$ は有限群で，その位数 m を f の次数とよぶ．これは指数 $[\Gamma':\Gamma]$，すなわち Γ'/Γ の位数に等しい．したがって，$m\Gamma'\subset\Gamma$ となり同種写像 $g\colon\mathbb{C}^n/m\Gamma'\to\mathbb{C}^n/\Gamma$ を得る．m 倍すると

いう作用が同型写像 $\mathbb{C}^n/\Gamma' \to \mathbb{C}^n/m\Gamma'$ を引きおこすから，$\mathbb{C}^n/m\Gamma' \cong T'$．したがって，$g\colon T' \to T$ は同種写像である．

8.2 §6.7 の(6.114)の記号で $T_1 = \bar{V}/\pi_{\bar{V}}(M)$，$T_1^* = V^*/M^\perp$ とする．$N \subset M$ を有限指数の部分群とすれば自然な写像 $\bar{V}/\pi_{\bar{V}}(N) \to \bar{V}/\pi_{\bar{V}}(M)$ は同種写像である．いま，$T_2 = \bar{V}/\pi_{\bar{V}}(N)$ として一般性を失わない．そのとき $M^\perp \subset N^\perp$ で $M^\perp$ が有限指数の部分群であることは容易にわかる．

8.3 定理 8.10 の記号を使う．

$$B = \begin{pmatrix} 1 & 0 \\ 0 & 1 \\ \alpha & \beta \\ \gamma & \delta \end{pmatrix}, \quad Q = \begin{pmatrix} 0 & a & b & c \\ -a & 0 & d & e \\ -b & -d & 0 & f \\ -c & -e & -f & 0 \end{pmatrix}$$

とおくと ${}^t\!B\,QB = 0$ は

$$a + b\beta + c\delta - d\alpha - e\gamma - f\beta\gamma + f\alpha\delta = 0$$

と同値である．たいていの $\alpha, \beta, \gamma, \delta$ に対し，上の式を満たすような整数 a, b, c, d, e, f は 0 以外にない．たとえば

$$\alpha = \sqrt{2}, \quad \beta = i, \quad \gamma = \sqrt{3}\,i, \quad \delta = \sqrt{5}$$

とすれば

$$a + bi + \sqrt{5}\,c - \sqrt{2}\,d - \sqrt{3}\,ei + \sqrt{3}\,f + \sqrt{2}\sqrt{5}\,f = 0$$

を満たす整数 a, b, c, d, e, f は 0 だけである．$Q = 0$ だと条件 $-i\,{}^t\!B\,Q\bar{B} > 0$ が成り立たない．

8.4 (6.114)の記号に合わせると，$\pi_V(M) = \Gamma$ で $\pi_{\bar{V}}(M)$ は $\bar{\gamma}_1, \bar{\gamma}_2, \bar{\gamma}_3, \bar{\gamma}_4$ によって生成される．$\bar{\gamma}_1 = (1, 0)$，$\bar{\gamma}_2 = (0, 1)$，$\bar{\gamma}_3 = (a, -bi)$，$\bar{\gamma}_4 = (-bi, a)$ を縦の実ベクトルとして並べて得る行列

$$\begin{pmatrix} 1 & 0 & a & 0 \\ 0 & 0 & 0 & -b \\ 0 & 1 & 0 & a \\ 0 & 0 & -b & 0 \end{pmatrix}$$

の逆行列は

$$\begin{pmatrix} 1 & 0 & 0 & a/b \\ 0 & a/b & 1 & 0 \\ 0 & 0 & 0 & -1/b \\ 0 & -1/b & 0 & 0 \end{pmatrix}$$

で与えられる．これを4個の横ベクトルと考え，それぞれを複素ベクトルと考えれば

$$\alpha_1=\left(1,\frac{a}{b}i\right),\quad \alpha_2=\left(\frac{a}{b}i,1\right),\quad \alpha_3=\left(0,-\frac{i}{b}\right),\quad \alpha_4=\left(-\frac{i}{b},0\right)$$

を得るが，これらによって生成される群 $\Gamma^*=\langle\alpha_1,\alpha_2,\alpha_3,\alpha_4\rangle$ が $M^\perp$ である．

$\frac{i}{b}\gamma_1=-\alpha_4$，$\frac{i}{b}\gamma_2=\alpha_3$，$\frac{i}{b}\gamma_3=\alpha_2$，$\frac{i}{b}\gamma_4=\alpha_1$ だから，$\mathbb{C}^2/\Gamma$ と $\mathbb{C}^2/\Gamma^*$ は同型である．

$\mathbb{C}^2/\Gamma$ が Abel 多様体になるための条件は定理 8.10 の条件を満たす行列 Q によって与えられる．§8.3 の記号で

$$C=\begin{pmatrix}1&0&a&bi\\0&1&bi&a\end{pmatrix}$$

だから $\begin{pmatrix}C\\ \bar{C}\end{pmatrix}$ の逆行列を計算して

$$B=\frac{1}{2bi}\begin{pmatrix}0&a\\a&0\\0&bi\\bi&0\end{pmatrix}$$

を得る．

$$Q=\begin{pmatrix}0&c&d&e\\-c&0&f&g\\-d&-f&0&h\\-e&-g&-h&0\end{pmatrix},\quad c,d,e,f,g,h\in\mathbb{Z}$$

とおいて，${}^tB\,QB=0$ となる条件を書くと

$$a^2c-b^2h+ab(f-e)i=0$$

となる（2×2 型行列 ${}^tB\,QB$ の右肩の元だけを求めればよい）．

まず，$c=h=f-e=0$ となるよう c,h,e,f をとる（$a,b\neq0$，$a^2/b^2\notin\mathbb{Q}$ のときは，そのように選ばざるを得ない）．そのとき

$$-i\,{}^tB\,Q\bar{B}=\frac{a}{2b}\begin{pmatrix}g&e\\e&d\end{pmatrix}$$

となるから，$a/b>0$ ならば $g>0$，$d>0$，$gd-e^2>0$ となるように整数 d,e,g をとれば $-i\,{}^tB\,Q\bar{B}>0$ だから $\mathbb{C}^2/\Gamma$ は Abel 多様体になる．$a/b<0$ ならば $g<0$，$d<0$，$gd-e^2<0$ となるように選べばよい．

8.5 $L=L(H,\chi)$ とすれば，保形因子

$$j(\gamma,z)=\chi(\gamma)\exp\left[\pi H(z,\gamma)+\frac{\pi}{2}H(\gamma,\gamma)\right]$$

によって L は定義される．$x\in\mathbb{C}^n/\Gamma$ を $\mathbb{C}^n$ にもち上げたものを $\widetilde{x}\in\mathbb{C}^n$ とすれば，τ_x^*L は保形因子 $j_{\widetilde{x}}(\gamma,z)=\chi(\gamma)\exp\left[\pi H(z+\widetilde{x},\gamma)+\dfrac{\pi}{2}H(\gamma,\gamma)\right]$ で与えられる．したがって $\tau_x^*L\otimes L^{-1}$ は保形因子

$$\chi(\gamma)\exp\left[\pi H(z+\widetilde{x},\gamma)+\frac{\pi}{2}H(\gamma,\gamma)\right]\left(\chi(\gamma)\exp\left[\pi H(z,\gamma)+\frac{\pi}{2}H(\gamma,\gamma)\right]\right)^{-1}$$
$$=\exp[\pi H(\widetilde{x},\gamma)]$$

によって与えられる．$\Gamma\ni\gamma\mapsto\exp[\pi H(\widetilde{x},\gamma)]\in\mathbb{C}^*$ は Γ の表現で $\tau_x^*L\otimes L^{-1}$ はこの表現によって与えられる．この保形因子に((8.6)の意味で)同値な保形因子であって，Appell–Humbert の定理に現われるような標準的な形のものを求める．すなわち適当な正則関数 $u\colon\mathbb{C}^n\to\mathbb{C}^*$ で

$$\chi_{\widetilde{x}}(\gamma)=u(z+\gamma)\exp[\pi H(\widetilde{x},\gamma)]u(z)^{-1}$$

とおくとき，$\chi_{\widetilde{x}}(\gamma)\in U(1)$ となるものを求める．$u(z)=e^{\pi f(z)}$ とおけば，これは

$$\frac{1}{i}(H(\widetilde{x},\gamma)+f(z+\gamma)-f(z))$$

が実値となるような正則関数 $f(z)$ を求めることである．明らかに $f(z+\gamma)-f(z)$ は定数でなければならないから，$f(z)$ は1次式でなければならない．$f(z+\gamma)$ と $f(z)$ の定数項は消し合うから，$f(z)$ に定数項はないとしてよい．そうすれば，$f(z+\gamma)-f(z)=f(\gamma)$．したがって $\mathrm{Re}(H(\widetilde{x},\gamma)+f(\gamma))=0$ となるように f をきめればよい．H が Hermite 形式だから $f(z)=-H(z,\widetilde{x})$ とおけばよい．そうすれば，$H(\widetilde{x},\gamma)+f(z+\gamma)-f(z)=H(\widetilde{x},\gamma)-H(\gamma,\widetilde{x})=2\sqrt{-1}A(\widetilde{x},\gamma)$ で

$$\chi_{\widetilde{x}}(\gamma)=\exp[2\pi\sqrt{-1}A(\widetilde{x},\gamma)]$$

となる．$A(\gamma',\gamma)\in\mathbb{Z}$ だから，$\chi_{\widetilde{x}}(\gamma)$ は $\widetilde{x}$ の選び方によらない．したがって，$\chi_x(\gamma)$ と書くことにする．

以上のことから(1)は明らか．$\phi_L=0$，すなわちすべての x に対し $\tau_x^*L\otimes L^{-1}$ が積束となるのは $A=0$ となることに外ならないから，(2)も明らかである．$\mathrm{Ker}\,\phi_L=\{x\in X\,;\,A(\widetilde{x},\gamma),\ \forall\gamma\in\Gamma\}$ だから $\mathrm{Ker}\,\phi_L$ が X の有限部分群であることと，A が非退化であることは同値である．これで(3)も証明された．最後に X が Abel 多様体なら，その上の豊富な線束 L をとれば(3)により $\phi_L\colon X\to\mathrm{Pic}^0X$ が同種写像である．

第9章

9.1 $i\colon C\to P_2\mathbb{C}$ を与えられた埋めこみとし，N をその法束とする．α を $H^2(P_2\mathbb{C},\mathbb{Z})$ の正の生成元とすると，$c_1(P_2\mathbb{C})=3\alpha$．完全系列

$$0\longrightarrow TC\longrightarrow TP_2\mathbb{C}|_C\longrightarrow N\longrightarrow 0$$

から $c_1(C)+c_1(N)=i^*c_1(P_2\mathbb{C})$．一方，$[C]|_C\cong N$，また $c_1([C])=d\alpha$ であるから $c_1(C)=i^*c_1(P_2\mathbb{C})-i^*c_1([C])=(3-d)i^*\alpha$,

$$2-2g=\int_C c_1(C)=(3-d)\int_C\alpha=(3-d)d.$$

したがって，$g=\dfrac{1}{2}(d-1)(d-2)$．

9.2 $X=P_1\mathbb{C}\times P_1\mathbb{C}$ とおく．完全系列 $0\to\mathbb{Z}\to\mathcal{O}_X\to\mathcal{O}_X^*\to 0$ から得られるコホモロジー完全系列(4.127)において，$H^1(X,\mathcal{O}_X)=0$ と $H^2(X,\mathcal{O}_X)=0$ を使えば

$$\mathrm{Pic}(X)=H^1(X,\mathcal{O}_X^*)\cong H^2(X,\mathbb{Z})=\mathbb{Z}+\mathbb{Z}\,.$$

前問と同様に $0\to TC\to TX|_C\to N\to 0$ だから $c_1(C)+c_1(N)=i^*c_1(X)$．一方 $[C]_C\cong N$，そして $c_1([C])=c_1(H_1^a)+c_1(H_2^b)=a\alpha+b\beta$ (ここで $\alpha=c_1(H_1)$，$\beta=c_1(H_2)$)，$c_1(X)=2\alpha+2\beta$ だから

$$c_1(C)=i^*c_1(X)-i^*c_1([C])=i^*(2\alpha+2\beta-a\alpha-b\beta)=(2-a)i^*\alpha+(2-b)i^*\beta\,.$$

したがって

$$2-2g=\int_C c_1(C)=(2-a)\int_C\alpha+(2-b)\int_C\beta=(2-a)b+(2-b)a$$

となり，$g=ab-a-b+1$ を得る．

9.3 $h^i(K_X^p)=\dim H^i(X,\mathcal{O}(K_X^p))$ とおく．Serre の双対定理により $h^1(K_X^q)=h^0(K_X^{1-q})$．一方，$\deg K_X=-c_1(X)=2g-2$．したがって，Riemann–Roch の公式(9.15)により

$$h^0(K_X^p)=h^0(K_X^{1-p})+(2p-1)(g-1)\,.$$

$g=0$ なら $K_X<0$ だから消滅定理により $p>0$ に対し $h^0(K^p)=0$．$g=1$ なら K_X は積束だから，すべての p に対し $h^0(K_X^p)=1$，$g>0$ なら $K_X>0$ だから $p<0$ に対し $h^0(K_X^p)=0$．以上のことを使えばよい．

欧文索引

和文索引

ア 行

カ 行

サ 行

タ 行

ナ 行

ハ 行

マ 行

ヤ 行

ラ 行

ワ 行

■岩波オンデマンドブックス■

複素幾何

2005 年 9 月 6 日　第 1 刷発行
2013 年 11 月 5 日　第 6 刷発行
2017 年 5 月 10 日　オンデマンド版発行

著　者　小林昭七（こばやししょうしち）

発行者　岡本　厚

発行所　株式会社　岩波書店
〒101-8002　東京都千代田区一ツ橋 2-5-5
電話案内　03-5210-4000
http://www.iwanami.co.jp/

印刷／製本・法令印刷

ISBN 978-4-00-730610-5　　Printed in Japan